DIANWANG QIYE YINHUAN（QUEXIAN）PAICHA ZHILI
GUANLI SHOUCE（DIERBAN）

电网企业隐患（缺陷）排查治理管理手册（第二版）

国网陕西省电力有限公司　编

中国电力出版社
CHINA ELECTRIC POWER PRESS

图书在版编目（CIP）数据

电网企业隐患（缺陷）排查治理管理手册 / 国网陕西省电力有限公司编. --2 版. 北京：中国电力出版社，2024. 7.（2025.6 重印）--ISBN 978-7-5198-8985-2

I. TM08-62

中国国家版本馆 CIP 数据核字第 20246RV276 号

出版发行：中国电力出版社
地　　址：北京市东城区北京站西街 19 号
邮政编码：100005
网　　址：http：//www.cepp.sgcc.com.cn
责任编辑：薛　红
责任校对：黄　蓓　常燕昆
装帧设计：张俊霞
责任印制：石　雷

印　　刷：廊坊市文峰档案印务有限公司
版　　次：2018 年 1 月第一版　2024 年 7 月第二版
印　　次：2025 年 6 月北京第二次印刷
开　　本：787 毫米×1092 毫米　横 16 开本
印　　张：17.5
字　　数：415 千字
印　　数：6001—7000 册
定　　价：86.00 元

编 委 会

序

近年来,国网陕西省电力有限公司深入学习贯彻习近平总书记关于安全生产的重要论述,认真落实国家电网公司和陕西省委省政府各项工作部署,树牢“人民至上、安全至上”理念,一手抓安全生产、一手抓电网建设,全力以赴保安全、保供电、优服务、促发展,全力让人民群众满意、让党和政府满意,公司保持安全生产稳定局面,有力支撑和保障了陕西经济社会高质量发展。

安全生产是民生大事,事关人民福祉,事关经济社会发展。党的十八大以来,以习近平同志为核心的党中央高度重视安全生产工作,强调要进一步压实安全生产责任,认真排查隐患,狠抓工作落实,坚决遏制各类安全事故多发连发势头,确保人民群众生命财产安全和社会大局稳定。国网陕西省电力有限公司坚决落实党中央国务院安全生产工作部署,坚定不移把安全生产放在首位,围绕“抓班组、控现场、保安全”主线,持续深化防风险、治隐患、反违章。广大干部员工树牢“人民至上、安全至上”理念,不断增强风险意识,以隐患(缺陷)排查治理为抓手,大力推进隐患、缺陷一体化管理,构建了“一患(缺)一档”专业横向互联互通、管理纵向延伸到底的管理格局,着力解决电网设备安全隐患缺陷,确保了电网安全稳定运行和电力可靠供应,为公司高质量发展作出了积极贡献。

防范化解风险是高质量发展的内在要求。当前,陕西电网进入主网大建设、配网大提升、新型电力系统大构建的新阶段,确保安全生产意义重大。广大干部员工要深入学习贯彻习近平总书记关于安全生产的重要论述,树牢“人民至上、安全至上”理念,践行“双满意”工作导向,聚焦人身、电网、设备、基建、水电、消防等重点领域,持续推进重大隐患动态清零,建立健全责任倒查机制,着力从源头上消除事故隐患,全面提升公司本质安全水平,全力确保公司安全稳定局面,为奋力谱写中国式现代化建设的陕西新篇章作出新的更大贡献!

国网陕西省电力有限公司董事长、党委书记 张薛鸿

前言

安全隐患排查治理工作是双重预防机制的重要组成部分，是夯实安全生产基础的重要任务。长期以来，国网陕西省电力有限公司（简称公司）高度重视安全隐患排查治理工作，牢固树立“违章就是隐患、隐患就是事故”的理念，从隐患源头上狠抓成因分析，从管理上强化安全责任清单落实，按照“管业务必须管安全”的原则，明确责任主体，落实责任分工，实行横向管理、纵向延伸，以“全覆盖、勤排查、快治理”为导向，从管理制度、人员行为、设备设施、外部环境等全方位、多角度开展安全隐患排查治理，梳理专业隐患问题清单，建立公司安全隐患排查清单体系，推动隐患标准化排查。通过源头遏制、过程管控，促进专业加强管理，结合安全生产专项整治三年行动，实现闭环整改提升，逐渐形成了“勤排查、重过程、留痕迹、求实效”，治理“动态化”的闭环工作机制，有力保障了电网安全运行。

2018 年公司安监部在收集各单位隐患排查治理工作成果的基础上，编写了《电网企业隐患（缺陷）排查治理管理手册》（简称《手册》）。《手册》从隐患组织机构职责、排查方式及范围、信息报送、统计分析、动态跟踪及闭环销号、档案流程管理、督办奖励等方面提出了要求，并结合专业实际特点收录隐患典型范例 189 个，对指导提升公司员工隐患（缺陷）的辨识、评估定性及过程管控能力，进一步规范隐患档案填报质量起到一定的参考指导作用。但近年来国家相继出台《中共中央　国务院关于推进安全生产领域改革发展的意见》，颁布施行《中华人民共和国刑法修正案（十一）》和新《中华人民共和国安全生产法》，向社会发布了《安全生产事故隐患排查治理暂行规定》（国家安全监管总局令第 16 号）修订征求意见稿；国家能源局修订《电力安全隐患监督管理暂行规定》，印发《关于进一步加强电力安全风险分级管控和隐患排查治理工作的通知》（发改办能源〔2021〕641 号），从严格责任落实、强化管控督办、加大问责处罚等方面对安全隐患管理工作提出新要求。尤其是 2023 年《国家电网有限公司安全隐患排查治理管理办法》[国网（安监/3）481−2022]、《国家电网有限公司重大隐患排查标准》及《国网陕西省电力有限公司较大、一般安全隐患排查清单》的发布实施，更是提出了公司系统要切实围绕影响安全生产的高风险领域，依据安全生产法律法规和规章制度，结合事故（事件）暴露的典型问题及反事故措施，分级分类分专业建立隐患排查标准的工作要求，分层分级压实专业部门管理责任，明确隐患排查内容、排查方法和判定依据，对隐患标准清单实行“动态管理、照单排查”，指导从业人员及时发现、准确判定安全隐患。在此安全形势背景下，《手册》中的一些安全管理理念及隐患范例部分判定标准、依据已不能适应新形势下的安全隐患管理要求，在工作中存在指导性不强、专业参与度不高、排查针对性不力、引用标准及隐患等级判定不正确等一系列问题。

为贯彻落实国家、国家电网有限公司在安全隐患管理方面提出的新要求、新标准，更好地指导基层单位开展隐患排查治理工作，2022 年年底公司安监部牵头，组织调度控制中心、设备部、建设部、营销部、配网部、互联网部、基建部、后勤部、产业部九个专业部门，结合每年度安全生产规章制度“立改废释”、事故（事件）暴露的问题及反事故措施，围绕重大、较大、一般隐患标准清单，对《手册》中隐患典型范例开展同步滚动修订工作。本次修订工作，从系统运行、设备设施、人身安全、安全管理、网络安全、消防安全、危险化学品、水电及新能源、特种设备九类排查标准清单中，梳理出最具代表基层单位的典型问题隐患清单。在此基础上，按照“查漏补缺”工作原则，对 2018 年《手册》隐患范例进行了补充和修订，通过分级编写、专业部门审核，在系统运行、设备设施、人身安全、安全管理、网络安全、消防安全、危险化学品、水电及新能源、特种设备九大类基础上细化专业子类 29 类，梳理隐患范例 232 条，其中系统运行 18 个、设备设施 135 个、人身安全 12 个、网络安全 20 个、消防安全 23 个、水电及新能源 13 个、危险化学品 5 个、特种设备 3 个、安全管理 3 个。同时对原范例中废止的规程、标准进行了梳理，确保判定依据及后果定性分析引用条款适用性、针对性。特别是对档案表的填写进行了规范统一，在隐患内容描述方面从管理原因、设备原因、人员承载力等方面增加了隐患成因分析，对发现、评估、控制、治理、验收整个闭环过程，从时间节点、隐患描述、评判及后果定性依据、防控措施、治理完成情况及闭环逻辑关系进行考核量化。

本次《手册》范例修订工作，紧扣《国家电网有限公司安全隐患排查治理管理办法》以及重大、较大、一般隐患排查标准清单，目的是指导提升公司员工隐患（缺陷）的辨识、评估定性及过程管控能力，强化各级员工“照单排查”的工作理念以及规范隐患档案填报质量。通过典型范例展示，拓展延伸公司安全隐患排查清单管理体系深度，推动隐患标准化排查，促进专业加强管理，进一步提升隐患治理系统数据的精度、准度。

典型范例可作为系统各级员工从事安全隐患排查治理工作的辅助工具和参考资料，范例中采用的有关技术规程、标准和管理规定均引用最新条款。每年度公司将结合安全生产规章制度“立改废释”、事故（事件）暴露的问题，对隐患标准清单与典型范例采取动态管理、实行同步滚动修订发布，各级单位要切实做好隐患标准清单及典型问题隐患范例的宣贯培训工作。对典型范例中所列举的安全隐患防范措施，仅作为指导和参考，在实际应用时务必充分考虑电网、设备、人员、管理和环境等因素现状及其变化趋势，从而制定具有针对性、操作性的治理措施。希望能为大家提供更多的启发和借鉴。

谨向提供编写资料的同仁致以深深的谢意，同时感谢国家电网有限公司安全监察部、兄弟省公司，公司各专业职能部门及系统各直属单位的大力支持。

由于编者的业务水平及工作经验所限，书中难免有疏漏或不妥之处，敬请广大读者提出宝贵意见。

编　者

2024 年 4 月

目 录

1　总则

1.1　为贯彻“安全第一、预防为主、综合治理”的方针，从源头上防范化解重大安全风险。规范电网企业安全隐患（缺陷）排查治理工作流程，指导员工辨识隐患危害和明确隐患防范治理措施，提升公司隐患排查治理工作效能，确保影响人身、电网、设备等安全隐患（缺陷）能够彻底消除。根据国家相关法律法规和国家电网有限公司有关规定，修订《电网企业隐患（缺陷）排查治理管理手册》(简称《手册》)。

1.2　安全隐患（缺陷）排查治理是企业管理的重要内容，应树立“隐患就是事故”的理念，按照“谁主管、谁负责”和“全面排查、分级管理、闭环管控”的原则，逐级建立排查标准，实行分级管理，做到全过程闭环管控。

1.3　本手册适用于电网企业及直属各单位。公司直属单位承包和管理的境外、省外工程项目，参照执行。

2　术语

2.1　安全隐患的定义及分级。

2.1.1　安全隐患是指在生产经营活动中，违反国家和电力行业安全生产法律法规、规程标准以及公司安全生产规章制度，或因其他因素可能导致安全事故（事件）发生的物的不安全状态、人的不安全行为、场所的不安全因素和安全管理方面的缺失等。

2.1.2　根据隐患产生原因和导致事故（事件）类型，隐患分为系统运行、设备设施、人身安全、网络安全、消防安全、水电及新能源、危险化学品、电化学储能、特种设备、通用航空、安全管理和其他等十二类。

2.1.3　根据隐患的危害程度，隐患分为重大隐患、较大隐患、一般隐患三个等级。

2.1.3.1　重大隐患主要包括可能导致以下后果的安全隐患：

（1）一至三级人身事件；

（2）一至四级电网、设备事件；

（3）五级信息系统事件；

（4）水电站大坝溃决、漫坝、水淹厂房事件；

（5）较大及以上火灾事故；

（6）违反国家、行业安全生产法律法规的管理问题。

2.1.3.2　较大隐患主要包括可能导致以下后果的安全隐患：

（1）四级人身事件；

（2）五至六级电网、设备事件；

（3）六至七级信息系统事件；

（4）一般火灾事故；

（5）其他对社会及公司造成较大影响的事件；

（6）违反省级地方性安全生产法规和公司安全生产管理规定

的管理问题。

2.1.3.3 一般隐患主要包括可能导致以下后果的安全隐患：

（1）五级及以下人身事件；

（2）七至八级电网、设备事件；

（3）八级信息系统事件；

（4）违反省公司级单位安全生产管理规定的管理问题。

2.1.4 上述人身、电网、设备和信息系统事件，依据《国家电网有限公司安全事故调查规程》2021 年版（国家电网安监〔2020〕820 号）认定。火灾事故等级依据国家有关规定认定。

2.1.5 安全隐患等级实行动态管理。依据隐患的发展趋势和治理进展，隐患的等级可相应调整。

2.2 隐患、缺陷一体化。

按照“全覆盖、勤排查、快治理”的原则，公司实行隐患、缺陷一体化管理，被判定为安全隐患的设备缺陷，除继续按照公司各单位现有设备缺陷管理规定进行处理外，需纳入本手册规定的安全隐患管理流程进行分级督办、闭环管理。

3 隐患排查标准

3.1 省、市公司级单位应按照国网总部隐患排查标准要求，分级分类建立隐患排查标准，明确隐患排查内容、排查方法和判定依据，指导从业人员及时发现、准确判定安全隐患。

3.2 隐患排查标准编制应围绕影响公司安全生产的高风险领域，依据安全生产法律法规和规章制度，结合事故（事件）暴露的典型问题，确保重点突出、内容具体、责任明确。

3.3 隐患排查标准编制应坚持“谁主管、谁编制”“分级编制、逐级审查”的原则，各级安委办负责制定隐患排查标准编制规范，各级专业部门负责本专业排查标准编制。

3.4 省公司级单位补充完善国网总部较大隐患排查标准、编制一般隐患排查标准，并对地市公司级单位隐患排查标准进行审查；地市公司级单位补充完善省公司一般隐患排查标准，形成覆盖各专业、各等级的隐患排查标准体系。

3.5 各专业隐患排查标准编制完成后，由本单位安委办负责汇总、审查，经本单位安委会审议后发布。

3.6 各级专业部门应将隐患排查标准纳入安全培训计划，及时组织培训，指导从业人员准确理解和执行隐患排查内容、排查方法，提高全员隐患排查发现能力。

3.7 隐患排查标准实行动态管理，各级单位应每年对排查标准的针对性、有效性组织评估，结合安全生产规章制度“立改废释”、事故（事件）暴露的问题滚动修订，每年 3 月底前更新发布。

4 安全隐患（缺陷）管理组织机构

4.1 工作机制。

4.1.1 根据“统一领导、落实责任、分级管理、分类指导、全员参与”的要求，公司建立本部、直属单位、县公司（指各单位所属二级机构，包括分部、区县公司、车间、室、分中心、分公司等，以下简称县公司）、班组（包括班站、乡镇供电所等）4 级隐患排查治理工作机制，分级负责安全隐患的闭环管理。

4.1.2 安全隐患所在单位是隐患排查、治理和防控的责任主体。公司各级单位主要负责人对本单位隐患排查治理工作负全面领导责任，分管负责人对分管业务范围内的隐患排查治理工作负直接领导责任。公司各级安委会负责建立健全本单位隐患排查治理规章制度，组织实施隐患排查治理工作，协调解决隐患排查治理重大问题、重要事项，提供资源保障并监督治理措施落实。

4.1.3 公司各级安委会成员部门按照“管业务必须管安全”的原则，负责职责范围内隐患排查治理工作。各级设备（运检）、调度、建设、营销、数字化、产业、水新、后勤等部门负责本专业隐患标准编制、排查组织、评估认定、治理实施和检查验收工作；各级发展、财务、物资等部门负责隐患治理所需的项目、资金和物资等投入保障。

4.1.4 公司各级安委办负责隐患排查治理工作的综合协调和监督管理，负责督办、检查和考评隐患排查治理工作，归口管理相关数据的汇总、统计、分析、上报，通报、督办，提出考核各级隐患排查治理开展情况意见。

4.1.5 依托各级安委会成立由主要负责人为组长的隐患排查治理工作领导小组，成立由安委办牵头，各级专委会等专业职能部门参加的各级评估小组。

4.1.6 各级安委会成员部门建立安全隐患治理快速响应机制，设立绿色通道，将治理隐患所需资金统一纳入投资计划和综合计划并优先安排，对计划外急需实施的项目须履行相应决策程序后实施，报上级单位备案，作为综合计划调整的依据；对治理隐患所需物资应及时调剂、保障供应。

4.2 各级单位职责。

4.2.1 省公司主要职责。

（1）负责公司安全隐患排查治理。按照“两单一表”要求，负责重大事故隐患排查治理的闭环管理。

（2）负责贯彻执行国家、省政府部门及国家电网公司有关要求，组织所属单位开展隐患排查治理工作。负责汇总、统计、分析公司隐患排查治理情况，并向上级安全监察部门及地方政府有关部门汇报。

（3）省公司各专业职能部门负责补充完善本专业较大隐患排查标准、编制本专业一般隐患排查标准，并对地市公司级单位上报的一般隐患排查标准进行审查，每年 3 月底前更新并经由省公司安委办负责汇总、审查，经安委会审议后发布。

（4）每年 6 月底前，对照隐患排查标准组织开展一次涵盖安全生产各领域、各专业、各层级的隐患全面排查。省公司各专业职能部门负责督促、指导、检查直属单位对口部门隐患排查治理工作，协调解决在隐患排查治理过程中遇到的各种问题。对于专业性较强、复杂程度较高的隐患必要时组织专业技术人员或专家开展诊断分析，确保专业具有针对性、时效性。

（5）省公司安委会负责审议地市公司级单位和本级排查发现的安全隐患，对较大隐患审议后反馈至隐患所在单位，对重大隐患报国网公司总部审查。

（6）省公司各专业职能部门负责对直属单位上报的本专业重大隐患进行专业审查，经省公司安委会评估审议认定隐患等级，报国网公司总部审查核定后，形成本专业重大隐患清单。隐患排查治理工作评估小组负责对重大隐患治理方案核定、审批，方案由各专业职能部门负责或其委托直属单位编制，监督、协调治理方案实施，对治理结果进行验收。

（7）按照国家电网公司总部及分部委托，具体负责受委托运行维护的跨区电网隐患排查治理，对排查出的安全隐患及时汇报委托单位。

（8）对由于 330kV 及以上主网架结构性缺陷、主设备普遍性问题、重要枢纽变电站、跨多个地市公司管辖的重要输电线路处于检修状态造成的隐患，以及公司系统存在的人的不安全行为和安全管理缺失负责进行排查、评估、定级，制定治理方案，明确治理责任主体，并组织实施。对评估确认的涉及上述内容的安全隐患，由相关专业职能部门负责按照“一患一档”的要求，在省公司本部建立隐患档案或委托相关直属单位建立隐患档案。

（9）省公司安委办负责在公司年度工作会议、安全生产工作会议、安全生产委员会会议上通报公司本部、直属单位隐患排查工作开展情况，考核直属单位隐患排查工作。

（10）负责督促承担境外工程项目的施工企业参照本《手册》开展隐患排查治理工作。

4.2.2 直属单位主要职责。

（1）落实省公司隐患排查治理工作要求，组织所属单位开展隐患排查治理工作。负责汇总、统计、分析公司隐患排查治理情况，并向上级安全监察部门及地方政府有关部门汇报。

（2）负责协调当地政府相关部门或其他行业单位有关隐患排查治理工作，促进全方位开展安全隐患排查治理。

（3）负责对较大隐患、一般事故隐患排查治理的闭环管理，归口管理并协调、督促县公司开展安全隐患排查治理工作。

（4）直属单位各专业职能部门负责补充完善本专业一般隐患排查标准，每年 3 月底前更新并经由安委办负责汇总、审查，经安委会审议后发布。

（5）每年6月底前，按照省公司要求对照隐患排查标准，组织开展一次涵盖安全生产各领域、各专业、各层级的隐患全面排查。各专业职能部门负责督促、指导、检查各分中心、县区公司级对口部门隐患排查治理工作，协调解决在隐患排查治理过程中遇到的各种问题。对于专业性较强、复杂程度较高的隐患必要时组织专业技术人员或专家开展诊断分析，确保专业具有针对性、时效性。

（6）直属单位安委会负责审议县区公司级单位和本级排查发现的安全隐患，对一般隐患审议后反馈至隐患所在单位，较大及以上隐患报省公司级单位审查。

（7）负责排查、治理本单位的安全隐患。负责组织制定、审查批准较大隐患、一般事故隐患治理方案，监督、协调治理方案实施。对治理完成的隐患及时验收销号，对尚未完成治理的隐患制定并落实防控措施，对新发现的隐患及时采取控制措施，保证隐患治理所需资金投入和物资供应。

（8）根据省公司的安排，负责重大事故隐患控制、治理等相关工作，落实重大隐患“两单一表”要求，对重大事故隐患治理结果进行预验收并向省公司申请验收。

（9）负责汇总、统计、分析本单位隐患排查治理情况，每月完成本单位安全隐患排查治理情况报告。

（10）在本单位年度工作会、安全生产工作会、安委会、月度安全分析会上通报、考核隐患排查治理工作开展情况。

（11）依据委托管理协议，负责委托运行维护的输变电设备的隐患排查治理，对排查出的安全隐患及时报告委托单位。

（12）负责按照“一患一档”的要求，建立安全隐患档案，并经安监管理平台隐患模块逐级审核上报省公司。

4.2.3 县区公司主要职责。

（1）负责结合安全生产工作，排查、发现本单位的安全隐患。负责一般隐患排查治理的闭环管理。

（2）负责一般隐患的评估定级。按照“一患一档”的要求，建立安全隐患档案，并经安监管理平台隐患排查治理模块逐级审核上报。

（3）根据上级部门安排，负责隐患的控制，治理方案编制、实施、验收申请等相关工作。

（4）每月汇总、统计、分析和上报隐患排查治理情况。及时更新隐患信息，在月度安全分析会上，通报、考核本单位安全隐患排查治理工作情况。

（5）配合协调当地政府相关部门或其他行业单位，促进隐患排查治理工作开展。

4.2.4 班组主要职责。

（1）结合设备运维、监测、试验或检修、施工等日常工作及专项行动排查发现隐患（缺陷）并及时上报。针对排查发现的安全隐患，隐患所在班组应组织审查，依据隐患排查标准进行初步评估定级，并经安监管理平台隐患排查治理模块逐级审核上报。

（2）负责分析、汇总、上报隐患（缺陷）发现及治理情况。在“安全日活动”上，通报隐患（缺陷）排查治理工作情况。

（3）负责落实上级要求，在隐患（缺陷）尚未消除前采取针对性的防范措施。

（4）负责做好本班组隐患（缺陷）公示及动态更新工作。

4.3 各级人员职责。

4.3.1 省公司、直属单位、县区公司主要负责人对本单位隐患排查治理工作全面负责，分管负责人对分管业务范围内的隐患排查治理工作负直接领导责任。各级单位安全监察部门明确一名专责人，负责安全隐患的汇总、统计、分析、数据库管理、信息报送等工作。

4.3.2 相关专业职能部门明确一名专责人，负责专业范围内安全隐患的统计、分析、信息报送等工作。

4.3.3 班站明确一名联络人，负责班站缺陷及隐患统计、分析、信息报送工作。

5 隐患（缺陷）流程管理

安全隐患排查治理应纳入日常工作中，按照“排查（发现）—评估报告—治理（控制）—验收销号”的流程（安全隐患排查治理工作流程图见附件 1)，形成闭环管理。直属单位、各专业应结合日常工作、专项工作和监督检查工作，对照隐患排查标准、明确排查的范围和方式方法，发现安全隐患，专项工作还应制定排查方案。安全隐患治理应结合电网规划和年度电网建设、技改、大修、专项活动、检修维护等进行，做到责任、措施、资金、期限和应急预案“五落实”。完成治理后，进行验收销号。

5.1 隐患（缺陷）排查方式及范围。

5.1.1 排查方式主要有电网年度和临时运行方式分析；各类安全性评价或安全标准化查评；各级各类安全检查、专项督查；各专业结合年度、阶段性重点工作组织开展的专项隐患排查；设备日常巡视、检修预试、在线监测和状态评估、季节性（节假日）检查；风险辨识或危险源管理；已发生事故、异常、未遂、违章的原因分析，事故案例或安全隐患范例学习等。

5.1.2 排查范围应包括所有与生产经营相关的安全责任体系、管理制度、场所、环境、人员、设备设施和活动等。

5.1.3 每年 6 月底前，对照隐患排查标准，组织开展一次涵盖安全生产各领域、各专业、各层级的隐患全面排查。对于专业性较强、复杂程度较高的隐患必要时组织专业技术人员或专家开展诊断分析，确保专业具有针对性、时效性。

5.1.4 排查方案应依据有关安全生产法律、法规或者设计规范、技术标准、隐患排查标准清单以及企业的安全生产目标等，确定排查目的、参加人员、排查内容、排查时间、排查安排、排查记录要求等内容。

5.1.5 对于公司系统安全事故（事件）暴露的典型问题和家族性隐患，应举一反三开展事故类比排查。

5.2 隐患（缺陷）信息报送。

5.2.1 安全隐患一经评估确定，隐患所在单位应立即采取控制措施，并结合隐患等级逐级统计、上报，防止事故发生，同时根据隐患具体情况和急迫程度，及时制定治理方案或措施。

5.2.2 针对排查发现的安全隐患，隐患所在工区、班组应组织审查，依据隐患排查标准进行初步评估定级，利用公司安监平台隐患系统建立档案，形成本工区、班组安全隐患清单，并汇总上报至相关专业部门。

5.2.3 市公司级单位安委会审议基层单位和本级排查发现的安全隐患，一般隐患审议后反馈至隐患所在单位，较大及以上隐患报省公司级单位审查。

5.2.4 省公司级单位安委会审议直属地市公司级单位和本级排查发现的安全隐患，对较大隐患审议后反馈至隐患所在单位，对重大隐患报公司总部审查。

5.2.5 各相关专业部门对本专业安全隐患进行专业审查，评估认定隐患等级，形成本专业安全隐患清单。一般隐患由县公司级单位评估认定，较大隐患由市公司级单位评估认定，重大隐患由省公司级单位评估认定。

5.2.6 重大隐患应执行即时报告制度，各单位评估为重大隐患的，应于 2 个工作日内报总部相关专业部门及国网安委办，并向所在地区政府安全监管部门和电力安全监管机构报告。对重大隐患的评估认定同步在安监管理平台隐患排查治理模块上报。

5.2.7 报送电力安全监管机构的重大电力安全隐患信息报告单（模板见附件 2）内容应包括：隐患现状及其产生原因；隐患危害程度和整改难易程度分析；防控措施及整改措施；应急预案简述；隐患整改计划；安全第一责任人及整改负责人信息等。

5.2.8 重大隐患由省公司级单位制定治理方案。方案应包括：治理目标和任务；采取方法和措施；经费和物资落实；负责治理的机构和人员；治理时限和要求；防止隐患进一步发展的安全措施和应急预案等。省公司级单位完成重大隐患整改后 5 日内，填写《安全整改反馈单》，并附佐证材料，由安委会主任签字、盖章后报国网安委办备案。

5.2.9 各级单位重大隐患排查治理情况应及时向政府负有安全生产监督管理职责的部门和本单位职工大会或职工代表大会报告。各级单位应在月度安全生产会议上通报本单位隐患排查治理情况，各班组应在安全日活动上通报本班组隐患排查治理情况。

5.2.10 较大隐患由直属单位专业职能部门制定治理方案或治理措施；一般隐患由县公司级单位制定治理措施。

5.2.11 直属地市级单位和县公司级单位应运用安监管理平台隐患排查治理模块，做到安全隐患“一患一档”，并及时更新“安监管理平台”中相关隐患排查治理信息。

5.2.12 班站级应运用安监管理平台隐患排查治理模块，做到安全隐患“一患一档”，并及时更新“安监管理平台”中相关隐患排查治理信息，并落实班组隐患公示制度。

5.2.13 各级专业部门应定期向本级安委办报送专业隐患排查治理工作，省公司级安委办在 7 月 15 日前向国网公司总部报送上半年工作总结，次年 1 月 10 日前通过公文报送上年度工作总结。

5.2.14 各级安委办按规定向国家能源局及其派出机构、地方政府有关部门报告安全隐患统计信息和工作总结。各级单位应加强内部沟通，确保报送数据的准确性和一致性。

5.3 隐患（缺陷）统计分析。

5.3.1 各级单位应建立隐患月度、季度分析、年度总结制度。各级安全监察部门对排查出的隐患数据进行汇总、统计、分析，逐月督办通报，督办隐患（缺陷）排查—评估—治理—验收—销号的流程闭环管理情况规范执行，监督隐患（缺陷）一体化管理、隐患（缺陷）及防控措施公示执行、“一患一档”建立、安监管理平台隐患排查治理模块应用情况，监督“五落实”执行情况。

5.3.2 针对共性、苗头性、倾向性及重复存在的安全隐患，分析存在的问题，为下一步工作提出安全要求或为设备阶段性运维工作提供参考依据。

5.4 隐患挂牌督办。

5.4.1 各级安委办应开展隐患治理挂牌督办，公司总部挂牌督办重大隐患，省公司级单位挂牌督办较大隐患，市公司级单位挂牌督办治理难度大、周期长的一般隐患。

5.4.2 重大隐患治理应执行“两单一表”（签发督办单—制定管控表—上报反馈单）制度，实现闭环监管（安全督办单模板见附件 3、安全整改过程管控表模板见附件 4、安全整改反馈单模板见附件 5）。

（1）签发安全督办单。国网安委办获知或直接发现所属单位存在重大隐患的，由安委办主任或副主任签发《安全督办单》，对省公司级单位整改工作进行全程督导。

（2）制定过程管控表。省公司级单位在接到督办单 15 日内，编制《安全整改过程管控表》，明确整改措施、责任单位（部门）和计划节点，由安委会主任签字、盖章后报国网安委办备案，国网安委办按照计划节点进行督导。

（3）上报整改反馈单。省公司级单位完成整改后 5 日内，填写《安全整改反馈单》，并附佐证材料，由安委会主任签字、盖章后报国网安委办备案。

5.5 隐患治理验收销号。

隐患治理完成后，隐患治理单位在自验合格的基础上提出验收申请，相关专业部门应在申请提出后一周内完成验收，验收合格予以销号，不合格重新组织治理。

5.5.1 重大隐患治理结果由省公司级单位组织验收，结果向国网安委办和相关专业部门报告。

5.5.2 较大隐患治理结果由地市公司级单位组织验收。

5.5.3 一般隐患治理结果由县公司级单位组织验收，结果向地市公司级安委办和相关专业部门报告。

5.5.4 涉及国家、行业监管部门、地方政府挂牌督办的重大隐患，治理结束后应及时将有关情况报告相关政府部门。

6 隐患（缺陷）公示管理

6.1 职责和流程。

6.1.1 省公司系统所有班组排查发现所管理设备设施的安全隐患（缺陷）必须进行公示，做到安全隐患人人皆知，促进安全隐患有效防控和治理。

6.1.2 各班组（站、所）长是班组安全隐患（缺陷）公示工作的主要责任人。班组必须结合日常巡视、专业化巡检、春秋季安全大检查、专项检查、检修预试、安全性评价、安全生产标准化达标、年度及阶段安全分析等手段，全面、全方位排查发现安全管理、人员行为以及所运行维护、检测、检修试验的电网、设备及辅助设施的安全隐患、缺陷和装置性违章等，并依据隐患分类提出初步评估意见。

6.1.3 公司系统各直属单位管理部门和县公司负责对班组层级上报的隐患（缺陷）依据《国家电网公司安全隐患排查治理管理办法》逐条进行评估、定性和分级，明确治理计划和风险防控措施，并及时反馈到隐患所在单位和隐患治理单位的班组。提出的计划和措施必须落实到具体运维、检修等负责管理的单位班组或具体责任人。

6.2 公示内容。

6.2.1 班组接到反馈的隐患数据后，隐患所在单位（隐患治理单位）班组要对所管理的设备（设施）安全隐患、控制措施和治理计划按照规定表格（安全隐患公示表模板见附件 6）进行汇总。同时结合职责范围将本班组隐患进一步进行细化责任、明确分工，落实到具体的人员，规定运维监测周期、明确具体措施和要求。若安全隐患在未彻底治理完成前，采取的控制措施涉及多个县公司级单位班组时，各班组只需制定并落实适用于本班组的组织管理、作业方法、设备技术等方面的安全防控措施，确保现场执行责任落实到位。

6.2.2 班组安全隐患（缺陷）公示表公布在班组公示栏内，班组人员应熟悉和掌握本班组公示栏中的每一条隐患（缺陷）状态及控制措施，公示的控制措施应结合设备设施实际管控动态变化而变化。并将其作为本班组安全日活动、运行分析学习讨论的主要内容，共同分析安全隐患的发展变化，讨论控制措施的有效性和针对性，确保全员知晓掌握控制策略。

6.2.3 班组若发现运维监测的安全隐患有发展变化，要及时向上级有关部门汇报，采取有效的应急措施，确保安全隐患不演变为安全事故。班组人员在履行监督、治理职责的同时，提醒到岗到位的领导和管理人员避免工作遗漏和管理弱化，反向促进上级管理部门加强隐患治理工作，优先纳入大修、技改、检修预试等工程项目，持续推进隐患按照计划进行治理。

6.3 数据更新。

班组对公示的隐患采取动态跟踪管控、数据及时更新。公司系统班组隐患联络员必须结合月度安全隐患评估工作，每月于 25 日前完成本班组现有的安全隐患数据更新，更新后的数据信息必须与隐患实际治理进度保持一致。如遇重大事故隐患应在省公司核定后立即完成安全隐患公示表的更新工作。班组未设置隐患联络员的由班组长指定专人负责各项工作。

6.4 监督考核。

公司系统各级安全监察部门负责安全隐患公示工作的监督、检查和考核工作。通过日常检查、季节性检查、飞行检查及专项检查等方式督导班组安全隐患（缺陷）公示表执行，对不按照要求或完成质量不高的班组提出通报考核。各直属单位、县公司应结合班组建设、日常管理做好督促指导工作。

7 隐患档案管理

7.1 各级单位应统一使用公司安监管理平台隐患模块，实现隐患排查治理全过程记录和“一患一档”管理。重大隐患相关文件资料应及时移交本单位档案管理部门归档。

7.2 隐患档案应包括以下信息：隐患简题、隐患内容、隐患编号、隐患所在单位、专业分类、归属部门、评估定级、治理期限、资金落实、治理完成情况等。隐患排查治理过程中形成的会议纪要、治理方案、验收报告、治理前后影像资料以及重大事故隐患“两单一表”也应归入隐患档案。上述档案的电子文档应及时录入或上传至安监管理平台隐患模块系统。

7.3 档案表的规范填写。

依托安监管理平台隐患排查治理模块，依据隐患评估等级，按照“排查（发现）—评估报告—治理（控制）—验收销号”的流程，形成《重大隐患排查治理档案表》（填写模板见附件 7）、《较大隐患排查治理档案表》（填写模板见附件 8）和《一般隐患排查治理档案表》（填写模板见附件 9）。

7.3.1 发现。

（1）根据隐患的内容，确定隐患简题；隐患编号由安全监督管理平台隐患模块发现环节录入自动生成；隐患所在单位是所发现隐患防控和治理的责任主体；隐患分类按照《国家电网有限公司安全隐患排查治理管理办法》中第十二条规定的十二类填报。

（2）隐患简题：发现单位、发现时间、隐患简况三要素描述应完整、清晰，存在电压等级关系应填写。

（3）隐患内容：隐患现状应描述完整，且与隐患简题内容一致，后果分析及定性依据应引用最新条款且定性正确。

（4）可能导致后果：应按照国家最新有关规定和《国家电网有限公司安全事故调查规程》的事故（事件）等级分类填写。

（5）归属职能部门：指按照隐患的专业分类应落实到的专业职能部门。

7.3.2 评估等级。

各相关专业部门对本专业安全隐患进行专业审查，评估认定隐患等级。按照隐患等级，分重大隐患、较大隐患和一般隐患。一般隐患由县公司级单位评估认定，较大隐患由市公司级单位评估认定，重大隐患由省公司级单位评估认定。

7.3.3 防控措施及隐患治理方案。

（1）防控措施：内容应具有针对性，能有效防止隐患进一步发展，且与隐患简题、隐患内容相呼应。

（2）重大隐患由省公司级单位制定治理方案，较大隐患由市公司级单位制定治理方案或治理措施，一般隐患由县公司级单位制定治理措施。治理方案：应包括隐患的现状及其产生原因、隐患的危害程度和整改难易程度分析、治理的目标和任务、采取的方法和措施、经费和物资的落实；负责治理的机构和人员、治理的时限和要求；防止隐患进一步发展的安全措施和应急预案等内容。

7.3.4 治理验收完成情况。

重大隐患治理结果由省公司级单位组织验收；较大隐患治理结果由地市公司级单位组织验收；一般隐患治理结果由县公司级单位组织验收。

（1）治理（整改）完成情况：应简要描述隐患治理完成时间、采取的治理措施以及治理措施效果。

（2）验收申请单位：按照“谁治理、谁负责”的工作原则进行填写。

（3）验收负责人：应由专业职能部门专责或部门负责人担任。

7.4 档案质量评价。

7.4.1 质量要求。上报隐患档案应规范完善，勿出现专业覆盖不全，档案信息报送不及时，“一患一档”资料填报不完整，无治理方案，无验收申请，无验收报告，评估定级、定性不准，挂牌督办及过程管控执行不到位，管理不闭环的情况；上级单位检查发现而本单位未查出、存在明显盲区漏洞；查出安全隐患不及时记录、过期补录隐患凑数、未按期整改等情况。

7.4.2 评价标准。《安全隐患档案质量评价细则》（见附件 10）。

7.4.3　安全隐患排查治理档案表填写须知（见附件 11）。

7.5　隐患考核奖励。

7.5.1　考核原则。

7.5.1.1　奖罚结合原则。对及时发现和消除重大事故隐患或带有普遍性的安全隐患避免事故或工作成绩突出的单位、部门（班组）、个人给予表扬或奖励；对隐患的产生以及排查治理工作不到位且负有责任的，进行处罚。对隐患排查工作组织开展不到位而导致安全事故发生的，从严处罚。

7.5.1.2　分级考核原则。按照分层分级原则开展安全隐患排查治理过程考核，公司对本部专业管理部门及各直属单位进行考核，各直属单位对本级专业管理部门及所属各县公司、工区、班组进行考核。

7.5.2　考核周期及依据。

7.5.2.1　评价考核周期：实行"月评价、季考核、年兑现"，以上月 26 日至当月 25 日为一个评价周期，每季初 10 日前对上季度隐患排查治理工作提出考核意见，次年 1 月对上年度隐患排查治理工作进行考核兑现。

7.5.2.2　评价考核依据：以安监管理平台隐患排查治理系统数据、各类专项隐患排查治理工作情况（含报告、报表）、上级督导检查情况和事故事件通报等为评价考核依据。涉及到评价加分、安全生产突出贡献奖励的隐患，应及时、规范录入安监管理平台隐患排查治理系统并落实闭环管理要求。

7.5.3　考核内容。

依据国家电网公司现行安全隐患排查治理管理办法监督考核相关条款，采用定量定性相结合的方式，从隐患排查全面性、隐患指标进展、隐患档案质量等方面进行定量评价，从体系机制建设、隐患标准建立、专项工作成效等方面进行定性评价，综合评价各地市级单位及县级单位隐患排查治理工作开展情况。

7.5.4　隐患有效性（隐患奖罚）。

根据各地市级单位、县级单位当月安全生产整体情况和隐患管理工作进行评价，20 分为该项标准分。发生人身事件或 6 级及以上电网、设备、网络事件的，该项评价为末段位；发生 7 级电网、设备、网络事件的，扣 10 分。其他加、减分情况如下：

7.5.4.1　加分情况。

（1）及时排查发现隐患排查标准之外的安全隐患。

（2）及时完成重大隐患治理、有效避免事故发生。

（3）及时排查治理典型性、家族性隐患，或隐患排查治理技术方法取得创新突破得到上级认可推广。

（4）及时排查发现常规方法（手段）不易发现的隐蔽性安全隐患。

（5）总结推广适用面广、实用性强的隐患排查治理经验。

（6）在专项隐患排查治理工作中表现突出，获得上级通报表扬。

（7）配合上级单位完成隐患标准制定、隐患专项督查等相关工作，并取得一定工作成效。

以上内容作为安全隐患排查治理成效加分项，由各级单位自行申报，且相关隐患必须纳入系统闭环管理，公司安监部会同专业部门进行认定。对成效显著、表现突出的单位和个人可按照安全工作奖惩实施办法进行奖励。

7.5.4.2　减分情况。

（1）未建立隐患排查治理工作体系，未明确专业部门及基层单位隐患排查治理职责。

（2）未建立本级隐患排查标准，未明确隐患排查内容、排查方法和判定依据。

（3）有排查标准但未有效发现安全隐患。

（4）专业部门未按隐患等级进行专业审查和评估认定（一般隐患由县公司级单位评估认定，较大隐患由市公司级单位评估认定，重大隐患由省公司级单位评估认定）。

（5）重大隐患未执行即时报告制度，未执行“两单一表”管控，未向政府负有安全生产监督管理职责的部门和本单位职工大会或职工代表大会报告。

（6）未制定管控措施或管控措施落实不到位，造成隐患失控导致事故事件。

（7）经多次专项排查后仍重复出现的同类隐患（不含外部不可控环境因素造成的隐患）。

（8）无故不安排项目（不落实资金）治理的隐患。

（9）未建立隐患治理绿色通道，应纳入而未纳入绿色通道治理的隐患。

（10）未按计划完成隐患治理，未按要求办理延期手续。

（11）未落实隐患公示要求，相关人员对应掌握的隐患不熟悉、不了解。

（12）已排查的隐患未落实“一患一档”要求，未纳入隐患系统闭环管理，或已纳入系统但与实际情况严重不符。

以上内容为安全隐患排查治理成效减分项，通过隐患系统、“四不两直”检查、现场实地督导等手段进行监督管理。对隐患排查不细致、防控不到位、整改不及时造成严重后果的，按照公司相关规定，严肃追究相关单位和人员责任。

7.5.5 考核方式。

7.5.5.1 省公司层面。

（1）专业部门。各专业部门组织做好本专业范围内隐患排查治理工作，按要求开展隐患标准编制、隐患评估审查，专项隐患排查、重大隐患监管等工作。公司定期对各专业隐患排查治理工作进行评价考核。公司将安全隐患排查治理成效纳入县公司“三化”指标，每月进行评价，按照“三化”指标相关要求进行考核。

（2）地市级单位。各地市级单位组织做好本单位隐患排查治理工作，按要求开展隐患标准编制、隐患闭环管控、隐患档案管理等工作。公司每月对地市级单位进行评价，综合评价结果每季度提出考核建议，每年度进行考核兑现，依据《国网陕西省电力有限公司安全工作奖惩实施办法》执行。

（3）县级单位。各县级单位组织做好本单位隐患排查治理工作，按要求开展隐患闭环管控、隐患公示、隐患档案管理等工作。

7.5.5.2 地市级单位层面参考公司评价考核标准，对本单位专业部门及所属基层单位进行评价考核。

7.5.6 考核流程。

依据《国网陕西省电力有限公司安全工作奖惩实施办法》规定，凡涉及具体隐患处置的奖励申请，该隐患必须在“安监管理平台”隐患排查治理系统建档并完成治理销号。在安全奖惩平台发起申请时，通过“奖励类别—突出贡献奖励—隐患处置”处进行关联选取。专业部门严格审核，隐患未建档、档案不规范或与实际情况不符的，不予通过。

8 隐患排查治理档案表

8.1 系统运行

8.1.1 调度自动化

8.1.1.1 调度数据网运行

一般隐患排查治理档案表

××××年度　　　　国网××××公司

<table>
<tr><td rowspan="8">发现</td><td>隐患简题</td><td colspan="7">国网××供电公司2月1日××变电站调度数据网单平面运行，存在网络级别的冗余保障不足的安全隐患。</td></tr>
<tr><td>隐患编号</td><td>国网××公司2023××××</td><td>隐患所在单位</td><td>国网××公司</td><td>隐患来源</td><td colspan="3">专项监督</td></tr>
<tr><td>隐患分类</td><td>系统运行</td><td>专业子类</td><td>调度自动化</td><td>隐患性质</td><td colspan="3">设备类</td></tr>
<tr><td>电压等级</td><td>—</td><td>归属职能部门</td><td colspan="5">调度控制中心</td></tr>
<tr><td>发现人</td><td>×××</td><td>发现人单位</td><td>国网××公司</td><td>发现日期</td><td colspan="3">2023-02-01</td></tr>
<tr><td>事故隐患内容</td><td colspan="7">2023年公司安全性评价专项监督工作中发现：国网××供电公司××变电站调度数据网双平面建设，仅一平面运行，二平面未配置、未投入运行，不满足双平面运行，导致网络级别的冗余保障不足，可能造成电力监控系统数据中断。不符合《电力调度数据网技术规范》（DL/T 1379—2013）5.1.3“电力调度数据网应采用双平面模式建设，为所承载业务提供网络级别的冗余保障”，同时不符合《国家电网公司十八项电网重大反事故措施》（国家电网设备〔2018〕979号）16.3.1.7 电网调度机构与直调发电厂及重要变电站调度自动化实时业务信息的传输应具有两条不同路由的通信通道（主/备双通道）。依据《国家电网有限公司安全事故调查规程》（2021年版）4.3.7.16“通信系统出现下列情形之一者：（3）承载地市电力调度控制中心直接调度保护业务的厂站或独立通信站的通信业务全部中断。”构成七级设备事件。</td></tr>
<tr><td>可能导致后果</td><td>七级设备事件</td><td>事件依据</td><td>《国家电网有限公司安全事故调查规程》（2021年版）4.3.7.16</td><td>标准依据</td><td colspan="3">《国家电网公司十八项电网重大反事故措施》（国家电网设备〔2018〕979号）16.3.1.7</td></tr>
<tr><td rowspan="2">市级评估</td><td>评估等级</td><td>一般隐患</td><td>评估负责人</td><td>×××</td><td>评估负责人签字日期</td><td colspan="3">2023-02-03</td></tr>
<tr><td>可能导致后果</td><td colspan="7">七级设备事件</td></tr>
<tr><td rowspan="7">治理</td><td>实际治理完成日期</td><td>2023-06-30</td><td>治理责任单位</td><td>变电检修中心</td><td>治理责任人</td><td colspan="3">×××</td></tr>
<tr><td>治理方式</td><td>措施</td><td>治理期限</td><td>2023-02-03至2023-09-30</td><td>是否纳入项目储备</td><td>否</td><td>项目储备是否审批</td><td>否</td></tr>
<tr><td>治理措施</td><td colspan="7">配置调试调度数据网二平面设备，满足双平面运行。</td></tr>
<tr><td>防控措施</td><td colspan="7">1. 落实班组隐患公示，加强变电站调度数据网运行状态监控和巡检。
2. 制定应急处置方案，开展应急处置演练，做好调度数据网故障恢复措施准备。</td></tr>
<tr><td>治理完成情况</td><td colspan="7">2023年6月30日，国网××公司完成了××变电站调度数据网调试，满足双平面运行，符合电力监控系统安全运行要求。现申请对该隐患治理完成情况进行验收。</td></tr>
<tr><td>治理计划资金（万元）</td><td colspan="2">××</td><td>累计投入资金（万元）</td><td colspan="4">××</td></tr>
<tr><td rowspan="3">验收</td><td>验收组织单位</td><td colspan="2">国网××公司</td><td>验收负责人</td><td colspan="4">×××</td></tr>
<tr><td>验收负责人签字日期</td><td colspan="2">2023-07-01</td><td>是否消除</td><td colspan="4">是</td></tr>
<tr><td>验收结论</td><td colspan="7">隐患已治理，符合安全运行要求，同意销号。</td></tr>
</table>

8.1.1.2　自动化信息

一般隐患排查治理档案表

××××年度　　　　　　　　　　　　　　　　　　　　　　　　　　　　国网××××公司

发现	隐患简题	国网××供电公司2月25日在××变电站远动机、测控装置等自动化设备上检修操作时，未提交OMS自动化检修流程，存在造成全站自动化信息出现跳变的安全隐患。						
	隐患编号	国网××公司2023××××	隐患所在单位	国网××公司	隐患来源	专项监督		
	隐患分类	系统运行	专业子类	调度自动化	隐患性质	管理类		
	电压等级	—	归属职能部门	调度控制中心				
	发现人	×××	发现人单位	国网××公司	发现日期	2023-02-25		
	事故隐患内容	**在2023年公司安全性评价专项监督工作中发现：**国网××供电公司××班组2月25日在××变电站远动机、测控装置等自动化设备上检修操作时，未提交OMS自动化检修流程，未经调度许可同意，擅自将自动化设备停电、退出运行，进行检修或调整参数等工作，存在造成全站自动化信息出现跳变的安全隐患。检修操作未提交OMS自动化检修流程，不符合《陕西电网调度自动化系统检修管理标准》（Q/GDW26 206005—2012）5.4.2：“调度自动化系统检修申请工作使用调度生产管理信息系统（OMS）中的‘自动化系统检修停运工作申请管理’软件，生成自动化系统检修停运工作申请单（见附录B.1）。检修申请单应一事一报，并按照要求的内容认真填写。”的管理要求。依据《国家电网有限公司安全隐患排查治理管理办法》［国网（安监/3）481—2022］第十一条：“（三）一般隐患主要包括可能导致以下后果的安全隐患：4. 违反省公司级单位安全生产管理规定的管理问题。”构成一般隐患。按照《国家电网有限公司安全事故调查规程》（2021年版）4.3.7.15 电力监控系统出现下列情形之一者：“（2）电力监控系统运行异常，影响事故处理或延误送（发）电”“（4）数据泄露、丢失或被窃取、篡改，对公司安全生产产生较大影响”，可能导致七级设备事件。						
	可能导致后果	七级设备事件	事件依据	《国家电网有限公司安全事故调查规程》（2021年版）4.3.7.15条	标准依据	《陕西电网调度自动化系统检修管理标准》（Q/GDW26 206005—2012）5.4.2		
市级评估	评估等级	一般隐患	评估负责人	×××	评估负责人签字日期	2023-02-25		
	可能导致后果	七级设备事件						
治理	实际治理完成日期	2023-03-01	治理责任单位	变电检修中心	治理责任人	×××		
	治理方式	措施	治理期限	2023-02-25至2023-03-15	是否纳入项目储备	否	项目储备是否审批	否
	治理措施	1. 组织培训学习《陕西电网调度自动化系统检修管理标准》（Q/GDW26 206005—2012）等制度要求，开展OMS系统操作培训。规范执行自动化设备检修流程，自动化设备检修操作前，应向调度机构提出检修申请流程，经审批通过后方可进行相关工作。 2. 检查该变电站远动机等自动化设备，确保数据参数未误修改，杜绝自动化信息出现跳变的风险。						
	防控措施	1. 通知各相关班组，未规范执行OMS自动化检修流程前，禁止进行任何自动化设备检修工作。 2. 落实班组隐患公示，做好变电站自动化信息出现误改动的应急处置措施。						
	治理完成情况	2023年3月1日，国网××公司检查××变电站远动机等自动化设备，参数未误修改，符合安全运行要求。同时，规范变电站自动化设备检修工作流程，完成制度和OMS系统操作宣贯培训，测评相关班组人员掌握工作流程制度要求和系统操作，满足相关管理要求。现申请对该隐患治理完成情况进行验收。						
	治理计划资金（万元）	0	累计投入资金（万元）	0				
验收	验收组织单位	国网××公司	验收负责人	×××				
	验收负责人签字日期	2023-03-02	是否消除	是				
	验收结论	隐患已治理，符合安全运行要求，同意销号。						

8.1.2 三道防线

8.1.2.1 继电保护装置

较大隐患排查治理档案表

××××年度　　　　　　　　　　　　　　　　　　　　　　　　　　　　　　　　　　　国网××××公司

<table>
<tr><td rowspan="7">发现</td><td>隐患简题</td><td colspan="7">国网××供电公司 2 月 5 日 330kV××变电站××线路继电保护装置超期服役，插件老化、备品备件不足的安全隐患。</td></tr>
<tr><td>隐患编号</td><td>国网××公司 2023××××</td><td>隐患所在单位</td><td>国网××公司</td><td>隐患来源</td><td colspan="3">专项行动</td></tr>
<tr><td>隐患分类</td><td>系统运行</td><td>专业子类</td><td>三道防线</td><td>隐患性质</td><td colspan="3">设备类</td></tr>
<tr><td>电压等级</td><td>330kV</td><td>归属职能部门</td><td colspan="5">调度控制中心</td></tr>
<tr><td>发现人</td><td>×××</td><td>发现人单位</td><td>国网××公司</td><td>发现日期</td><td colspan="3">2023-02-05</td></tr>
<tr><td>事故隐患内容</td><td colspan="7">在 2023 年公司“三道防线”专项检查行动中发现：国网××供电公司 330kV××变电站××线路继电保护装置超期服役（运行已超 15 年），保护型号：××，插件老化、缺陷频发，备品备件不足，存在保护误动、拒动风险，不满足《国家电网有限公司十八项电网重大反事故措施》（国家电网设备〔2018〕979 号）15.4.2：“继电保护装置应配置足够的备品、备件、缩短缺陷处理时间。”依据《国家电网有限公司安全事故调查规程》（2021 年版）4.2.6.7（2）：“220kV（含 330kV）继电保护不正确动作致使越级跳闸”，构成六级电网事件。</td></tr>
<tr><td>可能导致后果</td><td>六级电网事件</td><td>事件依据</td><td>《国家电网有限公司安全事故调查规程》（2021 年版）4.2.6.7</td><td>标准依据</td><td colspan="3">《系统运行安全隐患排查标准》XT2102</td></tr>
<tr><td rowspan="2">市级评估</td><td>评估等级</td><td>较大隐患</td><td>评估负责人</td><td>×××</td><td>评估负责人签字日期</td><td colspan="3">2023-02-05</td></tr>
<tr><td>可能导致后果</td><td colspan="7">六级电网事件</td></tr>
<tr><td rowspan="6">治理</td><td>实际治理完成日期</td><td>2023-08-01</td><td>治理责任单位</td><td>变电检修中心</td><td>治理责任人</td><td colspan="3">×××</td></tr>
<tr><td>治理方式</td><td>立项</td><td>治理期限</td><td>2023-02-05 至 2023-09-30</td><td>是否纳入项目储备</td><td>是</td><td>项目储备是否审批</td><td>是</td></tr>
<tr><td>治理措施</td><td colspan="7">结合技改大修项目更换保护装置。</td></tr>
<tr><td>防控措施</td><td colspan="7">1. 永久治理前，落实班组隐患公示，增加设备巡视频次，做好装置状态评估、定期检验，发现缺陷及时消除。
2. 制定应急处置预案，积极协调储备备用插件，做好应急抢修准备。</td></tr>
<tr><td>治理完成情况</td><td colspan="7">2023 年 8 月 1 日，国网××公司完成对 330kV××变电站××线路继电保护装置更换，验收合格，符合安全运行条件。现申请对该隐患治理完成情况进行验收。</td></tr>
<tr><td>治理计划资金（万元）</td><td colspan="2">××</td><td>累计投入资金（万元）</td><td colspan="4">××</td></tr>
<tr><td rowspan="3">验收</td><td>验收组织单位</td><td colspan="2">国网××公司</td><td>验收负责人</td><td colspan="4">×××</td></tr>
<tr><td>验收负责人签字日期</td><td colspan="2">2023-08-01</td><td>是否消除</td><td colspan="4">是</td></tr>
<tr><td>验收结论</td><td colspan="7">隐患已治理，符合安全运行要求，同意销号。</td></tr>
</table>

8.1.2.2 保护装置校验

较大隐患排查治理档案表

××××年度　　　　　　　　　　　　　　　　　　　　　　　　　　　　国网××××公司

<table>
<tr><td rowspan="7">发现</td><td>隐患简题</td><td colspan="7">国网××供电公司 2 月 5 日 330kV××变电站××线路保护装置未按周期开展定期校验的安全隐患。</td></tr>
<tr><td>隐患编号</td><td>国网××公司 2023××××</td><td>隐患所在单位</td><td>国网××公司</td><td>隐患来源</td><td colspan="3">专项行动</td></tr>
<tr><td>隐患分类</td><td>系统运行</td><td>专业子类</td><td>三道防线</td><td>隐患性质</td><td colspan="3">设备类</td></tr>
<tr><td>电压等级</td><td>330kV</td><td>归属职能部门</td><td colspan="5">调度控制中心</td></tr>
<tr><td>发现人</td><td>×××</td><td>发现人单位</td><td>国网××公司</td><td>发现日期</td><td colspan="3">2023-02-05</td></tr>
<tr><td>事故隐患内容</td><td colspan="7">在 2023 年公司“三道防线”专项检查行动中发现：330kV××变电站××线路保护装置未按周期开展定期校验，最近一次检验为 2016 年 5 月进行的投运后一年内首检，已超过 6 年未进行全部检验，保护装置校验未按期开展，不能有效评估保护装置健康状况，存在保护误动、拒动的安全风险。不满足《继电保护和电网安全自动装置检验规程》（DL/T 995）5.1.2.2：“220kV 电压等级及以上微机型保护装置检验周期：全部检验周期 6 年，部分检验周期 2～4 年”。同时，不满足《国家电网有限公司十八项电网重大反事故措施》（国家电网设备〔2018〕979 号）15.4.2：“加强继电保护和安全自动装置运行维护工作，配置足够的备品、备件，缩短缺陷处理时间。装置检验应保质保量，严禁超期和漏项，应特别加强对新投产设备的首年全面校验，提高设备健康水平”。依据《国家电网有限公司安全事故调查规程》（2021 年版）4.2.6.7（2）：“220kV（含 330kV）继电保护不正确动作致使越级跳闸”，构成六级电网事件。</td></tr>
<tr><td>可能导致后果</td><td>六级电网事件</td><td>事件依据</td><td>《国家电网有限公司安全事故调查规程》（2021 年版）4.2.6.7</td><td>标准依据</td><td colspan="3">《系统运行安全隐患排查标准》XT2201</td></tr>
<tr><td rowspan="2">市级评估</td><td>评估等级</td><td>较大隐患</td><td>评估负责人</td><td>×××</td><td>评估负责人签字日期</td><td colspan="3">2023-02-05</td></tr>
<tr><td>可能导致后果</td><td colspan="7">六级电网事件</td></tr>
<tr><td rowspan="6">治理</td><td>实际治理完成日期</td><td>2023-05-30</td><td>治理责任单位</td><td>变电检修中心</td><td>治理责任人</td><td colspan="3">×××</td></tr>
<tr><td>治理方式</td><td>措施</td><td>治理期限</td><td>2023-02-05 至 2023-06-30</td><td>是否纳入项目储备</td><td>否</td><td>项目储备是否审批</td><td>否</td></tr>
<tr><td>治理措施</td><td colspan="7">申报工作计划进行保护装置全部检验。</td></tr>
<tr><td>防控措施</td><td colspan="7">1. 增加设备巡视频次，对超期未检验保护装置进行状态评估，发现缺陷及时消除。
2. 加强相关监控信号日常检查分析，发现异常及时安排现场处置。
3. 落实班组隐患公示，做好应急处置准备。</td></tr>
<tr><td>治理完成情况</td><td colspan="7">2023 年 5 月 30 日，国网××公司结合停电计划对 330kV××变电站××线路保护装置进行了全部检验，保护装置功能及二次回路检验合格，符合安全运行要求。现申请对该隐患治理完成情况进行验收。</td></tr>
<tr><td>治理计划资金（万元）</td><td colspan="2">××</td><td>累计投入资金（万元）</td><td colspan="4">××</td></tr>
<tr><td rowspan="3">验收</td><td>验收组织单位</td><td colspan="2">国网××公司</td><td>验收负责人</td><td colspan="4">×××</td></tr>
<tr><td>验收负责人签字日期</td><td colspan="2">2023-05-30</td><td>是否消除</td><td colspan="4">是</td></tr>
<tr><td>验收结论</td><td colspan="7">隐患已治理，符合安全运行要求，同意销号。</td></tr>
</table>

8.1.2.3 继电保护及安全自动装置

一般隐患排查治理档案表

××××年度　　　　国网××××公司

<table>
<tr><td rowspan="8">发现</td><td>隐患简题</td><td colspan="7">国网××供电公司2月5日110kV××变电站未定期规范开展继电保护及安全自动装置巡视的安全隐患。</td></tr>
<tr><td>隐患编号</td><td>国网××公司2023××××</td><td>隐患所在单位</td><td>国网××公司</td><td>隐患来源</td><td colspan="3">专项行动</td></tr>
<tr><td>隐患分类</td><td>系统运行</td><td>专业子类</td><td>三道防线</td><td>隐患性质</td><td colspan="3">设备类</td></tr>
<tr><td>电压等级</td><td>110kV</td><td>归属职能部门</td><td colspan="5">调度控制中心</td></tr>
<tr><td>发现人</td><td>×××</td><td>发现人单位</td><td>国网××公司</td><td>发现日期</td><td colspan="3">2023-02-05</td></tr>
<tr><td>事故隐患内容</td><td colspan="7">在2023年公司“三道防线”专项检查行动中发现：110kV××变电站未定期开展继电保护及安全自动装置专业巡检，最近一次专业巡检时间为2020年10月，且巡检项目记录不完整。未按规定定期巡视评估继电保护及安全自动装置工况，不能及时发现设备异常，存在保护装置或安全自动装置不正确动作风险。不满足《继电保护状态检修导则》（Q/GDW 1806）4.6：“继电保护装置实行状态检修应加强运行巡视和专业巡检。”同时，不满足《继电保护和电网安全自动装置检验规程》（DL/T 995—2016）A6.2：专业巡检项目及要求。依据《国家电网有限公司安全事故调查规程》（2021年版）4.2.7.6“（1）110kV（含66kV）及以下安全自动装置不正确动作。（2）110kV（含66kV）及以下继电保护不正确动作致使越级跳闸。”构成七级电网事件。</td></tr>
<tr><td>可能导致后果</td><td>七级电网事件</td><td>事件依据</td><td>《国家电网有限公司安全事故调查规程》（2021年版）4.2.7.6</td><td>标准依据</td><td colspan="3">《系统运行安全隐患排查标准》XT3104</td></tr>
<tr style="display:none"></tr>
<tr><td rowspan="2">市级评估</td><td>评估等级</td><td>一般隐患</td><td>评估负责人</td><td>×××</td><td>评估负责人签字日期</td><td colspan="3">2023-02-05</td></tr>
<tr><td>可能导致后果</td><td colspan="7">七级电网事件</td></tr>
<tr><td rowspan="6">治理</td><td>实际治理完成日期</td><td>2023-02-15</td><td>治理责任单位</td><td>变电检修中心</td><td>治理责任人</td><td colspan="3">×××</td></tr>
<tr><td>治理方式</td><td>措施</td><td>治理期限</td><td>2023-02-05至2023-03-05</td><td>是否纳入项目储备</td><td>否</td><td>项目储备是否审批</td><td>否</td></tr>
<tr><td>治理措施</td><td colspan="7">1. 组织规范开展继电保护及安全自动装置专业巡检。
2. 加强规程培训，完整记录设备运行情况，对装置进行状态评估。</td></tr>
<tr><td>防控措施</td><td colspan="7">1. 开展巡视前，利用调度控制系统、变电站视频监控，针对性监视设备运行工况。
2. 落实班组隐患公示，发现异常及时安排现场检查处置。</td></tr>
<tr><td>治理完成情况</td><td colspan="7">2023年2月15日，国网××公司变电检修中心组织开展110kV××变电站继电保护及安全自动装置专业巡视，巡视记录完整，符合规程要求。现申请对该隐患治理完成情况进行验收。</td></tr>
<tr><td>治理计划资金（万元）</td><td colspan="2">0</td><td>累计投入资金（万元）</td><td colspan="4">0</td></tr>
<tr><td rowspan="3">验收</td><td>验收组织单位</td><td colspan="2">国网××公司</td><td>验收负责人</td><td colspan="4">×××</td></tr>
<tr><td>验收负责人签字日期</td><td colspan="2">2023-02-15</td><td>是否消除</td><td colspan="4">是</td></tr>
<tr><td>验收结论</td><td colspan="7">隐患已治理，符合安全运行要求，同意销号。</td></tr>
</table>

8.1.2.4 继电保护装置备品备件

一般隐患排查治理档案表

××××年度　　　　　　　　　　　　　　　　　　　　　　　　　国网××××公司

<table>
<tr><td rowspan="8">发现</td><td>隐患简题</td><td colspan="7">国网××供电公司 3 月 1 日 110kV××变电站××继电保护装置备品备件不充足，不满足装置异常处置要求的安全隐患。</td></tr>
<tr><td>隐患编号</td><td>国网××公司 2023××××</td><td>隐患所在单位</td><td>国网××公司</td><td>隐患来源</td><td colspan="3">现场检查</td></tr>
<tr><td>隐患分类</td><td>系统运行</td><td>专业子类</td><td>三道防线</td><td>隐患性质</td><td colspan="3">设备类</td></tr>
<tr><td>电压等级</td><td>110kV</td><td>归属职能部门</td><td colspan="5">调度控制中心</td></tr>
<tr><td>发现人</td><td>×××</td><td>发现人单位</td><td>国网××公司</td><td>发现日期</td><td colspan="3">2023-03-01</td></tr>
<tr><td>事故隐患内容</td><td colspan="7">在公司春季“三道防线”安全检查工作中发现：110kV××变电站××继电保护装置（装置型号：××）备品备件不足，运行同型号保护装置 9 套，电源插件备件仅 1 块，CPU 插件、操作插件无备件，不能满足装置异常处置要求，若出现保护装置 CPU、电源插件或操作插件等部件异常，未能及时更换，可能造成保护不正确动作，或线路因失去主保护而被迫停运。不符合《继电保护和安全自动装置运行管理规程》（DL/T 587）6.14：“运行维护单位应储备必要的备品备件。备品备件应视为运行设备，保证其可用性”的规定要求。依据《国家电网有限公司安全事故调查规程》（2021 年版）4.2.7.6：“二次系统故障，有以下情形之一者：（1）110kV（含 66kV）及以下安全自动装置不正确动作。（2）110kV（含 66kV）及以下继电保护不正确动作致使越级跳闸。（3）110kV（含 66kV）线路、母线或变压器失去主保护。”构成七级电网事件。</td></tr>
<tr><td>可能导致后果</td><td>七级电网事件</td><td>事件依据</td><td>《国家电网有限公司安全事故调查规程》（2021 年版）4.2.7.6</td><td>标准依据</td><td colspan="3">《系统运行安全隐患排查标准》XT3105</td></tr>
<tr><td rowspan="2">市级评估</td><td>评估等级</td><td>一般隐患</td><td>评估负责人</td><td>×××</td><td>评估负责人签字日期</td><td colspan="3">2023-03-03</td></tr>
<tr><td>可能导致后果</td><td colspan="7">七级电网事件</td></tr>
<tr><td rowspan="6">治理</td><td>实际治理完成日期</td><td>2023-05-30</td><td>治理责任单位</td><td>变电检修中心</td><td>治理责任人</td><td colspan="3">×××</td></tr>
<tr><td>治理方式</td><td>立项</td><td>治理期限</td><td>2023-03-03 至 2023-09-30</td><td>是否纳入项目储备</td><td>是</td><td>项目储备是否审批</td><td>是</td></tr>
<tr><td>治理措施</td><td colspan="7">1. 立项进行备品备件储备，满足现场需求。
2. 对备品备件储备情况进行建档管理，定期检查现场设备、备品备件情况。</td></tr>
<tr><td>防控措施</td><td colspan="7">1. 落实班组隐患公示，积极联系厂家，做好备件协调。
2. 制定应急处置方案，做好替换装置和措施准备，一旦出现设备异常且备件未能协调到位，及时更换保护装置。</td></tr>
<tr><td>治理完成情况</td><td colspan="7">2023 年 5 月 30 日，国网××公司完成 110kV××变电站××继电保护装置备品备件补齐，储备××型号××插件块，满足异常处置、运维保障需求。现申请对该隐患治理完成情况进行验收。</td></tr>
<tr><td>治理计划资金（万元）</td><td colspan="2">××</td><td>累计投入资金（万元）</td><td colspan="4">××</td></tr>
<tr><td rowspan="3">验收</td><td>验收组织单位</td><td colspan="2">国网××公司</td><td>验收负责人</td><td colspan="4">×××</td></tr>
<tr><td>验收负责人签字日期</td><td colspan="2">2023-05-30</td><td>是否消除</td><td colspan="4">是</td></tr>
<tr><td>验收结论</td><td colspan="7">隐患已治理，符合安全运行要求，同意销号。</td></tr>
</table>

8.1.2.5 低压电抗器、电容器保护无法闭锁功能控制装置

较大隐患排查治理档案表

××××年度

国网××××公司

<table>
<tr><td rowspan="7">发现</td><td>隐患简题</td><td colspan="7">国网××换流站2月5日低压电抗器、低压电容器保护动作后无法闭锁功能控制装置，造成开关短时间多次分合的安全隐患。</td></tr>
<tr><td>隐患编号</td><td>国网××超高压公司2023××××</td><td>隐患所在单位</td><td>国网××超高压公司</td><td>隐患来源</td><td colspan="3">现场检查</td></tr>
<tr><td>隐患分类</td><td>系统运行</td><td>专业子类</td><td>三道防线</td><td>隐患性质</td><td colspan="3">设备类</td></tr>
<tr><td>电压等级</td><td>—</td><td>归属职能部门</td><td colspan="5">设备部</td></tr>
<tr><td>发现人</td><td>×××</td><td>发现人单位</td><td>国网××超高压公司</td><td>发现日期</td><td colspan="3">2023-02-05</td></tr>
<tr><td>事故隐患内容</td><td colspan="7">在2023年公司安全性评价专项监督工作中发现：国网××换流站低压电抗器、低压电容器保护动作后无法闭锁功能控制装置，造成开关短时间内多次分合的安全隐患。不满足《国家电网有限公司关于印发防止直流换流站事故措施及释义（修订版）的通知》（国家电网设备〔2021〕227号）6.1.28：“换流站低容低抗设备保护应按照双重化配置。”依据《国家电网有限公司安全事故调查规程》（2021年版）4.2.6.6（6）：“±400kV以上直流输电系统功率速降超过2000MW或额定功率的50%”，构成六级电网事件。</td></tr>
<tr><td>可能导致后果</td><td>六级电网事件</td><td>事件依据</td><td>《国家电网有限公司安全事故调查规程》（2021年版）4.2.6.6</td><td>标准依据</td><td colspan="3">《系统运行安全隐患排查标准》XT2108</td></tr>
<tr><td rowspan="2">市级评估</td><td>评估等级</td><td>较大隐患</td><td>评估负责人</td><td>×××</td><td>评估负责人签字日期</td><td colspan="3">2023-02-05</td></tr>
<tr><td>可能导致后果</td><td colspan="7">六级电网事件</td></tr>
<tr><td rowspan="6">治理</td><td>实际治理完成日期</td><td>2023-06-01</td><td>治理责任单位</td><td>调控中心</td><td>治理责任人</td><td colspan="3">×××</td></tr>
<tr><td>治理方式</td><td>立项</td><td>治理期限</td><td>2023-02-05至2023-06-20</td><td>是否纳入项目储备</td><td>是</td><td>项目储备是否审批</td><td>是</td></tr>
<tr><td>治理措施</td><td colspan="7">1. 根据隐患内容制订专项方案。
2. 完成低压电抗器、低压电容器保护动作后闭锁功能控制改造。</td></tr>
<tr><td>防控措施</td><td colspan="7">1. 落实班组隐患公示。
2. 低压电抗器、低压电容器保护动作后，应及时将电抗器和电容器转检修。
3. 制订好异常事故处置方案。</td></tr>
<tr><td>治理完成情况</td><td colspan="7">2023年6月1日，国网××换流站完成低压电抗器、低压电容器保护功能完善。现申请对该隐患治理完成情况进行验收。</td></tr>
<tr><td>治理计划资金（万元）</td><td colspan="2">××</td><td>累计投入资金（万元）</td><td colspan="4">××</td></tr>
<tr><td rowspan="3">验收</td><td>验收组织单位</td><td colspan="2">国网××公司</td><td>验收负责人</td><td colspan="4">×××</td></tr>
<tr><td>验收负责人签字日期</td><td colspan="2">2023-06-02</td><td>是否消除</td><td colspan="4">是</td></tr>
<tr><td>验收结论</td><td colspan="7">隐患已治理，符合安全运行要求，同意销号。</td></tr>
</table>

8.1.2.6 直流控制保护系统出口跳闸信号未及时复归

较大隐患排查治理档案表

××××年度　　　　国网××××公司

<table>
<tr><td rowspan="7">发现</td><td>隐患简题</td><td colspan="7">国网××换流站 2 月 5 日直流控制保护系统异常处理完毕恢复运行前，出口跳闸信号未及时复归的安全隐患。</td></tr>
<tr><td>隐患编号</td><td>国网×××公司 2023××××</td><td>隐患所在单位</td><td>国网××超高压公司</td><td>隐患来源</td><td colspan="3">现场检查</td></tr>
<tr><td>隐患分类</td><td>系统运行</td><td>专业子类</td><td>三道防线</td><td>隐患性质</td><td colspan="3">人员类</td></tr>
<tr><td>电压等级</td><td>—</td><td>归属职能部门</td><td colspan="5">设备部</td></tr>
<tr><td>发现人</td><td>×××</td><td>发现人单位</td><td>国网××超高压公司</td><td>发现日期</td><td colspan="3">2023-02-05</td></tr>
<tr><td>事故隐患内容</td><td colspan="7">在事故分析中发现：2023 年 2 月 5 日，国网××换流站因单套控制保护系统的电流测量板 PS862XP 板卡故障，由于该套控制保护的事件报警、系统切换等被屏蔽，运行人员无法发现该套采样的差动电流异常。控制极切换后保护开放，直接动作出口导致闭锁。不满足《国家电网有限公司关于印发防止直流换流站事故措施及释义（修订版）的通知》（国家电网设备〔2021〕227 号）5.1.6：“处于非运行状态的直流控制保护系统中存在跳闸出口信号时不得切换到运行状态，避免异常信号误动作出口跳闸”，存在直流闭锁的安全风险。依据《国家电网有限公司安全事故调查规程》（2021 年版）4.2.6.6（2）：“±400kV 以上直流单极或单换流器闭锁，并造成功率损失。”和 4.2.6.6（6）：“±400kV 以上直流输电系统功率速降超过 2000MW 或额定功率的 50%”，构成六级设备事件。</td></tr>
<tr><td>可能导致后果</td><td>六级设备事件</td><td>事件依据</td><td>《国家电网有限公司安全事故调查规程》（2021 年版）4.2.6.6（2）或（6）</td><td>标准依据</td><td colspan="3">《系统运行安全隐患排查标准》XT2303</td></tr>
<tr><td rowspan="2">市级评估</td><td>评估等级</td><td>较大隐患</td><td>评估负责人</td><td>×××</td><td>评估负责人签字日期</td><td colspan="3">2023-02-05</td></tr>
<tr><td>可能导致后果</td><td colspan="7">六级设备事件</td></tr>
<tr><td rowspan="7">治理</td><td>实际治理完成日期</td><td>2023-03-05</td><td>治理责任单位</td><td>设备部</td><td>治理责任人</td><td colspan="3">×××</td></tr>
<tr><td>治理方式</td><td>措施</td><td>治理期限</td><td>2023-02-05 至 2023-08-05</td><td>是否纳入项目储备</td><td>否</td><td>项目储备是否审批</td><td>否</td></tr>
<tr><td>治理措施</td><td colspan="7">对存在跳闸信号的主机禁止从试验位置切换至备用状态。</td></tr>
<tr><td>防控措施</td><td colspan="7">1. 投运前对控保主机跳闸信号进行检查。
2. 当运行系统发生紧急故障时，若另一系统处于备用状态，则系统切换。切换后，紧急故障系统不能进入备用状态。
3. 当运行系统发生严重故障时，若另一系统处于备用状态，则系统切换。切换后，严重故障系统不能进入备用状态。
4. 当备用系统发生严重或紧急故障时，应退至试验状态且在故障消除前不能进入备用状态。</td></tr>
<tr><td>治理完成情况</td><td colspan="7">2023 年 3 月 5 日，控制保护主机的跳闸出口信号恢复正常。现申请对该隐患治理完成情况进行验收。</td></tr>
<tr><td>治理计划资金（万元）</td><td colspan="2">××</td><td colspan="2">累计投入资金（万元）</td><td colspan="3">××</td></tr>
<tr><td colspan="8"></td></tr>
<tr><td rowspan="3">验收</td><td>验收组织单位</td><td colspan="2">国网××公司</td><td colspan="2">验收负责人</td><td colspan="3">×××</td></tr>
<tr><td>验收负责人签字日期</td><td colspan="2">2023-03-05</td><td colspan="2">是否消除</td><td colspan="3">是</td></tr>
<tr><td>验收结论</td><td colspan="7">隐患已治理，符合安全运行要求，同意销号。</td></tr>
</table>

8.1.2.7 控制系统稳控功能软压板未按要求投入

较大隐患排查治理档案表

××××年度

国网××××公司

<table>
<tr><td rowspan="7">发现</td><td>隐患简题</td><td colspan="7">国网××换流站运行人员控制系统（OWS）上稳控功能软压板未按要求投入的安全隐患。</td></tr>
<tr><td>隐患编号</td><td>国网××超高压公司2023××××</td><td>隐患所在单位</td><td>国网××超高压公司</td><td>隐患来源</td><td colspan="3">现场检查</td></tr>
<tr><td>隐患分类</td><td>系统运行</td><td>专业子类</td><td>三道防线</td><td>隐患性质</td><td colspan="3">人员类</td></tr>
<tr><td>电压等级</td><td>—</td><td>归属职能部门</td><td colspan="5">设备部</td></tr>
<tr><td>发现人</td><td>×××</td><td>发现人单位</td><td>国网××超高压公司</td><td>发现日期</td><td colspan="3">2023-02-05</td></tr>
<tr><td>事故隐患内容</td><td colspan="7">在2023年公司安全性评价专项监督工作中发现：国网××换流站运行人员控制系统（OWS）上稳控功能软压板未按要求投入的安全隐患。不满足《国家电网有限公司关于印发防止直流换流站事故措施及释义（修订版）的通知》（国家电网设备〔2021〕227号）5.1.21："直流控制系统与稳控装置应采用标准化接口设计，直流系统异常导致功率速降时（如由绝对最小滤波器不满足、接地极线路过负荷保护导致的功率速降等），直流控制系统应将功率速降量和速降信号发给稳控装置；直流系统非正常停运时（如保护性闭锁等）时，直流控制系统应将非正常停运信号发给稳控装置，由稳控装置计算功率变化值。交流系统故障引起的功率变化值，由稳控装置自身计算。"依据《国家电网有限公司安全事故调查规程》（2021年版）4.2.6.6（6）："±400kV以上直流输电系统功率速降超过2000MW或额定功率的50%"，构成六级电网事件。</td></tr>
<tr><td>可能导致后果</td><td>六级电网事件</td><td>事件依据</td><td>《国家电网有限公司安全事故调查规程》（2021年版）4.2.6.6（6）</td><td>标准依据</td><td colspan="3">《系统运行设备安全隐患排查标准》XT2304</td></tr>
<tr><td rowspan="2">市级评估</td><td>评估等级</td><td>较大隐患</td><td>评估负责人</td><td>×××</td><td>评估负责人签字日期</td><td colspan="3">2023-02-05</td></tr>
<tr><td>可能导致后果</td><td colspan="7">六级电网事件</td></tr>
<tr><td rowspan="7">治理</td><td>实际治理完成日期</td><td>2023-05-25</td><td>治理责任单位</td><td>设备部</td><td>治理责任人</td><td colspan="3">×××</td></tr>
<tr><td>治理方式</td><td>措施</td><td>治理期限</td><td>2023-02-05至2023-05-27</td><td>是否纳入项目储备</td><td>否</td><td>项目储备是否审批</td><td>否</td></tr>
<tr><td>治理措施</td><td colspan="7">按照要求正确投入压板。</td></tr>
<tr><td>防控措施</td><td colspan="7">1. 落实班组隐患公示。
2. 落实操作票三级审核制度，严格按照操作票进行操作。
3. 制订好异常事故处置方案。</td></tr>
<tr><td>治理完成情况</td><td colspan="7">2023年5月25日，按照要求完成压板投入。现申请对该隐患治理完成情况进行验收。</td></tr>
<tr><td>治理计划资金（万元）</td><td colspan="2">××</td><td colspan="2">累计投入资金（万元）</td><td colspan="3">××</td></tr>
<tr><td colspan="8"></td></tr>
<tr><td rowspan="3">验收</td><td>验收组织单位</td><td colspan="2">国网××公司</td><td colspan="2">验收负责人</td><td colspan="3">×××</td></tr>
<tr><td>验收负责人签字日期</td><td colspan="2">2023-05-26</td><td colspan="2">是否消除</td><td colspan="3">是</td></tr>
<tr><td>验收结论</td><td colspan="7">隐患已治理，符合安全运行要求，同意销号。</td></tr>
</table>

8.1.3 网架结构

8.1.3.1 电源不满足 N−1

较大隐患排查治理档案表

××××年度　　　　　　　　　　　　　　　　　　　　　　　　　国网××××公司

<table>
<tr><td rowspan="7">发现</td><td>隐患简题</td><td colspan="7">国网××供电公司1月10日330kV××变电站不满足N−1校核，发生单一元件N−1故障后将造成五级电网事件的安全隐患。</td></tr>
<tr><td>隐患编号</td><td>国网××公司2023××××</td><td>隐患所在单位</td><td>国网××公司</td><td>隐患来源</td><td colspan="3">专项监督</td></tr>
<tr><td>隐患分类</td><td>系统运行</td><td>专业子类</td><td>网架结构</td><td>隐患性质</td><td colspan="3">设备类</td></tr>
<tr><td>电压等级</td><td>330kV</td><td>归属职能部门</td><td colspan="5">调度控制中心</td></tr>
<tr><td>发现人</td><td>×××</td><td>发现人单位</td><td>国网××公司</td><td>发现日期</td><td colspan="3">2023-01-10</td></tr>
<tr><td>事故隐患内容</td><td colspan="7">在2023年公司安全性评价专项监督工作中发现：330kV××变电站为单台容量××MVA的2台主变并列运行，不满足N−1校核，大负荷期间，若单台主变跳闸，运行主变将过载，将造成安全稳定控制系统动作切除××MW负荷（大于100MW），存在稳控动作、减供负荷的安全隐患。不符合《导体和电器选择设计技术规定》（DL/T 5222—2005）8.0.6：“选择变压器容量时，应根据变压器用途确定变压器负荷特性，并参考相关标准中给定的正常周期所推荐的变压器在正常寿命损失下变压器的容量，同时还应考虑负荷发展，额定容量应尽可能选用标准容量系列”和《电力系统安全稳定导则》（GB 38755—2019）2.3：“正常运行方式下的电力系统中任一元件（如发动机、交流线路、变压器、直流单极线路、直流换流器等，下同）无故障或因故障断开，电力系统应能保持稳定运行和正常供电，其他元件不过负荷，电压和频率均在允许范围内”的规定。依据《国家电网有限公司安全事故调查规程》（2021年版）4.2.5.1（2）：“造成电网减供负荷100MW以上者”，构成五级电网事件。</td></tr>
<tr><td>可能导致后果</td><td>五级电网事件</td><td>事件依据</td><td>《国家电网有限公司安全事故调查规程》（2021年版）4.2.5.1</td><td>标准依据</td><td colspan="3">《导体和电器选择设计技术规定》（DL/T 5222—2005）8.0.6；《电力系统安全稳定导则》（GB 38755—2019）2.3</td></tr>
<tr><td rowspan="2">市级评估</td><td>评估等级</td><td>较大隐患</td><td>评估负责人</td><td>×××</td><td>评估负责人签字日期</td><td colspan="3">2023-01-10</td></tr>
<tr><td>可能导致后果</td><td colspan="7">五级电网事件</td></tr>
<tr><td rowspan="7">治理</td><td>实际治理完成日期</td><td>2023-02-10</td><td>治理责任单位</td><td>发展策划部</td><td>治理责任人</td><td colspan="3">×××</td></tr>
<tr><td>治理方式</td><td>立项</td><td>治理期限</td><td>2023-01-10至2023-04-10</td><td>是否纳入项目储备</td><td>是</td><td>项目储备是否审批</td><td>是</td></tr>
<tr><td>治理措施</td><td colspan="7">1. 方案一：编制新建330kV××变电站可行性研究方案，新增330kV电源布点，规划建设330kV××输变电工程项目，分网重载330kV变电站负荷。
2. 方案二：或对330kV××变电站增容改造。</td></tr>
<tr><td>防控措施</td><td colspan="7">1. 永久治理前，对运行中的变压器增加巡视频次，检查其油温油位变化，做好负荷监控，有异常时立即与相关调度汇报转移负荷等，做好主变压器的测温工作。
2. 完善重载变电站下级电网，转移部分负荷至相邻轻载变电站供电。
3. 落实隐患公示，编制主变N−1处理预案，针对性开展主变N−1预案演练，在出现故障时通过负荷转供等方式及时恢复供电。</td></tr>
<tr><td>治理完成情况</td><td colspan="7">2023年××月××日，完成新建330kV××变电站可行性研究方案的规划审批；××××年××月××日，完成330kV××输变电工程建设并投入运行，分网330kV××变电站负荷，隐患已治理完成。现申请对该隐患治理完成情况进行验收。</td></tr>
<tr><td>治理计划资金（万元）</td><td colspan="2">××</td><td>累计投入资金（万元）</td><td colspan="4">××</td></tr>
<tr><td rowspan="3">验收</td><td>验收组织单位</td><td colspan="2">国网××公司</td><td>验收负责人</td><td colspan="4">×××</td></tr>
<tr><td>验收负责人签字日期</td><td colspan="2">2023-02-10</td><td>是否消除</td><td colspan="4">是</td></tr>
<tr><td>验收结论</td><td colspan="7">隐患已治理，符合安全运行要求，同意销号。</td></tr>
</table>

8.1.3.2 单线、单变不满足 $N-1$

较大隐患排查治理档案表

××××年度

国网××××公司

<table>
<tr><td rowspan="7">发现</td><td>隐患简题</td><td colspan="7">国网××供电公司 11 月 10 日 110kV××变电站单线、单变不满足 $N-1$ 的安全隐患。</td></tr>
<tr><td>隐患编号</td><td>国网××公司 2022××××</td><td>隐患所在单位</td><td>国网××公司</td><td>隐患来源</td><td colspan="3">专项监督</td></tr>
<tr><td>隐患分类</td><td>系统运行</td><td>专业子类</td><td>网架结构</td><td>隐患性质</td><td colspan="3">设备类</td></tr>
<tr><td>电压等级</td><td>110kV</td><td>归属职能部门</td><td colspan="5">调度控制中心</td></tr>
<tr><td>发现人</td><td>×××</td><td>发现人单位</td><td>国网××公司</td><td>发现日期</td><td colspan="3">2022-11-10</td></tr>
<tr><td>事故隐患内容</td><td colspan="7">在 2022 年公司安全性评价专项监督工作中发现：110kV××变电站单线、单变供电，不满足 $N-1$，若进线或主变发生永久性故障跳闸，将造成 110kV××变电站全站停电，不符合《电力系统安全稳定导则》（GB 38755—2019）2.3：“正常运行方式下的电力系统中任一元件（如发动机、交流线路、变压器、直流单极线路、直流换流器等，下同）无故障或因故障断开，电力系统应能保持稳定运行和正常供电，其他元件不过负荷，电压和频率均在允许范围内”的规定要求，依据《国家电网有限公司安全事故调查规程》（2021 年版）4.2.6.5（1）：“变电站内 110kV（含 66kV）运行母线跳闸全停”，构成六级电网事件。</td></tr>
<tr><td>可能导致后果</td><td>六级电网事件</td><td>事件依据</td><td>《国家电网有限公司安全事故调查规程》（2021 年版）4.2.6.5</td><td>标准依据</td><td colspan="3">《电力系统安全稳定导则》（GB 38755—2019）2.3</td></tr>
<tr><td rowspan="2">市级评估</td><td>评估等级</td><td>较大隐患</td><td>评估负责人</td><td>×××</td><td>评估负责人签字日期</td><td colspan="3">2022-11-10</td></tr>
<tr><td>可能导致后果</td><td colspan="7">六级电网事件</td></tr>
<tr><td rowspan="7">治理</td><td>实际治理完成日期</td><td>2022-12-10</td><td>治理责任单位</td><td>发展策划部</td><td>治理责任人</td><td colspan="3">×××</td></tr>
<tr><td>治理方式</td><td>立项</td><td>治理期限</td><td>2022-11-10 至 2023-02-10</td><td>是否纳入项目储备</td><td>是</td><td>项目储备是否审批</td><td>是</td></tr>
<tr><td>治理措施</td><td colspan="7">针对变压器负荷特性，结合该供电区域负荷发展趋势，申请项目，对 110kV××变电站增加主变压器，升级为双台主变并列运行方式，并新增第二条电源线路，提高供电可靠性，满足电网 $N-1$ 要求。</td></tr>
<tr><td>防控措施</td><td colspan="7">1. 永久治理前，落实隐患公示，制定单线、单变运行方式下的事故应急预案，增加对变压器及线路的巡视频次，密切注意负荷及变压器温度的变化。
2. 完善 110kV××变电站所带重要负荷的供电方式，对该站需检修设备开展“零点”检修，减少限电或减供负荷次数。
3. 编制应急处理预案，针对性开展预案演练，在出现故障时尽快恢复供电。</td></tr>
<tr><td>治理完成情况</td><td colspan="7">××××年××月××日，完成对 110kV××变电站新增第二条电源线路，并新增一台××MVA 变压器并投入运行，满足 $N-1$ 要求。现申请对该隐患治理完成情况进行验收。</td></tr>
<tr><td>治理计划资金（万元）</td><td colspan="2">××</td><td>累计投入资金（万元）</td><td colspan="4">××</td></tr>
<tr><td colspan="0" style="display:none"></td></tr>
<tr><td rowspan="3">验收</td><td>验收组织单位</td><td colspan="2">国网××公司</td><td>验收负责人</td><td colspan="4">×××</td></tr>
<tr><td>验收负责人签字日期</td><td colspan="2">2022-12-10</td><td>是否消除</td><td colspan="4">是</td></tr>
<tr><td>验收结论</td><td colspan="7">隐患已治理，符合安全运行要求，同意销号。</td></tr>
</table>

8.1.3.3 供电能力不足

较大隐患排查治理档案表

××××年度　　　　　　　　　　　　　　　　　　　　　　　　　国网××××公司

<table>
<tr><td rowspan="7">发现</td><td>隐患简题</td><td colspan="7">国网××供电公司 2 月 10 日××县域电网存在供电保障能力不足的安全隐患。</td></tr>
<tr><td>隐患编号</td><td>国网××公司 2023××××</td><td>隐患所在单位</td><td>国网××公司</td><td>隐患来源</td><td colspan="3">专项监督</td></tr>
<tr><td>隐患分类</td><td>系统运行</td><td>专业子类</td><td>网架结构</td><td>隐患性质</td><td colspan="3">设备类</td></tr>
<tr><td>电压等级</td><td>110kV</td><td>归属职能部门</td><td colspan="5">调度控制中心</td></tr>
<tr><td>发现人</td><td>×××</td><td>发现人单位</td><td>国网××公司</td><td>发现日期</td><td colspan="3">2023-02-10</td></tr>
<tr><td>事故隐患内容</td><td colspan="7">在 2023 年公司安全性评价专项监督工作中发现：××县工业园区建设快速发展，县域负荷增长需求加大，电力负荷达 90MW，由于该区域电网目前仅有一座 110kV 变电站两台 50MVA 变压器，不满足 N−1，存在供电保障能力不足的电网安全隐患，不符合《电力系统安全稳定导则》（GB 38755—2019）2.3：“正常运行方式下的电力系统中任一元件（如发动机、交流线路、变压器、直流单极线路、直流换流器等，下同）无故障或因故障断开，电力系统应能保持稳定运行和正常供电，其他元件不过负荷，电压和频率均在允许范围内”的规定要求。若该 110kV 变电站任一台主变故障，该县域将面临限电或减供负荷，依据《国家电网有限公司安全事故调查规程》（2021 年版）4.2.6.1：“造成电网减供负荷 40MW 以上者”，构成六级电网事件。</td></tr>
<tr><td>可能导致后果</td><td>六级电网事件</td><td>事件依据</td><td>《国家电网有限公司安全事故调查规程》（2021 年版）4.2.6.1</td><td>标准依据</td><td colspan="3">《电力系统安全稳定导则》（GB 38755—2019）2.3</td></tr>
<tr><td rowspan="2">市级评估</td><td>评估等级</td><td>较大隐患</td><td>评估负责人</td><td>×××</td><td>评估负责人签字日期</td><td colspan="3">2023-02-10</td></tr>
<tr><td>可能导致后果</td><td colspan="7">六级电网事件</td></tr>
<tr><td rowspan="6">治理</td><td>实际治理完成日期</td><td>2023-03-10</td><td>治理责任单位</td><td>发展策划部</td><td>治理责任人</td><td colspan="3">×××</td></tr>
<tr><td>治理方式</td><td>立项</td><td>治理期限</td><td>2023-02-10 至 2023-05-10</td><td>是否纳入项目储备</td><td>是</td><td>项目储备是否审批</td><td>是</td></tr>
<tr><td>治理措施</td><td colspan="7">编制新建 110kV××变电站可行性研究方案，新增 110kV 电源布点，规划建设 110kV××输变电工程项目，以满足该县域负荷快速增长的用电需求。</td></tr>
<tr><td>防控措施</td><td colspan="7">1. 落实隐患公示，永久治理前，大负荷期间增加对该县域配电网设备的巡视频次及负荷监控。
2. 加快 10kV 农网线路改造进度及配变布点建设，优化配电网运行方式。
3. 对该站需检修设备开展“零点”检修，减少限电或减供负荷次数。
4. 编制应急处置预案，针对性开展预案演练，在出现故障时尽快恢复供电。</td></tr>
<tr><td>治理完成情况</td><td colspan="7">2023 年××月××日，国网××公司完成新建 110kV××变电站可行性研究方案的规划审批；××××-××-××，完成 110kV××输变电工程建设并投入运行，提高了县域供电保障能力，满足供电保障需求。现申请对该隐患治理完成情况进行验收。</td></tr>
<tr><td>治理计划资金（万元）</td><td colspan="2">××</td><td>累计投入资金（万元）</td><td colspan="4">××</td></tr>
<tr><td rowspan="3">验收</td><td>验收组织单位</td><td colspan="2">国网××公司</td><td>验收负责人</td><td colspan="4">×××</td></tr>
<tr><td>验收负责人签字日期</td><td colspan="2">2023-03-10</td><td>是否消除</td><td colspan="4">是</td></tr>
<tr><td>验收结论</td><td colspan="7">隐患已治理，符合安全运行要求，同意销号。</td></tr>
</table>

8.1.3.4 主变压器重载

较大隐患排查治理档案表

××××年度

国网××××公司

<table>
<tr><td rowspan="7">发现</td><td>隐患简题</td><td colspan="7">国网××供电公司1月10日110kV××变电站大负荷期间主变压器重载的安全隐患。</td></tr>
<tr><td>隐患编号</td><td>国网××公司2023××××</td><td>隐患所在单位</td><td>国网××公司</td><td>隐患来源</td><td colspan="3">专项监督</td></tr>
<tr><td>隐患分类</td><td>电网规划</td><td>专业子类</td><td>网架结构</td><td>隐患性质</td><td colspan="3">设备类</td></tr>
<tr><td>电压等级</td><td>110kV</td><td>归属职能部门</td><td colspan="5">调度控制中心</td></tr>
<tr><td>发现人</td><td>×××</td><td>发现人单位</td><td>国网××公司</td><td>发现日期</td><td colspan="3">2023-01-10</td></tr>
<tr><td>事故隐患内容</td><td colspan="7">在2023年公司安全性评价专项监督工作中发现：110kV××变电站2台主变并列运行，主变容量2×××MVA，夏季、冬季大负荷期间主变负载率约85%～95%，主变压器长期重载运行，存在设备损坏的安全隐患，不符合《导体和电器选择设计技术规定》（DL/T 5222—2005）8.0.6：“选择变压器容量时，应根据变压器用途确定变压器负荷特性，并参考相关标准中给定的正常周期所推荐的变压器在正常寿命损失下变压器的容量，同时还应考虑负荷发展，额定容量应尽可能选用标准容量系列”和《电力系统安全稳定导则》（GB 38755—2019）2.3：“正常运行方式下的电力系统中任一元件（如发动机、交流线路、变压器、直流单极线路、直流换流器等，下同）无故障或因故障断开，电力系统应能保持稳定运行和正常供电，其他元件不过负荷，电压和频率均在允许范围内”的规定。若主变压器长时间处于满负荷或过负荷运行时，将影响变压器的绝缘，从而导致主变压器损坏，依据《国家电网有限公司安全事故调查规程》（2021年版）4.3.6.2（4）：“110kV（含66kV）以上主变压器，±400kV以下直流换流站的换流变压器、平波电抗器等本体故障损坏或绝缘击穿。”构成六级设备事件。</td></tr>
<tr><td>可能导致后果</td><td>六级设备事件</td><td>事件依据</td><td>《国家电网有限公司安全事故调查规程》（2021年版）4.3.6.2</td><td>标准依据</td><td colspan="3">《电力系统安全稳定导则》（GB 38755—2019）2.3</td></tr>
<tr><td rowspan="2">市级评估</td><td>评估等级</td><td>较大隐患</td><td>评估负责人</td><td>×××</td><td>评估负责人签字日期</td><td colspan="3">2023-01-10</td></tr>
<tr><td>可能导致后果</td><td colspan="7">六级设备事件</td></tr>
<tr><td rowspan="6">治理</td><td>实际治理完成日期</td><td>2023-02-10</td><td>治理责任单位</td><td>发展策划部</td><td>治理责任人</td><td colspan="3">×××</td></tr>
<tr><td>治理方式</td><td>立项</td><td>治理期限</td><td>2023-01-10至2023-04-10</td><td>是否纳入项目储备</td><td>是</td><td>项目储备是否审批</td><td>是</td></tr>
<tr><td>治理措施</td><td colspan="7">1. 方案一：针对变压器负荷特性，结合该供电区域负荷发展趋势，申请项目，新增110kV电源布点。
2. 方案二：对110kV××变电站进行增容改造，将原2台容量××MVA主变更换为××MVA主变。</td></tr>
<tr><td>防控措施</td><td colspan="7">1. 落实隐患公示，永久治理前，做好110kV××变电站负荷监控，运维班组重载期间缩短巡视周期、增加红外测温次数，重载90%以上恢复有人值守，有异常时立即与调度汇报转移负荷。
2. 完善重载变电站下级电网，转移部分负荷至相邻轻载变电站供电。
3. 制定应急处置方案，针对性开展主变 N−1 预案演练，确保在出现故障时迅速控制负荷。</td></tr>
<tr><td>治理完成情况</td><td colspan="7">××××年××月××日，完成110kV××变电站主变增容改造及投运工作，将原2台××MVA主变更换为2台××MVA主变，满足大负荷期间110kV××变电站单台主变安全运行要求。现申请对该隐患治理完成情况进行验收。</td></tr>
<tr><td>治理计划资金（万元）</td><td colspan="2">××</td><td>累计投入资金（万元）</td><td colspan="4">××</td></tr>
<tr><td rowspan="3">验收</td><td>验收组织单位</td><td colspan="2">国网××公司</td><td>验收负责人</td><td colspan="4">×××</td></tr>
<tr><td>验收负责人签字日期</td><td colspan="2">2023-02-10</td><td>是否消除</td><td colspan="4">是</td></tr>
<tr><td>验收结论</td><td colspan="7">隐患已治理，符合安全运行要求，同意销号。</td></tr>
</table>

8.1.3.5 双回线路送出不满足 *N*–1

较大隐患排查治理档案表

××××年度　　　　　　　　　　　　　　　　　　　　　　　　　　　　国网××××公司

<table>
<tr><td rowspan="7">发现</td><td>隐患简题</td><td colspan="7">国网××供电公司 1 月 10 日 3 座 110kV 变电站负荷通过双回线路送出不满足 N–1 的安全隐患。</td></tr>
<tr><td>隐患编号</td><td>国网××公司 2023××××</td><td>隐患所在单位</td><td>国网××公司</td><td>隐患来源</td><td colspan="3">专项监督</td></tr>
<tr><td>隐患分类</td><td>系统运行</td><td>专业子类</td><td>网架结构</td><td>隐患性质</td><td colspan="3">设备类</td></tr>
<tr><td>电压等级</td><td>110kV</td><td>归属职能部门</td><td colspan="5">调度控制中心</td></tr>
<tr><td>发现人</td><td>×××</td><td>发现人单位</td><td>国网××公司</td><td>发现日期</td><td colspan="3">2023-01-10</td></tr>
<tr><td>事故隐患内容</td><td colspan="7">在 2023 年公司安全性评价专项监督工作中发现：3 座 110kV 变电站负荷通过双回线路送出，网架结构薄弱，若任一回线路发生跳闸（重合不成功），另一回线路将过负荷运行，严重情况下造成线路过负荷跳闸，甚至烧损断线，造成 3 座 110kV 变电站全停。不符合《电力系统安全稳定导则》（GB 38755—2019）2.3：“正常运行方式下的电力系统中任一元件（如发动机、交流线路、变压器、直流单极线路、直流换流器等）无故障或因故障断开，电力系统应能保持稳定运行和正常供电，其他元件不过负荷，电压和频率均在允许范围内”的规定要求。依据《国家电网有限公司安全事故调查规程》（2021 年版）4.2.5.4：“交流系统故障，有下列情形之一者：（2）三座以上 110kV（含 66kV）变电站全停。”构成五级电网事件。</td></tr>
<tr><td>可能导致后果</td><td>五级电网事件</td><td>事件依据</td><td>《国家电网有限公司安全事故调查规程》（2021 年版）4.2.5.4</td><td>标准依据</td><td colspan="3">《电力系统安全稳定导则》（GB 38755—2019）2.3</td></tr>
<tr><td rowspan="2">市场评估</td><td>评估等级</td><td>较大隐患</td><td>评估负责人</td><td>×××</td><td>评估负责人签字日期</td><td colspan="3">2023-01-10</td></tr>
<tr><td>可能导致后果</td><td colspan="7">五级电网事件</td></tr>
<tr><td rowspan="7">治理</td><td>实际治理完成日期</td><td>2023-02-10</td><td>治理责任单位</td><td>发展策划部</td><td>治理责任人</td><td colspan="3">×××</td></tr>
<tr><td>治理方式</td><td>立项</td><td>治理期限</td><td>2023-01-10 至 2023-04-10</td><td>是否纳入项目储备</td><td>是</td><td>项目储备是否审批</td><td>是</td></tr>
<tr><td>治理措施</td><td colspan="7">结合该供电区域负荷发展趋势，申请项目，对网架结构进行优化调整，实施××变电站××线路送出工程，形成双电源链式结构，提升供电可靠性。</td></tr>
<tr><td>防控措施</td><td colspan="7">1. 落实隐患公示，运维单位加强线路巡视，大负荷期间增加特巡频次。
2. 做好应急处置预案，开展针对性演练。若一条线路停电时，对另一条线路开展特殊巡视、测温等工作，严格监视好负荷、电流，当过负荷运行时及时与相应调度联系降低负荷，同时尽快恢复停电线路的正常运行。</td></tr>
<tr><td>治理完成情况</td><td colspan="7">××××年××月××日，国网××公司完成××变电站××线路送出工程，接入××变电站，完成分网改造，提高了区域供电保障能力，隐患已治理完成。现申请对该隐患治理完成情况进行验收。</td></tr>
<tr><td>治理计划资金（万元）</td><td colspan="2">××</td><td>累计投入资金（万元）</td><td colspan="4">××</td></tr>
<tr><td rowspan="3">验收</td><td>验收组织单位</td><td colspan="2">国网××公司</td><td>验收负责人</td><td colspan="4">×××</td></tr>
<tr><td>验收负责人签字日期</td><td colspan="2">2023-02-10</td><td>是否消除</td><td colspan="4">是</td></tr>
<tr><td>验收结论</td><td colspan="7">隐患已治理，符合安全运行要求，同意销号。</td></tr>
</table>

8.1.4 高危及重要用户用电

8.1.4.1 无自备电源

较大隐患排查治理档案表

××××年度

国网××××公司

<table>
<tr><td rowspan="8">发现</td><td>隐患简题</td><td colspan="7">国网××公司3月8日××（二级）高危及重要客户只有一路供电且无自备电源安全隐患。</td></tr>
<tr><td>隐患编号</td><td>国网××公司2022××××</td><td>隐患所在单位</td><td>国网××公司</td><td>隐患来源</td><td colspan="3">日常排查</td></tr>
<tr><td>隐患分类</td><td>系统运行</td><td>专业子类</td><td>高危及重要用户用电</td><td>隐患性质</td><td colspan="3">设备类</td></tr>
<tr><td>电压等级</td><td>—</td><td>归属职能部门</td><td colspan="5">营销部</td></tr>
<tr><td>发现人</td><td>×××</td><td>发现人单位</td><td>国网××公司</td><td>发现日期</td><td colspan="3">2022-03-08</td></tr>
<tr><td>事故隐患内容</td><td colspan="7">在2022年3月8日客户侧春季安全大检查中发现：××（二级）高危及重要客户只有一路供电且无自备电源。不符合《重要电力用户供电电源及自备应急电源配置技术规范》（GB/T 29328—2018）第6.2.1条：“重要电力用户的供电电源应采取多电源、双电源或双回路供电，当任何一路或以上电源发生故障时，至少仍有一路能对保安负荷供电”的规定要求。若二级及以上重要电力未按要求配置自备电源，出现供电中断可能产生严重后果，如直接或间接引发人身伤亡、造成较大或重大经济损失等。依据《国家电网有限公司安全隐患排查治理管理办法》［国网（安监/3）481—2022］第十一条（二）：“其他对社会及公司造成较大影响的事件”，构成较大隐患。</td></tr>
<tr><td>可能导致后果</td><td>较大隐患</td><td>事件依据</td><td>《国家电网有限公司安全隐患排查治理管理办法》［国网（安监/3）481—2022］第十一条（二）</td><td>标准依据</td><td colspan="3">《系统运行安全隐患排查标准》XT2103</td></tr>
<tr><td colspan="8"></td></tr>
<tr><td rowspan="2">市级评估</td><td>评估等级</td><td>较大隐患</td><td>评估负责人</td><td>×××</td><td>评估负责人签字日期</td><td colspan="3">2022-03-08</td></tr>
<tr><td>可能导致后果</td><td colspan="7">较大隐患</td></tr>
<tr><td rowspan="6">治理</td><td>实际治理完成日期</td><td>2022-03-15</td><td>治理责任单位</td><td>营销部</td><td>治理责任人</td><td colspan="3">×××</td></tr>
<tr><td>治理方式</td><td>措施</td><td>治理期限</td><td>2022-03-08至2022-04-30</td><td>是否纳入项目储备</td><td>否</td><td>项目储备是否审批</td><td>否</td></tr>
<tr><td>治理措施</td><td colspan="7">1. 督促该高危及重要客户按照自备电源配置原则，尽快配置应急电源。
2. 用户配置自备电源后，应严格审核用户装设自备应急电源提供的相关资料，同时签订并网调度协议。</td></tr>
<tr><td>防控措施</td><td colspan="7">1. 若涉及该用户电网侧可能出现供电中断情况，营销部应及时向用户发布书面预警告知，并组织对用户用电情况进行检查，监督用户做好电网侧事故情况下的事故预想、应急措施准备。
2. 制定应急处置方案，定期组织开展应急演练。</td></tr>
<tr><td>治理完成情况</td><td colspan="7">2022年3月15日，该用户已完成自备应急电源配置，并向公司提供了自备应急电源相关资料，签订并网调度协议。该用户配置的自备应急电源配置技术要求、运行及管理符合规定。现申请对该隐患治理完成情况进行验收。</td></tr>
<tr><td>治理计划资金（万元）</td><td colspan="2">××</td><td>累计投入资金（万元）</td><td colspan="4">××</td></tr>
<tr><td rowspan="3">验收</td><td>验收组织单位</td><td colspan="2">国网××公司</td><td>验收负责人</td><td colspan="4">×××</td></tr>
<tr><td>验收负责人签字日期</td><td colspan="2">2022-03-16</td><td>是否消除</td><td colspan="4">是</td></tr>
<tr><td>验收结论</td><td colspan="7">验收合格，符合安全规程要求，同意销号。</td></tr>
</table>

8.1.4.2　启动方式时间及闭锁方式

一般隐患排查治理档案表

××××年度　　　　　　　　　　　　　　　　　　　　　　　　　　　　国网××××公司

<table>
<tr><td rowspan="7">发现</td><td>隐患简题</td><td colspan="7">国网××公司 2 月 13 日××（二级）高危及重要客户自备电源的启动方式时间及闭锁方式不满足规程要求安全隐患。</td></tr>
<tr><td>隐患编号</td><td>国网××公司 2022××××</td><td>隐患所在单位</td><td>国网××公司</td><td>隐患来源</td><td colspan="3">安全检查</td></tr>
<tr><td>隐患分类</td><td>系统运行</td><td>专业子类</td><td>高危及重要用户用电</td><td>隐患性质</td><td colspan="3">设备类</td></tr>
<tr><td>电压等级</td><td>—</td><td>归属职能部门</td><td colspan="5">营销部</td></tr>
<tr><td>发现人</td><td>×××</td><td>发现人单位</td><td>国网××公司</td><td>发现日期</td><td colspan="3">2022-02-13</td></tr>
<tr><td>事故隐患内容</td><td colspan="7">在 2022 年 2 月 13 日冬春季安全大检查中发现：××高危及重要客户自备电源的启动方式时间及闭锁方式不满足规程要求，在主供和备用电源发生中断的情况下，导致用户的保安负荷断电，会造成客户重大设备损坏；闭锁方式不满足规程要求，会导致向电网反送电，可能造成人身伤亡。不符合《重要电力用户供电电源及自备应急电源配置技术规范》（GB/T 29328—2018）第 6.2.4 条：重要电力用户供电电源的切换时间和切换方式应满足重要电力用户保安负荷允许断电时间的要求；7.2.6 条：自备应急电源应配置闭锁装置，防止向电网反送电。依据《国家电网有限公司安全事故调查规程》（2021 年版）4.1.2.8：“无人员死亡或重伤，但造成 1～2 人轻伤者”，导致八级人身事件。</td></tr>
<tr><td>可能导致后果</td><td>八级人身事件</td><td>事件依据</td><td>《国家电网有限公司安全事故调查规程》（2021 年版）4.1.2.8</td><td>标准依据</td><td colspan="3">《系统运行安全隐患排查标准》XT3207</td></tr>
<tr><td rowspan="2">市级评估</td><td>评估等级</td><td>一般隐患</td><td>评估负责人</td><td>×××</td><td>评估负责人签字日期</td><td colspan="3">2022-02-13</td></tr>
<tr><td>可能导致后果</td><td colspan="7">八级人身事件</td></tr>
<tr><td rowspan="6">治理</td><td>实际治理完成日期</td><td>2022-02-17</td><td>治理责任单位</td><td>营销部</td><td>治理责任人</td><td colspan="3">×××</td></tr>
<tr><td>治理方式</td><td>措施</td><td>治理期限</td><td>2022-02-13 至 2022-02-28</td><td>是否纳入项目储备</td><td>否</td><td>项目储备是否审批</td><td>否</td></tr>
<tr><td>治理措施</td><td colspan="7">1. 下发用电检查通知书，督促客户按要求对应急电源的启动方式时间进行修改完善，确保满足保安负荷供电要求；对闭锁方式进行修改，防止向电网反送电。
2. 对于拒不整改的客户，将隐患报送至政府主管部门，政企联动督促客户进行隐患整改。</td></tr>
<tr><td>防控措施</td><td colspan="7">在开展客户业扩报装工作时，根据客户的电力负荷特性，从用电申请、方案批复、图纸设计、施工等多个环节指导、督促客户根据要求开展供电电源及自备应急电源配置。</td></tr>
<tr><td>治理完成情况</td><td colspan="7">2022 年 2 月 17 日，××高危及重要客户对自备应急电源的启动方式时间及闭锁方式按照规程要求完成整改，同时对客户自备应急电源的接入、投切、运行和维护等方面进行了全面排查，符合规程要求。现申请对该隐患治理完成情况进行验收。</td></tr>
<tr><td>治理计划资金（万元）</td><td colspan="2">××</td><td>累计投入资金（万元）</td><td colspan="4">××</td></tr>
<tr><td rowspan="3">验收</td><td>验收组织单位</td><td colspan="2">国网××公司</td><td>验收负责人</td><td colspan="4">×××</td></tr>
<tr><td>验收负责人签字日期</td><td colspan="2">2022-02-21</td><td>是否消除</td><td colspan="4">是</td></tr>
<tr><td>验收结论</td><td colspan="7">验收合格，符合安全规程要求，同意销号。</td></tr>
</table>

8.1.5 安全用电检查

较大隐患排查治理档案表

××××年度　　　　　　　　　　　　　　　　　　　　　　　　　　　　　　　　　　　　国网××××公司

<table>
<tr><td rowspan="8">发现</td><td>隐患简题</td><td colspan="7">国网××公司 4 月 6 日所辖区域高危及重要客户未按照“四到位”要求定期开展安全用电检查的安全隐患。</td></tr>
<tr><td>隐患编号</td><td>国网××公司 2022××××</td><td>隐患所在单位</td><td>国网××公司</td><td>隐患来源</td><td colspan="3">日常排查</td></tr>
<tr><td>隐患分类</td><td>系统运行</td><td>专业子类</td><td>电力保供</td><td>隐患性质</td><td colspan="3">管理类</td></tr>
<tr><td>电压等级</td><td>—</td><td>归属职能部门</td><td colspan="5">营销部</td></tr>
<tr><td>发现人</td><td>×××</td><td>发现人单位</td><td>国网××公司</td><td>发现日期</td><td colspan="3">2022-04-06</td></tr>
<tr><td>事故隐患内容</td><td colspan="7">在 2022 年 4 月 6 日高危及重要用户用电安全检查中发现：××公司对所辖区域高危及重要客户未按照“四到位”（服务、通知、报告、督导）要求，开展安全用电检查，未见检查记录。违反了《防止电力生产事故的二十五项重点要求》22.3：“1）供电企业应对重要用户配置的自备应急电源进行定期检查；2）供电企业应定期对重要客户供电情况进行排查；3）对属于用户责任的安全隐患，供电企业用电检查人员应以书面形式告知用户，积极督促用户整改，同时向政府主管部门汇报，建立政府主导、用户整改落实、供电企业提供技术服务的长效工作机制。并对检查发现的问题及时告知客户、报告政府有关部门”。依据《国家电网有限公司安全隐患排查治理管理办法》[国网（安监/3）481—2022] 第十一条（二）：“其他对社会及公司造成较大影响的事件”，构成较大隐患。</td></tr>
<tr><td>可能导致后果</td><td>较大隐患</td><td>事件依据</td><td>《国家电网有限公司安全隐患排查治理管理办法》[国网（安监/3）481—2022] 第十一条（二）</td><td>标准依据</td><td colspan="3">《系统运行安全隐患排查标准》XT2210</td></tr>
<tr style="display:none"><td></td></tr>
<tr><td rowspan="2">市级评估</td><td>评估等级</td><td>较大隐患</td><td>评估负责人</td><td>×××</td><td>评估负责人签字日期</td><td colspan="3">2022-04-06</td></tr>
<tr><td>可能导致后果</td><td colspan="7">较大隐患</td></tr>
<tr><td rowspan="7">治理</td><td>实际治理完成日期</td><td>2022-04-07</td><td>治理责任单位</td><td>营销部</td><td>治理责任人</td><td colspan="3">×××</td></tr>
<tr><td>治理方式</td><td>措施</td><td>治理期限</td><td>2022-04-06 至 2022-04-20</td><td>是否纳入项目储备</td><td>否</td><td>项目储备是否审批</td><td>否</td></tr>
<tr><td>治理措施</td><td colspan="7">1. 立即组织对所辖区域高危及重要客户按照“四到位”要求开展安全用电检查，并留存检查记录。
2. 对检查发现的问题及时告知客户，下发整改通知单，同时报告政府有关部门。</td></tr>
<tr><td>防控措施</td><td colspan="7">1. 严格落实各辖区高危及重要用户安全管理责任，确保“四到位”要求严格执行。
2. 定期开展对辖区高危及重要用户供电电源方式、自备应急电源配置、输变电设备运维情况检查，并对检查发现的问题及时告知客户、报告政府有关部门。
3. 指导高危及重要用户做好日常安全用电管理工作。</td></tr>
<tr><td>治理完成情况</td><td colspan="7">2022 年 4 月 7 日，××单位立即组织对所辖区域高危及重要客户按照“四到位”要求开展安全用电检查，对检查发现的问题及时告知客户，下发整改通知单，同时报告政府有关部门。现申请对该隐患治理完成情况进行验收。</td></tr>
<tr><td>治理计划资金（万元）</td><td colspan="2">××</td><td>累计投入资金（万元）</td><td colspan="4">××</td></tr>
<tr style="display:none"><td></td></tr>
<tr><td rowspan="3">验收</td><td>验收组织单位</td><td colspan="2">国网××公司</td><td>验收负责人</td><td colspan="4">×××</td></tr>
<tr><td>验收负责人签字日期</td><td colspan="2">2022-04-10</td><td>是否消除</td><td colspan="4">是</td></tr>
<tr><td>验收结论</td><td colspan="7">验收合格，符合安全规程要求，同意销号。</td></tr>
</table>

8.1.6 电能计量

一般隐患排查治理档案表

××××年度　　　　　　　　　　　　　　　　　　　　　　　　　　　　国网××××公司

<table>
<tr><td rowspan="8">发现</td><td>隐患简题</td><td colspan="7">国网××公司7月13日××台区计量箱封印缺失、未加锁或锁具损坏的安全隐患。</td></tr>
<tr><td>隐患编号</td><td>国网××公司2022××××</td><td>隐患所在单位</td><td>国网××公司</td><td>隐患来源</td><td colspan="3">安全检查</td></tr>
<tr><td>隐患分类</td><td>设备设施</td><td>专业子类</td><td>电能计量</td><td>隐患性质</td><td colspan="3">设备类</td></tr>
<tr><td>电压等级</td><td>—</td><td>归属职能部门</td><td colspan="5">营销部</td></tr>
<tr><td>发现人</td><td>×××</td><td>发现人单位</td><td>国网××公司</td><td>发现日期</td><td colspan="3">2022-07-13</td></tr>
<tr><td>事故隐患内容</td><td colspan="7">在2022年7月13日秋季安全大检查中发现：××台区计量箱封印缺失、未加锁或锁具损坏，存在人身触电、设备损坏或窃电风险。违反了《电能计量装置技术管理规程》（DL/T 448—2016）7.2：“a）安装在发、供电企业的生产运行场所的电能计量装置，运行人员应负责监护，保证其封印完好，不受人为损坏。安装在用户处的电能计量装置，由用户负责保护封印完好，装置本身不受损坏或丢失。”《低压用户电能计量装置设备主人制管理办法》第五章第二十三条：“3）计量装置封印、锁具是否齐全。”依据《国家电网有限公司安全事故调查规程》（2021年版）4.1.2.8：“无人员死亡和重伤，但造成1～2人轻伤者。”构成八级人身事件。</td></tr>
<tr><td>可能导致后果</td><td>八级人身事件</td><td>事件依据</td><td>《国家电网有限公司安全事故调查规程》（2021年版）4.1.2.8</td><td>标准依据</td><td colspan="3">《设备设施安全隐患排查标准》SS31109</td></tr>
<tr><td rowspan="2">市级评估</td><td>评估等级</td><td>一般隐患</td><td>评估负责人</td><td>×××</td><td>评估负责人签字日期</td><td colspan="3">2022-07-13</td></tr>
<tr><td>可能导致后果</td><td colspan="7">八级人身事件</td></tr>
<tr><td rowspan="7">治理</td><td>实际治理完成日期</td><td>2022-07-14</td><td>治理责任单位</td><td>营销部</td><td>治理责任人</td><td colspan="3">×××</td></tr>
<tr><td>治理方式</td><td>措施</td><td>治理期限</td><td>2022-07-13至2022-07-30</td><td>是否纳入项目储备</td><td>否</td><td>项目储备是否审批</td><td>否</td></tr>
<tr><td>治理措施</td><td colspan="7">1. 对××台区计量箱进行重新封印、加装锁具。
2. 未完成整改前，安排所在单位或设备主人每天巡视一次。
3. 采取临时防范措施，防止其他人员误碰误动。</td></tr>
<tr><td>防控措施</td><td colspan="7">1. 严格落实计量装置设备主人制，适时组织开展特别巡视或临时巡视。
2. 针对上述隐患，安排人员对辖区计量装置开展全面排查，发现同类隐患及时进行整改。</td></tr>
<tr><td>治理完成情况</td><td colspan="7">2022年7月14日，维管单位供电所人员及时对××台区计量箱进行了重新封印、锁具加装，符合规程要求。现申请对该隐患治理完成情况进行验收。</td></tr>
<tr><td>治理计划资金（万元）</td><td colspan="2">××</td><td>累计投入资金（万元）</td><td colspan="4">××</td></tr>
<tr><td rowspan="3">验收</td><td>验收组织单位</td><td colspan="2">国网××公司</td><td>验收负责人</td><td colspan="4">×××</td></tr>
<tr><td>验收负责人签字日期</td><td colspan="2">2022-07-14</td><td>是否消除</td><td colspan="4">是</td></tr>
<tr><td>验收结论</td><td colspan="7">验收合格，符合安全规程制度要求，同意销号。</td></tr>
</table>

8.2 设备设施

8.2.1 输电

8.2.1.1 铁塔保护区内取土

较大隐患排查治理档案表

××××年度　　　　　　　　　　　　　　　　　　　　　　　　　　　　　　　　　　　国网××××公司

<table>
<tr><td rowspan="7">发现</td><td>隐患简题</td><td colspan="7">国网××供电公司 3 月 7 日 330kV××线#262 铁塔保护区内存在砖厂违章取土的安全隐患。</td></tr>
<tr><td>隐患编号</td><td>国网××供电公司 2023××××</td><td>隐患所在单位</td><td>国网××供电公司</td><td>隐患来源</td><td colspan="3">日常巡视</td></tr>
<tr><td>隐患分类</td><td>设备设施</td><td>专业子类</td><td>输电</td><td>隐患性质</td><td colspan="3">设备类</td></tr>
<tr><td>电压等级</td><td>330kV</td><td>归属职能部门</td><td colspan="5">设备部</td></tr>
<tr><td>发现人</td><td>×××</td><td>发现人单位</td><td>国网××供电公司</td><td>发现日期</td><td colspan="3">2023-03-07</td></tr>
<tr><td>事故隐患内容</td><td colspan="7">在公司输电线路日常巡视中发现：330kV××线#262 铁塔保护区内存在砖厂违章取土，其最近取土范围已进入线路保护区，距#262 塔腿约 8m，基面与开挖地面落差 4m，且有开裂迹象，存在倒塔断线的安全隐患。不符合《电力设施保护条例》第三章十四条（八）规定："任何单位和个人，不得在杆塔、拉线基础的规定范围内取土、打桩、钻探、开挖或倾倒酸、碱、盐及其他有害化学物品"的要求，依据《国家电网有限公司安全事故调查规程》（2021 年版）4.3.6.2（7）："220kV 以上 500kV 以下输电线路倒塔。"构成六级设备事件。</td></tr>
<tr><td>可能导致后果</td><td>六级设备事件</td><td>事件依据</td><td>《国家电网有限公司安全事故调查规程》（2021 年版）4.3.6.2</td><td>标准依据</td><td colspan="3">《设备设施安全隐患排查标准》SS2201：基础存在较大沉陷、严重开裂和显著上拔等可能引发倒塔的情况</td></tr>
<tr><td rowspan="2">市级评估</td><td>评估等级</td><td>较大隐患</td><td>评估负责人</td><td>×××</td><td>评估负责人签字日期</td><td colspan="3">2023-03-07</td></tr>
<tr><td>可能导致后果</td><td colspan="7">六级设备事件</td></tr>
<tr><td rowspan="7">治理</td><td>实际治理完成日期</td><td>2023-03-12</td><td>治理责任单位</td><td>设备部</td><td>治理责任人</td><td colspan="3">×××</td></tr>
<tr><td>治理方式</td><td>措施</td><td>治理期限</td><td>2023-03-07 至 2023-03-30</td><td>是否纳入项目储备</td><td>否</td><td>项目储备是否审批</td><td>否</td></tr>
<tr><td>治理措施</td><td colspan="7">1. 向违章施工作业主下达《安全隐患告知书》，责令其立即停止违章作业，并对#262 铁塔基础进行加固。
2. 对通道内野蛮施工取土，拒不听劝阻者，启动防外破生产联动机制，对违章施工作业主采取停电措施，防止出现倒塔断线及人身意外伤害事件。同时向当地政府应急管理部门上报备案，申请联合执法。</td></tr>
<tr><td>防控措施</td><td colspan="7">1. 安排运维人员每两周特巡一次，观察#262 铁塔保护区内是否仍存在取土现象，铁塔基础是否存在塌陷现象。
2. 雨季加强巡视频次，雨中、雨后进行特巡，观察基础是否存在滑塌迹象。
3. 对周边集镇、厂矿开展电力设施保护宣传，对重要施工地段铁塔上装设"禁止取土"安全警示标识，杜绝违章取土行为。</td></tr>
<tr><td>治理完成情况</td><td colspan="7">2023 年 3 月 8 日，国网××公司向取土施工方发送《安全隐患告知书》，并向当地政府应急管理部门上报备案；3 月 12 日，会同应急管理部门开展联合执法，砖厂已停止取土，且施工方对#262 铁塔基础进行了加固措施，满足线路安全运行要求。现申请对该隐患治理完成情况进行验收。</td></tr>
<tr><td>治理计划资金（万元）</td><td colspan="2">××</td><td>累计投入资金（万元）</td><td colspan="4">××</td></tr>
<tr><td rowspan="3">验收</td><td>验收组织单位</td><td colspan="2">国网××公司</td><td>验收负责人</td><td colspan="4">×××</td></tr>
<tr><td>验收负责人签字日期</td><td colspan="2">2023-03-12</td><td>是否消除</td><td colspan="4">是</td></tr>
<tr><td>验收结论</td><td colspan="7">隐患已治理，符合安全运行要求，同意销号。</td></tr>
</table>

8.2.1.2 通道内线距不足

一般隐患排查治理档案表

××××年度　　　　国网××××公司

<table>
<tr><td rowspan="7">发现</td><td>隐患简题</td><td colspan="7">国网××供电公司4月12日110kV××线#22—#23通道下方砂石厂堆放砂石料存在线距安全隐患。</td></tr>
<tr><td>隐患编号</td><td>国网××供电公司2023××××</td><td>隐患所在单位</td><td>国网××供电公司</td><td>隐患来源</td><td colspan="3">日常巡视</td></tr>
<tr><td>隐患分类</td><td>设备设施</td><td>专业子类</td><td>输电</td><td>隐患性质</td><td colspan="3">设备类</td></tr>
<tr><td>电压等级</td><td>110kV</td><td>归属职能部门</td><td colspan="5">设备部</td></tr>
<tr><td>发现人</td><td>×××</td><td>发现人单位</td><td>国网××供电公司</td><td>发现日期</td><td colspan="3">2023-04-12</td></tr>
<tr><td>事故隐患内容</td><td colspan="7">**在公司输电线路日常巡视中发现：**110kV××线#22—#23 通道下方××砂石厂堆放砂石料，线导线距下方堆放的砂石料垂直距离不足5m，存在沙石厂装卸车辆机械穿越时导线放电的安全隐患，可能导致线路被迫停运。不符合《架空输电线路运行规程》（DL/T 741—2019）表B.1规定：“66～110kV架空输电线路在最大计算弧垂时对地面非居民区的最小距离6.0m”的要求，依据《国家电网有限公司安全事故调查规程》（2021年版）4.2.7.2：“35kV以上输变电设备异常运行或被迫停止运行，并造成减供负荷者”，构成七级电网事件。</td></tr>
<tr><td>可能导致后果</td><td>七级电网事件</td><td>事件依据</td><td>《国家电网有限公司安全事故调查规程》（2021年版）4.2.7.2</td><td>标准依据</td><td colspan="3">《设备设施安全隐患排查标准》SS3128：导地线对地距离、对交跨物、对边坡等不满足要求</td></tr>
<tr><td rowspan="2">市级评估</td><td>评估等级</td><td>一般隐患</td><td>评估负责人</td><td>×××</td><td>评估负责人签字日期</td><td colspan="3">2023-04-12</td></tr>
<tr><td>可能导致后果</td><td colspan="7">七级电网事件</td></tr>
<tr><td rowspan="6">治理</td><td>实际治理完成日期</td><td>2023-04-18</td><td>治理责任单位</td><td>设备部</td><td>治理责任人</td><td colspan="3">×××</td></tr>
<tr><td>治理方式</td><td>措施</td><td>治理期限</td><td>2023-04-12至2023-04-30</td><td>是否纳入项目储备</td><td>否</td><td>项目储备是否审批</td><td>否</td></tr>
<tr><td>治理措施</td><td colspan="7">1. 向××砂石厂下达《安全隐患告知书》，要求限期清理原砂石料，并在清理过程中指定专人负责安全管控。
2. 与××砂石厂签订《电力设施安全保护协议书》，禁止在线下及通道内堆放砂石料和大型机械作业。</td></tr>
<tr><td>防控措施</td><td colspan="7">1. 在附近杆塔装设视频监控装置，加强监控力度。
2. 在#22—#23通道内装卸车辆入口处设立流动机械限高杆，确保安全距离。
3. 增设护线员，增加巡视频次，严防外力破坏事件发生。</td></tr>
<tr><td>治理完成情况</td><td colspan="7">2023年4月13日，国网××公司向××砂石厂下达《安全隐患告知书》，并向当地政府应急管理部门上报备案；4月18日，在运维人员监督下，××砂石厂对堆放的砂石料进行清理，同时与××砂石厂签订《电力设施安全保护协议书》，在装卸车辆入口处设立流动机械限高杆，满足线路安全运行要求。现申请对该隐患治理完成情况进行验收。</td></tr>
<tr><td>治理计划资金（万元）</td><td colspan="2">××</td><td>累计投入资金（万元）</td><td colspan="4">××</td></tr>
<tr><td rowspan="3">验收</td><td>验收组织单位</td><td colspan="2">国网××公司</td><td>验收负责人</td><td colspan="4">×××</td></tr>
<tr><td>验收负责人签字日期</td><td colspan="2">2023-04-18</td><td>是否消除</td><td colspan="4">是</td></tr>
<tr><td>验收结论</td><td colspan="7">隐患已治理，符合安全运行要求，同意销号。</td></tr>
</table>

8.2.1.3　通道内违规搭建

一般隐患排查治理档案表

××××年度　　　　　　　　　　　　　　　　　　　　国网××××公司

<table>
<tr><td rowspan="7">发现</td><td>隐患简题</td><td colspan="7">国网××供电公司 8 月 9 日 110kV××线#23—#24 保护区内××砖厂新建临时厂房的安全隐患。</td></tr>
<tr><td>隐患编号</td><td>国网××供电公司 2023××××</td><td>隐患所在单位</td><td>国网××供电公司</td><td>隐患来源</td><td colspan="3">日常巡视</td></tr>
<tr><td>隐患分类</td><td>设备设施</td><td>专业子类</td><td>输电</td><td>隐患性质</td><td colspan="3">设备类</td></tr>
<tr><td>电压等级</td><td>110kV</td><td>归属职能部门</td><td colspan="5">设备部</td></tr>
<tr><td>发现人</td><td>×××</td><td>发现人单位</td><td>国网××供电公司</td><td>发现日期</td><td colspan="3">2023-08-09</td></tr>
<tr><td>事故隐患内容</td><td colspan="7">在公司输电线路日常巡视中发现：110kV××线#23—#24 保护区内××砖厂新建临时厂房，目前正修建到一层，其最近处距离 A 相导线水平距离 8m、垂直距离 6m，大风天气下存在房顶彩钢板刮起触碰或搭落导线上的安全隐患，导致线路被迫停运。不符合《电力设施保护条例》第三章十五条（三）："任何单位和个人在架空电力线路保护区内，不得兴建建筑物、构筑物"的要求，依据《国家电网有限公司安全事故调查规程》（2021 年版）4.2.7.2："35kV 以上输变电设备异常运行或被迫停止运行，并造成减供负荷者"，构成七级电网事件。</td></tr>
<tr><td>可能导致后果</td><td>七级电网事件</td><td>事件依据</td><td>《国家电网有限公司安全事故调查规程》（2021 年版）4.2.7.2</td><td>标准依据</td><td colspan="3">《设备设施安全隐患排查标准》SS3128：导地线对地距离、对交跨物、对边坡等不满足要求</td></tr>
<tr><td rowspan="2">市级评估</td><td>评估等级</td><td>一般隐患</td><td>评估负责人</td><td>×××</td><td>评估负责人签字日期</td><td colspan="3">2023-08-09</td></tr>
<tr><td>可能导致后果</td><td colspan="7">七级电网事件</td></tr>
<tr><td rowspan="6">治理</td><td>实际治理完成日期</td><td>2023-08-17</td><td>治理责任单位</td><td>设备部</td><td>治理责任人</td><td colspan="3">×××</td></tr>
<tr><td>治理方式</td><td>措施</td><td>治理期限</td><td>2023-08-09 至 2023-08-30</td><td>是否纳入项目储备</td><td>否</td><td>项目储备是否审批</td><td>否</td></tr>
<tr><td>治理措施</td><td colspan="7">1. 向违建户下达《安全隐患告知书》，责令其立即停工，对违建厂房进行拆除。
2. 若违建户不听劝阻，继续野蛮施工，立即对其停止供电，并向当地政府应急管理部门上报备案，申请联合执法对违建厂房进行拆除。</td></tr>
<tr><td>防控措施</td><td colspan="7">1. 督促违建户做好对屋顶彩钢板固定措施，防止大风天气造成彩钢板刮落或触碰带电导线，同时运维人员做好实时蹲守的准备。
2. 组织对沿线群众开展电力设施保护宣传，增强群众爱电护电意识。
3. 密切注意线路沿线城乡建设环境发展状况，对重要施工地段铁塔上装设安全警示标识。</td></tr>
<tr><td>治理完成情况</td><td colspan="7">2023 年 8 月 9 日当日，在运维人员的监督下，××砖厂对违建厂房屋顶彩钢板进行了加固；8 月 9～16 日，运维人员每日轮班蹲守，防止其继续违章搭建，期间积极协调，同时向当地应急管理部门上报备案，申请联合执法；8 月 17 日，会同当地应急管理部门执法大队开展联合执法，现场在运维人员的监督下，××砖厂拆除了临时厂房，满足线路安全运行要求，现申请对该隐患治理完成情况进行验收。</td></tr>
<tr><td>治理计划资金（万元）</td><td colspan="2">××</td><td>累计投入资金（万元）</td><td colspan="4">××</td></tr>
<tr><td rowspan="3">验收</td><td>验收组织单位</td><td colspan="2">国网××公司</td><td>验收负责人</td><td colspan="4">×××</td></tr>
<tr><td>验收负责人签字日期</td><td colspan="2">2023-08-17</td><td>是否消除</td><td colspan="4">是</td></tr>
<tr><td>验收结论</td><td colspan="7">隐患已治理，符合安全运行要求，同意销号。</td></tr>
</table>

8.2.1.4 树线距离不足

一般隐患排查治理档案表

××××年度　　　　　　　　　　　　　　　　　　　　　　　　　　　　　国网××××公司

<table>
<tr><td rowspan="7">发现</td><td>隐患简题</td><td colspan="7">国网××供电公司4月15日110kV××线#23—#28通道内存在树线距离不足的安全隐患。</td></tr>
<tr><td>隐患编号</td><td>国网××供电公司2023××××</td><td>隐患所在单位</td><td>国网××供电公司</td><td>隐患来源</td><td colspan="3">日常巡视</td></tr>
<tr><td>隐患分类</td><td>设备设施</td><td>专业子类</td><td>输电</td><td>隐患性质</td><td colspan="3">设备类</td></tr>
<tr><td>电压等级</td><td>110kV</td><td>归属职能部门</td><td colspan="5">设备部</td></tr>
<tr><td>发现人</td><td>×××</td><td>发现人单位</td><td>国网××供电公司</td><td>发现日期</td><td colspan="3">2023-04-15</td></tr>
<tr><td>事故隐患内容</td><td colspan="7">在公司输电线路日常巡视中发现：110kV××线#23—#28通道内有100棵松树（××林场所有）距上方导线最小垂直距离约3m，存在树线距离不足的安全隐患，可能导致线路被迫停运。不满足《架空输电线路运行规程》（DL/T 741—2019）表B.7规定：“110kV线路最大弧垂时导线与树木之间最小垂直距离4m”的要求，依据《国家电网有限公司安全事故调查规程》（2021年版）4.2.7.2：“35kV以上输变电设备异常运行或被迫停止运行，并造成减供负荷者”，构成七级电网事件。</td></tr>
<tr><td>可能导致后果</td><td>七级电网事件</td><td>事件依据</td><td>《国家电网有限公司安全事故调查规程》（2021年版）4.2.7.2</td><td>标准依据</td><td colspan="3">《设备设施安全隐患排查标准》SS3129：在非自然保护区的核心区和缓冲区、世界自然遗产地、国家级公益林地、国家森林公园等区域的保护林地输电线路未按要求及时清除下方与导线安全距离不足、两侧与导线水平风偏距离不足、附近存在向线路侧倾倒风险的树障隐患，易引发森林草原火灾</td></tr>
<tr><td rowspan="2">市级评估</td><td>评估等级</td><td>一般隐患</td><td>评估负责人</td><td>×××</td><td>评估负责人签字日期</td><td colspan="3">2023-04-15</td></tr>
<tr><td>可能导致后果</td><td colspan="7">七级电网事件</td></tr>
<tr><td rowspan="6">治理</td><td>实际治理完成日期</td><td>2023-04-20</td><td>治理责任单位</td><td>设备部</td><td>治理责任人</td><td colspan="3">×××</td></tr>
<tr><td>治理方式</td><td>措施</td><td>治理期限</td><td>2023-04-15至2023-04-30</td><td>是否纳入项目储备</td><td>否</td><td>项目储备是否审批</td><td>否</td></tr>
<tr><td>治理措施</td><td colspan="7">1. 立即砍伐距离导线特别近的树木，必要时停电砍伐，在砍伐或修剪过程，必须设置专职监护人，时刻注意树木距离导线的安全距离以及树木或树枝牵引倒落方向。
2. 与林业部门沟通协商，履行相关砍伐手续，对#23—#28走径林区内危及线路安全的树木进行砍伐、修剪，必须确保满足规程中足够的安全距离。</td></tr>
<tr><td>防控措施</td><td colspan="7">1. 树木快速生长期，每半月巡视一次，大风天气开展特巡，及时掌握不同树种的生长速度，记录树木与导线最小净空距离变化趋势。
2. 组织对沿线群众开展电力设施保护宣传，禁止在线路通道内种植高大树种，增强群众爱电护电意识。</td></tr>
<tr><td>治理完成情况</td><td colspan="7">2023年4月20日，国网××公司对110kV××线#23—#28通道内30棵松树进行了砍伐、70棵进行了修剪，现导线对下方树木最小垂直距离为6.5m，满足线路安全运行要求。现申请对该隐患治理完成情况进行验收。</td></tr>
<tr><td>治理计划资金（万元）</td><td colspan="2">××</td><td>累计投入资金（万元）</td><td colspan="4">××</td></tr>
<tr><td rowspan="3">验收</td><td>验收组织单位</td><td colspan="2">国网××公司</td><td>验收负责人</td><td colspan="4">×××</td></tr>
<tr><td>验收负责人签字日期</td><td colspan="2">2023-04-20</td><td>是否消除</td><td colspan="4">是</td></tr>
<tr><td>验收结论</td><td colspan="7">隐患已治理，符合安全运行要求，同意销号。</td></tr>
</table>

8.2.1.5 通道周边堆放异物

一般隐患排查治理档案表

××××年度

国网××××公司

<table>
<tr><td rowspan="8">发现</td><td>隐患简题</td><td colspan="7">国网××供电公司 5 月 5 日 110kV××线#17—#23 通道周边堆放异物，存在异物搭挂的安全隐患。</td></tr>
<tr><td>隐患编号</td><td>国网××供电公司 2023××××</td><td>隐患所在单位</td><td>国网××供电公司</td><td>隐患来源</td><td colspan="3">日常巡视</td></tr>
<tr><td>隐患分类</td><td>设备设施</td><td>专业子类</td><td>输电</td><td>隐患性质</td><td colspan="3">设备类</td></tr>
<tr><td>电压等级</td><td>110kV</td><td>归属职能部门</td><td colspan="5">设备部</td></tr>
<tr><td>发现人</td><td>×××</td><td>发现人单位</td><td>国网××供电公司</td><td>发现日期</td><td colspan="3">2023-05-05</td></tr>
<tr><td>事故隐患内容</td><td colspan="7">在公司输电线路日常巡视中发现：110kV××线#17—#23 通道周边有大面积塑料大棚区，存在大量随意堆放和废弃的大棚塑料薄膜，且部分塑料大棚固定不牢靠，大风天气可能会将塑料薄膜吹至导线上，存在异物搭挂导线的安全隐患，可能导致线路被迫停运。不符合《架空输电线路运行规程》（DL/T 741—2019）表 10 规定："有危及线路安全的漂浮物"的要求，依据《国家电网有限公司安全事故调查规程》（2021 年版）4.2.7.2："35kV 以上输变电设备异常运行或被迫停止运行，并造成减供负荷者"，构成七级电网事件。</td></tr>
<tr><td>可能导致后果</td><td>七级电网事件</td><td>事件依据</td><td>《国家电网有限公司安全事故调查规程》（2021 年版）4.2.7.2</td><td>标准依据</td><td colspan="3">《架空输电线路运行规程》（DL/T 741—2019）表 10 规定</td></tr>
<tr><td rowspan="2">市级评估</td><td>评估等级</td><td>一般隐患</td><td>评估负责人</td><td>×××</td><td>评估负责人签字日期</td><td colspan="3">2023-05-05</td></tr>
<tr><td>可能导致后果</td><td colspan="7">七级电网事件</td></tr>
<tr><td rowspan="7">治理</td><td>实际治理完成日期</td><td>2023-05-10</td><td>治理责任单位</td><td>设备部</td><td>治理责任人</td><td colspan="3">×××</td></tr>
<tr><td>治理方式</td><td>措施</td><td>治理期限</td><td>2023-05-05 至 2023-05-30</td><td>是否纳入项目储备</td><td>否</td><td>项目储备是否审批</td><td>否</td></tr>
<tr><td>治理措施</td><td colspan="7">1. 向棚主下达《安全隐患告知书》，要求清理线路保护区及周边易漂浮到导线上的塑料薄膜，对保护区外易产生漂浮物的塑料大棚进行加固。
2. 对临近保护区的危险塑料大棚上报应急管理部门备案，协调拆除。</td></tr>
<tr><td>防控措施</td><td colspan="7">1. 大风天气，开展线路特巡工作，及时检查并清理线路走廊易漂浮物，对松动塑料大棚进行加固。
2. 在临近铁塔上悬挂安全警示标识，在大棚区段开展电力设施保护宣传。
3. 建立塑料大棚隐患档案，定期开展异物隐患排查治理工作。</td></tr>
<tr><td>治理完成情况</td><td colspan="7">2023 年 5 月 8 日，完成对 330kV××线#17—#23 保护区内及周边堆放和丢弃的塑料薄膜清理工作，对保护区外周边易漂浮到导线上的松动大棚进行了强化固定；5 月 10 日，对临近保护区的 1 处塑料大棚经与大棚户协商赔偿后进行了拆除，满足线路安全运行要求。现申请对该隐患治理完成情况进行验收。</td></tr>
<tr><td>治理计划资金（万元）</td><td colspan="2">××</td><td colspan="2">累计投入资金（万元）</td><td colspan="3">××</td></tr>
<tr><td rowspan="3">验收</td><td>验收组织单位</td><td colspan="2">国网××公司</td><td colspan="2">验收负责人</td><td colspan="3">×××</td></tr>
<tr><td>验收负责人签字日期</td><td colspan="2">2023-05-10</td><td colspan="2">是否消除</td><td colspan="3">是</td></tr>
<tr><td>验收结论</td><td colspan="7">隐患已治理，符合安全运行要求，同意销号。</td></tr>
</table>

8.2.1.6 铁塔腿边堆放异物

一般隐患排查治理档案表

××××年度　　　　国网××××公司

<table>
<tr><td rowspan="8">发现</td><td>隐患简题</td><td colspan="7">国网××供电公司7月5日110kV××线#50铁塔塔腿上当地村民擅自堆放谷物草料的安全隐患。</td></tr>
<tr><td>隐患编号</td><td>国网××供电公司2023××××</td><td>隐患所在单位</td><td>国网××供电公司</td><td>隐患来源</td><td colspan="3">日常巡视</td></tr>
<tr><td>隐患分类</td><td>设备设施</td><td>专业子类</td><td>输电</td><td>隐患性质</td><td colspan="3">设备类</td></tr>
<tr><td>电压等级</td><td>110kV</td><td>归属职能部门</td><td colspan="5">设备部</td></tr>
<tr><td>发现人</td><td>×××</td><td>发现人单位</td><td>国网××供电公司</td><td>发现日期</td><td colspan="3">2023-07-05</td></tr>
<tr><td>事故隐患内容</td><td colspan="7">在公司输电线路日常巡视中发现：110kV××线#50 铁塔塔腿上当地村民擅自堆放谷物草料，若村民燃烧草料或夏季高温草料起火，有可能因塔腿部塔材受热，造成铁塔顶部重心不稳，导致塔身倾斜或倒塔。不满足《电力设施保护条例》第三章十五条（一）规定："任何单位和个人在架空电力线路保护区内，不得堆放谷物、草料、垃圾、矿渣、易燃物及其他影响安全供电的物品"的要求，依据《国家电网有限公司安全事故调查规程》（2021年版）4.3.7.2（6）："35kV以上220kV以下输电线路倒塔"，构成七级设备事件。</td></tr>
<tr><td>可能导致后果</td><td>七级设备事件</td><td>事件依据</td><td>《国家电网有限公司安全事故调查规程》（2021年版）4.3.7.2</td><td>标准依据</td><td colspan="3">《电力设施保护条例》第三章十五条（一）</td></tr>
<tr><td rowspan="2">市级评估</td><td>评估等级</td><td>一般隐患</td><td>评估负责人</td><td>×××</td><td>评估负责人签字日期</td><td colspan="3">2023-07-05</td></tr>
<tr><td>可能导致后果</td><td colspan="7">七级设备事件</td></tr>
<tr><td rowspan="6">治理</td><td>实际治理完成日期</td><td>2023-07-25</td><td>治理责任单位</td><td>设备部</td><td>治理责任人</td><td colspan="3">×××</td></tr>
<tr><td>治理方式</td><td>措施</td><td>治理期限</td><td>2023-07-05至2023-07-30</td><td>是否纳入项目储备</td><td>否</td><td>项目储备是否审批</td><td>否</td></tr>
<tr><td>治理措施</td><td colspan="7">1. 清理塔腿上堆放的谷物草料。
2. 在塔身上悬挂"禁止堆放谷物草料、易燃易爆品"的安全警示牌。</td></tr>
<tr><td>防控措施</td><td colspan="7">1. 收割季节，增加巡视频次，并在线路沿线村庄开展电力设施保护宣传，防止村民将收割的谷物草料堆放在铁塔下或在通道内燃烧。
2. 针对此类问题，对途经农田的线路通道开展专项排查整治，及时清理铁塔上堆积的谷物、草料及其他异物。</td></tr>
<tr><td>治理完成情况</td><td colspan="7">2023年7月5日，现场立即对#50铁塔塔腿上堆放的谷物草料进行了清理；结合当前农田收割时节，7月6～25日对所辖所有线路沿线走廊途经的农田村庄开展专项排查清理，现通道铁塔上无堆积的谷物、草料及其他异物，满足线路安全运行要求。现申请对该隐患治理完成情况进行验收。</td></tr>
<tr><td>治理计划资金（万元）</td><td colspan="2">××</td><td>累计投入资金（万元）</td><td colspan="4">××</td></tr>
<tr><td rowspan="3">验收</td><td>验收组织单位</td><td colspan="2">国网××公司</td><td>验收负责人</td><td colspan="4">×××</td></tr>
<tr><td>验收负责人签字日期</td><td colspan="2">2023-07-25</td><td>是否消除</td><td colspan="4">是</td></tr>
<tr><td>验收结论</td><td colspan="7">隐患已治理，符合安全运行要求，同意销号。</td></tr>
</table>

8.2.1.7 通道内焚烧

一般隐患排查治理档案表

××××年度　　　　　　　　　　　　　　　　　　　　　　　　　　　　国网××××公司

<table>
<tr><td rowspan="7">发现</td><td>隐患简题</td><td colspan="7">国网××供电公司 10 月 5 日 110kV××线#50—#51 通道下方当地村民烧荒存在线路跳闸的安全隐患。</td></tr>
<tr><td>隐患编号</td><td>国网××供电公司 2023××××</td><td>隐患所在单位</td><td>国网××供电公司</td><td>隐患来源</td><td colspan="3">日常巡视</td></tr>
<tr><td>隐患分类</td><td>设备设施</td><td>专业子类</td><td>输电</td><td>隐患性质</td><td colspan="3">设备类</td></tr>
<tr><td>电压等级</td><td>110kV</td><td>归属职能部门</td><td colspan="5">设备部</td></tr>
<tr><td>发现人</td><td>×××</td><td>发现人单位</td><td>国网××供电公司</td><td>发现日期</td><td colspan="3">2023-10-05</td></tr>
<tr><td>事故隐患内容</td><td colspan="7">在公司输电线路日常巡视中发现：110kV××线#50—#51 通道下方当地村民烧荒，已产生少量烟尘，若不及时灭火，大量烟尘会使导线与地面形成接地通道，可能导致线路被迫停运。不符合《电力设施保护条例》第三章十五条（二）规定："任何单位和个人在架空电力线路保护区内，不得烧窑、烧荒"的要求，依据《国家电网有限公司安全事故调查规程》（2021 年版）4.2.7.2："35kV 以上输变电设备异常运行或被迫停止运行，并造成减供负荷者"，构成七级电网事件。</td></tr>
<tr><td>可能导致后果</td><td>七级电网事件</td><td>事件依据</td><td>《国家电网有限公司安全事故调查规程》（2021 年版）4.2.7.2</td><td>标准依据</td><td colspan="3">《电力设施保护条例》第三章十五条（二）</td></tr>
<tr><td rowspan="2">市级评估</td><td>评估等级</td><td>一般隐患</td><td>评估负责人</td><td>×××</td><td>评估负责人签字日期</td><td colspan="3">2023-10-05</td></tr>
<tr><td>可能导致后果</td><td colspan="7">七级电网事件</td></tr>
<tr><td rowspan="6">治理</td><td>实际治理完成日期</td><td>2023-10-15</td><td>治理责任单位</td><td>设备部</td><td>治理责任人</td><td colspan="3">×××</td></tr>
<tr><td>治理方式</td><td>措施</td><td>治理期限</td><td>2023-10-05 至 2023-10-31</td><td>是否纳入项目储备</td><td>否</td><td>项目储备是否审批</td><td>否</td></tr>
<tr><td>治理措施</td><td colspan="7">立即阻止村民烧荒，及时灭火。若火势过大，立即疏散人群，远离火源及线路，联系消防部门救援灭火。</td></tr>
<tr><td>防控措施</td><td colspan="7">1. 临近铁塔上悬挂"禁止烧荒"的警示牌，并在沿线村庄开展电力设施保护宣传，防止村民的烧荒行为。
2. 针对此类问题，结合季节特点，对途经农田的线路通道开展专项排查整治，及时清理线路通道内易焚烧的异物。</td></tr>
<tr><td>治理完成情况</td><td colspan="7">2023 年 10 月 5 日，现场立即阻止村民烧荒，因火势较大，在消防部门的协助下，及时扑灭火源；结合当前农田收割时节，10 月 6～15 日对所辖所有线路沿线走廊途经的农田村庄开展专项排查，及时清理线路通道内易焚烧的异物，满足线路安全运行要求。现申请对该隐患治理完成情况进行验收。</td></tr>
<tr><td>治理计划资金（万元）</td><td colspan="2">××</td><td>累计投入资金（万元）</td><td colspan="4">××</td></tr>
<tr><td rowspan="3">验收</td><td>验收组织单位</td><td colspan="2">国网××公司</td><td>验收负责人</td><td colspan="4">×××</td></tr>
<tr><td>验收负责人签字日期</td><td colspan="2">2023-10-15</td><td>是否消除</td><td colspan="4">是</td></tr>
<tr><td>验收结论</td><td colspan="7">隐患已治理，符合安全运行要求，同意销号。</td></tr>
</table>

8.2.1.8 违规爆破

一般隐患排查治理档案表

××××年度　　　　国网××××公司

<table>
<tr><td rowspan="7">发现</td><td>隐患简题</td><td colspan="7">国网××供电公司6月5日35kV××线#20铁塔上边坡约100m处存在施工爆破的安全隐患。</td></tr>
<tr><td>隐患编号</td><td>国网××供电公司2023××××</td><td>隐患所在单位</td><td>国网××供电公司</td><td>隐患来源</td><td colspan="3">日常巡视</td></tr>
<tr><td>隐患分类</td><td>设备设施</td><td>专业子类</td><td>输电</td><td>隐患性质</td><td colspan="3">设备类</td></tr>
<tr><td>电压等级</td><td>35kV</td><td>归属职能部门</td><td colspan="5">设备部</td></tr>
<tr><td>发现人</td><td>×××</td><td>发现人单位</td><td>国网××供电公司</td><td>发现日期</td><td colspan="3">2023-06-05</td></tr>
<tr><td>事故隐患内容</td><td colspan="7">在公司输电线路日常巡视中发现：35kV××线#20铁塔上边坡约100m处，××厂矿施工爆破开挖山体，引起50m范围内山体土层疏松、垮塌，存在影响#20铁塔基础稳定性以及爆破时飞石溅起损伤线路的安全隐患。不符合《电力设施保护条例》第三章十二条规定："任何单位和个人在电力设施周围进行爆破作业，必须按照国家有关规定，确保电力设施的安全"的要求，依据《国家电网有限公司安全事故调查规程》（2021年版）4.3.7.2（6）："35kV以上220kV以下输电线路倒塔。"构成七级设备事件。</td></tr>
<tr><td>可能导致后果</td><td>七级设备事件</td><td>事件依据</td><td>《国家电网有限公司安全事故调查规程》（2021年版）4.3.7.2</td><td>标准依据</td><td colspan="3">《电力设施保护条例》
第三章十二条</td></tr>
<tr><td rowspan="2">市级评估</td><td>评估等级</td><td>一般隐患</td><td>评估负责人</td><td>×××</td><td>评估负责人签字日期</td><td colspan="3">2023-06-05</td></tr>
<tr><td>可能导致后果</td><td colspan="7">七级设备事件</td></tr>
<tr><td rowspan="6">治理</td><td>实际治理完成日期</td><td>2023-06-12</td><td>治理责任单位</td><td>设备部</td><td>治理责任人</td><td colspan="3">×××</td></tr>
<tr><td>治理方式</td><td>措施</td><td>治理期限</td><td>2023-06-05至2023-06-30</td><td>是否纳入项目储备</td><td>否</td><td>项目储备是否审批</td><td>否</td></tr>
<tr><td>治理措施</td><td colspan="7">1. 向违章施工业主下达《安全隐患通知书》，责令立即停止放炮作业；因工作需要必须爆破时，应按国家颁发的有关爆破作业法律法规，采取可靠的安全防范措施，确保电力设施安全，并征得当地电力设施产权单位或管理部门的书面意见，报经政府有关部门批准。
2. 如铁塔基础稳定性降低，必要时采取设置临时拉线加固铁塔措施。</td></tr>
<tr><td>防控措施</td><td colspan="7">1. 在#20铁塔上悬挂安全警示牌，同时落实班组隐患公示，对爆破山体土层情况实施动态监控，防止疏松滑塌。
2. 责令违章施工方在#20铁塔修筑挡护墙、基面修筑排水沟，防止汛期雨水浸泡疏松山体，引起二次滑塌。
3. 请地质勘察单位和电力设计院进行评估，若不能满足安全运行要求，则迁改此档线路。</td></tr>
<tr><td>治理完成情况</td><td colspan="7">2023年6月5日，依据地质勘察单位和××电力设计院出具的评估方案，对#20铁塔基础上边坡修筑长12m×1m×2m挡护墙及周边排水沟，截至目前再无爆破现象，满足线路安全运行要求。现申请对该隐患治理完成情况进行验收。</td></tr>
<tr><td>治理计划资金（万元）</td><td colspan="2">××</td><td>累计投入资金（万元）</td><td colspan="4">××</td></tr>
<tr><td rowspan="3">验收</td><td>验收组织单位</td><td colspan="2">国网××公司</td><td>验收负责人</td><td colspan="4">×××</td></tr>
<tr><td>验收负责人签字日期</td><td colspan="2">2023-06-12</td><td>是否消除</td><td colspan="4">是</td></tr>
<tr><td>验收结论</td><td colspan="7">隐患已治理，符合安全运行要求，同意销号。</td></tr>
</table>

8.2.1.9 铁塔沉降或塔材变形

一般隐患排查治理档案表

××××年度　　　　　　　　　　　　　　　　　　　　　　　　　　　　　　　　　　　国网××××公司

<table>
<tr><td rowspan="7">发现</td><td>隐患简题</td><td colspan="7">国网××供电公司7月20日110kV××线#6铁塔存在滑坡沉降致塔材变形及塔身倾斜的安全隐患。</td></tr>
<tr><td>隐患编号</td><td>国网××供电公司2023××××</td><td>隐患所在单位</td><td>国网××供电公司</td><td>隐患来源</td><td colspan="3">日常巡视</td></tr>
<tr><td>隐患分类</td><td>设备设施</td><td>专业子类</td><td>输电</td><td>隐患性质</td><td colspan="3">设备类</td></tr>
<tr><td>电压等级</td><td>110kV</td><td>归属职能部门</td><td colspan="5">设备部</td></tr>
<tr><td>发现人</td><td>×××</td><td>发现人单位</td><td>国网××供电公司</td><td>发现日期</td><td colspan="3">2023-07-20</td></tr>
<tr><td>事故隐患内容</td><td colspan="7">在公司输电线路日常巡视中发现：110kV××线#6 铁塔存在滑坡沉降，地处山体易滑坡区域，周围土质为膨胀土，因连续强降雨，基础沉降明显，经观测塔身向大号侧倾斜，挠曲度达1.5%，存在倒塔断线的安全隐患。不满足《架空输电线路运行规程》（DL/T 741—2019）5.1.4 表1：“50m以下高度角钢塔倾斜、横担歪斜允许范围不超过1.0%”的要求，依据《国家电网有限公司安全事故调查规程》（2021年版）4.3.7.2（6）：“35kV以上110kV以下输电线路倒塔。”构成七级设备事件。</td></tr>
<tr><td>可能导致后果</td><td>七级设备事件</td><td>事件依据</td><td>《国家电网有限公司安全事故调查规程》（2021年版）4.3.7.2</td><td>标准依据</td><td colspan="3">《设备设施安全隐患排查标准》SS2201：基础存在较大沉陷、严重开裂和显著上拔等可能引发倒塔的情况</td></tr>
<tr><td rowspan="2">市级评估</td><td>评估等级</td><td>一般隐患</td><td>评估负责人</td><td>×××</td><td>评估负责人签字日期</td><td colspan="3">2023-07-20</td></tr>
<tr><td>可能导致后果</td><td colspan="7">七级设备事件</td></tr>
<tr><td rowspan="6">治理</td><td>实际治理完成日期</td><td>2023-11-05</td><td>治理责任单位</td><td>设备部</td><td>治理责任人</td><td colspan="3">×××</td></tr>
<tr><td>治理方式</td><td>立项</td><td>治理期限</td><td>2023-07-20至2023-11-30</td><td>是否纳入项目储备</td><td>是</td><td>项目储备是否审批</td><td>是</td></tr>
<tr><td>治理措施</td><td colspan="7">申请技改项目，对#6铁塔进行迁改。</td></tr>
<tr><td>防控措施</td><td colspan="7">1. 对下沉严重的#6铁塔主材采取抱杆支撑，减缓铁塔偏移及下沉速度。
2. 对#6铁塔大、小号侧导地线进行应力放松，减缓铁塔主材受力，防止铁塔失稳。
3. 在治理完成前，每周进行特巡，同时安排当地护线员实时现场蹲守。</td></tr>
<tr><td>治理完成情况</td><td colspan="7">2023年11月1～5日，国网××公司对110kV××线#6铁塔进行迁改投运，新组立铁塔远离易滑坡区域，满足线路安全运行要求。现申请对该隐患治理完成情况进行验收。</td></tr>
<tr><td>治理计划资金（万元）</td><td colspan="2">××</td><td>累计投入资金（万元）</td><td colspan="4">××</td></tr>
<tr><td rowspan="3">验收</td><td>验收组织单位</td><td colspan="2">国网××公司</td><td>验收负责人</td><td colspan="4">×××</td></tr>
<tr><td>验收负责人签字日期</td><td colspan="2">2023-11-05</td><td>是否消除</td><td colspan="4">是</td></tr>
<tr><td>验收结论</td><td colspan="7">隐患已治理，符合安全运行要求，同意销号。</td></tr>
</table>

8.2.1.10　杆塔处于冲刷区

一般隐患排查治理档案表

××××年度　　　　　　　　　　　　　　　　　　　　　　　　　　　　国网××××公司

<table>
<tr><td rowspan="7">发现</td><td>隐患简题</td><td colspan="7">国网××供电公司 8 月 15 日 110kV××线#17 、#18 铁塔所处地质为黄沙土沉积层临近漫水冲刷区的安全隐患。</td></tr>
<tr><td>隐患编号</td><td>国网××供电公司 2023××××</td><td>隐患所在单位</td><td>国网××供电公司</td><td>隐患来源</td><td colspan="3">专项检查</td></tr>
<tr><td>隐患分类</td><td>设备设施</td><td>专业子类</td><td>输电</td><td>隐患性质</td><td colspan="3">设备类</td></tr>
<tr><td>电压等级</td><td>110kV</td><td>归属职能部门</td><td colspan="5">设备部</td></tr>
<tr><td>发现人</td><td>×××</td><td>发现人单位</td><td>国网××供电公司</td><td>发现日期</td><td colspan="3">2023-08-15</td></tr>
<tr><td>事故隐患内容</td><td colspan="7">在公司输电线路防洪专项检查中发现：110kV××线#17 、#18 铁塔距河道约 20m，所处地质为黄沙土沉积层，汛期造成两基铁塔临近漫水冲刷区，影响铁塔基础稳定性，存在倒塔断线的安全隐患。《国家电网有限公司十八项电网重大反事故措施》(国家电网设备〔2018〕979 号) 6.1.1.4：“对于易发生水土流失、山洪冲刷等地段的杆塔，应采取加固基础、修筑挡土墙（桩）、截（排）水沟、改造上下边坡等措施，必要时改迁路径”，依据《国家电网有限公司安全事故调查规程》(2021 年版) 4.3.7.2 (6)：“35kV 以上 110kV 以下输电线路倒塔”，构成七级设备事件。</td></tr>
<tr><td>可能导致后果</td><td>七级设备事件</td><td>事件依据</td><td>《国家电网有限公司安全事故调查规程》(2021 年版) 4.3.7.2</td><td>标准依据</td><td colspan="3">《设备设施安全隐患排查标准》SS2201：基础存在较大沉陷、严重开裂和显著上拔等可能引发倒塔的情况</td></tr>
<tr><td rowspan="2">市级评估</td><td>评估等级</td><td>一般隐患</td><td>评估负责人</td><td>×××</td><td>评估负责人签字日期</td><td colspan="3">2023-08-15</td></tr>
<tr><td>可能导致后果</td><td colspan="7">七级设备事件</td></tr>
<tr><td rowspan="7">治理</td><td>实际治理完成日期</td><td>2023-08-26</td><td>治理责任单位</td><td>设备部</td><td>治理责任人</td><td colspan="3">×××</td></tr>
<tr><td>治理方式</td><td>措施</td><td>治理期限</td><td>2023-08-15 至 2023-09-30</td><td>是否纳入项目储备</td><td>否</td><td>项目储备是否审批</td><td>否</td></tr>
<tr><td>治理措施</td><td colspan="7">对#17 、#18 铁塔基础四周深挖修筑挡护墙及排水沟。</td></tr>
<tr><td>防控措施</td><td colspan="7">1. 铁塔上悬挂安全警示牌。汛期安排专人对河道漫水冲刷区及泥沙流失情况进行实时监控，发现异常及时上报。
2. 加强防汛应急演练，完善防汛应急措施，做好防汛物资储备；治理前，对临近#17 、#18 铁塔的河道边堆砌沙袋，防止水土流失加剧，必要时对铁塔修筑护坎。
3. 联系地质勘察部门或电力设计院，对铁塔地质进行评估，以确定是否迁移或采取基础加固措施。</td></tr>
<tr><td>治理完成情况</td><td colspan="7">2023 年 8 月 26 日，按照前期出具的评估方案，国网××供电公司完成#17 、#18 两基铁塔四周深挖修筑混凝土挡护及排水沟修筑工作，治理完成后满足线路安全运行要求。现申请对该隐患治理完成情况进行验收。</td></tr>
<tr><td>治理计划资金（万元）</td><td colspan="2">××</td><td>累计投入资金（万元）</td><td colspan="4">××</td></tr>
<tr><td rowspan="3">验收</td><td>验收组织单位</td><td colspan="2">国网××公司</td><td>验收负责人</td><td colspan="4">×××</td></tr>
<tr><td>验收负责人签字日期</td><td colspan="2">2023-08-26</td><td>是否消除</td><td colspan="4">是</td></tr>
<tr><td>验收结论</td><td colspan="7">隐患已治理，符合安全运行要求，同意销号。</td></tr>
</table>

8.2.1.11 风偏距离不足

一般隐患排查治理档案表

××××年度　　　　　　　　　　　　　　　　　　　　　　　　　　　　　国网××××公司

<table>
<tr><td rowspan="7">发现</td><td>隐患简题</td><td colspan="7">国网××供电公司 5 月 13 日 110kV××线#61 塔小号侧 A 相导线对上边坡风偏距离不足的安全隐患。</td></tr>
<tr><td>隐患编号</td><td>国网××供电公司 2023××××</td><td>隐患所在单位</td><td>国网××供电公司</td><td>隐患来源</td><td colspan="3">日常巡视</td></tr>
<tr><td>隐患分类</td><td>设备设施</td><td>专业子类</td><td>输电</td><td>隐患性质</td><td colspan="3">设备类</td></tr>
<tr><td>电压等级</td><td>110kV</td><td>归属职能部门</td><td colspan="5">设备部</td></tr>
<tr><td>发现人</td><td>×××</td><td>发现人单位</td><td>国网××供电公司</td><td>发现日期</td><td colspan="3">2023-05-13</td></tr>
<tr><td>事故隐患内容</td><td colspan="7">在公司输电线路日常巡视中发现：110kV××线#61 塔小号侧 A 相导线约 90m 处对上边坡风偏距离不足 5m，经风偏校核计算，在最大风速 30m/s，导线风摆角度超过 45° 时，A 相导线对上边坡风偏距离为 1.5m，大风天气情况下存在导线对边坡放电，导致线路被迫停运的安全隐患。不符合《架空输电线路运行规程》（DL/T 741—2019）表 B.3 规定："66～110kV 导线在最大风偏情况下与山坡、峭壁、岩石之间的最小净空距离 5m（步行可以到达的山坡）"的要求，依据《国家电网有限公司安全事故调查规程》（2021 年版）4.2.7.2："35kV 以上输变电设备异常运行或被迫停止运行，并造成减供负荷者"，构成七级电网事件。</td></tr>
<tr><td>可能导致后果</td><td>七级电网事件</td><td>事件依据</td><td>《国家电网有限公司安全事故调查规程》（2021 年版）4.2.7.2</td><td>标准依据</td><td colspan="3">《设备设施安全隐患排查标准》SS3128：导地线对地距离、对交跨物、对边坡等不满足要求</td></tr>
<tr><td rowspan="2">市级评估</td><td>评估等级</td><td>一般隐患</td><td>评估负责人</td><td>×××</td><td>评估负责人签字日期</td><td colspan="3">2023-05-13</td></tr>
<tr><td>可能导致后果</td><td colspan="7">七级电网事件</td></tr>
<tr><td rowspan="6">治理</td><td>实际治理完成日期</td><td>2023-05-26</td><td>治理责任单位</td><td>设备部</td><td>治理责任人</td><td colspan="3">×××</td></tr>
<tr><td>治理方式</td><td>措施</td><td>治理期限</td><td>2023-05-13 至 2023-06-30</td><td>是否纳入项目储备</td><td>否</td><td>项目储备是否审批</td><td>否</td></tr>
<tr><td>治理措施</td><td colspan="7">编制方案，对 110kV××线#61 塔小号侧 A 相导线约 90m 处进行边坡开方，确保满足最大风偏情况下，导线对上边坡安全距离达到 5m 以上。</td></tr>
<tr><td>防控措施</td><td colspan="7">在大风或高温天气下做好弧垂及对边坡距离观测，及时清理上边坡的树木、树枝及边坡易漂浮物，防止大风摆动时异物短路。</td></tr>
<tr><td>治理完成情况</td><td colspan="7">2023 年 5 月 26 日，国网××公司完成对 110kV××线#61 塔小号侧 90m 处上边坡开方工作，治理完成后经观测 A 相导线对上边坡净空距离为 7m，满足线路安全运行要求。现申请对该隐患治理完成情况进行验收。</td></tr>
<tr><td>治理计划资金（万元）</td><td colspan="2">××</td><td>累计投入资金（万元）</td><td colspan="4">××</td></tr>
<tr><td rowspan="3">验收</td><td>验收组织单位</td><td colspan="2">国网××公司</td><td>验收负责人</td><td colspan="4">×××</td></tr>
<tr><td>验收负责人签字日期</td><td colspan="2">2023-05-26</td><td>是否消除</td><td colspan="4">是</td></tr>
<tr><td>验收结论</td><td colspan="7">隐患已治理，符合安全运行要求，同意销号。</td></tr>
</table>

8.2.1.12　500kV 及以下“三跨”线路悬垂绝缘子未采用独立双串设计

较大隐患排查治理档案表

××××年度　　　　国网××××公司

<table>
<tr><td rowspan="7">发现</td><td>隐患简题</td><td colspan="7">国网××供电公司 6 月 18 日 330kV××线#13—#14 直线塔跨越××高速公路，悬垂绝缘子未采用独立双串设计的安全隐患。</td></tr>
<tr><td>隐患编号</td><td>国网××供电公司 2023××××</td><td>隐患所在单位</td><td>国网××供电公司</td><td>隐患来源</td><td colspan="3">专项检查</td></tr>
<tr><td>隐患分类</td><td>设备设施</td><td>专业子类</td><td>输电</td><td>隐患性质</td><td colspan="3">设备类</td></tr>
<tr><td>电压等级</td><td>330kV</td><td>归属职能部门</td><td colspan="5">设备部</td></tr>
<tr><td>发现人</td><td>×××</td><td>发现人单位</td><td>国网××供电公司</td><td>发现日期</td><td colspan="3">2023-06-18</td></tr>
<tr><td>事故隐患内容</td><td colspan="7">在 2023 年公司安全隐患全面排查中发现：330kV××线#13—#14 直线塔跨越××高速公路，因 330kV××线投运较早，存在重要交跨地段悬垂绝缘子未采用独立双串设计的安全隐患。不满足《国家电网有限公司十八项电网重大反事故措施》（国家电网设备〔2018〕979 号）6.3.1.4：“500kV 及以下‘三跨’线路的悬垂绝缘子串应采取独立双串设计”的要求，依据《国家电网有限公司安全事故调查规程》（2021 年版）4.3.5.10（1）：“电力线路倒塔、断线、掉线或者线路弧垂过低等造成高速铁路、高速公路被阻断（受阻）或城市轨道交通停运。”构成五级设备事件。</td></tr>
<tr><td>可能导致后果</td><td>五级设备事件</td><td>事件依据</td><td>《国家电网有限公司安全事故调查规程》（2021 年版）4.3.5.10</td><td>标准依据</td><td colspan="3">《设备设施安全隐患排查标准》SS2119：110kV 及以上“三跨”区段杆塔未采取独立耐张段跨越、未采用双挂点设计、导地线接头数量不满足要求</td></tr>
<tr><td rowspan="2">市级评估</td><td>评估等级</td><td>较大隐患</td><td>评估负责人</td><td>×××</td><td>评估负责人签字日期</td><td colspan="3">2023-06-18</td></tr>
<tr><td>可能导致后果</td><td colspan="7">五级设备事件</td></tr>
<tr><td rowspan="6">治理</td><td>实际治理完成日期</td><td>2023-08-20</td><td>治理责任单位</td><td>设备部</td><td>治理责任人</td><td colspan="3">×××</td></tr>
<tr><td>治理方式</td><td>立项</td><td>治理期限</td><td>2023-06-18 至 2023-10-30</td><td>是否纳入项目储备</td><td>是</td><td>项目储备是否审批</td><td>是</td></tr>
<tr><td>治理措施</td><td colspan="7">对 330kV××线#13—#14 跨越档两基直线塔三相绝缘子进行独立双串改造，并调整了三相导线弧垂。</td></tr>
<tr><td>防控措施</td><td colspan="7">1. 永久治理前，落实班组隐患公示；每半个月对 330kV××线#13—#14 直线塔跨越档进行特巡；重要保电、节假日及春运高峰期，增加巡视频次。
2. 对绝缘子连接金具进行登杆检查或无人机巡检，检查绝缘子弹簧销是否脱落或缺失。
3. 测量三相导线弧垂是否存在不平衡，必要时进行弧垂调整。
4. 负荷高峰期，对绝缘子悬垂线夹连接处进行红外接点测温或导线探伤检测工作。</td></tr>
<tr><td>治理完成情况</td><td colspan="7">2023 年 8 月 20 日，国网××公司对 330kV××线#13—#14 跨越档两基直线塔三相绝缘子进行独立双串改造，并调整了三相导线弧垂，满足线路安全运行要求。现申请对该隐患治理完成情况进行验收。</td></tr>
<tr><td>治理计划资金（万元）</td><td colspan="2">××</td><td>累计投入资金（万元）</td><td colspan="4">××</td></tr>
<tr><td rowspan="3">验收</td><td>验收组织单位</td><td colspan="2">国网××公司</td><td>验收负责人</td><td colspan="4">×××</td></tr>
<tr><td>验收负责人签字日期</td><td colspan="2">2023-08-20</td><td>是否消除</td><td colspan="4">是</td></tr>
<tr><td>验收结论</td><td colspan="7">隐患已治理，符合安全运行要求，同意销号。</td></tr>
</table>

8.2.1.13 直线塔跨越 110kV 及以上线路等悬垂串未采用双联结构、双挂点

一般隐患排查治理档案表

××××年度

国网××××公司

<table>
<tr><td rowspan="7">发现</td><td>隐患简题</td><td colspan="7">国网××供电公司 2 月 9 日 330kV××线#10—#11 直线塔跨越××铁路及××国道，其直线塔悬垂串未采用双联结构、双挂点的安全隐患。</td></tr>
<tr><td>隐患编号</td><td>国网××公司 2023××××</td><td>隐患所在单位</td><td>国网××公司</td><td>隐患来源</td><td colspan="3">专项监督</td></tr>
<tr><td>隐患分类</td><td>设备设施</td><td>专业子类</td><td>输电</td><td>隐患性质</td><td colspan="3">设备类</td></tr>
<tr><td>电压等级</td><td>330kV</td><td>归属职能部门</td><td colspan="5">设备部</td></tr>
<tr><td>发现人</td><td>×××</td><td>发现人单位</td><td>国网××公司</td><td>发现日期</td><td colspan="3">2023-02-09</td></tr>
<tr><td>事故隐患内容</td><td colspan="7">在 2023 年公司安全性评价专项监督工作中发现：330kV××线路始建于 1990 年，线路早期设计标准低。2022 年 5 月由于××铁路复线建设及××国道改迁从 330kV××线#10—#11 直线塔（档距 756m）通道穿越，其直线塔存在重要跨越档绝缘子联接方式单串悬挂的安全隐患。不满足《国家电网有限公司十八项电网重大反事故措施》（国家电网设备〔2018〕979 号）6.3.1.4：“跨越 110kV（110kV）及以上线路、铁路和等级公路、通航河流及居民区等，直线塔悬垂串应采用双联结构，宜采用双挂点，且单联应满足断联工况荷载的要求。”存在重要跨越档直线塔悬垂绝缘子脱串、掉线、断线的安全风险，依据《国家电网有限公司安全事故调查规程》（2021 年版）4.3.7.2（7）：“220kV 以上 500kV 以下交流或 ± 400kV 以下直流输电线路（含地线）断线、掉线、掉串；或塔身、基础受损影响线路运行”；或 4.3.7.9（1）：“电力线路倒塔、断线、掉线，或者线路弧垂过低等原因，造成铁路、公路等交通线路被阻断（受阻）。”构成七级设备事件。</td></tr>
<tr><td>可能导致后果</td><td>七级设备事件</td><td>事件依据</td><td>《国家电网有限公司安全事故调查规程》（2021 年版）4.3.7.2 或 4.3.7.9</td><td>标准依据</td><td colspan="3">《设备设施安全隐患排查标准》SS3123：跨越 110kV（110kV）及以上线路、铁路和等级公路、通航河流及居民区等，直线塔悬垂串未采用双联结构</td></tr>
<tr><td rowspan="2">市级评估</td><td>评估等级</td><td>一般隐患</td><td>评估负责人</td><td>×××</td><td>评估负责人签字日期</td><td colspan="3">2023-02-09</td></tr>
<tr><td>可能导致后果</td><td colspan="7">七级设备事件</td></tr>
<tr><td rowspan="7">治理</td><td>实际治理完成日期</td><td>2023-08-01</td><td>治理责任单位</td><td>设备部</td><td>治理责任人</td><td colspan="3">×××</td></tr>
<tr><td>治理方式</td><td>立项</td><td>治理期限</td><td>2023-02-09 至 2023-08-05</td><td>是否纳入项目储备</td><td>是</td><td>项目储备是否审批</td><td>是</td></tr>
<tr><td>治理措施</td><td colspan="7">1. 申报项目或协调铁路交通部门，对 330kV××线#10—#11 跨越档进行改迁。
2. 对 330kV××线#10—#11 直线塔跨越××铁路及××国道，对其直线塔悬垂串采用双联结构、双独立挂点的联接方式，并调整三相导线弧垂。</td></tr>
<tr><td>防控措施</td><td colspan="7">1. 永久治理前，落实班组隐患公示；每半个月对 330kV××线#10—#11 跨越档进行特巡；重要保电、节假日及春运高峰期，增加巡视频次。
2. 对绝缘子连接金具进行登杆检查，检查绝缘子弹簧销是否脱落或缺失。
3. 测量三相导线弧垂是否存在不平衡，必要时进行弧垂调整。
4. 负荷高峰期，对绝缘子悬垂线夹连接处进行红外接点测温或导线探伤检测工作。</td></tr>
<tr><td>治理完成情况</td><td colspan="7">2023 年 8 月 1 日，国网××公司完成对 330kV××线#10—#11 直线塔跨越××铁路及××国道直线塔悬垂串采用双联结构、双独立挂点的连接方式，并调整三相导线弧垂。现申请对该隐患治理完成情况进行验收。</td></tr>
<tr><td>治理计划资金（万元）</td><td colspan="2">××</td><td colspan="2">累计投入资金（万元）</td><td colspan="3">××</td></tr>
<tr><td rowspan="3">验收</td><td>验收组织单位</td><td colspan="2">国网××公司</td><td colspan="2">验收负责人</td><td colspan="3">×××</td></tr>
<tr><td>验收负责人签字日期</td><td colspan="2">2023-08-01</td><td colspan="2">是否消除</td><td colspan="3">是</td></tr>
<tr><td>验收结论</td><td colspan="7">隐患已治理，符合安全运行要求，同意销号。</td></tr>
</table>

8.2.1.14 铁塔设计隐患

一般隐患排查治理档案表

××××年度　　　　　　　　　　　　　　　　　　　　　　国网××××公司

<table>
<tr><td rowspan="7">发现</td><td>隐患简题</td><td colspan="7">国网××供电公司5月8日110kV××双回共塔线路7727型铁塔存在设计安全隐患。</td></tr>
<tr><td>隐患编号</td><td>国网××供电公司2023××××</td><td>隐患所在单位</td><td>国网××供电公司</td><td>隐患来源</td><td colspan="3">日常巡视</td></tr>
<tr><td>隐患分类</td><td>设备设施</td><td>专业子类</td><td>输电</td><td>隐患性质</td><td colspan="3">设备类</td></tr>
<tr><td>电压等级</td><td>110kV</td><td>归属职能部门</td><td colspan="5">设备部</td></tr>
<tr><td>发现人</td><td>×××</td><td>发现人单位</td><td>国网××供电公司</td><td>发现日期</td><td colspan="3">2023-05-08</td></tr>
<tr><td>事故隐患内容</td><td colspan="7">在2023年公司安全性评价专项监督工作中发现：110kV××Ⅰ、Ⅱ回线路#21、#26及#37（共塔）属7727型铁塔，位于山垭、沟口等微地形气象区，因其塔型结构轻巧、杆件规格小、重量轻，强风天气时存在倒塔断线的安全隐患。不满足《国家电网有限公司十八项电网重大反事故措施》（国家电网设备〔2018〕979号）6.1.1.1：“在特殊地形、极端恶劣气象条件下重要输电通道宜采取差异化设计，适当提高重要线路防冰、防洪、防风、防倒塌等设防水平”的要求，依据《国家电网有限公司安全事故调查规程》（2021年版）4.3.7.2（6）：“35kV以上220kV以下输电线路倒塔。”构成七级设备事件。</td></tr>
<tr><td>可能导致后果</td><td>七级设备事件</td><td>事件依据</td><td>《国家电网有限公司安全事故调查规程》（2021年版）4.3.7.2</td><td>标准依据</td><td colspan="3">《设备设施安全隐患排查标准》SS2202：存在危急、严重或家族性缺陷可能引发倒塔的情况</td></tr>
<tr><td rowspan="2">市级评估</td><td>评估等级</td><td>一般隐患</td><td>评估负责人</td><td>×××</td><td>评估负责人签字日期</td><td colspan="3">2023-05-08</td></tr>
<tr><td>可能导致后果</td><td colspan="7">七级设备事件</td></tr>
<tr><td rowspan="6">治理</td><td>实际治理完成日期</td><td>2023-09-20</td><td>治理责任单位</td><td>设备部</td><td>治理责任人</td><td colspan="3">×××</td></tr>
<tr><td>治理方式</td><td>立项</td><td>治理期限</td><td>2023-05-08至2023-11-30</td><td>是否纳入项目储备</td><td>是</td><td>项目储备是否审批</td><td>是</td></tr>
<tr><td>治理措施</td><td colspan="7">对110kV××Ⅰ、Ⅱ回线路#21、#26及#37（共塔）进行改造，对塔材节点进行加固补强，提高关键点连接刚度，增加加强角钢。</td></tr>
<tr><td>防控措施</td><td colspan="7">1. 大风天气时增加特巡工作，做好对山垭、沟口等微地形气象区的横风向分析，掌握地形风向规律，发现异常情况及时上报。
2. 定期开展无人机巡检，检查杆塔螺栓松动情况，并做好记录。</td></tr>
<tr><td>治理完成情况</td><td colspan="7">2023年9月20日，国网××公司对110kV××Ⅰ、Ⅱ回共塔线路#21、#26及#37铁塔进行改造，对塔材节点进行加固补强，提高关键点连接刚度，将铁塔连接处螺帽卸掉后，直接增加加强角钢，然后用防盗帽代替原螺栓帽，提高铁塔的安全稳定性，治理完成后满足线路安全运行要求。现申请对该隐患治理完成情况进行验收。</td></tr>
<tr><td>治理计划资金（万元）</td><td colspan="2">××</td><td>累计投入资金（万元）</td><td colspan="4">××</td></tr>
<tr><td rowspan="3">验收</td><td>验收组织单位</td><td colspan="2">国网××公司</td><td>验收负责人</td><td colspan="4">×××</td></tr>
<tr><td>验收负责人签字日期</td><td colspan="2">2023-09-20</td><td>是否消除</td><td colspan="4">是</td></tr>
<tr><td>验收结论</td><td colspan="7">隐患已治理，符合安全运行要求，同意销号。</td></tr>
</table>

8.2.1.15 铁塔腿锈蚀

较大隐患排查治理档案表

××××年度　　　　　　　　　　　　　　　　　　　　　　国网××××公司

发现	隐患简题	国网××供电公司 6 月 20 日 330kV××线#14—#16 铁塔位于地下水渗透区域，长期泡水存在塔腿锈蚀的安全隐患。						
	隐患编号	国网××供电公司 2023××××	隐患所在单位	国网××供电公司	隐患来源	日常巡视		
	隐患分类	设备设施	专业子类	输电	隐患性质	设备类		
	电压等级	330kV	归属职能部门	设备部				
	发现人	×××	发现人单位	国网××供电公司	发现日期	2023-06-20		
	事故隐患内容	**在公司输电线路日常巡视中发现：**330kV××线#14—#16 铁塔位于盐碱地，地下水渗透严重，塔腿基础长期浸泡，存在不同程度的锈蚀与表面氧化，导致铁塔基础强度下降，存在倒塔断线的安全隐患。不满足《架空输电线路运行规程》（DL/T 741—2019）5.1.2 规定："污染严重地区塔腿主材应采取防腐措施"的要求，依据《国家电网有限公司安全事故调查规程》（2021 年版）4.3.6.2（7）："220kV 以上 500kV 以下交流输电线路或 ± 400kV 以下直流输电线路倒塔"，构成六级设备事件。						
	可能导致后果	六级设备事件	事件依据	《国家电网有限公司安全事故调查规程》（2021 年版）4.3.6.2	标准依据	《架空输电线路运行规程》（DL/T 741—2019）5.1.2		
市级评估	评估等级	较大隐患	评估负责人	×××	评估负责人签字日期	2023-06-20		
	可能导致后果	六级设备事件						
治理	实际治理完成日期	2023-06-27	治理责任单位	设备部	治理责任人	×××		
	治理方式	立项	治理期限	2023-06-20 至 2023-12-30	是否纳入项目储备	是	项目储备是否审批	是
	治理措施	对#14—#16 铁塔塔腿进行防腐处理，去除塔材表面锈斑，涂抹沥青增加防水性能。						
	防控措施	1. 每月进行一次特巡，观察锈蚀部位与面积变化趋势。 2. 治理前，临时用塑料布包裹#14—#16 铁塔塔腿，防止盐碱地地下水浸泡。						
	治理完成情况	2023 年 6 月 27 日，国网××公司对 330kV××线#14—#16 三基铁塔塔腿的防腐处理工作，采取去除塔材表面锈斑、用抹布擦拭干净，在塔腿上涂上一至两层的沥青，治理完成后满足线路安全运行要求。现申请对该隐患治理完成情况进行验收。						
	治理计划资金（万元）	××		累计投入资金（万元）	××			
验收	验收组织单位	国网××公司		验收负责人	×××			
	验收负责人签字日期	2023-06-27		是否消除	是			
	验收结论	隐患已治理，符合安全运行要求，同意销号。						

8.2.1.16 铁塔接地线外露锈蚀

一般隐患排查治理档案表

××××年度　　　　　　　　　　　　　　　　　　　　　　　　　　　　　　　　　国网××××公司

<table>
<tr><td rowspan="7">发现</td><td>隐患简题</td><td colspan="7">国网××供电公司 3 月 5 日 110kV××线#58 铁塔接地线外露锈蚀存在阻值超标的安全隐患。</td></tr>
<tr><td>隐患编号</td><td>国网××供电公司 2023××××</td><td>隐患所在单位</td><td>国网××供电公司</td><td>隐患来源</td><td colspan="3">专业巡视</td></tr>
<tr><td>隐患分类</td><td>设备设施</td><td>专业子类</td><td>输电</td><td>隐患性质</td><td colspan="3">设备类</td></tr>
<tr><td>电压等级</td><td>110kV</td><td>归属职能部门</td><td colspan="5">设备部</td></tr>
<tr><td>发现人</td><td>×××</td><td>发现人单位</td><td>国网××供电公司</td><td>发现日期</td><td colspan="3">2023-03-05</td></tr>
<tr><td>事故隐患内容</td><td colspan="7">在公司输电线路专业巡视中发现：110kV××线#58 铁塔接地线因农民耕种翻地，导致外露 1.5m，且锈蚀严重，经检测接地阻值为 28Ω，与原设计要求小于 15Ω不符，由于该处属雷电多发区，存在接地电阻值超标、线路防雷标准降低，雷雨季节线路易遭受雷击的安全隐患。不符合《架空输电线路运行规程》（DL/T 741—2019）5.5.1：“检测到的工频接地电阻值不应大于设计规定值”的要求，依据《国家电网有限公司安全事故调查规程》（2021 年版）4.2.7.2：“35kV 以上输变电设备异常运行或被迫停止运行，并造成减供负荷者”，构成七级电网事件。</td></tr>
<tr><td>可能导致后果</td><td>七级电网事件</td><td>事件依据</td><td>《国家电网有限公司安全事故调查规程》（2021 年版）4.2.7.2</td><td>标准依据</td><td colspan="3">《设备设施安全隐患排查标准》SS3127：杆塔接地电阻不满足要求</td></tr>
<tr><td rowspan="2">市级评估</td><td>评估等级</td><td>一般隐患</td><td>评估负责人</td><td>×××</td><td>评估负责人签字日期</td><td colspan="3">2023-03-05</td></tr>
<tr><td>可能导致后果</td><td colspan="7">七级电网事件</td></tr>
<tr><td rowspan="6">治理</td><td>实际治理完成日期</td><td>2023-03-21</td><td>治理责任单位</td><td>设备部</td><td>治理责任人</td><td colspan="3">×××</td></tr>
<tr><td>治理方式</td><td>措施</td><td>治理期限</td><td>2023-03-05 至 2023-03-30</td><td>是否纳入项目储备</td><td>否</td><td>项目储备是否审批</td><td>否</td></tr>
<tr><td>治理措施</td><td colspan="7">对 110kV××线#58 铁塔进行接地改进，装设接地模块。</td></tr>
<tr><td>防控措施</td><td colspan="7">1. 雷雨季节前，做好杆塔接地电阻值的跟踪检测，检查接地螺栓是否松动，对连接部分进行除锈防腐处理，对外露部分接地线采取添加煤渣埋深，以降低接地电阻。
2. 对线路沿线村庄进行电力设施保护宣传工作，增强群众爱电护电意识，加强群防群治。</td></tr>
<tr><td>治理完成情况</td><td colspan="7">2023 年 3 月 21 日，国网××公司对 110kV××线#58 铁塔进行接地改进，装设石墨接地模块，治理完成后经测量，铁塔接地阻值为 4Ω，符合设计阻值小于 15Ω要求，满足线路安全运行要求。现申请对该隐患治理完成情况进行验收。</td></tr>
<tr><td>治理计划资金（万元）</td><td colspan="2">××</td><td colspan="2">累计投入资金（万元）</td><td colspan="3">××</td></tr>
<tr><td rowspan="3">验收</td><td>验收组织单位</td><td colspan="2">国网××公司</td><td colspan="2">验收负责人</td><td colspan="3">×××</td></tr>
<tr><td>验收负责人签字日期</td><td colspan="2">2023-03-21</td><td colspan="2">是否消除</td><td colspan="3">是</td></tr>
<tr><td>验收结论</td><td colspan="7">隐患已治理，符合安全运行要求，同意销号。</td></tr>
</table>

8.2.1.17　绝缘子雷击自爆

一般隐患排查治理档案表

××××年度　　　　国网××××公司

<table>
<tr><td rowspan="7">发现</td><td>隐患简题</td><td colspan="7">国网××供电公司 7 月 19 日 110kV××线#31 、#45、#49 塔绝缘子雷击自爆存在绝缘降低的安全隐患。</td></tr>
<tr><td>隐患编号</td><td>国网××供电公司 2023××××</td><td>隐患所在单位</td><td>国网××供电公司</td><td>隐患来源</td><td colspan="3">日常巡视</td></tr>
<tr><td>隐患分类</td><td>设备设施</td><td>专业子类</td><td>输电</td><td>隐患性质</td><td colspan="3">设备类</td></tr>
<tr><td>电压等级</td><td>110kV</td><td>归属职能部门</td><td colspan="5">设备部</td></tr>
<tr><td>发现人</td><td>×××</td><td>发现人单位</td><td>国网××供电公司</td><td>发现日期</td><td colspan="3">2023-07-19</td></tr>
<tr><td>事故隐患内容</td><td colspan="7">在公司输电线路日常巡视中发现：110kV××线#31 、#45、#49 塔玻璃绝缘子共计 9 片雷击自爆，由于该处地处雷击高发区，存在线路杆塔绝缘降低致绝缘子串雷击闪络跳闸的安全隐患。不符合《国家电网有限公司十八项电网重大反事故措施》（国家电网设备〔2018〕979 号）6.3.2.4：“加强瓷质绝缘子的检测，及时更换零、低值瓷质绝缘子及自爆玻璃绝缘子。加强负荷绝缘子护套和顶部金具连接部位的检查，端部密封破损及护套严重损坏的复合绝缘子应及时更换”的要求，依据《国家电网有限公司安全事故调查规程》（2021 年版）4.2.7.2：“35kV 以上输变电设备异常运行或被迫停止运行，并造成减供负荷者”，构成七级电网事件。</td></tr>
<tr><td>可能导致后果</td><td>七级电网事件</td><td>事件依据</td><td>《国家电网有限公司安全事故调查规程》（2021 年版）4.2.7.2</td><td>标准依据</td><td colspan="3">《国家电网有限公司十八项电网重大反事故措施》（国家电网设备〔2018〕979 号）6.3.2.4</td></tr>
<tr><td rowspan="2">市级评估</td><td>评估等级</td><td>一般隐患</td><td>评估负责人</td><td>×××</td><td>评估负责人签字日期</td><td colspan="3">2023-07-19</td></tr>
<tr><td>可能导致后果</td><td colspan="7">七级电网事件</td></tr>
<tr><td rowspan="6">治理</td><td>实际治理完成日期</td><td>2023-08-12</td><td>治理责任单位</td><td>设备部</td><td>治理责任人</td><td colspan="3">×××</td></tr>
<tr><td>治理方式</td><td>措施</td><td>治理期限</td><td>2023-07-19 至 2023-08-30</td><td>是否纳入项目储备</td><td>否</td><td>项目储备是否审批</td><td>否</td></tr>
<tr><td>治理措施</td><td colspan="7">对#31 、#45、#49 塔三相玻璃绝缘子进行更换。</td></tr>
<tr><td>防控措施</td><td colspan="7">雷雨季节前，做好自爆绝缘子的跟踪检查，开展接地电阻测量工作，发现杆塔接地电阻值超标，及时采取降低接地电阻值措施。</td></tr>
<tr><td>治理完成情况</td><td colspan="7">2023 年 8 月 12 日，国网××公司对 110kV××线#31 、#45、#49 塔三相玻璃绝缘子进行整体更换，满足线路安全运行要求。现申请对该隐患治理完成情况进行验收。</td></tr>
<tr><td>治理计划资金（万元）</td><td colspan="2">××</td><td>累计投入资金（万元）</td><td colspan="4">××</td></tr>
<tr><td rowspan="3">验收</td><td>验收组织单位</td><td colspan="2">国网××公司</td><td>验收负责人</td><td colspan="4">×××</td></tr>
<tr><td>验收负责人签字日期</td><td colspan="2">2023-08-12</td><td>是否消除</td><td colspan="4">是</td></tr>
<tr><td>验收结论</td><td colspan="7">隐患已治理，符合安全运行要求，同意销号。</td></tr>
</table>

8.2.1.18 复合绝缘子老化

一般隐患排查治理档案表

××××年度 国网××××公司

<table>
<tr><td rowspan="7">发现</td><td>隐患简题</td><td colspan="7">国网××供电公司6月20日110kV××线#43—#47复合绝缘子运行年限长存在老化的安全隐患。</td></tr>
<tr><td>隐患编号</td><td>国网××供电公司2023××××</td><td>隐患所在单位</td><td>国网××供电公司</td><td>隐患来源</td><td colspan="3">专项监督</td></tr>
<tr><td>隐患分类</td><td>设备设施</td><td>专业子类</td><td>输电</td><td>隐患性质</td><td colspan="3">设备类</td></tr>
<tr><td>电压等级</td><td>110kV</td><td>归属职能部门</td><td colspan="5">设备部</td></tr>
<tr><td>发现人</td><td>×××</td><td>发现人单位</td><td>国网××供电公司</td><td>发现日期</td><td colspan="3">2023-06-20</td></tr>
<tr><td>事故隐患内容</td><td colspan="7">在2023年公司安全性评价专项监督工作中发现：110kV××线#43—#47复合绝缘子运行年限超过20年，伞裙材料不同程度脆化、硬化或开裂，铁塔整体绝缘及防雷标准降低，存在绝缘子串雷击闪络跳闸的安全隐患。不符合《架空输电线路运行规程》（DL/T 741—2019）5.3.3规定：“棒形及盘形复合绝缘子伞裙、护套不应出现破损、脱落、蚀损等现象，端头密封不应开裂、老化”的要求，依据《国家电网有限公司安全事故调查规程》（2021年版）4.2.7.2：“35kV以上输变电设备异常运行或被迫停止运行，并造成减供负荷者”，构成七级电网事件。</td></tr>
<tr><td>可能导致后果</td><td>七级电网事件</td><td>事件依据</td><td>《国家电网有限公司安全事故调查规程》（2021年版）4.2.7.2</td><td>标准依据</td><td colspan="3">《架空输电线路运行规程》（DL/T 741—2019）5.3.3</td></tr>
<tr><td rowspan="2">市级评估</td><td>评估等级</td><td>一般隐患</td><td>评估负责人</td><td>×××</td><td>评估负责人签字日期</td><td colspan="3">2023-06-20</td></tr>
<tr><td>可能导致后果</td><td colspan="7">七级电网事件</td></tr>
<tr><td rowspan="6">治理</td><td>实际治理完成日期</td><td>2023-07-18</td><td>治理责任单位</td><td>设备部</td><td>治理责任人</td><td colspan="3">×××</td></tr>
<tr><td>治理方式</td><td>措施</td><td>治理期限</td><td>2023-06-20至2023-08-30</td><td>是否纳入项目储备</td><td>否</td><td>项目储备是否审批</td><td>否</td></tr>
<tr><td>治理措施</td><td colspan="7">1. 对110kV××线#43—#47三相复合绝缘子进行更换。
2. 在悬垂复合绝缘子上装设防鸟刺或在球头环下部安装防鸟害大伞盖，防止鸟粪闪络。</td></tr>
<tr><td>防控措施</td><td colspan="7">1. 利用红外测温技术检测复合绝缘子的局部发热情况，了解泄漏电流大小，结合历史数据分析判断伞裙的裂化程度，以确定防范措施。
2. 雷雨季节前，重点加强运维监控，增加巡视频次，测量复合绝缘子憎水性，防止因绝缘降低，造成复合绝缘子雷击闪络。</td></tr>
<tr><td>治理完成情况</td><td colspan="7">2023年7月18日，国网××公司对110kV××线#43—#47铁塔三相老化复合绝缘子进行了更换，并在球头环下部安装防鸟害大伞盖，满足线路安全运行条件。现申请对该隐患治理完成情况进行验收。</td></tr>
<tr><td>治理计划资金（万元）</td><td colspan="2">××</td><td>累计投入资金（万元）</td><td colspan="4">××</td></tr>
<tr><td rowspan="3">验收</td><td>验收组织单位</td><td colspan="2">国网××公司</td><td>验收负责人</td><td colspan="4">×××</td></tr>
<tr><td>验收负责人签字日期</td><td colspan="2">2023-07-18</td><td>是否消除</td><td colspan="4">是</td></tr>
<tr><td>验收结论</td><td colspan="7">隐患已治理，符合安全运行要求，同意销号。</td></tr>
</table>

8.2.1.19　杆塔本体及导线覆冰

一般隐患排查治理档案表

××××年度　　　　国网××××公司

<table>
<tr><td rowspan="7">发现</td><td>隐患简题</td><td colspan="6">国网××供电公司 1 月 8 日 110kV××线#71—#86 地处重冰区存在杆塔本体及导线覆冰安全隐患。</td></tr>
<tr><td>隐患编号</td><td>国网××供电公司 2023××××</td><td>隐患所在单位</td><td>国网××供电公司</td><td>隐患来源</td><td colspan="2">日常巡视</td></tr>
<tr><td>隐患分类</td><td>设备设施</td><td>专业子类</td><td>输电</td><td>隐患性质</td><td colspan="2">设备类</td></tr>
<tr><td>电压等级</td><td>110kV</td><td>归属职能部门</td><td colspan="4">设备部</td></tr>
<tr><td>发现人</td><td>×××</td><td>发现人单位</td><td>国网××供电公司</td><td>发现日期</td><td colspan="2">2023-01-08</td></tr>
<tr><td>事故隐患内容</td><td colspan="6">在公司输电线路日常巡视中发现：110kV××线#71—#86 区段地处海拔高度在 1300m 左右的重冰区，冬季可能引发绝缘子串覆冰闪络或因覆冰产生的不平衡张力，造成铁塔倾斜、倒塔。不满足《国家电网有限公司十八项电网重大反事故措施》（国家电网设备〔2018〕979 号）6.5.2.2 规定：“对设计冰厚取值偏低，且未采取必要防冰害措施的中、重冰区线路，应采取增加直线塔、缩短耐张段长度、合理补强杆塔等措施”的要求；依据《国家电网有限公司安全事故调查规程》（2021 年版）4.2.7.2：“35kV 以上输变电设备异常运行或被迫停止运行，并造成减供负荷者”，构成七级电网事件。</td></tr>
<tr><td>可能导致后果</td><td>七级设备事件</td><td>事件依据</td><td>《国家电网有限公司安全事故调查规程》（2021 年版）4.3.7.2</td><td>标准依据</td><td colspan="2">《设备设施安全隐患排查标准》SS3120：处于中、重冰区线路未采取相关保护措施</td></tr>
<tr><td rowspan="2">市级评估</td><td>评估等级</td><td>一般隐患</td><td>评估负责人</td><td>×××</td><td>评估负责人签字日期</td><td colspan="2">2023-01-08</td></tr>
<tr><td>可能导致后果</td><td colspan="6">七级设备事件</td></tr>
<tr><td rowspan="6">治理</td><td>实际治理完成日期</td><td>2023-03-11</td><td>治理责任单位</td><td>设备部</td><td>治理责任人</td><td colspan="3">×××</td></tr>
<tr><td>治理方式</td><td>立项</td><td>治理期限</td><td>2023-01-08 至 2023-3-30</td><td>是否纳入项目储备</td><td>是</td><td>项目储备是否审批</td><td>是</td></tr>
<tr><td>治理措施</td><td colspan="7">对 110kV××线#71—#86 塔绝缘子进行防覆冰改造，对重冰区铁塔每相绝缘子进行技术改造，加装大盘径空气动力绝缘子。</td></tr>
<tr><td>防控措施</td><td colspan="7">1. 冬季充分利用线路覆冰视频监测，合理布点，做好覆冰数据分析；尤其是大档距、大跨越处，做好重要覆冰点的监控。
2. 在绝缘子串悬挂点处增设一块防水挡板，防止冰雪融化时，造成冰水散落在绝缘子串上引起闪络。
3. 线路发生覆冰后，根据实际情况进行停电检修，对杆塔螺栓松动、导地线线夹出口处、绝缘子锁紧销及相关金具进行检查和消缺。</td></tr>
<tr><td>治理完成情况</td><td colspan="7">2023 年 3 月 10～11 日，国网××公司对 110kV××线#71—#86 塔绝缘子进行改造，在每相绝缘子串加装大盘径空气动力绝缘子 2 片，去掉原绝缘子 1 片，满足线路安全运行要求。现申请对该隐患治理完成情况进行验收。</td></tr>
<tr><td>治理计划资金（万元）</td><td colspan="2">××</td><td colspan="2">累计投入资金（万元）</td><td colspan="3">××</td></tr>
<tr><td rowspan="3">验收</td><td>验收组织单位</td><td colspan="2">国网××公司</td><td colspan="2">验收负责人</td><td colspan="3">×××</td></tr>
<tr><td>验收负责人签字日期</td><td colspan="2">2023-03-11</td><td colspan="2">是否消除</td><td colspan="3">是</td></tr>
<tr><td>验收结论</td><td colspan="7">隐患已治理，符合安全运行要求，同意销号。</td></tr>
</table>

8.2.1.20 引流线并口线夹接点松动

一般隐患排查治理档案表

××××年度　　　　　　　　　　　　　　　　　　　　　　　　国网××××公司

<table>
<tr><td rowspan="7">发现</td><td>隐患简题</td><td colspan="7">国网××供电公司3月8日35kV××线#20、#31塔引流线并口线夹接点松动及护线条散股的安全隐患。</td></tr>
<tr><td>隐患编号</td><td>国网××供电公司2023××××</td><td>隐患所在单位</td><td>国网××供电公司</td><td>隐患来源</td><td colspan="3">日常巡视</td></tr>
<tr><td>隐患分类</td><td>设备设施</td><td>专业子类</td><td>输电</td><td>隐患性质</td><td colspan="3">设备类</td></tr>
<tr><td>电压等级</td><td>35kV</td><td>归属职能部门</td><td colspan="5">设备部</td></tr>
<tr><td>发现人</td><td>×××</td><td>发现人单位</td><td>国网××供电公司</td><td>发现日期</td><td colspan="3">2023-03-08</td></tr>
<tr><td>事故隐患内容</td><td colspan="7">在公司输电线路日常巡视中发现：35kV××线#20、#31塔引流线并口线夹接点松动及护线条散股，存在脱线、断线的安全隐患。不符合《架空输电线路运行规程》（DL/T 741—2019）5.4.8（d）规定："金具内部不应出现内部严重烧伤、断股、压接不实"的要求，依据《国家电网有限公司安全事故调查规程》（2021年版）4.2.7.2："35kV以上输变电设备异常运行或被迫停止运行，并造成减供负荷者"，构成七级电网事件。</td></tr>
<tr><td>可能导致后果</td><td>七级电网事件</td><td>事件依据</td><td>《国家电网有限公司安全事故调查规程》（2021年版）4.2.7.2</td><td>标准依据</td><td colspan="3">《架空输电线路运行规程》（DL/T 741—2019）5.4.8（d）</td></tr>
<tr><td rowspan="2">市级评估</td><td>评估等级</td><td>一般隐患</td><td>评估负责人</td><td>×××</td><td>评估负责人签字日期</td><td colspan="3">2023-03-08</td></tr>
<tr><td>可能导致后果</td><td colspan="7">七级电网事件</td></tr>
<tr><td rowspan="7">治理</td><td>实际治理完成日期</td><td>2023-03-21</td><td>治理责任单位</td><td>设备部</td><td>治理责任人</td><td colspan="3">×××</td></tr>
<tr><td>治理方式</td><td>措施</td><td>治理期限</td><td>2023-03-08至2023-04-30</td><td>是否纳入项目储备</td><td>否</td><td>项目储备是否审批</td><td>否</td></tr>
<tr><td>治理措施</td><td colspan="7">对35kV××线#20、#31塔引流线并口线夹接点紧固，更换护线条。</td></tr>
<tr><td>防控措施</td><td colspan="7">1. 日常巡视时，注意接点松动处电流声是否异常变大。
2. 大风天气增加巡视频次，检查引流线是否因风摆造成接点松动移位。
3. 对35kV××线#20、#31塔引流进行接点红外测温，一旦温度超标，立即落实处理。</td></tr>
<tr><td>治理完成情况</td><td colspan="7">2023年3月21日，国网××公司结合停电计划，对35kV××线#20、#31塔引流并沟线夹接点进行紧固，更换新的护线条，满足线路安全运行要求。现申请对该隐患治理完成情况进行验收。</td></tr>
<tr><td>治理计划资金（万元）</td><td colspan="2">××</td><td colspan="2">累计投入资金（万元）</td><td colspan="3">××</td></tr>
<tr><td colspan="8"></td></tr>
<tr><td colspan="8"></td></tr>
<tr><td rowspan="3">验收</td><td>验收组织单位</td><td colspan="2">国网××公司</td><td colspan="2">验收负责人</td><td colspan="3">×××</td></tr>
<tr><td>验收负责人签字日期</td><td colspan="2">2023-03-21</td><td colspan="2">是否消除</td><td colspan="3">是</td></tr>
<tr><td>验收结论</td><td colspan="7">隐患已治理，符合安全运行要求，同意销号。</td></tr>
</table>

8.2.1.21　杆塔接地螺丝丢失

一般隐患排查治理档案表

××××年度

国网××××公司

发现	隐患简题	国网××供电公司 4 月 20 日 35kV××线#19 塔接地螺丝丢失存在雷击跳闸的安全隐患。						
	隐患编号	国网××供电公司 2023××××	隐患所在单位	国网××供电公司	隐患来源	日常巡视		
	隐患分类	设备设施	专业子类	输电	隐患性质	设备类		
	电压等级	35kV	归属职能部门	设备部				
	发现人	×××	发现人单位	国网××供电公司	发现日期	2023-04-20		
	事故隐患内容	**在公司输电线路日常巡视中发现：**35kV××线#19 塔接地螺丝丢失，接地引下线与铁塔分离，致使杆塔防雷标准降低，雷雨天气存在雷击跳闸的安全隐患。不符合《架空输电线路运行规程》（DL/T 741—2019）5.5.3 规定："接地引下线不应断开、锈蚀或与接地体接触不良"的要求，依据《国家电网有限公司安全事故调查规程》（2021 年版）4.2.7.2："35kV 以上输变电设备异常运行或被迫停止运行，并造成减供负荷者"，构成七级电网事件。						
	可能导致后果	七级电网事件	事件依据	《国家电网有限公司安全事故调查规程》（2021 年版）4.2.7.2	标准依据	《设备设施安全隐患排查标准》SS3140：存在螺栓脱落、缺失、锈蚀情况		
市级评估	评估等级	一般隐患	评估负责人	×××	评估负责人签字日期	2023-04-20		
	可能导致后果	七级电网事件						
治理	实际治理完成日期	2023-04-22	治理责任单位	设备部	治理责任人	×××		
	治理方式	措施	治理期限	2023-04-20 至 2023-05-10	是否纳入项目储备	否	项目储备是否审批	否
	治理措施	对 35kV××线#19 塔补加接地螺丝。						
	防控措施	1. 雷雨季节前，加大接地装置排查力度，必要时进行接地开挖，检查接地线锈蚀情况，防止雷击跳闸。 2. 沿线村庄开展保护电力设施宣传，增强群众爱电护电意识，防止偷盗塔材、螺栓行为。						
	治理完成情况	2023 年 4 月 22 日，国网××公司对 35kV××线#19 塔补加接地螺丝，经测量接地电阻值 6Ω，符合设计电阻值小于 15Ω的要求，满足线路安全运行要求。现申请对该隐患治理完成情况进行验收。						
	治理计划资金（万元）	××	累计投入资金（万元）	××				
验收	验收组织单位	国网××公司	验收负责人	×××				
	验收负责人签字日期	2023-04-22	是否消除	是				
	验收结论	隐患已治理，符合安全运行要求，同意销号。						

8.2.1.22 绝缘子污秽

一般隐患排查治理档案表

××××年度　　　　　　　　　　　　　　　　　　　　　　　　　　国网××××公司

<table>
<tr><td rowspan="8">发现</td><td>隐患简题</td><td colspan="7">国网××供电公司5月27日110kV××线#3—#17地处水泥厂污染地带存在绝缘子污秽闪络的安全隐患。</td></tr>
<tr><td>隐患编号</td><td>国网××供电公司2023××××</td><td>隐患所在单位</td><td>国网××供电公司</td><td>隐患来源</td><td colspan="3">日常巡视</td></tr>
<tr><td>隐患分类</td><td>设备设施</td><td>专业子类</td><td>输电</td><td>隐患性质</td><td colspan="3">设备类</td></tr>
<tr><td>电压等级</td><td>110kV</td><td>归属职能部门</td><td colspan="5">设备部</td></tr>
<tr><td>发现人</td><td>×××</td><td>发现人单位</td><td>国网××供电公司</td><td>发现日期</td><td colspan="3">2023-05-27</td></tr>
<tr><td>事故隐患内容</td><td colspan="7">在公司输电线路日常巡视中发现：110kV××线#3—#17地处水泥厂污染地带，15基铁塔绝缘子串存在不同程度污秽，存在线路绝缘水平、防雷标准降低，致使绝缘子污闪或雷击跳闸的安全隐患。不满足《国家电网有限公司十八项电网重大反事故措施》(国家电网设备〔2018〕979号)7.2.3：“对外绝缘配置不满足运行要求的输变电设备应进行治理。防污闪措施包括增加绝缘子片数、更换防污绝缘子、涂覆防污闪涂料、更换复合绝缘子，加装辅助伞裙等”的要求，依据《国家电网有限公司安全事故调查规程》(2021年版)4.2.7.2：“35kV以上输变电设备异常运行或被迫停止运行，并造成减供负荷者”，构成七级电网事件。</td></tr>
<tr><td>可能导致后果</td><td>七级电网事件</td><td>事件依据</td><td>《国家电网有限公司安全事故调查规程》(2021年版)4.2.7.2</td><td>标准依据</td><td colspan="3">《国家电网有限公司十八项电网重大反事故措施》(国家电网设备〔2018〕979号)7.2.3</td></tr>
<tr><td rowspan="2">市级评估</td><td>评估等级</td><td>一般隐患</td><td>评估负责人</td><td>×××</td><td>评估负责人签字日期</td><td colspan="3">2023-05-27</td></tr>
<tr><td>可能导致后果</td><td colspan="7">七级电网事件</td></tr>
<tr><td rowspan="6">治理</td><td>实际治理完成日期</td><td>2023-06-18</td><td>治理责任单位</td><td>设备部</td><td>治理责任人</td><td colspan="3">×××</td></tr>
<tr><td>治理方式</td><td>措施</td><td>治理期限</td><td>2023-05-27至2023-06-30</td><td>是否纳入项目储备</td><td>否</td><td>项目储备是否审批</td><td>否</td></tr>
<tr><td>治理措施</td><td colspan="7">对110kV××线#3—#17塔绝缘子停电清扫或调爬距。</td></tr>
<tr><td>防控措施</td><td colspan="7">1. 雷雨季节前，开展污秽区铁塔接地电阻测量，发现阻值超标，及时采取降低接地电阻措施，防止绝缘子污秽闪络。
2. 对污秽区铁塔绝缘子串进行停电清扫；采取绝缘子串调爬或增加大盘径绝缘子措施。
3. 对污秽绝缘子采取盐密取样建档，掌握污秽区不同杆塔点污秽程度及发展规律。</td></tr>
<tr><td>治理完成情况</td><td colspan="7">2023年6月18日，国网××公司对35kV××线#3—#17塔三相绝缘子串进行停电清扫及盐密建档工作，并对其中3基铁塔绝缘子串采取调爬措施，满足线路安全运行要求。现申请对该隐患治理完成情况进行验收。</td></tr>
<tr><td>治理计划资金(万元)</td><td colspan="2">××</td><td>累计投入资金(万元)</td><td colspan="4">××</td></tr>
<tr><td rowspan="3">验收</td><td>验收组织单位</td><td colspan="2">国网××公司</td><td>验收负责人</td><td colspan="4">×××</td></tr>
<tr><td>验收负责人签字日期</td><td colspan="2">2023-06-18</td><td>是否消除</td><td colspan="4">是</td></tr>
<tr><td>验收结论</td><td colspan="7">隐患已治理，符合安全运行要求，同意销号。</td></tr>
</table>

8.2.1.23 色标脱落及杆塔号牌缺失

一般隐患排查治理档案表

××××年度　　　　　　　　　　　　　　　　　　　　　　　　　　　　　　国网××××公司

<table>
<tr><td rowspan="7">发现</td><td>隐患简题</td><td colspan="7">国网××供电公司 8 月 20 日 330kV××线#1—#4（共塔）存在色标脱落及杆号牌缺失的安全隐患。</td></tr>
<tr><td>隐患编号</td><td>国网××供电公司 2023××××</td><td>隐患所在单位</td><td>国网××供电公司</td><td>隐患来源</td><td colspan="3">日常巡视</td></tr>
<tr><td>隐患分类</td><td>设备设施</td><td>专业子类</td><td>输电</td><td>隐患性质</td><td colspan="3">人身类</td></tr>
<tr><td>电压等级</td><td>330kV</td><td>归属职能部门</td><td colspan="5">设备部</td></tr>
<tr><td>发现人</td><td>×××</td><td>发现人单位</td><td>国网××供电公司</td><td>发现日期</td><td colspan="3">2023-08-20</td></tr>
<tr><td>事故隐患内容</td><td colspan="7">在公司输电线路日常巡视中发现：330kV××线#1—#4（共塔）色标漆模糊脱落、杆号牌缺失，若共塔线路一回停电检修、一回带电，存在检修作业人员误入共塔带电侧的安全隐患。不符合《架空输电线路运行规程》（DL/T 741—2019）4.14：“线路的杆塔上应有线路名称、杆塔编号、相位以及必要的安全、保护等标志，同塔双回、多回线路应有醒目的标识”的要求，依据《国家电网有限公司安全事故调查规程》（2021 年版）4.1 相关条款，构成人身事故。</td></tr>
<tr><td>可能导致后果</td><td>人身事故</td><td>事件依据</td><td>《国家电网有限公司安全事故调查规程》（2021 年版）4.1</td><td>标准依据</td><td colspan="3">《设备设施安全隐患排查标准》SS3139：电缆线路铭牌、线路相位指示牌、路径指示牌、接地箱（交叉互联箱）铭牌、警示牌标识不清或错误</td></tr>
<tr><td rowspan="2">市级评估</td><td>评估等级</td><td>一般</td><td>评估负责人</td><td>×××</td><td>评估负责人签字日期</td><td colspan="3">2023-08-20</td></tr>
<tr><td>可能导致后果</td><td colspan="7">人身事故</td></tr>
<tr><td rowspan="6">治理</td><td>实际治理完成日期</td><td>2023-08-23</td><td>治理责任单位</td><td>设备部</td><td>治理责任人</td><td colspan="3">×××</td></tr>
<tr><td>治理方式</td><td>措施</td><td>治理期限</td><td>2023-08-20 至 2023-08-30</td><td>是否纳入项目储备</td><td>否</td><td>项目储备是否审批</td><td>否</td></tr>
<tr><td>治理措施</td><td colspan="7">对 330kV××线#1—#4（共塔）涂刷色标及补加杆号牌、色标牌。</td></tr>
<tr><td>防控措施</td><td colspan="7">1. 在塔身明显处用记号笔、补漆笔等涂刷色标和杆号。
2. 在登杆作业前，仔细核对杆号和色标，必要时利用相邻杆塔色标和杆号进行比对。
3. 同塔线路一回停电检修、一回带电，塔上作业必须设专责监护人，防止作业人员误入同塔带电侧。</td></tr>
<tr><td>治理完成情况</td><td colspan="7">2023 年 8 月 23 日，国网××公司对 330kV××线#1—#4（共塔）涂刷色标、杆号，制作杆号牌和色标牌进行补加，满足线路安全运行要求。现申请对该隐患治理完成情况进行验收。</td></tr>
<tr><td>治理计划资金（万元）</td><td colspan="2">××</td><td>累计投入资金（万元）</td><td colspan="4">××</td></tr>
<tr><td rowspan="3">验收</td><td>验收组织单位</td><td colspan="2">国网××公司</td><td>验收负责人</td><td colspan="4">×××</td></tr>
<tr><td>验收负责人签字日期</td><td colspan="2">2023-08-23</td><td>是否消除</td><td colspan="4">是</td></tr>
<tr><td>验收结论</td><td colspan="7">隐患已治理，符合安全运行要求，同意销号。</td></tr>
</table>

8.2.1.24 安全警示标识缺失

一般隐患排查治理档案表

××××年度　　　　　　　　　　　　　　　　　　　　　　　　国网××××公司

<table>
<tr><td rowspan="7">发现</td><td>隐患简题</td><td colspan="7">国网××供电公司6月13日110kV××线#18—#19跨越鱼塘存在安全警示标识缺失的安全隐患。</td></tr>
<tr><td>隐患编号</td><td>国网××供电公司2023××××</td><td>隐患所在单位</td><td>国网××供电公司</td><td>隐患来源</td><td colspan="3">日常巡视</td></tr>
<tr><td>隐患分类</td><td>设备设施</td><td>专业子类</td><td>输电</td><td>隐患性质</td><td colspan="3">人身类</td></tr>
<tr><td>电压等级</td><td>110kV</td><td>归属职能部门</td><td colspan="5">设备部</td></tr>
<tr><td>发现人</td><td>×××</td><td>发现人单位</td><td>国网××供电公司</td><td>发现日期</td><td colspan="3">2023-06-13</td></tr>
<tr><td>事故隐患内容</td><td colspan="7">在公司输电线路日常巡视中发现：110kV××线#18—#19跨越鱼塘、其中#18塔距鱼塘约25m，在#18塔上原装设“禁止垂钓”的安全警示牌丢失，存在垂钓人员鱼竿或鱼线碰触带电导线，致使人身事故的安全隐患。不符合《架空输电线路运行规程》（DL/T 741—2019）4.14：“线路的杆塔上应有线路名称、杆塔编号、相位以及必要的安全、保护等标志，同塔双回、多回线路应有醒目的标识”和《陕西省电力设施和电能保护条例》第十三条：“任何单位和个人不得在架空线路保护区内燃放烟花爆竹或悬挂气球、放风筝、垂钓；不得攀登变压器台架、杆塔和拉线”的规定要求，依据《国家电网有限公司安全事故调查规程》（2021年版）4.1相关条款，构成人身事故。</td></tr>
<tr><td>可能导致后果</td><td>人身事故</td><td>事件依据</td><td>《国家电网有限公司安全事故调查规程》（2021年版）4.1.1.1</td><td>标准依据</td><td colspan="3">《设备设施安全隐患排查标准》SS3139：电缆线路铭牌、线路相位指示牌、路径指示牌、接地箱（交叉互联箱）铭牌、警示牌标识不清或错误</td></tr>
<tr><td rowspan="2">市级评估</td><td>评估等级</td><td>一般</td><td>评估负责人</td><td>×××</td><td>评估负责人签字日期</td><td colspan="3">2023-06-13</td></tr>
<tr><td>可能导致后果</td><td colspan="7">人身事故</td></tr>
<tr><td rowspan="6">治理</td><td>实际治理完成日期</td><td>2023-06-18</td><td>治理责任单位</td><td>设备部</td><td>治理责任人</td><td colspan="3">×××</td></tr>
<tr><td>治理方式</td><td>措施</td><td>治理期限</td><td>2023-06-13至2023-06-30</td><td>是否纳入项目储备</td><td>否</td><td>项目储备是否审批</td><td>否</td></tr>
<tr><td>治理措施</td><td colspan="7">对鱼塘业主下达《安全隐患告知书》，对其进行安全教育，责令其加强对鱼塘的管理，禁止在电力设施保护区内垂钓，并在#18铁塔上或鱼塘醒目区域设置安全警示标识和安全隔离措施。</td></tr>
<tr><td>防控措施</td><td colspan="7">组织对线路沿线集镇、学校、厂矿，尤其是农家乐垂钓池、鱼塘等场所开展电力设施保护宣传工作。</td></tr>
<tr><td>治理完成情况</td><td colspan="7">2023年6月18日，国网××公司在110kV××线#18塔上、鱼塘醒目区域设置“禁止在电力设施保护区内垂钓”安全警示牌，将线路保护区用围栏隔离起来，满足线路安全运行要求。现申请对该隐患治理完成情况进行验收。</td></tr>
<tr><td>治理计划资金（万元）</td><td colspan="2">××</td><td>累计投入资金（万元）</td><td colspan="4">××</td></tr>
<tr><td rowspan="3">验收</td><td>验收组织单位</td><td colspan="2">国网××公司</td><td>验收负责人</td><td colspan="4">×××</td></tr>
<tr><td>验收负责人签字日期</td><td colspan="2">2023-06-18</td><td>是否消除</td><td colspan="4">是</td></tr>
<tr><td>验收结论</td><td colspan="7">隐患已治理，符合安全运行要求，同意销号。</td></tr>
</table>

8.2.1.25 塔材被盗缺失

一般隐患排查治理档案表

××××年度

国网××××公司

<table>
<tr><td rowspan="7">发现</td><td>隐患简题</td><td colspan="7">国网××供电公司9月21日35kV××线#19塔塔材缺失存在铁塔稳定性降低的安全隐患。</td></tr>
<tr><td>隐患编号</td><td>国网××供电公司2023××××</td><td>隐患所在单位</td><td>国网××供电公司</td><td>隐患来源</td><td colspan="3">日常巡视</td></tr>
<tr><td>隐患分类</td><td>设备设施</td><td>专业子类</td><td>输电</td><td>隐患性质</td><td colspan="3">设备类</td></tr>
<tr><td>电压等级</td><td>35kV</td><td>归属职能部门</td><td colspan="5">设备部</td></tr>
<tr><td>发现人</td><td>×××</td><td>发现人单位</td><td>国网××供电公司</td><td>发现日期</td><td colspan="3">2023-09-21</td></tr>
<tr><td>事故隐患内容</td><td colspan="7">公司输电线路日常巡视中发现：35kV××线#19塔塔身斜材被盗8根、脚钉被盗12个，铁塔稳定性降低，存在倒塔断线的安全隐患。不符合《架空输电线路运行规程》（DL/T 741—2019）表9架空输电线路设备巡视检查和主要内容：“杆塔：塔身倾斜，主材弯曲，塔材缺失、严重锈蚀，地线支架变形，螺栓松动、丢失，脚钉缺失，爬梯变形、土埋塔脚等”和《电力设施保护条例》第十四条（十）规定：“任何单位或个人，不得拆卸杆塔或拉线上的器材，移动、损坏永久性标志或标志牌”的规定要求，依据《国家电网有限公司安全事故调查规程》（2021年版）4.3.7.2（6）：“35kV以上220kV以下输电线路倒塔。”构成七级设备事件。</td></tr>
<tr><td>可能导致后果</td><td>七级设备事件</td><td>事件依据</td><td>《国家电网有限公司安全事故调查规程》（2021年版）4.3.7.2</td><td>标准依据</td><td colspan="3">《架空输电线路运行规程》（DL/T 741—2019）表9</td></tr>
<tr><td rowspan="2">市级评估</td><td>评估等级</td><td>一般隐患</td><td>评估负责人</td><td>×××</td><td>评估负责人签字日期</td><td colspan="3">2023-09-21</td></tr>
<tr><td>可能导致后果</td><td colspan="7">七级设备事件</td></tr>
<tr><td rowspan="6">治理</td><td>实际治理完成日期</td><td>2023-10-21</td><td>治理责任单位</td><td>设备部</td><td>治理责任人</td><td colspan="3">×××</td></tr>
<tr><td>治理方式</td><td>措施</td><td>治理期限</td><td>2023-09-21至2023-10-30</td><td>是否纳入项目储备</td><td>否</td><td>项目储备是否审批</td><td>否</td></tr>
<tr><td>治理措施</td><td colspan="7">对35kV××线#19铁塔缺失的塔材和脚钉进行了补装、加装防盗螺帽，并装设了安全警示牌。</td></tr>
<tr><td>防控措施</td><td colspan="7">1. 向当地公安机关报案、备案，打击破坏电力设施不法分子。
2. 在外破易发区杆塔上安装安全警示牌，加装视频在线监控装置，加强对盗窃和破坏电力基础设施保护宣传。</td></tr>
<tr><td>治理完成情况</td><td colspan="7">2023年9月28日，国网××公司对35kV××线#19塔补加8根斜材，并悬挂安全警示牌；10月21日，加装视频在线监控装置，满足线路安全运行要求。现申请对该隐患治理完成情况进行验收。</td></tr>
<tr><td>治理计划资金（万元）</td><td colspan="2">××</td><td colspan="2">累计投入资金（万元）</td><td colspan="3">××</td></tr>
<tr><td rowspan="3">验收</td><td>验收组织单位</td><td colspan="2">国网××公司</td><td colspan="2">验收负责人</td><td colspan="3">×××</td></tr>
<tr><td>验收负责人签字日期</td><td colspan="2">2023-10-21</td><td colspan="2">是否消除</td><td colspan="3">是</td></tr>
<tr><td>验收结论</td><td colspan="7">隐患已治理，符合安全运行要求，同意销号。</td></tr>
</table>

8.2.1.26 750kV 及以上杆塔基础沉降

较大隐患排查治理档案表

××××年度　　　　　　　　　　　　　　　　　　　　　　　　　　　　　　　国网××××公司

<table>
<tr><td rowspan="7">发现</td><td>隐患简题</td><td colspan="7">国网××超高压公司 750kV×××线#260 杆塔出现基础滑坡沉降塌陷的安全隐患。</td></tr>
<tr><td>隐患编号</td><td>国网××超高压公司 2023××××</td><td>隐患所在单位</td><td>国网××超高压公司</td><td>隐患来源</td><td colspan="3">现场巡视</td></tr>
<tr><td>隐患分类</td><td>设备设施</td><td>专业子类</td><td>输电</td><td>隐患性质</td><td colspan="3">设备类</td></tr>
<tr><td>电压等级</td><td>750kV</td><td>归属职能部门</td><td colspan="5">设备部</td></tr>
<tr><td>发现人</td><td>×××</td><td>发现人单位</td><td>国网××超高压公司</td><td>发现日期</td><td colspan="3">2021-11-03</td></tr>
<tr><td>事故隐患内容</td><td colspan="7">在现场巡视中发现：750kV×××线#260 杆塔 BC 面出现大范围基础滑坡，C 腿外不足 5m 处出现沉降塌陷，塌陷高度约 4m，四个塔腿周围出现明显地裂缝，存在倒塔隐患。不满足《架空输电线路运行规程》（DL/T 741—2019）5.1、5.2、2.3、5.4。依据《国家电网有限公司安全事故调查规程》（2021 年版）第 4.3.6（8）条：“500kV 以上交流或 ± 400kV 以上直流输电线路（含地线）断线、掉线、掉串；或塔身、基础受损影响线路运行。”构成六级设备事件。或第 4.3.5.2（6）条：“500kV 以上交流输电线路或 ± 400kV 以上直流输电线路倒塔。”构成五级设备事件。</td></tr>
<tr><td>可能导致后果</td><td>五级或六级设备事件</td><td>事件依据</td><td>《国家电网有限公司安全事故调查规程》（2021 年版）4.3.4（1）</td><td>标准依据</td><td colspan="3">《设备设施安全隐患排查标准》SS1105</td></tr>
<tr><td rowspan="2">市级评估</td><td>评估等级</td><td>较大隐患</td><td>评估负责人</td><td>×××</td><td>评估负责人签字日期</td><td colspan="3">2021-11-10</td></tr>
<tr><td>可能导致后果</td><td colspan="7">五级或六级设备事件</td></tr>
<tr><td rowspan="7">治理</td><td>实际治理完成日期</td><td>2021-11-30</td><td>治理责任单位</td><td>设备部</td><td>治理责任人</td><td colspan="3">×××</td></tr>
<tr><td>治理方式</td><td>立项</td><td>治理期限</td><td>2021-11-25 至 2023-6-30</td><td>是否纳入项目储备</td><td>是</td><td>项目储备是否审批</td><td>是</td></tr>
<tr><td>治理措施</td><td colspan="7">沉降部分的填补，基础挡土墙的施工。</td></tr>
<tr><td>防控措施</td><td colspan="7">1. 在原 750kV×××线#260 小号侧塔基附近采用桩板式挡墙进行边坡防护，即于边坡侧设桩板式挡墙，防护长度 28.2m。
2. 桩板式挡墙包括抗滑桩、挡土板和冠梁，其中抗滑桩截面 1.2m×1.8m，单根长度 22m，间距 4.5m，抗滑桩共设计 7 根，平面布置位于铁塔前缘，采用人工挖孔桩,桩间采用冠梁及挡土板连接。
3. 冠梁长 28.2m，截面尺寸 1.8m×1.0m；挡土板高 5.0m，厚 0.3m，板面设泄水孔，梅花形布置。</td></tr>
<tr><td>治理完成情况</td><td colspan="7">2021 年 11 月 30 日，已完成沉降部分的填补，基础挡土墙的施工。现申请对该隐患治理完成情况进行验收。</td></tr>
<tr><td>治理计划资金（万元）</td><td colspan="2">××</td><td>累计投入资金（万元）</td><td colspan="4">××</td></tr>
<tr><td rowspan="3">验收</td><td>验收组织单位</td><td colspan="2">国网××公司</td><td>验收负责人</td><td colspan="4">×××</td></tr>
<tr><td>验收负责人签字日期</td><td colspan="2">2021-11-30</td><td>是否消除</td><td colspan="4">是</td></tr>
<tr><td>验收结论</td><td colspan="7">隐患已治理，符合安全运行要求，同意销号。</td></tr>
</table>

8.2.1.27　500kV 及以上通道内山火易发区段通道未清理

较大隐患排查治理档案表

××××年度　　　　国网××××公司

发现	隐患简题	国网××超高压公司 750kV×××线#219 通道内有村民进行烧荒，出现火情并伴随浓烟，四周有高大杨树 30 棵，距导线净空距离 9m，未采用高跨涉及的安全隐患。						
	隐患编号	国网××超高压公司 2023××××	隐患所在单位	国网××超高压公司	隐患来源	现场巡视		
	隐患分类	设备设施	专业子类	输电	隐患性质	设备类		
	电压等级	750kV	归属职能部门	设备部				
	发现人	×××	发现人单位	国网××超高压公司	发现日期	2022-02-06		
	事故隐患内容	**在现场巡视中发现：**750kV×××线#219 通道内有村民进行烧荒，出现火情并伴随浓烟，四周有高大杨树 30 棵，距导线净空距离 9m，未采用高跨涉及的安全隐患，易造成输电设施着火。不满足《国家电网有限公司十八项电网重大反事故措施》（国家电网设备〔2018〕979 号）6.7.1.3。依据《国家电网有限公司安全事故调查规程》（2021 年版）4.3.6.2（9）“500kV 以上交流输电线路塔身或基础受损影响线路运行”，构成六级设备事件。						
	可能导致后果	六级设备事件	事件依据	《国家电网有限公司安全事故调查规程》（2021 年版）4.3.6.2（9）	标准依据	《设备设施安全隐患排查标准》SS2118		
市级评估	评估等级	较大隐患	评估负责人	×××	评估负责人签字日期	2022-02-22		
	可能导致后果	六级设备事件						
治理	实际治理完成日期	2022-09-06	治理责任单位	设备部	治理责任人	×××		
	治理方式	立项	治理期限	2022-03-01 至 2022-12-30	是否纳入项目储备	是	项目储备是否审批	是
	治理措施	连同村委会人员现场对 30 棵高大树木进行砍伐处理。						
	防控措施	1. 充分利用输电线路在线监测、红外测温，定期监测树木距线距离。 2. 对辖区线路通道走廊进行清理。 3. 加强政企合作，深化联防联控。						
	治理完成情况	2022 年 9 月 6 日，连同村委会人员现场对 30 棵高大树木进行砍伐处理。现申请对该隐患治理完成情况进行验收。						
	治理计划资金（万元）	××		累计投入资金（万元）	××			
验收	验收组织单位	国网××公司		验收负责人	×××			
	验收负责人签字日期	2022-09-06		是否消除	是			
	验收结论	隐患已治理，符合安全运行要求，同意销号。						

8.2.1.28 750kV 及以上线路保护区机械施工

较大隐患排查治理档案表

××××年度　　　　国网××××公司

<table>
<tr><td rowspan="8">发现</td><td>隐患简题</td><td colspan="7">国网××超高压公司 2022 年 5 月 8 日发现 750kV××Ⅱ线#326 大号侧通道内线下污水治理项目施工，有车辆碰撞及大型机械碰线的安全隐患。</td></tr>
<tr><td>隐患编号</td><td>国网××超高压公司 2023××××</td><td>隐患所在单位</td><td>国网××超高压公司</td><td>隐患来源</td><td colspan="3">现场巡视</td></tr>
<tr><td>隐患分类</td><td>设备设施</td><td>专业子类</td><td>输电</td><td>隐患性质</td><td colspan="3">设备类</td></tr>
<tr><td>电压等级</td><td>750kV</td><td>归属职能部门</td><td colspan="5">设备部</td></tr>
<tr><td>发现人</td><td>×××</td><td>发现人单位</td><td>国网××超高压公司</td><td>发现日期</td><td colspan="3">2022-05-08</td></tr>
<tr><td>事故隐患内容</td><td colspan="7">在现场巡视中发现：750kV××Ⅱ线#326 大号侧通道内线下污水治理项目施工，有车辆碰撞及大型机械碰线的安全隐患。不满足《国家电网有限公司十八项电网重大反事故措施》(国家电网设备〔2018〕979 号) 6.7.2.3。依据《国家电网有限公司安全事故调查规程》(2021 年版) 4.3.5.1“造成 50 万元以上 100 万元以下直接经济损失者。”构成五级设备事件。</td></tr>
<tr><td>可能导致后果</td><td>五级设备事件</td><td>事件依据</td><td>《国家电网有限公司安全事故调查规程》(2021 年版) 4.3.5.1</td><td>标准依据</td><td colspan="3">《设备设施安全隐患排查标准》SS2120</td></tr>
<tr style="display:none"></tr>
<tr><td rowspan="2">市级评估</td><td>评估等级</td><td>较大隐患</td><td>评估负责人</td><td>×××</td><td>评估负责人签字日期</td><td colspan="3">2022-05-30</td></tr>
<tr><td>可能导致后果</td><td colspan="7">五级设备事件</td></tr>
<tr><td rowspan="7">治理</td><td>实际治理完成日期</td><td>2022-06-14</td><td>治理责任单位</td><td>设备部</td><td>治理责任人</td><td colspan="3">×××</td></tr>
<tr><td>治理方式</td><td>措施</td><td>治理期限</td><td>2022-05-08 至 2022-12-30</td><td>是否纳入项目储备</td><td>否</td><td>项目储备是否审批</td><td>否</td></tr>
<tr><td>治理措施</td><td colspan="7">项目施工，不再进行大型机械作业，隐患消除。</td></tr>
<tr><td>防控措施</td><td colspan="7">1. 签订安全隐患告知书。
2. 加强运行和在线装置监控。
3. 大型机械作业期间进行现场蹲守。
4. 定期开展宣传监督检查工作。</td></tr>
<tr><td>治理完成情况</td><td colspan="7">2022 年 6 月 14 日，已完成项目施工，不再进行大型机械作业。现申请对该隐患治理完成情况进行验收。</td></tr>
<tr><td>治理计划资金（万元）</td><td colspan="2">××</td><td colspan="2">累计投入资金（万元）</td><td colspan="3">××</td></tr>
<tr style="display:none"></tr>
<tr><td rowspan="3">验收</td><td>验收组织单位</td><td colspan="2">国网××公司</td><td colspan="2">验收负责人</td><td colspan="3">×××</td></tr>
<tr><td>验收负责人签字日期</td><td colspan="2">2022-06-14</td><td colspan="2">是否消除</td><td colspan="3">是</td></tr>
<tr><td>验收结论</td><td colspan="7">隐患已治理，符合安全运行要求，同意销号。</td></tr>
</table>

8.2.1.29 750kV 输电线路单串复合绝缘子运行

一般隐患排查治理档案表

××××年度　　　　　　　　　　　　　　　　　　　　　　　　　　国网××××公司

<table>
<tr><td rowspan="7">发现</td><td>隐患简题</td><td colspan="7">国网××超高压公司 750kV××线#216 单串复合绝缘子运行的安全隐患。</td></tr>
<tr><td>隐患编号</td><td>国网××超高压公司 2022××××</td><td>隐患所在单位</td><td>国网××超高压公司</td><td>隐患来源</td><td colspan="3">现场巡视、查资料</td></tr>
<tr><td>隐患分类</td><td>设备设施</td><td>专业子类</td><td>变电</td><td>隐患性质</td><td colspan="3">设备类</td></tr>
<tr><td>电压等级</td><td>750kV</td><td>归属职能部门</td><td colspan="5">设备部</td></tr>
<tr><td>发现人</td><td>×××</td><td>发现人单位</td><td>国网××超高压公司</td><td>发现日期</td><td colspan="3">2020-01-01</td></tr>
<tr><td>事故隐患内容</td><td colspan="7">在日常巡视中发现：750kV×××线#216 单串复合绝缘子运行未采用双联（含单 V 串）及以上设计安全隐患，存在调串风险。不满足《国家电网有限公司关于印发十八项电网重大反事故措施（修订版）的通知》（国家电网设备〔2018〕979 号）6.3.1.3 500（330）kV 和 750kV 线路的悬垂复合绝缘子串应采用双联（含单 V 串）及以上设计，且单联应满足断联工况荷载的要求。依据《国家电网有限公司安全事故调查规程》（2021 年版）4.3.7.2（7）“220kV 以上，500kV 以下交流线路掉串”，构成七级设备事件。</td></tr>
<tr><td>可能导致后果</td><td>七级设备事件</td><td>事件依据</td><td>《国家电网有限公司安全事故调查规程》（2021 年版）4.3.7.2（7）</td><td>标准依据</td><td colspan="3">《设备设施安全隐患排查标准》SS3122</td></tr>
<tr><td rowspan="2">市级评估</td><td>评估等级</td><td>一般隐患</td><td>评估负责人</td><td>×××</td><td>评估负责人签字日期</td><td colspan="3">2020-01-17</td></tr>
<tr><td>可能导致后果</td><td colspan="7">七级设备事件</td></tr>
<tr><td rowspan="7">治理</td><td>实际治理完成日期</td><td>2022-09-12</td><td>治理责任单位</td><td>设备部</td><td>治理责任人</td><td colspan="3">×××</td></tr>
<tr><td>治理方式</td><td>立项、措施或制度</td><td>治理期限</td><td>2020-1-30 至 2024-12-31</td><td>是否纳入项目储备</td><td>是或否</td><td>项目储备是否审批</td><td>是或否</td></tr>
<tr><td>治理措施</td><td colspan="7">750kV×××线停电检修对#216 杆塔单 I 串复合绝缘子进行单改双改。</td></tr>
<tr><td>防控措施</td><td colspan="7">1. 按周期开展线路巡视，对重污区等特殊区段加强设备特巡。
2. 每年开展一次复合绝缘子红外测温工作。
3. 依照规定开展复合绝缘子抽检工作。</td></tr>
<tr><td>治理完成情况</td><td colspan="7">2022 年 9 月 12 日，750kV×××线停电检修对#216 杆塔单 I 串复合绝缘子进行单改双改造。现申请对该隐患治理完成情况进行验收。</td></tr>
<tr><td>治理计划资金（万元）</td><td colspan="2">××</td><td>累计投入资金（万元）</td><td colspan="4">××</td></tr>
<tr><td>验收组织单位</td><td colspan="2">国网××公司</td><td>验收负责人</td><td colspan="4">×××</td></tr>
<tr><td rowspan="3">验收</td><td>验收负责人签字日期</td><td colspan="2">2022-09-12</td><td>是否消除</td><td colspan="4">是</td></tr>
<tr><td>验收结论</td><td colspan="7">隐患已治理，符合安全运行要求，同意销号。</td></tr>
</table>

8.2.2 变电

8.2.2.1 构架锈蚀穿孔

一般隐患排查治理档案表

××××年度　　　　　　　　　　　　　　　　　　　　　　　　　　　　国网××××公司

<table>
<tr><td rowspan="7">发现</td><td>隐患简题</td><td colspan="7">国网××供电公司2月5日110kV××变电站龙门钢管构架存在多处锈蚀穿孔的安全隐患。</td></tr>
<tr><td>隐患编号</td><td>国网××公司2023××××</td><td>隐患所在单位</td><td>国网××供电公司</td><td>隐患来源</td><td colspan="3">日常排查</td></tr>
<tr><td>隐患分类</td><td>设备设施</td><td>专业子类</td><td>变电</td><td>隐患性质</td><td colspan="3">设备类</td></tr>
<tr><td>电压等级</td><td>110kV</td><td>归属职能部门</td><td colspan="5">设备部</td></tr>
<tr><td>发现人</td><td>×××</td><td>发现人单位</td><td>国网××供电公司</td><td>发现日期</td><td colspan="3">2023-02-05</td></tr>
<tr><td>事故隐患内容</td><td colspan="7">在变电站日常巡视中发现：110kV××变电站龙门钢管构架存在5处锈蚀穿孔，其中锈蚀截面超过1/3的3处，未超过1/3的2处，存在影响构支架强度稳定性的安全隐患，不满足《国家电网有限公司变电运维通用管理规定》第25分册　构支架运维细则4.4　锈蚀、风化：“b）判断钢构支架锈蚀情况，若已影响钢构支架机械强度及功能实现，应立即联系专业人员处理，必要时申请停运处理。”存在龙门钢管构架锈蚀断裂的安全风险。依据《国家电网有限公司安全事故调查规程》（2021年版）4.3.7.14：“主要建（构）筑物缺陷危及结构安全或设备运行。”构成七级设备事件。</td></tr>
<tr><td>可能导致后果</td><td>七级设备事件</td><td>事件依据</td><td>《国家电网有限公司安全事故调查规程》（2021年版）4.3.7.14</td><td>标准依据</td><td colspan="3"></td></tr>
<tr><td rowspan="2">市级评估</td><td>评估等级</td><td>一般隐患</td><td>评估负责人</td><td>×××</td><td>评估负责人签字日期</td><td colspan="3">2023-02-05</td></tr>
<tr><td>可能导致后果</td><td colspan="7">七级设备事件</td></tr>
<tr><td rowspan="6">治理</td><td>实际治理完成日期</td><td>2023-07-25</td><td>治理责任单位</td><td>设备部</td><td>治理责任人</td><td colspan="3">×××</td></tr>
<tr><td>治理方式</td><td>立项</td><td>治理期限</td><td>2023-02-05至2023-08-05</td><td>是否纳入项目储备</td><td>是</td><td>项目储备是否审批</td><td>是</td></tr>
<tr><td>治理措施</td><td colspan="7">1. 对不影响钢构支架机械强度及功能的3处（锈蚀截面未超过1/3的）进行焊接加固，并重新进行防腐处理。
2. 对影响钢构支架机械强度及功能的2处（锈蚀截面超过1/3的）进行更换。</td></tr>
<tr><td>防控措施</td><td colspan="7">1. 隐患未治理前，落实班组隐患公示，每周对110kV××变电站龙门钢管构架进行巡视，记录锈蚀部位发展趋势。
2. 对龙门构架锈蚀部位进行受力强度检测，达不到要求时立刻采取临时加固措施。
3. 对该站钢构支架进行一次全面排查，对锈蚀较小的部位及时进行防腐处理。</td></tr>
<tr><td>治理完成情况</td><td colspan="7">2023年7月20～25日，结合停电检修工作，对110kV××变电站龙门钢管构架锈蚀穿孔截面未达到架构有效截面1/3的3处进行除锈焊接加固，超过1/3的2处进行了更换处理，同时对排查出的3处较小腐蚀部位进行了防腐处理。现申请对该隐患治理完成情况进行验收。</td></tr>
<tr><td>治理计划资金（万元）</td><td colspan="2">××</td><td>累计投入资金（万元）</td><td colspan="4">××</td></tr>
<tr><td rowspan="3">验收</td><td>验收组织单位</td><td colspan="2">国网供电××公司</td><td>验收负责人</td><td colspan="4">×××</td></tr>
<tr><td>验收负责人签字日期</td><td colspan="2">2023-07-26</td><td>是否消除</td><td colspan="4">是</td></tr>
<tr><td>验收结论</td><td colspan="7">隐患已治理，符合安全运行要求，同意销号。</td></tr>
</table>

8.2.2.2 高压室地基开裂或墙屋面渗漏

一般隐患排查治理档案表

××××年度　　　　　　　　　　　　　　　　　　　　　　　　　　　　　　　　国网××××公司

<table>
<tr><td rowspan="7">发现</td><td>隐患简题</td><td colspan="7">国网××供电公司3月1日110kV××变电站高压室存在地基开裂、墙屋面渗漏的安全隐患。</td></tr>
<tr><td>隐患编号</td><td>国网××公司2023××××</td><td>隐患所在单位</td><td>国网××公司</td><td>隐患来源</td><td colspan="3">日常排查</td></tr>
<tr><td>隐患分类</td><td>设备类</td><td>专业子类</td><td>变电</td><td>隐患性质</td><td colspan="3">建（构）筑物</td></tr>
<tr><td>电压等级</td><td>110kV</td><td>归属职能部门</td><td colspan="5">设备部</td></tr>
<tr><td>发现人</td><td>×××</td><td>发现人单位</td><td>国网××公司</td><td>发现日期</td><td colspan="3">2023-03-01</td></tr>
<tr><td>事故隐患内容</td><td colspan="7">在变电站日常巡视中发现：110kV××变电站投运时间近25年，现35kV高压室左侧地基开裂宽度0.5cm、长度5m，屋面SBS材料老化、龟裂以及墙面雨水渗漏，暴雨季节有可能造成墙体沉陷或墙屋面渗漏引起设备接地短路。不满足《国家电网有限公司变电运维管理规定（试行）》第27分册　土建设施运维细则2.2.1.2～2.2.1.4："屋面无积水、裂痕、渗漏、鼓肚等；外墙粘贴牢固，无空鼓、裂纹、破损等；内墙表面清洁，无泛碱、掉皮、裂纹等"。依据《国家电网有限公司安全事故调查规程》（2021年版）4.3.7.14："主要建（构）筑物缺陷危及结构安全或设备运行"，构成七级设备事件。</td></tr>
<tr><td>可能导致后果</td><td>七级设备事件</td><td>事件依据</td><td>《国家电网有限公司安全事故调查规程》（2021年版）4.3.7.14</td><td>标准依据</td><td colspan="3">《设备设施安全隐患排查标准》SS3183：变电站地基下沉，暴雨季易造成围墙倒塌等现象，存在设备停运风险</td></tr>
<tr><td rowspan="2">市级评估</td><td>评估等级</td><td>一般隐患</td><td>评估负责人</td><td>×××</td><td>评估负责人签字日期</td><td colspan="3">2023-03-01</td></tr>
<tr><td>可能导致后果</td><td colspan="7">七级设备事件</td></tr>
<tr><td rowspan="7">治理</td><td>实际治理完成日期</td><td>2023-04-20</td><td>治理责任单位</td><td>设备部</td><td>治理责任人</td><td colspan="3">×××</td></tr>
<tr><td>治理方式</td><td>立项</td><td>治理期限</td><td>2023-03-01 至 2023-05-15</td><td>是否纳入项目储备</td><td>是</td><td>项目储备是否审批</td><td>是</td></tr>
<tr><td>治理措施</td><td colspan="7">1. 对影响高压室内设备正常运行的高压室，申报防渗漏处理项目，进行防渗漏处理。
2. 做好现场情况勘察，对110kV××变35kV高压室开裂地基进行加固、墙屋面进行防渗漏处理。</td></tr>
<tr><td>防控措施</td><td colspan="7">1. 永久治理前，利用防雨设施做好屋面防漏措施，更换落水管道，防止雨水流入开裂地基，造成地基沉降，对存在龟裂或老化的墙面采取支撑紧固措施，同时落实班组隐患公示，实施隐患动态监控。
2. 每周对110kV××变电站高压室存在地基开裂、墙屋面渗漏部位进行巡视，记录地基开裂、墙屋面渗漏部位发展趋势；雨季期间特殊巡视时，缺陷部位进行重点巡视。</td></tr>
<tr><td>治理完成情况</td><td colspan="7">2023年4月15～20日，国网××供电公司对110kV××变电站35kV高压室四周地基进行了加固，屋面重新敷设SBS防水材料，墙面进行防水处理并刷粉。现申请对该隐患治理完成情况进行验收。</td></tr>
<tr><td>治理计划资金（万元）</td><td colspan="2">××</td><td>累计投入资金（万元）</td><td colspan="4">××</td></tr>
<tr><td rowspan="3">验收</td><td>验收组织单位</td><td colspan="2">国网××公司</td><td>验收负责人</td><td colspan="4">×××</td></tr>
<tr><td>验收负责人签字日期</td><td colspan="2">2023-04-21</td><td>是否消除</td><td colspan="4">是</td></tr>
<tr><td>验收结论</td><td colspan="7">隐患已治理，符合安全运行要求，同意销号。</td></tr>
</table>

8.2.2.3 站内设备区地面开裂沉降

较大隐患排查治理档案表

××××年度　　　　　　　　　　　　　　　　　　　　　　　　　　　　　　　　国网××××公司

<table>
<tr><td rowspan="7">发现</td><td>隐患简题</td><td colspan="7">国网××供电公司 3 月 1 日 110kV××变电站围墙紧邻山坡河沟，站内设备区地面存在开裂、沉降的安全隐患。</td></tr>
<tr><td>隐患编号</td><td>国网××公司 2023××××</td><td>隐患所在单位</td><td>国网××供电公司</td><td>隐患来源</td><td colspan="3">日常排查</td></tr>
<tr><td>隐患分类</td><td>设备设施</td><td>专业子类</td><td>变电</td><td>隐患性质</td><td colspan="3">设备类</td></tr>
<tr><td>电压等级</td><td>110kV</td><td>归属职能部门</td><td colspan="5">设备部</td></tr>
<tr><td>发现人</td><td>×××</td><td>发现人单位</td><td>国网××供电公司</td><td>发现日期</td><td colspan="3">2023-03-01</td></tr>
<tr><td>事故隐患内容</td><td colspan="7">在变电站日常巡视中发现：110kV××变电站围墙紧邻山坡河沟边，受雨季河沟冲刷的影响，加之站内原土为典型的湿陷性黄土，具有强膨胀性，目前该站内 110kV 设备区混凝土地面存在开裂、沉降下陷，其中沉降凹陷面积达 $12m^2$，在雨季时因雨水、积水灌入，不易排出极易加剧地面沉降凹陷，存在影响 110kV 设备区构架基础稳定性的安全隐患。不符合《国家电网有限公司十八项电网重大反事故措施》（国家电网设备〔2018〕979 号）5.1.3.8：“汛期前应检查变电站的周边环境、排水设施（排水沟、排水井等）状况，保证在恶劣天气（特大暴雨、连续强降雨、台风等）的情况下顺利排水。”若暴雨季节沉降凹陷进一步加剧，造成 110kV××变电站设备区构架基础塌陷及 110kV 变电站全停，依据《国家电网有限公司安全事故调查规程》（2021 年版）4.2.6.5（1）：“变电站内 110kV（含 66kV）运行母线跳闸全停”，构成六级电网事件。</td></tr>
<tr><td>可能导致后果</td><td>六级电网事件</td><td>事件依据</td><td>《国家电网有限公司安全事故调查规程》（2021 年版）4.2.6.5</td><td>标准依据</td><td colspan="3">《设备设施安全隐患排查标准》SS3183：变电站地基下沉，暴雨季易造成围墙倒塌等现象，存在设备停运风险</td></tr>
<tr><td rowspan="2">市级评估</td><td>评估等级</td><td>较大隐患</td><td>评估负责人</td><td>×××</td><td>评估负责人签字日期</td><td colspan="3">2023-03-01</td></tr>
<tr><td>可能导致后果</td><td colspan="7">六级电网事件</td></tr>
<tr><td rowspan="7">治理</td><td>实际治理完成日期</td><td>2023-04-15</td><td>治理责任单位</td><td>设备部</td><td>治理责任人</td><td colspan="3">×××</td></tr>
<tr><td>治理方式</td><td>立项</td><td>治理期限</td><td>2023-03-01 至 2023-05-05</td><td>是否纳入项目储备</td><td>是</td><td>项目储备是否审批</td><td>是</td></tr>
<tr><td>治理措施</td><td colspan="7">1. 对 110kV××变电站内地面开裂、凹陷区域进行开挖，清除膨胀性原土，采用灰土、碎石进行铺垫，并用混凝土进行封闭。
2. 对站外地基采用混凝土加固，增加排水设施，防止汛期河道冲刷站基。</td></tr>
<tr><td>防控措施</td><td colspan="7">1. 永久治理前，对站内 110kV 设备区、站外围墙基础边河道及周边山体每周进行一次巡视。
2. 汛期做好站外周边山体地表土层的观测，打滑坡观测桩；对站内凹陷沉降区域铺设防雨布，做好排水引导，防止站内设备区积水。
3. 做好 110kV××变电站防凹陷沉降、滑坡应急物资储备工作，汛期前开展应急演练。
4. 期间对涉及站内一次设备停电检修，及时进行风险预警发布。
5. 编制构架凹陷沉降应急处置预案，若设备区构架沉降加剧，立即启动应急处置预案，发布电网运行风险预警，同时进行负荷转移。</td></tr>
<tr><td>治理完成情况</td><td colspan="7">2023 年 4 月 10～15 日，国网××供电公司对 110kV××变电站内地面开裂、凹陷区域进行开挖，清除膨胀性原土，采用 300mm 厚 3∶7 灰土分层夯实，灰土垫层上铺设 200mm 厚碎石垫层，配砂砾石夯实，砂砾石垫层上采用 0.15m 厚 C20 混凝土封闭，横纵方向每隔 5m 设伸缩缝一道，缝宽 0.02m，缝内填充沥青，最后采用 150mm 厚 C25 混凝土封闭。同时对站外地基采用混凝土加固，增加排水设施导引，防止汛期河道冲刷站基。现申请对该隐患治理完成情况进行验收。</td></tr>
<tr><td>治理计划资金（万元）</td><td colspan="2">××</td><td>累计投入资金（万元）</td><td colspan="4">××</td></tr>
<tr><td rowspan="3">验收</td><td>验收组织单位</td><td colspan="2">国网××供电公司</td><td>验收负责人</td><td colspan="4">×××</td></tr>
<tr><td>验收负责人签字日期</td><td colspan="2">2023-04-16</td><td>是否消除</td><td colspan="4">是</td></tr>
<tr><td>验收结论</td><td colspan="7">隐患已治理，符合安全运行要求，同意销号。</td></tr>
</table>

8.2.2.4 电缆沟道未设置防火隔离

一般隐患排查治理档案表

××××年度　　　　　　　　　　　　　　　　　　　　　　　　　　　　　　　　国网××××公司

<table>
<tr><td rowspan="7">发现</td><td>隐患简题</td><td colspan="7">国网××供电公司4月20日110kV××变电站110kV出线电缆沟道未设置防火隔离段的安全隐患。</td></tr>
<tr><td>隐患编号</td><td>国网××公司2023××××</td><td>隐患所在单位</td><td>国网××供电公司</td><td>隐患来源</td><td colspan="3">专项排查</td></tr>
<tr><td>隐患分类</td><td>设备设施</td><td>专业子类</td><td>变电</td><td>隐患性质</td><td colspan="3">设备类</td></tr>
<tr><td>电压等级</td><td>110kV</td><td>归属职能部门</td><td colspan="5">设备部</td></tr>
<tr><td>发现人</td><td>×××</td><td>发现人单位</td><td>国网××供电公司</td><td>发现日期</td><td colspan="3">2023-04-20</td></tr>
<tr><td>事故隐患内容</td><td colspan="7">在2023年变电设备消防专项排查中发现：110kV××变电站一次电缆设施沟道长100m，内有110kV出线电缆未设置防火隔离段，不符合《国家电网有限公司变电运维管理规定（试行）》第14分册　电力电缆运维细则1.1.4：“电缆竖井中应分层设置防火隔板，电缆沟每隔一定的距离（60m）应采取防火隔离措施。”的规定要求，若突发火险火势将蔓延至整个电缆沟道，严重影响一次设备的正常运行，依据《国家电网有限公司安全事故调查规程》（2021年版）4.2.7.2：“35kV以上输变电设备异常运行或被迫停止运行，并造成减供负荷者”，构成七级电网事件。</td></tr>
<tr><td>可能导致后果</td><td>七级电网事件</td><td>事件依据</td><td>《国家电网有限公司安全事故调查规程》（2021年版）4.2.7.2</td><td>标准依据</td><td colspan="3">《设备设施安全隐患排查标准》SS3132：未按设计要求进行防火封堵措施</td></tr>
<tr><td rowspan="2">市级评估</td><td>评估等级</td><td>一般隐患</td><td>评估负责人</td><td>×××</td><td>评估负责人签字日期</td><td colspan="3">2023-04-20</td></tr>
<tr><td>可能导致后果</td><td colspan="7">七级电网事件</td></tr>
<tr><td rowspan="7">治理</td><td>实际治理完成日期</td><td>2023-05-12</td><td>治理责任单位</td><td>设备部</td><td>治理责任人</td><td colspan="3">×××</td></tr>
<tr><td>治理方式</td><td>立项</td><td>治理期限</td><td>2023-04-20至2023-05-20</td><td>是否纳入项目储备</td><td>是</td><td>项目储备是否审批</td><td>是</td></tr>
<tr><td>治理措施</td><td colspan="7">1. 对110kV××变电站一次电缆沟道进行现场勘察，申报设置电缆沟防火隔离段处理项目，在电缆沟道内直线距离每隔60m增设防火隔离段。
2. 治理过程中做好对电缆沟道内有害气体检测和通风，防止发生中毒事件。</td></tr>
<tr><td>防控措施</td><td colspan="7">1. 永久治理前，增加巡视频次，每周对110kV××变电站电缆沟道进行一次巡视，重点检查电缆终端温度变化，终端及线夹、引线有无过热现象，同时做好对电缆沟道内有害气体检测。
2. 高温大负荷期间，定期检查负荷电流不超过额定电流。
3. 做好站内消防设施维护检查，编制火灾应急预案，组织进行防火演练。</td></tr>
<tr><td>治理完成情况</td><td colspan="7">2023年5月10～12日，国网××供电公司对110kV××变电站电缆沟道进行防火处理，直线距离每隔60m增设防火隔离段。现申请对该隐患治理完成情况进行验收。</td></tr>
<tr><td>治理计划资金（万元）</td><td colspan="2">××</td><td>累计投入资金（万元）</td><td colspan="4">××</td></tr>
<tr><td rowspan="3">验收</td><td>验收组织单位</td><td colspan="2">国网××公司</td><td>验收负责人</td><td colspan="4">×××</td></tr>
<tr><td>验收负责人签字日期</td><td colspan="2">2023-05-13</td><td>是否消除</td><td colspan="4">是</td></tr>
<tr><td>验收结论</td><td colspan="7">隐患已治理，符合安全运行要求，同意销号。</td></tr>
</table>

8.2.2.5 变电站周边异物

一般隐患排查治理档案表

××××年度　　　　　　　　　　　　　　　　　　　　　　　　　　　　　　国网××××公司

<table>
<tr><td rowspan="7">发现</td><td>隐患简题</td><td colspan="7">国网××供电公司6月6日110kV××变电站周边有废弃塑料大棚，大风天气下存在异物搭接的安全隐患。</td></tr>
<tr><td>隐患编号</td><td>国网××公司2023××××</td><td>隐患所在单位</td><td>国网××供电公司</td><td>隐患来源</td><td colspan="3">日常巡视</td></tr>
<tr><td>隐患分类</td><td>设备设施</td><td>专业子类</td><td>变电</td><td>隐患性质</td><td colspan="3">设备类</td></tr>
<tr><td>电压等级</td><td>110kV</td><td>归属职能部门</td><td colspan="5">设备部</td></tr>
<tr><td>发现人</td><td>×××</td><td>发现人单位</td><td>国网××供电公司</td><td>发现日期</td><td colspan="3">2023-06-06</td></tr>
<tr><td>事故隐患内容</td><td colspan="7">在变电站日常巡视中发现：110kV××变电站110kV设备区围墙外10m处周边有废弃塑料大棚，威胁站内设备安全运行，大风天气下存在塑料大棚刮起落至站内带电设备上的安全隐患，违反《国家电网有限公司十八项电网重大反事故措施》（国家电网设备〔2018〕979号）5.1.3.4：“变电站周边存在飘浮物、塑料大棚、彩钢板建筑、风筝及高大树木等，未定期进行清理，异物漂浮可能造成设备短路的风险。”的规定要求。依据《国家电网有限公司安全事故调查规程》（2021年版）4.2.7.2：“35kV以上输变电设备异常运行或被迫停止运行，并造成减供负荷者”，构成七级电网事件。</td></tr>
<tr><td>可能导致后果</td><td>七级电网事件</td><td>事件依据</td><td>《国家电网有限公司安全事故调查规程》（2021年版）4.2.7.2</td><td>标准依据</td><td colspan="3">《设备设施安全隐患排查标准》SS3175：变电站周边存在飘浮物、塑料大棚、彩钢板建筑、风筝及高大树木等，未定期进行清理，异物漂浮可能造成设备短路的风险</td></tr>
<tr><td rowspan="2">市级评估</td><td>评估等级</td><td>一般隐患</td><td>评估负责人</td><td>×××</td><td>评估负责人签字日期</td><td colspan="3">2023-06-06</td></tr>
<tr><td>可能导致后果</td><td colspan="7">七级电网事件</td></tr>
<tr><td rowspan="6">治理</td><td>实际治理完成日期</td><td>2023-06-09</td><td>治理责任单位</td><td>设备部</td><td>治理责任人</td><td colspan="3">×××</td></tr>
<tr><td>治理方式</td><td>措施</td><td>治理期限</td><td>2023-06-06 至 2023-06-30</td><td>是否纳入项目储备</td><td>否</td><td>项目储备是否审批</td><td>否</td></tr>
<tr><td>治理措施</td><td colspan="7">1. 向当地政府监管部门上报备案，协助对塑料大棚进行拆除，期间做好对塑料大棚固定措施，防止大风天气造成塑料大棚刮落至站内带电设备上。
2. 会同当地政府监管部门开展联合执法，督促农户将废弃塑料大棚拆除。</td></tr>
<tr><td>防控措施</td><td colspan="7">1. 会同当地政府部门向用户下达《安全隐患告知书》，责令其对塑料大棚进行拆除。
2. 废弃塑料大棚未拆除前，加强对变电站定期巡视，并对可能漂浮物体进行处理。
3. 加大电力设施保护宣传力度，向变电站周边住户、农户发放宣传手册，提醒其对反光膜、塑料膜等易漂浮物进行清理或加固。</td></tr>
<tr><td>治理完成情况</td><td colspan="7">2023年6月9日，国网××供电公司联合当地政府部门开展联合执法，在运维人员的监督下，当地农户对废旧塑料大棚进行拆除。现申请对该隐患治理完成情况进行验收。</td></tr>
<tr><td>治理计划资金（万元）</td><td colspan="2">××</td><td>累计投入资金（万元）</td><td colspan="4">××</td></tr>
<tr><td rowspan="3">验收</td><td>验收组织单位</td><td colspan="2">国网××公司</td><td>验收负责人</td><td colspan="4">×××</td></tr>
<tr><td>验收负责人签字日期</td><td colspan="2">2023-06-10</td><td>是否消除</td><td colspan="4">是</td></tr>
<tr><td>验收结论</td><td colspan="7">隐患已治理，符合安全运行要求，同意销号。</td></tr>
</table>

8.2.2.6 隔离开关导电臂内异物

一般隐患排查治理档案表

××××年度 国网××××公司

<table>
<tr><td rowspan="7">发现</td><td>隐患简题</td><td colspan="7">国网××供电公司4月15日110kV××变电站隔离开关导电臂内筑有鸟巢，存在异物搭接及鸟粪闪络的安全隐患。</td></tr>
<tr><td>隐患编号</td><td>国网××公司2023××××</td><td>隐患所在单位</td><td>国网××公司</td><td>隐患来源</td><td colspan="3">日常排查</td></tr>
<tr><td>隐患分类</td><td>设备设施</td><td>专业子类</td><td>变电</td><td>隐患性质</td><td colspan="3">设备类</td></tr>
<tr><td>电压等级</td><td>110kV</td><td>归属职能部门</td><td colspan="5">设备部</td></tr>
<tr><td>发现人</td><td>×××</td><td>发现人单位</td><td>国网××公司</td><td>发现日期</td><td colspan="3">2023-04-15</td></tr>
<tr><td>事故隐患内容</td><td colspan="7">在变电站日常巡视中发现：110kV××变电站周围有大面积林区，周围鸟类活动频繁，现站内隔离开关导电臂上经常筑有鸟巢，鸟类筑巢所用材料大多为树枝与细小金属丝，存在树枝、金属丝掉落后搭接带电设备以及鸟粪闪络的安全隐患，且部分鸟巢筑于导电臂内部，只能采取停电处理的方式。不符合《国家电网有限公司十八项电网重大反事故措施》(国家电网设备〔2018〕979号)12.3.1.9：“隔离开关、接地开关导电臂及底座等位置应采取能防止鸟类筑巢的结构。”的规定要求。依据《国家电网有限公司安全事故调查规程》(2021年版)4.2.7.2：“35kV以上输变电设备异常运行或被迫停止运行，并造成减供负荷者”，构成七级电网事件。</td></tr>
<tr><td>可能导致后果</td><td>七级电网事件</td><td>事件依据</td><td>《国家电网有限公司安全事故调查规程》(2021年版)4.2.7.2</td><td>标准依据</td><td colspan="3"></td></tr>
<tr><td rowspan="2">市级评估</td><td>评估等级</td><td>一般隐患</td><td>评估负责人</td><td>×××</td><td>评估负责人签字日期</td><td colspan="3">2023-04-15</td></tr>
<tr><td>可能导致后果</td><td colspan="7">七级电网事件</td></tr>
<tr><td rowspan="7">治理</td><td>实际治理完成日期</td><td>2023-06-13</td><td>治理责任单位</td><td>设备部</td><td>治理责任人</td><td colspan="3">×××</td></tr>
<tr><td>治理方式</td><td>立项</td><td>治理期限</td><td>2023-04-15至2023-08-05</td><td>是否纳入项目储备</td><td>是</td><td>项目储备是否审批</td><td>是</td></tr>
<tr><td>治理措施</td><td colspan="7">1. 条件允许情况下，使用绝缘杆对隔离开关导电臂上的鸟巢进行处理。
2. 对隔离开关导电臂进行改造，在导电臂内加装防鸟挡板，防止小动物进入。</td></tr>
<tr><td>防控措施</td><td colspan="7">1. 在变电站构建内装设防鸟装置，减少鸟类飞入变电站的数量。
2. 对变电站外周边鸟巢进行清理，防止鸟类来回飞往时，口衔树枝或金属丝掉落站内带电设备上。</td></tr>
<tr><td>治理完成情况</td><td colspan="7">2023年6月10～13日，国网××供电公司完成对110kV××变电站隔离开关导电臂上鸟巢的清理工作，在站内构架上新安装4个防鸟装置，对3组导电臂进行改造，加装防鸟挡板；同时对变电站外周围5个鸟巢进行了清理，目前变电站内已无鸟类活动痕迹。现申请对该隐患治理完成情况进行验收。</td></tr>
<tr><td>治理计划资金(万元)</td><td colspan="2">××</td><td>累计投入资金(万元)</td><td colspan="4">××</td></tr>
<tr><td rowspan="3">验收</td><td>验收组织单位</td><td colspan="2">国网××公司</td><td>验收负责人</td><td colspan="4">×××</td></tr>
<tr><td>验收负责人签字日期</td><td colspan="2">2023-06-14</td><td>是否消除</td><td colspan="4">是</td></tr>
<tr><td>验收结论</td><td colspan="7">隐患已治理，符合安全运行要求，同意销号。</td></tr>
</table>

8.2.2.7　电缆沟道排水不畅

一般隐患排查治理档案表

××××年度　　　　　　　　　　　　　　　　　　　　　　　　　　　　　　　　　　　　国网××××公司

<table>
<tr><td rowspan="8">发现</td><td>隐患简题</td><td colspan="7">国网××供电公司5月2日110kV××变电站35kV出线电缆沟道存在排水不畅的安全隐患。</td></tr>
<tr><td>隐患编号</td><td>国网××公司2023××××</td><td>隐患所在单位</td><td>国网××公司</td><td>隐患来源</td><td colspan="3">日常排查</td></tr>
<tr><td>隐患分类</td><td>设备设施</td><td>专业子类</td><td>变电</td><td>隐患性质</td><td colspan="3">设备类</td></tr>
<tr><td>电压等级</td><td>110kV</td><td>归属职能部门</td><td colspan="5">设备部</td></tr>
<tr><td>发现人</td><td>×××</td><td>发现人单位</td><td>国网××公司</td><td>发现日期</td><td colspan="3">2023-05-02</td></tr>
<tr><td>事故隐患内容</td><td colspan="7">在变电站日常巡视中发现：110kV××变电站35kV出线电缆沟道相对于站外地面地势低0.1m，电缆沟道走径比外部排水管道低0.05m，且电缆沟道及夹层位于站内地下室内，汛期雨水倒灌与底部渗水现象严重，电缆沟长期处于潮湿环境，其35kV开关柜内湿度超过80%RH，存在致一次设备放电短路的安全隐患。不符合《国家电网有限公司电力电缆及通道运维规程》（2014修订版）5.6.1：“一般规定：j）电缆通道采用钢筋混凝土型式时，其伸缩（变形）缝应满足密封、防水、适应变形、施工方便、检修容易等要求，施工缝、穿墙管、预留孔等细部结构应采取相应的止水、防水措施；k）电缆通道所有管孔（含已敷设电缆）和电缆通道与变、配电站（室）连接处均应采用阻水法兰等措施进行防水封堵。”的规定要求，依据《国家电网有限公司安全事故调查规程》（2021年版）4.2.7.2：“35kV以上输变电设备异常运行或被迫停止运行，并造成减供负荷者”，构成七级电网事件。</td></tr>
<tr><td>可能导致后果</td><td>七级电网事件</td><td>事件依据</td><td>《国家电网有限公司安全事故调查规程》（2021年版）4.2.7.2</td><td>标准依据</td><td colspan="3"></td></tr>
<tr><td rowspan="2">市级评估</td><td>评估等级</td><td>一般隐患</td><td>评估负责人</td><td>×××</td><td>评估负责人签字日期</td><td colspan="3">2023-05-02</td></tr>
<tr><td>可能导致后果</td><td colspan="7">七级电网事件</td></tr>
<tr><td rowspan="6">治理</td><td>实际治理完成日期</td><td>2023-07-20</td><td>治理责任单位</td><td>设备部</td><td>治理责任人</td><td colspan="3">×××</td></tr>
<tr><td>治理方式</td><td>立项</td><td>治理期限</td><td>2023-05-02至2023-09-30</td><td>是否纳入项目储备</td><td>是</td><td>项目储备是否审批</td><td>是</td></tr>
<tr><td>治理措施</td><td colspan="7">1. 对110kV××变电站排水缆沟道两侧进行开挖，引导排水，避免以后造成积水，对电缆夹层做防水隔离挡墙及防水处理。
2. 在35kV高压室内加装除湿器，保持合理湿度范围。</td></tr>
<tr><td>防控措施</td><td colspan="7">1. 运维人员每周对排水沟道巡视一次，汛期增加巡视频次，观察积水情况。
2. 做好排水引导，对排水沟道积水进行抽排。
3. 完善防汛应急处置预案，开展防汛应急演练，站内配置充足的防汛设备和防汛物资，包括潜水泵、塑料布、塑料管、沙袋、铁锹等。</td></tr>
<tr><td>治理完成情况</td><td colspan="7">2023年6月15日，完成对110kV××变电站35kV出线电缆沟道内积水抽排工作；6月25日至7月20日，对110kV××变电站35kV出线电缆沟道两侧进行开挖，夹层做防水隔离挡墙及防水处理，电缆沟道安装排水设施，同时在35kV高压室加装除湿器一台并调试合格。现申请对该隐患治理完成情况进行验收。</td></tr>
<tr><td>治理计划资金（万元）</td><td colspan="2">××</td><td>累计投入资金（万元）</td><td colspan="4">××</td></tr>
<tr><td rowspan="3">验收</td><td>验收组织单位</td><td colspan="2">国网××公司</td><td>验收负责人</td><td colspan="4">×××</td></tr>
<tr><td>验收负责人签字日期</td><td colspan="2">2023-07-21</td><td>是否消除</td><td colspan="4">是</td></tr>
<tr><td>验收结论</td><td colspan="7">隐患已治理，符合安全运行要求，同意销号。</td></tr>
</table>

8.2.2.8　未装设氧量仪和 SF_6 气体泄漏报警仪

一般隐患排查治理档案表

××××年度

国网××××公司

<table>
<tr><td rowspan="7">发现</td><td>隐患简题</td><td colspan="6">国网××供电公司4月10日110kV××变电站配电装置室低位区及电缆中间层未装氧量仪和 SF_6 气体泄漏报警仪的安全隐患。</td></tr>
<tr><td>隐患编号</td><td>国网××公司2023××××</td><td>隐患所在单位</td><td>国网××公司</td><td>隐患来源</td><td colspan="2">安全检查</td></tr>
<tr><td>隐患分类</td><td>设备设施</td><td>专业子类</td><td>变电</td><td>隐患性质</td><td colspan="2">设备类</td></tr>
<tr><td>电压等级</td><td>110kV</td><td>归属职能部门</td><td colspan="4">设备部</td></tr>
<tr><td>发现人</td><td>×××</td><td>发现人单位</td><td>国网××公司</td><td>发现日期</td><td colspan="2">2023-04-10</td></tr>
<tr><td>事故隐患内容</td><td colspan="6">在公司春季安全检查工作中发现：110kV××变电站由于早期设计原因，未在配电装置室低位区及电缆中间层安装氧量仪和 SF_6 气体泄漏报警仪，存在作业人员意外中毒的人身安全隐患。不符合《国家电网公司电力安全工作规程　变电部分》11.5：“在 SF_6 配电装置室低位区应安装能报警的氧量仪和 SF_6 气体泄漏报警仪，在工作人员入口处应装设显示器。上述仪表应定期检验，保证完好”的规定要求，依据《国家电网有限公司安全事故调查规程》（2021年版）4.1相关条款，可能构成人身事故。</td></tr>
<tr><td>可能导致后果</td><td>人身事故</td><td>事件依据</td><td>《国家电网有限公司安全事故调查规程》（2021年版）4.1.2.8</td><td>标准依据</td><td colspan="2"></td></tr>
<tr><td rowspan="2">市级评估</td><td>评估等级</td><td>一般</td><td>评估负责人</td><td>×××</td><td>评估负责人签字日期</td><td colspan="2">2023-04-10</td></tr>
<tr><td>可能导致后果</td><td colspan="6">人身事故</td></tr>
<tr><td rowspan="7">治理</td><td>实际治理完成日期</td><td>2023-05-20</td><td>治理责任单位</td><td>设备部</td><td>治理责任人</td><td colspan="2">×××</td></tr>
<tr><td>治理方式</td><td>立项</td><td>治理期限</td><td>2023-04-10至2023-06-30</td><td>是否纳入项目储备</td><td>是</td><td>项目储备是否审批　是</td></tr>
<tr><td>治理措施</td><td colspan="6">对110kV××变电站配电装置室门外、电缆中间层入口分别安装一套 SF_6 气体泄漏报警仪和氧量仪。</td></tr>
<tr><td>防控措施</td><td colspan="6">1. 在110kV××变电站配电室与电缆中间层入口处设置警示标识，进入前先通风15min以上，并用 SF_6 检漏仪和氧量仪测量检测，室内氧气密度正常（大于19.5%），SF_6 气体密度小于1000μL/L时方可进入。
2. 巡视或操作等工作时至少两人。</td></tr>
<tr><td>治理完成情况</td><td colspan="6">2023年5月20日，国网××供电公司对110kV××变电站配电装置室、电缆中间层分别安装一套 SF_6 气体泄漏报警仪和氧量仪，并对排风设施进行改造。现申请对该隐患治理完成情况进行验收。</td></tr>
<tr><td>治理计划资金（万元）</td><td colspan="2">××</td><td colspan="2">累计投入资金（万元）</td><td colspan="2">××</td></tr>
<tr><td colspan="7" style="display:none"></td></tr>
<tr><td rowspan="3">验收</td><td>验收组织单位</td><td colspan="2">国网××公司</td><td colspan="2">验收负责人</td><td colspan="2">×××</td></tr>
<tr><td>验收负责人签字日期</td><td colspan="2">2023-05-21</td><td colspan="2">是否消除</td><td colspan="2">是</td></tr>
<tr><td>验收结论</td><td colspan="6">隐患已治理，符合安全运行要求，同意销号。</td></tr>
</table>

8.2.2.9 高压室未配备防潮除湿装置

一般隐患排查治理档案表

××××年度　　　　　　　　　　　　　　　　　　　　　　　　　　　　　　国网××××公司

<table>
<tr><td rowspan="8">发现</td><td>隐患简题</td><td colspan="7">国网××供电公司3月20日110kV××变电站35kV高压室未配备防潮除湿装置的安全隐患。</td></tr>
<tr><td>隐患编号</td><td>国网××公司2023××××</td><td>隐患所在单位</td><td>国网××公司</td><td>隐患来源</td><td colspan="3">安全性评价</td></tr>
<tr><td>隐患分类</td><td>设备设施</td><td>专业子类</td><td>变电</td><td>隐患性质</td><td colspan="3">设备类</td></tr>
<tr><td>电压等级</td><td>110kV</td><td>归属职能部门</td><td colspan="5">设备部</td></tr>
<tr><td>发现人</td><td>×××</td><td>发现人单位</td><td>国网××公司</td><td>发现日期</td><td colspan="3">2023-03-20</td></tr>
<tr><td>事故隐患内容</td><td colspan="7">在2023年公司安全性评价专项监督工作中发现：110kV××变电站临近河谷，周边环境潮湿，该站35kV高压开关室内未配备防潮除湿装置，室内相对湿度达到80%，有可能造成开关柜内绝缘件绝缘降低，引发短路放电。不符合《防止电力生产事故的二十五项重点要求》（2023年版）13.3.10：“应在开关柜配电室配置空调、除湿机等有效的除湿防潮设备，防止凝露导致绝缘事故。”的规定要求。依据《国家电网有限公司安全事故调查规程》（2021年版）4.2.7.2：“35kV以上输变电设备异常运行或被迫停止运行，并造成减供负荷者”，构成七级电网事件。</td></tr>
<tr><td>可能导致后果</td><td>七级电网事件</td><td>事件依据</td><td>《国家电网有限公司安全事故调查规程》（2021年版）4.2.7.2</td><td>标准依据</td><td colspan="3"></td></tr>
<tr><td rowspan="2">市级评估</td><td>评估等级</td><td>一般隐患</td><td>评估负责人</td><td>×××</td><td>评估负责人签字日期</td><td colspan="3">2023-03-20</td></tr>
<tr><td>可能导致后果</td><td colspan="7">七级电网事件</td></tr>
<tr><td rowspan="6">治理</td><td>实际治理完成日期</td><td>2023-04-13</td><td>治理责任单位</td><td>设备部</td><td>治理责任人</td><td colspan="3">×××</td></tr>
<tr><td>治理方式</td><td>立项</td><td>治理期限</td><td>2023-03-20至2023-05-20</td><td>是否纳入项目储备</td><td>是</td><td>项目储备是否审批</td><td>是</td></tr>
<tr><td>治理措施</td><td colspan="7">在35kV高压开关室加装防潮除湿装置（根据面积预估组数和功率）。</td></tr>
<tr><td>防控措施</td><td colspan="7">1. 正常天气时，每周对110kV××变电站35kV高压开关室湿度进行监控， 雨季或天气温差变化大时，缩短巡视周期，重点检查开关柜内是否存在潮湿凝露现象。
2. 开关柜内驱潮器应一直处于运行状态，以免开关柜内元件表面凝露，影响绝缘性能。
3. 加强开关室房间密封，相对湿度超过80%时，采取临时通风或者加热等措施进行控制。</td></tr>
<tr><td>治理完成情况</td><td colspan="7">2023年4月13日，国网××供电公司对110kV××变电站35kV高压开关室加装2组250W加热除湿装置，装置安装及功能验收测试合格。现申请对该隐患治理完成情况进行验收。</td></tr>
<tr><td>治理计划资金（万元）</td><td colspan="2">××</td><td>累计投入资金（万元）</td><td colspan="4">××</td></tr>
<tr><td rowspan="3">验收</td><td>验收组织单位</td><td colspan="2">国网××公司</td><td>验收负责人</td><td colspan="4">×××</td></tr>
<tr><td>验收负责人签字日期</td><td colspan="2">2023-04-14</td><td>是否消除</td><td colspan="4">是</td></tr>
<tr><td>验收结论</td><td colspan="7">隐患已治理，符合安全运行要求，同意销号。</td></tr>
</table>

8.2.2.10 开关柜带电显示器装置失灵

较大隐患排查治理档案表

××××年度　　　　　　　　　　　　　　　　　　　　　　　　　　　　　　国网××××公司

<table>
<tr><td rowspan="7">发现</td><td>隐患简题</td><td colspan="8">国网××供电公司 6 月 21 日 110kV××变电站 10kV 小车开关柜带电显示器装置失灵无指示的安全隐患。</td></tr>
<tr><td>隐患编号</td><td>国网××公司 2023××××</td><td>隐患所在单位</td><td>国网××公司</td><td>隐患来源</td><td colspan="4">日常排查</td></tr>
<tr><td>隐患分类</td><td>设备设施</td><td>专业子类</td><td>变电</td><td>隐患性质</td><td colspan="4">设备类</td></tr>
<tr><td>电压等级</td><td>110kV</td><td>归属职能部门</td><td colspan="6">设备部</td></tr>
<tr><td>发现人</td><td>×××</td><td>发现人单位</td><td>国网××公司</td><td>发现日期</td><td colspan="4">2023-06-21</td></tr>
<tr><td>事故隐患内容</td><td colspan="8">在变电站日常巡视中发现：110kV××变电站 10kV 小车开关柜带电显示器装置失灵无指示，若操作人员合接地开关时无法确认线路是否无电，存在带电合接地开关的安全隐患。不符合《国家电网公司电力安全工作规程　变电部分》7.3.3：“对无法进行直接验电的设备、高压直流输电设备和雨雪天气时的户外设备，可以进行间接验电，即通过设备的机械指示位置、电气指示、带电显示装置、仪表及各种遥测、遥信等信号的变化来判断。判断时，至少应有两个非同样原理或非同源的指示发生对应变化，且所有这些确定的指示均已同时发生对应变化，才能确认该设备已无电”的要求。依据《国家电网有限公司安全事故调查规程》（2021 年版）4.3.5.17：“10kV 以上电气设备发生恶性电气误操作”，构成五级设备事件。</td></tr>
<tr><td>可能导致后果</td><td>五级设备事件</td><td>事件依据</td><td>《国家电网有限公司安全事故调查规程》（2021 年版）4.3.6.17</td><td>标准依据</td><td colspan="4"></td></tr>
<tr><td rowspan="2">市级评估</td><td>评估等级</td><td>较大隐患</td><td>评估负责人</td><td>×××</td><td>评估负责人签字日期</td><td colspan="4">2023-06-21</td></tr>
<tr><td>可能导致后果</td><td colspan="8">五级设备事件</td></tr>
<tr><td rowspan="6">治理</td><td>实际治理完成日期</td><td>2023-09-25</td><td>治理责任单位</td><td>设备部</td><td>治理责任人</td><td colspan="4">×××</td></tr>
<tr><td>治理方式</td><td>措施</td><td>治理期限</td><td>2023-06-21 至 2023-10-31</td><td>是否纳入项目储备</td><td>否</td><td colspan="2">项目储备是否审批</td><td>否</td></tr>
<tr><td>治理措施</td><td colspan="8">结合停电计划，对 110kV××变电站 10kV 小车开关柜带电显示器装置进行更换（修复）。</td></tr>
<tr><td>防控措施</td><td colspan="8">1. 永久治理前，落实班组隐患公示；倒闸操作时应通过其他方法进行间接验电，在保证线路确无电压后方可操作线路接地刀闸。
2. 在合接地开关前通过观察窗检查刀闸确在分位，刀闸指示位置确认刀闸确无电后，再合接地开关，整个过程必须设置专责监护人。</td></tr>
<tr><td>治理完成情况</td><td colspan="8">2023 年 9 月 25 日，结合停电检修工作，国网××供电公司对 110kV××变电站 10kV 小车开关柜带电显示器装置进行了更换，治理完成后指示显示正常。现申请对该隐患治理完成情况进行验收。</td></tr>
<tr><td>治理计划资金（万元）</td><td colspan="2">××</td><td>累计投入资金（万元）</td><td colspan="5">××</td></tr>
<tr><td rowspan="3">验收</td><td>验收组织单位</td><td colspan="2">国网××公司</td><td>验收负责人</td><td colspan="5">×××</td></tr>
<tr><td>验收负责人签字日期</td><td colspan="2">2023-09-26</td><td>是否消除</td><td colspan="5">是</td></tr>
<tr><td>验收结论</td><td colspan="8">隐患已治理，符合安全运行要求，同意销号。</td></tr>
</table>

8.2.2.11 主控室照明灯具损坏

一般隐患排查治理档案表

××××年度　　　　　　　　　　　　　　　　　　　　　　　　国网××××公司

<table>
<tr><td rowspan="8">发现</td><td>隐患简题</td><td colspan="7">国网××供电公司7月9日110kV××变电站主控室照明灯具损坏的安全隐患。</td></tr>
<tr><td>隐患编号</td><td>国网××公司2023××××</td><td>隐患所在单位</td><td>国网××公司</td><td>隐患来源</td><td colspan="3">日常排查</td></tr>
<tr><td>隐患分类</td><td>设备设施</td><td>专业子类</td><td>变电</td><td>隐患性质</td><td colspan="3">设备类</td></tr>
<tr><td>电压等级</td><td>110kV</td><td>归属职能部门</td><td colspan="5">设备部</td></tr>
<tr><td>发现人</td><td>×××</td><td>发现人单位</td><td>国网××公司</td><td>发现日期</td><td colspan="3">2023-07-09</td></tr>
<tr><td>事故隐患内容</td><td colspan="7">在变电站日常巡视中发现：110kV××变电站主控室装有5个照明灯具，其中1个灯泡损坏，1个灯具外罩破损，工作人员巡视或工作时可能因照明不足而导致磕伤、碰伤。不满足《国家电网有限公司变电运维管理规定（试行）》第26分册　辅助设施运维细则　6.1.1：“变电站室内工作及室外相关场所、地下变电站均应设置正常照明；应该保证足够的亮度，照明灯具的悬挂高度不应低于2.5m，低于2.5m时应设保护罩。”要求。依据《国家电网有限公司安全事故调查规程》（2021年版）4.1.2.8：“无人员死亡和重伤，但造成1～2人轻伤者”，可能构成人身事故。</td></tr>
<tr><td>可能导致后果</td><td>人身事故</td><td>事件依据</td><td>《国家电网有限公司安全事故调查规程》（2021年版）4.1</td><td>标准依据</td><td colspan="3"></td></tr>
<tr><td rowspan="2">市级评估</td><td>评估等级</td><td>一般隐患</td><td>评估负责人</td><td>×××</td><td>评估负责人签字日期</td><td colspan="3">2023-07-09</td></tr>
<tr><td>可能导致后果</td><td colspan="7">人身事故</td></tr>
<tr><td rowspan="6">治理</td><td>实际治理完成日期</td><td>2023-07-15</td><td>治理责任单位</td><td>设备部</td><td>治理责任人</td><td colspan="3">×××</td></tr>
<tr><td>治理方式</td><td>措施</td><td>治理期限</td><td>2023-07-09至2023-07-30</td><td>是否纳入项目储备</td><td>否</td><td>项目储备是否审批</td><td>否</td></tr>
<tr><td>治理措施</td><td colspan="7">1. 对110kV××变电站主控室照明灯具进行维修，对破损的灯泡、灯具外罩进行更换。
2. 更换过程中加强高处作业监护，严防出现高处坠落事故。</td></tr>
<tr><td>防控措施</td><td colspan="7">1. 隐患未治理前，应结合工作实际，在工作过程中携带手电等照明设备。
2. 在照明不良的路段张贴反光警示标识，提醒作业人员谨慎通行。</td></tr>
<tr><td>治理完成情况</td><td colspan="7">2023年7月15日，国网××供电公司对110kV××变电站主控室照明灯具进行维护，除对损坏的灯泡、灯具外罩进行更换外，对两个即将达到使用寿命的灯泡进行更换，同时对照明线路进行全面检查，目前主控室照明亮度已满足工作需要。现申请对该隐患治理完成情况进行验收。</td></tr>
<tr><td>治理计划资金（万元）</td><td colspan="2">××</td><td>累计投入资金（万元）</td><td colspan="4">××</td></tr>
<tr><td rowspan="3">验收</td><td>验收组织单位</td><td colspan="2">国网××公司</td><td>验收负责人</td><td colspan="4">×××</td></tr>
<tr><td>验收负责人签字日期</td><td colspan="2">2023-07-16</td><td>是否消除</td><td colspan="4">是</td></tr>
<tr><td>验收结论</td><td colspan="7">隐患已治理，符合安全运行要求，同意销号。</td></tr>
</table>

8.2.2.12 站内蓄电池室使用普通空调

一般隐患排查治理档案表

××××年度　　　　　　　　　　　　　　　　　　　　　　　　　　　　　国网××××公司

<table>
<tr><td rowspan="8">发现</td><td>隐患简题</td><td colspan="7">国网××供电公司5月10日110kV××变电站蓄电池室使用普通空调的安全隐患。</td></tr>
<tr><td>隐患编号</td><td>国网××公司2023××××</td><td>隐患所在单位</td><td>国网××公司</td><td>隐患来源</td><td colspan="3">专项监督</td></tr>
<tr><td>隐患分类</td><td>设备设施</td><td>专业子类</td><td>变电</td><td>隐患性质</td><td colspan="3">设备类</td></tr>
<tr><td>电压等级</td><td>110kV</td><td>归属职能部门</td><td colspan="5">设备部</td></tr>
<tr><td>发现人</td><td>×××</td><td>发现人单位</td><td>国网××公司</td><td>发现日期</td><td colspan="3">2023-05-10</td></tr>
<tr><td>事故隐患内容</td><td colspan="7">在2023年公司安全性评价专项监督工作中发现：110kV××变电站早期设计标准低，蓄电池室内装设老款普通空调，因铅酸蓄电池在工作时产生氢气等易燃易爆气体，使用普通空调可能导致蓄电池室发生燃爆、火灾等事故。不符合《国家电网有限公司变电验收管理规定（试行）》第26分册　辅助设施验收细则　2.2.3：“c）变电站主控室、继电保护室、蓄电池室、通信机房、开关室（有保护装置）应装设空调，蓄电池室应使用防爆空调”的规定要求。依据《国家电网有限公司安全事故调查规程》（2021年版）4.3.7.4（1）：“110kV（含66kV）变电站站用直流全部失电”，构成七级设备事件。</td></tr>
<tr><td>可能导致后果</td><td>七级设备事件</td><td>事件依据</td><td>《国家电网有限公司安全事故调查规程》（2021年版）4.3.7.4</td><td>标准依据</td><td colspan="3"></td></tr>
<tr><td>评估等级</td><td>一般隐患</td><td>评估负责人</td><td>×××</td><td>评估负责人签字日期</td><td colspan="3">2023-05-10</td></tr>
<tr><td rowspan="2">市级评估</td><td>评估等级</td><td>一般隐患</td><td>评估负责人</td><td>×××</td><td>评估负责人签字日期</td><td colspan="3">2023-05-10</td></tr>
<tr><td>可能导致后果</td><td colspan="7">七级设备事件</td></tr>
<tr><td rowspan="6">治理</td><td>实际治理完成日期</td><td>2023-05-30</td><td>治理责任单位</td><td>设备部</td><td>治理责任人</td><td colspan="3">×××</td></tr>
<tr><td>治理方式</td><td>立项</td><td>治理期限</td><td>2023-05-10至2023-06-30</td><td>是否纳入项目储备</td><td>是</td><td>项目储备是否审批</td><td>是</td></tr>
<tr><td>治理措施</td><td colspan="7">1. 对蓄电池室内空调进行更换，更换为防爆空调。
2. 对蓄电池室内开关、熔断器和插座等进行改造。</td></tr>
<tr><td>防控措施</td><td colspan="7">1. 隐患未治理前，落实班组隐患公示，每周对110kV××变电站蓄电池室进行巡视，检查蓄电池室温度、湿度、通风正常，照明及消防设备完好，无易燃、易爆物品。
2. 定期对蓄电池室内氢气含量进行检测，必要时采取临时通风措施。
3. 严格蓄电池室防火管理，在蓄电池室大门及室内悬挂“严禁烟火”警告标识，严禁携带火种进入蓄电池室。</td></tr>
<tr><td>治理完成情况</td><td colspan="7">2023年5月30日，国网××供电公司对110kV××变电站蓄电池室内空调进行了更换，更换为防爆空调，同时将配套开关、插座更换为不产生电花火的防爆电器。现申请对该隐患治理完成情况进行验收。</td></tr>
<tr><td>治理计划资金（万元）</td><td colspan="2">××</td><td>累计投入资金（万元）</td><td colspan="4">××</td></tr>
<tr><td rowspan="3">验收</td><td>验收组织单位</td><td colspan="2">国网××公司</td><td>验收负责人</td><td colspan="4">×××</td></tr>
<tr><td>验收负责人签字日期</td><td colspan="2">2023-05-30</td><td>是否消除</td><td colspan="4">是</td></tr>
<tr><td>验收结论</td><td colspan="7">隐患已治理，符合安全运行要求，同意销号。</td></tr>
</table>

8.2.2.13　主变压器接地不可靠

一般隐患排查治理档案表

××××年度　　　　　　　　　　　　　　　　　　　　　　　　国网××××公司

<table>
<tr><td rowspan="8">发现</td><td>隐患简题</td><td colspan="7">国网××公司 5 月 8 日 330kV××变电站#1 主变压器仅有一处接地的安全隐患。</td></tr>
<tr><td>隐患编号</td><td>国网××公司 2023××××</td><td>隐患所在单位</td><td>国网××公司</td><td>隐患来源</td><td colspan="3">专项监督</td></tr>
<tr><td>隐患分类</td><td>设备设施</td><td>专业子类</td><td>变电</td><td>隐患性质</td><td colspan="3">设备类</td></tr>
<tr><td>电压等级</td><td>110kV</td><td>归属职能部门</td><td colspan="5">设备部</td></tr>
<tr><td>发现人</td><td>×××</td><td>发现人单位</td><td>国网××公司</td><td>发现日期</td><td colspan="3">2023-05-08</td></tr>
<tr><td>事故隐患内容</td><td colspan="7">在 2023 年公司安全性评价专项监督工作中发现：330kV××变电站主变压器早期设计标准低，其#1 主变压器中性点仅有一处接地，出现接地连接不牢靠、虚接等情况时，可能导致主变压器绝缘受损。不满足《国家电网有限公司十八项电网重大反事故措施》（国家电网设备〔2018〕979 号）14.1.1.4：“变压器中性点应有两根与地网主网格的不同边接地引下线，并且每根接地引下线均应符合热稳定校核的要求；主设备及设备架构等应有两根与主地网不同干线连接的接地引下线，并且每根接地引下线均应符合热稳定校核的要求。”依据《国家电网有限公司安全事故调查规程》（2021 年版）4.3.6.2（4）：“110kV（含 66kV）以上主变压器，±400kV 以下直流换流站的换流变压器、平波电抗器等本体故障损坏或绝缘击穿”，构成六级设备事件。</td></tr>
<tr><td>可能导致后果</td><td>六级设备事件</td><td>事件依据</td><td>《国家电网有限公司安全事故调查规程》（2021 年版）4.3.6.2</td><td>标准依据</td><td colspan="3"></td></tr>
<tr><td rowspan="2">市级评估</td><td>评估等级</td><td>一般隐患</td><td>评估负责人</td><td>×××</td><td>评估负责人签字日期</td><td colspan="3">2023-05-08</td></tr>
<tr><td>可能导致后果</td><td colspan="7">六级设备事件</td></tr>
<tr><td rowspan="6">治理</td><td>实际治理完成日期</td><td>2023-06-10</td><td>治理责任单位</td><td>设备部</td><td>治理责任人</td><td colspan="3">×××</td></tr>
<tr><td>治理方式</td><td>立项</td><td>治理期限</td><td>2023-05-08 至 2023-07-30</td><td>是否纳入项目储备</td><td>是</td><td>项目储备是否审批</td><td>是</td></tr>
<tr><td>治理措施</td><td colspan="7">结合停电检修工作，对 330kV××变电站#1 主变压器中性点接地进行改造，加装一处接地。</td></tr>
<tr><td>防控措施</td><td colspan="7">1. 永久治理前，落实班组隐患公示，每半个月对 330kV××变电站#1 主变压器中性点进行特巡，检查接地引下线连接螺栓、压接件是否有松动、锈蚀等现象。
2. 定期对接地引下线进行接地导通测试。
3. 在主变压器停电倒闸操作前，在主变压器中性点加装一组临时地线。</td></tr>
<tr><td>治理完成情况</td><td colspan="7">2023 年 6 月 10 日，国网××供电公司完成对 330kV××变电站#1 主变压器中性点接地进行改造，重新加装一处接地，采用铜排结构，满足热稳定性校核及机械强度的要求。现申请对该隐患治理完成情况进行验收。</td></tr>
<tr><td>治理计划资金（万元）</td><td colspan="2">××</td><td>累计投入资金（万元）</td><td colspan="4">××</td></tr>
<tr><td rowspan="3">验收</td><td>验收组织单位</td><td colspan="2">国网××公司</td><td>验收负责人</td><td colspan="4">×××</td></tr>
<tr><td>验收负责人签字日期</td><td colspan="2">2023-06-11</td><td>是否消除</td><td colspan="4">是</td></tr>
<tr><td>验收结论</td><td colspan="7">隐患已治理，符合安全运行要求，同意销号。</td></tr>
</table>

8.2.2.14 主变压器散热器底部锈蚀

一般隐患排查治理档案表

××××年度　　　　　　　　　　　　　　　　　　　　　　　　　　　　　　　国网××××公司

<table>
<tr><td rowspan="7">发现</td><td>隐患简题</td><td colspan="7">国网××供电公司 4 月 16 日 110kV××变电站#1 主变压器散热器底部锈蚀的安全隐患。</td></tr>
<tr><td>隐患编号</td><td>国网××公司 2023××××</td><td>隐患所在单位</td><td>国网××公司</td><td>隐患来源</td><td colspan="3">专业巡视</td></tr>
<tr><td>隐患分类</td><td>设备设施</td><td>专业子类</td><td>变电</td><td>隐患性质</td><td colspan="3">设备类</td></tr>
<tr><td>电压等级</td><td>110kV</td><td>归属职能部门</td><td colspan="5">设备部</td></tr>
<tr><td>发现人</td><td>×××</td><td>发现人单位</td><td>国网××公司</td><td>发现日期</td><td colspan="3">2023-04-16</td></tr>
<tr><td>事故隐患内容</td><td colspan="7">在公司变电站专业巡视中发现：110kV××变电站#1 主变压器运行近 15 年，其#4、#5 、#7 散热器底部锈蚀严重，如不及时处理，会造成变压器渗漏、缺油、受潮和失去释压器主保护，影响变压器安全稳定运行，不满足《国家电网有限公司变电检修通用管理规定》第 1 分册　油浸式变压器（电抗器）检修细则 2.1.2　冷却装置：“a）散热器外观完好、无锈蚀、无渗漏油。”的要求，若长期腐蚀锈蚀，则会导致主变压器本体和散热器等部位产生渗油点，造成绕组绝缘击穿、变压器烧毁。依据《国家电网有限公司安全事故调查规程》（2021 年版）4.3.7.2（2）：“35kV 以上主变压器、电抗器等本体故障损坏或主绝缘击穿”，构成七级设备事件。</td></tr>
<tr><td>可能导致后果</td><td>七级设备事件</td><td>事件依据</td><td>《国家电网有限公司安全事故调查规程》（2021 年版）4.3.7.2</td><td>标准依据</td><td colspan="3"></td></tr>
<tr><td rowspan="2">市级评估</td><td>评估等级</td><td>一般隐患</td><td>评估负责人</td><td>×××</td><td>评估负责人签字日期</td><td colspan="3">2023-04-16</td></tr>
<tr><td>可能导致后果</td><td colspan="7">七级设备事件</td></tr>
<tr><td rowspan="6">治理</td><td>实际治理完成日期</td><td>2023-06-12</td><td>治理责任单位</td><td>设备部</td><td>治理责任人</td><td colspan="3">×××</td></tr>
<tr><td>治理方式</td><td>措施</td><td>治理期限</td><td>2023-04-16 至 2023-06-30</td><td>是否纳入项目储备</td><td>否</td><td>项目储备是否审批</td><td>否</td></tr>
<tr><td>治理措施</td><td colspan="7">结合停电检修计划，清理#1 主变压器散热片之间灰尘、草屑等杂物；对散热器底部锈蚀部位进行堵漏防腐，主变压器本体及附件全面除锈刷漆。</td></tr>
<tr><td>防控措施</td><td colspan="7">1. 定期对#1 主变压器散热器底部锈蚀部位进行检查，观察是否存在锈蚀裂纹或油迹渗出；跟踪锈蚀及油迹扩散速度及发展趋势，防止隐患扩大。
2. 充分利用现有在线监测、带电检测手段，准确掌握设备状态，如遇异常立即上报。</td></tr>
<tr><td>治理完成情况</td><td colspan="7">2023 年 6 月 12 日，国网××公司结合停电检修计划，对#1 主变压器散热片之间灰尘、草屑等杂物进行了清理；主变压器本体及附件全面除锈刷漆；散热器底部锈蚀部位采取了堵漏防腐措施。现申请对该隐患治理完成情况进行验收。</td></tr>
<tr><td>治理计划资金（万元）</td><td colspan="2">××</td><td>累计投入资金（万元）</td><td colspan="4">××</td></tr>
<tr><td rowspan="3">验收</td><td>验收组织单位</td><td colspan="2">国网××公司</td><td>验收负责人</td><td colspan="4">×××</td></tr>
<tr><td>验收负责人签字日期</td><td colspan="2">2023-06-13</td><td>是否消除</td><td colspan="4">是</td></tr>
<tr><td>验收结论</td><td colspan="7">隐患已治理，符合安全运行要求，同意销号。</td></tr>
</table>

8.2.2.15 主变压器存在近区短路

一般隐患排查治理档案表

××××年度　　　　国网××××公司

<table>
<tr><td rowspan="7">发现</td><td>隐患简题</td><td colspan="7">国网××供电公司3月6日110kV××变电站#1主变压器存在近区短路的安全隐患。</td></tr>
<tr><td>隐患编号</td><td>国网××公司2023××××</td><td>隐患所在单位</td><td>国网××公司</td><td>隐患来源</td><td colspan="3">专业巡视</td></tr>
<tr><td>隐患分类</td><td>设备设施</td><td>专业子类</td><td>变电</td><td>隐患性质</td><td colspan="3">设备类</td></tr>
<tr><td>电压等级</td><td>110kV</td><td>归属职能部门</td><td colspan="5">设备部</td></tr>
<tr><td>发现人</td><td>×××</td><td>发现人单位</td><td>国网××公司</td><td>发现日期</td><td colspan="3">2023-03-06</td></tr>
<tr><td>事故隐患内容</td><td colspan="7">在公司变电站专业巡视中发现：因早期设计原因，110kV××变电站#1主变压器35kV侧过桥引线为钢芯铝绞线，未加装绝缘护套，存在近区短路的安全隐患，不符合《国家电网有限公司十八项电网重大反事故措施》（国家电网设备〔2018〕979号）9.1.4：“220kV及以下主变压器的6～35kV中（低）压侧引线、户外母线（不含架空软导线型式）及接线端子应绝缘化；500（330）kV变压器35kV套管至母线的引线应绝缘化；变电站出口2km内的10kV线路应采用绝缘导线。”的规定要求。依据《国家电网有限公司安全事故调查规程》（2021年版）4.3.7.2（2）：“35kV以上主变压器、电抗器等本体故障损坏或主绝缘击穿”，构成七级设备事件。</td></tr>
<tr><td>可能导致后果</td><td>七级设备事件</td><td>事件依据</td><td>《国家电网有限公司安全事故调查规程》（2021年版）4.3.7.2</td><td>标准依据</td><td colspan="3"></td></tr>
<tr><td rowspan="2">市级评估</td><td>评估等级</td><td>一般隐患</td><td>评估负责人</td><td>×××</td><td>评估负责人签字日期</td><td colspan="3">2023-03-06</td></tr>
<tr><td>可能导致后果</td><td colspan="7">七级设备事件</td></tr>
<tr><td rowspan="7">治理</td><td>实际治理完成日期</td><td>2023-05-27</td><td>治理责任单位</td><td>设备部</td><td>治理责任人</td><td colspan="3">×××</td></tr>
<tr><td>治理方式</td><td>措施</td><td>治理期限</td><td>2023-03-06至2023-06-30</td><td>是否纳入项目储备</td><td>否</td><td>项目储备是否审批</td><td>否</td></tr>
<tr><td>治理措施</td><td colspan="7">结合停电检修计划，对35kV侧过桥加装绝缘护套。</td></tr>
<tr><td>防控措施</td><td colspan="7">1. 运维人员每周对站内及站外周边易造成漂浮搭接的物件及时进行清理。
2. 遇有大风天气时应进行特巡，及时处理站区漂浮物，并检查#1主变压器35kV软导线风摆情况以及有无搭接物。
3. 制定反措整改方案，对#1主变压器35kV侧过桥引线进行绝缘化处理。</td></tr>
<tr><td>治理完成情况</td><td colspan="7">2023年5月27日，国网××公司结合#1主变压器停电计划，对其35kV侧过桥引线加装了绝缘护套，治理完成后满足设备安全运行要求。现申请对该隐患治理完成情况进行验收。</td></tr>
<tr><td>治理计划资金（万元）</td><td colspan="2">××</td><td>累计投入资金（万元）</td><td colspan="4">××</td></tr>
<tr><td rowspan="3">验收</td><td>验收组织单位</td><td colspan="2">国网××公司</td><td>验收负责人</td><td colspan="4">×××</td></tr>
<tr><td>验收负责人签字日期</td><td colspan="2">2023-05-28</td><td>是否消除</td><td colspan="4">是</td></tr>
<tr><td>验收结论</td><td colspan="7">隐患已治理，符合安全运行要求，同意销号。</td></tr>
</table>

8.2.2.16　主变压器本体吸湿器硅胶受潮

一般隐患排查治理档案表

××××年度　　　　　　　　　　　　　　　　　　　　　　　　　　　　　　　　国网××××公司

<table>
<tr><td rowspan="7">发现</td><td>隐患简题</td><td colspan="7">国网××供电公司 3 月 1 日 110kV××变电站#1 主变压器本体吸湿器硅胶受潮达到 2/3 的安全隐患。</td></tr>
<tr><td>隐患编号</td><td>国网××公司 2023××××</td><td>隐患所在单位</td><td>国网××公司</td><td>隐患来源</td><td colspan="3">日常巡视</td></tr>
<tr><td>隐患分类</td><td>设备设施</td><td>专业子类</td><td>变电</td><td>隐患性质</td><td colspan="3">设备类</td></tr>
<tr><td>电压等级</td><td>110kV</td><td>归属职能部门</td><td colspan="5">设备部</td></tr>
<tr><td>发现人</td><td>×××</td><td>发现人单位</td><td>国网××公司</td><td>发现日期</td><td colspan="3">2023-03-01</td></tr>
<tr><td>事故隐患内容</td><td colspan="7">在公司变电站日常巡视中发现：110kV××变电站#1 主变压器有载吸湿器硅胶变色，如不及时处理，严重时导致主变压器内部受潮，造成假油位，危及设备安全运行。违反《国家电网有限公司十八项电网重大反事故措施》（国家电网设备〔2018〕979 号）9.3.3.3：“吸湿器安装后，应保证呼吸顺畅且油杯内有可见气泡。寒冷地区的冬季，变压器本体及有载分接开关吸湿器硅胶受潮达到 2/3 时，应及时进行更换，避免因结冰融化导致变压器重瓦斯误动作”要求，依据《国家电网有限公司安全事故调查规程》（2021 年版）4.3.7.2（2）：“35kV 以上主变压器、电抗器等本体故障损坏或主绝缘击穿”，构成七级设备事件。</td></tr>
<tr><td>可能导致后果</td><td>七级设备事件</td><td>事件依据</td><td>《国家电网有限公司安全事故调查规程》（2021 年版）4.3.7.2</td><td>标准依据</td><td colspan="3">《设备设施安全隐患排查标准》SS3147：吸湿器安装后，应保证呼吸顺畅且油杯内有可见气泡。寒冷地区的冬季，变压器本体及有载分接开关吸湿器硅胶受潮达到 2/3 时，应及时进行更换，避免因结冰融化导致变压器重瓦斯误动作</td></tr>
<tr><td rowspan="2">市级评估</td><td>评估等级</td><td>一般隐患</td><td>评估负责人</td><td>×××</td><td>评估负责人签字日期</td><td colspan="3">2023-03-01</td></tr>
<tr><td>可能导致后果</td><td colspan="7">七级设备事件</td></tr>
<tr><td rowspan="7">治理</td><td>实际治理完成日期</td><td>2023-03-06</td><td>治理责任单位</td><td>设备部</td><td>治理责任人</td><td colspan="3">×××</td></tr>
<tr><td>治理方式</td><td>措施</td><td>治理期限</td><td>2023-03-01 至 2023-03-30</td><td>是否纳入项目储备</td><td>否</td><td>项目储备是否审批</td><td>否</td></tr>
<tr><td>治理措施</td><td colspan="7">准备吸湿器硅胶、密封圈等材料，对吸湿器硅胶进行更换。</td></tr>
<tr><td>防控措施</td><td colspan="7">1. 隐患未治理前，落实班组隐患公示，缩短巡视周期，运维人员重点关注主变压器呼吸情况是否正常。
2. 在吸湿器玻璃罐设两道红色警示线（上部 1/6、硅胶 2/3 处），1/6 为呼吸空间，当达到 2/3 警示线时应及时对硅胶进行更换。
3. 更换吸湿器及吸湿剂期间，应将相应重瓦斯保护改投信号，还应联系调控人员将 AVC 调档功能退出。
4. 更换硅胶时应重点检查上下法兰的密封垫。密封垫有破损或老化应及时进行更换。</td></tr>
<tr><td>治理完成情况</td><td colspan="7">2023 年 3 月 6 日，国网××公司对 110kV××变电站#1 主变压器有载吸湿器硅胶及密封圈进行更换，更换完后检查呼吸正常、密封完好。现申请对该隐患治理完成情况进行验收。</td></tr>
<tr><td>治理计划资金（万元）</td><td colspan="2">××</td><td>累计投入资金（万元）</td><td colspan="4">××</td></tr>
<tr><td rowspan="3">验收</td><td>验收组织单位</td><td colspan="2">国网××公司</td><td>验收负责人</td><td colspan="4">×××</td></tr>
<tr><td>验收负责人签字日期</td><td colspan="2">2023-03-07</td><td>是否消除</td><td colspan="4">是</td></tr>
<tr><td>验收结论</td><td colspan="7">隐患已治理，符合安全运行要求，同意销号。</td></tr>
</table>

8.2.2.17　主变压器本体温度计未加装防雨罩

一般隐患排查治理档案表

××××年度　　　　　　　　　　　　　　　　　　　　　　　　　　　　　　　　　国网××××公司

<table>
<tr><td rowspan="8">发现</td><td>隐患简题</td><td colspan="7">国网××供电公司8月9日110kV××变电站#1主变压器本体温度计未加装防雨罩，无相应的防雨措施的安全隐患。</td></tr>
<tr><td>隐患编号</td><td>国网××公司2023××××</td><td>隐患所在单位</td><td>国网××公司</td><td>隐患来源</td><td colspan="3">日常检查</td></tr>
<tr><td>隐患分类</td><td>设备设施</td><td>专业子类</td><td>变电</td><td>隐患性质</td><td colspan="3">设备类</td></tr>
<tr><td>电压等级</td><td>110kV</td><td>归属职能部门</td><td colspan="5">设备部</td></tr>
<tr><td>发现人</td><td>×××</td><td>发现人单位</td><td>国网××公司</td><td>发现日期</td><td colspan="3">2023-08-09</td></tr>
<tr><td>事故隐患内容</td><td colspan="7">在公司变电站日常巡视中发现：因早期设计原因，110kV××变电站#1主变压器本体温度计未加装防雨罩，无相应的防雨措施，容易造成温度计受潮，无法远方监控油温，也可能导致变电站直流电源部分接地，影响变压器安全稳定运行。违反《国家电网有限公司十八项电网重大反事故措施》（国家电网设备〔2018〕979号）9.3.2.1：“户外布置变压器的气体继电器、油流速动继电器、温度计、油位表是否加装防雨罩，并加强与其连接的二次电缆结合部的防雨措施，二次电缆是否采取防止雨水顺电缆倒灌的措施（如反水弯）”要求。依据《国家电网有限公司安全事故调查规程》（2021年版）4.3.7.2：“35kV以上主变压器、电抗器等本体故障损坏或主绝缘击穿”，构成七级设备事件。</td></tr>
<tr><td>可能导致后果</td><td>七级设备事件</td><td>事件依据</td><td>《国家电网有限公司安全事故调查规程》（2021年版）4.3.7.2</td><td>标准依据</td><td colspan="3">《设备设施安全隐患排查标准》SS3146：户外布置变压器的气体继电器、油流速动继电器、温度计、油位表应加装防雨罩，并加强与其相连的二次电缆结合部的防雨措施，二次电缆应采取防止雨水顺电缆倒灌的措施（如反水弯）</td></tr>
<tr><td colspan="8"></td></tr>
<tr><td rowspan="2">市级评估</td><td>评估等级</td><td>一般隐患</td><td>评估负责人</td><td>×××</td><td>评估负责人签字日期</td><td colspan="3">2023-08-09</td></tr>
<tr><td>可能导致后果</td><td colspan="7">七级设备事件</td></tr>
<tr><td rowspan="6">治理</td><td>实际治理完成日期</td><td>2023-08-26</td><td>治理责任单位</td><td>设备部</td><td>治理责任人</td><td colspan="3">×××</td></tr>
<tr><td>治理方式</td><td>措施</td><td>治理期限</td><td>2023-08-09至2023-09-30</td><td>是否纳入项目储备</td><td>否</td><td>项目储备是否审批</td><td>否</td></tr>
<tr><td>治理措施</td><td colspan="7">1. 准备现场所需设备材料，对主变压器本体温度计加装防雨罩。
2. 施工完毕后对加装防雨罩情况进行检查，是否符合运行标准。</td></tr>
<tr><td>防控措施</td><td colspan="7">1. 隐患未治理前，落实班组隐患公示，运维人员定期检查温度计外观、指示和表盘密封情况，确保无进水、凝露，温度指示正常。
2. 按期对温度计进行校验，并检查现场温度计指示的温度、控制室温度显示装置、监控系统的温度是否保持一致，误差不应超过5℃。
3. 临时用绝缘胶布或相色带对连接二次电缆结合部分进行包扎，防止雨水进入二次电缆内部。</td></tr>
<tr><td>治理完成情况</td><td colspan="7">2023年8月26日，国网××供电公司对110kV××变电站#1主变压器本体温度计加装防雨罩，本体及二次电缆进线50mm应被遮蔽，45°向下雨水不能直淋，治理完成后满足设备安全运行要求。现申请对该隐患治理完成情况进行验收。</td></tr>
<tr><td>治理计划资金（万元）</td><td colspan="2">××</td><td>累计投入资金（万元）</td><td colspan="4">××</td></tr>
<tr><td rowspan="3">验收</td><td>验收组织单位</td><td colspan="2">国网××公司</td><td>验收负责人</td><td colspan="4">×××</td></tr>
<tr><td>验收负责人签字日期</td><td colspan="2">2023-08-27</td><td>是否消除</td><td colspan="4">是</td></tr>
<tr><td>验收结论</td><td colspan="7">隐患已治理，符合安全运行要求，同意销号。</td></tr>
</table>

8.2.2.18 主变压器绝缘油氢气含量超标

较大隐患排查治理档案表

××××年度　　　　　　　　　　　　　　　　　　　　　　　　　　　　　　　　　　　　　国网××××公司

<table>
<tr><td rowspan="8">发现</td><td>隐患简题</td><td colspan="7">国网××供电公司5月20日110kV××变电站#1主变压器绝缘油氢气含量超注意值的安全隐患。</td></tr>
<tr><td>隐患编号</td><td>国网××公司2023××××</td><td>隐患所在单位</td><td>国网××公司</td><td>隐患来源</td><td colspan="3">专业巡视</td></tr>
<tr><td>隐患分类</td><td>设备设施</td><td>专业子类</td><td>变电</td><td>隐患性质</td><td colspan="3">设备类</td></tr>
<tr><td>电压等级</td><td>110kV</td><td>归属职能部门</td><td colspan="5">设备部</td></tr>
<tr><td>发现人</td><td>×××</td><td>发现人单位</td><td>国网××公司</td><td>发现日期</td><td colspan="3">2023-05-20</td></tr>
<tr><td>事故隐患内容</td><td colspan="7">在公司变电站油化周期检验中发现：110kV××变电站#1主变压器氢气超标（检测值为H_2≤210μL/L），初步判断变压器内部存在低能量密度的局部放电或者器身表面吸潮情况，当主变压器内部分进入水分会减低绝缘强度，绝缘降低到一定值时，就会发生短路，影响变压器安全稳定运行。不满足《国家电网有限公司变电评价通用管理规定》第1分册　油浸式变压器（电抗器）精益化评价细则　第15条："油中溶解气体分析应满足：H_2≤150μL/L要求"的规定要求。依据《国家电网有限公司安全事故调查规程》(2021年版)4.3.6.2："输变电设备损坏，有下列情形之一者：(4)110kV(含66kV)以上主变压器，±400kV以下直流换流站的换流变压器、平波电抗器等本体故障损坏或绝缘击穿"，构成六级设备事件。</td></tr>
<tr><td>可能导致后果</td><td>六级设备事件</td><td>事件依据</td><td>《国家电网有限公司安全事故调查规程》(2021年版)4.3.6.2</td><td>标准依据</td><td colspan="3"></td></tr>
<tr><td colspan="8"></td></tr>
<tr><td rowspan="2">市级评估</td><td>评估等级</td><td>较大隐患</td><td>评估负责人</td><td>×××</td><td>评估负责人签字日期</td><td colspan="3">2023-05-20</td></tr>
<tr><td>可能导致后果</td><td colspan="7">六级设备事件</td></tr>
<tr><td rowspan="6">治理</td><td>实际治理完成日期</td><td>2023-09-21</td><td>治理责任单位</td><td>设备部</td><td>治理责任人</td><td colspan="3">×××</td></tr>
<tr><td>治理方式</td><td>立项</td><td>治理期限</td><td>2023-05-20至2023-12-30</td><td>是否纳入项目储备</td><td>是</td><td>项目储备是否审批</td><td>是</td></tr>
<tr><td>治理措施</td><td colspan="7">1. 申报大修项目，对主变压器本体进行滤油维修，通过热油循环全部过滤，并对主变压器内部绕组、绝缘件进行检查。
2. 施工完毕后对主变压器进行交接试验，各项试验数据应符合运行标准。</td></tr>
<tr><td>防控措施</td><td colspan="7">1. 缩短油化离线检测周期，每两周开展一次变压器油离线检测。
2. 对检测数据变化进行分析，发现数值有上升趋势或突变，应申请停电对主变压器进行检修。
3. 充分利用红外、局部放电等带电检测和在线监测手段，准确掌握设备状态，发现异常及时上报处理。</td></tr>
<tr><td>治理完成情况</td><td colspan="7">2023年9月15～21日，国网××供电公司对#1主变压器本体进行大修，大修后对主变压器进行交接试验，各项试验数据合格，满足设备安全运行要求。现申请对该隐患治理完成情况进行验收。</td></tr>
<tr><td>治理计划资金（万元）</td><td colspan="2">××</td><td>累计投入资金（万元）</td><td colspan="4">××</td></tr>
<tr><td rowspan="3">验收</td><td>验收组织单位</td><td colspan="2">国网××公司</td><td>验收负责人</td><td colspan="4">×××</td></tr>
<tr><td>验收负责人签字日期</td><td colspan="2">2023-09-22</td><td>是否消除</td><td colspan="4">是</td></tr>
<tr><td>验收结论</td><td colspan="7">隐患已治理，符合安全运行要求，同意销号。</td></tr>
</table>

8.2.2.19 主变压器有载调压开关储油柜缺油

一般隐患排查治理档案表

××××年度　　　　　　　　　　　　　　　　　　　　　　　　　　　　　　国网××××公司

<table>
<tr><td rowspan="7">发现</td><td>隐患简题</td><td colspan="7">国网××供电公司3月7日110kV××变电站#1主变压器有载调压开关储油柜缺油的安全隐患。</td></tr>
<tr><td>隐患编号</td><td>国网××公司2023××××</td><td>隐患所在单位</td><td>国网××公司</td><td>隐患来源</td><td colspan="3">专业巡视</td></tr>
<tr><td>隐患分类</td><td>设备设施</td><td>专业子类</td><td>变电</td><td>隐患性质</td><td colspan="3">设备类</td></tr>
<tr><td>电压等级</td><td>110kV</td><td>归属职能部门</td><td colspan="5">设备部</td></tr>
<tr><td>发现人</td><td>×××</td><td>发现人单位</td><td>国网××公司</td><td>发现日期</td><td colspan="3">2023-03-07</td></tr>
<tr><td>事故隐患内容</td><td colspan="7">在公司变电站专业巡视中发现：110kV××变电站#1主变压器有载调压开关储油柜渗油，有载调压开关在调压时可能会失去绝缘保护，引起机构箱损坏，影响变压器安全稳定运行。不满足《国家电网有限公司变电检修管理通用细则》第1分册　变压器检修细则2.1.5.2：“有载分接开关：e）储油柜油位指示在合格范围内的规定”的要求。依据《国家电网有限公司安全事故调查规程》（2021年版）4.3.7.2：“35kV以上主变压器、电抗器等本体故障损坏或主绝缘击穿”，构成七级设备事件。</td></tr>
<tr><td>可能导致后果</td><td>七级设备事件</td><td>事件依据</td><td>《国家电网有限公司安全事故调查规程》（2021年版）4.3.7.2</td><td>标准依据</td><td colspan="3"></td></tr>
<tr><td rowspan="2">市级评估</td><td>评估等级</td><td>一般隐患</td><td>评估负责人</td><td>×××</td><td>评估负责人签字日期</td><td colspan="3">2023-03-07</td></tr>
<tr><td>可能导致后果</td><td colspan="7">七级设备事件</td></tr>
<tr><td rowspan="7">治理</td><td>实际治理完成日期</td><td>2023-04-20</td><td>治理责任单位</td><td>设备部</td><td>治理责任人</td><td colspan="3">×××</td></tr>
<tr><td>治理方式</td><td>措施</td><td>治理期限</td><td>2023-03-07至2023-06-30</td><td>是否纳入项目储备</td><td>否</td><td>项目储备是否审批</td><td>否</td></tr>
<tr><td>治理措施</td><td colspan="7">1. 结合#1主变压器检修计划，对主变压器有载调压开关进行补油，补充至合格位置。
2. 施工完毕后对主变压器有载调压开关油位进行检查，应符合运行标准。</td></tr>
<tr><td>防控措施</td><td colspan="7">1. 出现分接开关的油室因密封缺陷而渗漏至主变压器本体造成油位降低，或变压器本体绝缘油色谱气体含量异常超标等情况时，应停止分接开关的分接变换。
2. 在高负荷或气温发生骤变情况下应加强巡视，一旦发现有渗漏情况，及时汇报进行处理。
3. 对具有高、低压油位报警功能的油位计，应确保信号上传正确。</td></tr>
<tr><td>治理完成情况</td><td colspan="7">2023年4月20日，国网××供电公司结合#1主变压器检修计划，对#1主变压器有载调压开关进行补油，检查已补充至合格位置，满足设备安全运行要求。现申请对该隐患治理完成情况进行验收。</td></tr>
<tr><td>治理计划资金（万元）</td><td colspan="2">××</td><td colspan="2">累计投入资金（万元）</td><td colspan="3">××</td></tr>
<tr><td colspan="8" style="display:none"></td></tr>
<tr><td rowspan="3">验收</td><td>验收组织单位</td><td colspan="2">国网××公司</td><td colspan="2">验收负责人</td><td colspan="3">×××</td></tr>
<tr><td>验收负责人签字日期</td><td colspan="2">2023-04-21</td><td colspan="2">是否消除</td><td colspan="3">是</td></tr>
<tr><td>验收结论</td><td colspan="7">隐患已治理，符合安全运行要求，同意销号。</td></tr>
</table>

8.2.2.20 断路器本体 SF_6 压力低

一般隐患排查治理档案表

××××年度　　　　　　　　　　　　　　　　　　　　　　　　　　　国网××××公司

发现	隐患简题	国网××供电公司 11 月 18 日 110kV××变电站 110kV××断路器本体 SF_6 压力低导致断路器低气压闭锁的安全隐患。						
	隐患编号	国网××公司 2023××××	隐患所在单位	国网××公司	隐患来源	专业巡视		
	隐患分类	设备设施	专业子类	变电	隐患性质	设备类		
	电压等级	110kV	归属职能部门	设备部				
	发现人	×××	发现人单位	国网××公司	发现日期	2023-11-18		
	事故隐患内容	**在公司变电站专业巡视中发现：**受气温骤降影响，110kV××变电站 110kV××断路器 SF_6 密度继电器压力值低，可能造成断路器低气压闭锁，导致开关拒动，影响电网安全运行。不满足《国家电网有限公司变电评价管理规定》第 2 分册　断路器精益化评价细则 2.6：“SF_6 密度继电器、压力表外观无破损、无渗漏，压力指示正常”的规定要求，依据《国家电网有限公司安全事故调查规程》（2021 年版）4.2.7.4：“交流系统故障，有下列情形之一者：（4）故障时，110kV（含 66kV）及以下断路器拒动”，构成七级电网事件。						
	可能导致后果	七级电网事件	事件依据	《国家电网有限公司安全事故调查规程》（2021 年版）4.2.7.4	标准依据			
市级评估	评估等级	一般隐患	评估负责人	×××	评估负责人签字日期	2023-11-18		
	可能导致后果	七级电网事件						
治理	实际治理完成日期	2023-12-05	治理责任单位	设备部	治理责任人	×××		
	治理方式	措施	治理期限	2023-11-18 至 2023-12-30	是否纳入项目储备	否	项目储备是否审批	否
	治理措施	1. 检修班组对 SF_6 断路器进行补气。 2. 若补气后，压力值仍然下降，需申请停电计划，对该断路器进行全面检查，查看是否存在漏气点。						
	防控措施	1. 运维人员加强对该开关的巡视检查，定期对 SF_6 气体压力进行检查，正常 SF_6 断路器的气体压力应在（0.5 ± 0.02）MPa 范围内，如果 SF_6 气体压力超出规定范围时应及时汇报并通知检修人员进行检查处理。 2. 当 SF_6 断路器发出低气压闭锁信号时，应立即断开断路器的操作电源，联系检修人员补充 SF_6 气体，充到正常压力范围后。						
	治理完成情况	2023 年 11 月 20 日，国网××供电公司对 110kV××变电站 110kV××断路器进行 SF_6 气体补气，补充 SF_6 气体压力至合格位置；12 月 5 日，经运维人员巡视检查，未出现密度继电器压力值下降现象，满足设备安全运行要求。现申请对该隐患治理完成情况进行验收。						
	治理计划资金（万元）	××	累计投入资金（万元）	××				
验收	验收组织单位	国网××公司	验收负责人	×××				
	验收负责人签字日期	2023-12-06	是否消除	是				
	验收结论	隐患已治理，符合安全运行要求，同意销号。						

8.2.2.21 气体密度继电器安装在本体机构箱内

一般隐患排查治理档案表

××××年度　　　　国网××××公司

<table>
<tr><td rowspan="7">发现</td><td>隐患简题</td><td colspan="7">国网××供电公司1月18日110kV×××变电站110V××断路器气体密度继电器安装在本体机构箱内的安全隐患。</td></tr>
<tr><td>隐患编号</td><td>国网××公司2023××××</td><td>隐患所在单位</td><td>国网××公司</td><td>隐患来源</td><td colspan="3">专业巡视</td></tr>
<tr><td>隐患分类</td><td>设备设施</td><td>专业子类</td><td>变电</td><td>隐患性质</td><td colspan="3">设备类</td></tr>
<tr><td>电压等级</td><td>110kV</td><td>归属职能部门</td><td colspan="5">设备部</td></tr>
<tr><td>发现人</td><td>×××</td><td>发现人单位</td><td>国网××公司</td><td>发现日期</td><td colspan="3">2023-01-18</td></tr>
<tr><td>事故隐患内容</td><td colspan="7">在公司变电站专业巡视中发现：因早期设计原因，110kV××变电站110kV××断路器SF_6密度继电器安装该开关在机构箱内，密度继电器与断路器本体不在同一环境中，可能造成密度继电器误补偿而报警或闭锁，严重时可能导致110kV××断路器拒动。不满足《国家电网有限公司十八项电网重大反事故措施》(国家电网设备〔2018〕979号)12.1.1.3.2：“密度继电器应装设在与被监测气室处于同一运行环境温度的位置。对于严寒地区的设备，其密度继电器应满足环境温度在−40℃～−25℃时准确度不低于2.5级的要求”的要求，依据《国家电网有限公司安全事故调查规程》(2021年版)4.2.7.4：“交流系统故障，有下列情形之一者：(4)故障时，110kV(含66kV)及以下断路器拒动”，构成七级电网事件。</td></tr>
<tr><td>可能导致后果</td><td>七级电网事件</td><td>事件依据</td><td>《国家电网有限公司安全事故调查规程》(2021年版)4.2.7.4</td><td>标准依据</td><td colspan="3">《设备设施安全隐患排查标准》SS3153：密度继电器应装设在与被监测气室处于同一运行环境温度的位置。对于严寒地区的设备，其密度继电器应满足环境温度在−40℃～−25℃时准确度不低于2.5级的要求</td></tr>
<tr><td rowspan="2">市级评估</td><td>评估等级</td><td>一般隐患</td><td>评估负责人</td><td>×××</td><td>评估负责人签字日期</td><td colspan="3">2023-01-18</td></tr>
<tr><td>可能导致后果</td><td colspan="7">七级电网事件</td></tr>
<tr><td rowspan="6">治理</td><td>实际治理完成日期</td><td>2023-02-16</td><td>治理责任单位</td><td>设备部</td><td>治理责任人</td><td colspan="3">×××</td></tr>
<tr><td>治理方式</td><td>措施</td><td>治理期限</td><td>2023-01-18至2023-03-30</td><td>是否纳入项目储备</td><td>否</td><td>项目储备是否审批</td><td>否</td></tr>
<tr><td>治理措施</td><td colspan="7">对110kV××断路器SF_6密度继电器进行改造，将其迁移至机构箱外，与断路器本体处于同一环境中。</td></tr>
<tr><td>防控措施</td><td colspan="7">1. 加强巡视，每周检查SF_6密度继电器(压力表)指示是否正常，气体管路阀门是否正确开启。
2. 若SF_6气体压力降至告警值，但未降至压力闭锁值，联系检修人员，在保证安全的前提下进行补气，必要时对断路器本体及管路进行检漏。</td></tr>
<tr><td>治理完成情况</td><td colspan="7">2023年2月16日，国网××供电公司对110kV××断路器SF_6密度继电器进行改造，将其迁移至机构箱外，改造后经校验合格，满足设备安全运行要求。现申请对该隐患治理完成情况进行验收。</td></tr>
<tr><td>治理计划资金(万元)</td><td colspan="2">××</td><td>累计投入资金(万元)</td><td colspan="4">××</td></tr>
<tr><td rowspan="3">验收</td><td>验收组织单位</td><td colspan="2">国网××公司</td><td>验收负责人</td><td colspan="4">×××</td></tr>
<tr><td>验收负责人签字日期</td><td colspan="2">2023-02-17</td><td>是否消除</td><td colspan="4">是</td></tr>
<tr><td>验收结论</td><td colspan="7">隐患已治理，符合安全运行要求，同意销号。</td></tr>
</table>

8.2.2.22　刀闸机构锈蚀卡滞

一般隐患排查治理档案表

××××年度　　　　国网××××公司

<table>
<tr><td rowspan="7">发现</td><td>隐患简题</td><td colspan="7">国网××供电公司5月13日330kV××变电站××刀闸存在机构锈蚀卡滞刀闸分合闸不到位的安全隐患。</td></tr>
<tr><td>隐患编号</td><td>国网××公司2023××××</td><td>隐患所在单位</td><td>国网××公司</td><td>隐患来源</td><td colspan="3">日常排查</td></tr>
<tr><td>隐患分类</td><td>设备设施</td><td>专业子类</td><td>变电</td><td>隐患性质</td><td colspan="3">设备类</td></tr>
<tr><td>电压等级</td><td>110kV</td><td>归属职能部门</td><td colspan="5">设备部</td></tr>
<tr><td>发现人</td><td>×××</td><td>发现人单位</td><td>国网××公司</td><td>发现日期</td><td colspan="3">2023-05-13</td></tr>
<tr><td>事故隐患内容</td><td colspan="7">在公司变电站日常巡视中发现：330kV××变电站××刀闸分合不到位，机构锈蚀卡滞情况严重，机构箱内元件老化，导致刀闸操作困难。不满足《国家电网有限公司变电检修通用管理规定》第4分册　隔离开关检修细则：“2.1 本体巡视：k）传动部件无变形、锈蚀、开裂，连接螺栓紧固。2.2 操动机构巡视：a）箱体无变形、锈蚀，封堵良好。c）箱内二次元器件外观完好要求”的要求，依据《国家电网有限公司安全事故调查规程》（2021年版）4.2.7.2：“35kV以上输变电设备异常运行或被迫停止运行，并造成减供负荷者”，构成七级电网事件。</td></tr>
<tr><td>可能导致后果</td><td>七级电网事件</td><td>事件依据</td><td>《国家电网有限公司安全事故调查规程》（2021年版）4.2.7.2</td><td>标准依据</td><td colspan="3"></td></tr>
<tr><td rowspan="2">市级评估</td><td>评估等级</td><td>一般隐患</td><td>评估负责人</td><td>×××</td><td>评估负责人签字日期</td><td colspan="3">2023-05-13</td></tr>
<tr><td>可能导致后果</td><td colspan="7">七级电网事件</td></tr>
<tr><td rowspan="7">治理</td><td>实际治理完成日期</td><td>2023-06-20</td><td>治理责任单位</td><td>设备部</td><td>治理责任人</td><td colspan="3">×××</td></tr>
<tr><td>治理方式</td><td>措施</td><td>治理期限</td><td>2023-05-13至2023-07-30</td><td>是否纳入项目储备</td><td>否</td><td>项目储备是否审批</td><td>否</td></tr>
<tr><td>治理措施</td><td colspan="7">1. 对刀闸导电部分、传动部分、操动机构进行检查，对锈蚀严重部件进行打磨、更换、对导电部分及传动部分螺栓进行紧固。
2. 施工完毕后对隔离开关进行回路电阻测试，测试数据符合安全运行要求。</td></tr>
<tr><td>防控措施</td><td colspan="7">1. 每周重点巡视一次，详细对比观察刀闸头插入深度，对比触指片压紧程度有无明显松动变化，发现异常及时汇报。
2. 发现刀闸发热异常时，及时使用绝缘杆对发热部位进行敲击处理，但应用力适度并保持足够的安全距离。若发热情况未明显降低，应及时申请停电处理。
3. 操作时发现卡滞及分合不到位时，利用绝缘杆进行调整。</td></tr>
<tr><td>治理完成情况</td><td colspan="7">2023年6月20日，国网××供电公司对330kV××变电站××刀闸进行消缺处理，对锈蚀严重部件进行打磨、更换，对机构箱内老旧元件进行更换，目前刀闸接触良好，机构操作无卡滞现象，满足设备安全运行要求。现申请对该隐患治理完成情况进行验收。</td></tr>
<tr><td>治理计划资金（万元）</td><td colspan="2">××</td><td>累计投入资金（万元）</td><td colspan="4">××</td></tr>
<tr><td colspan="0" style="display:none"></td></tr>
<tr><td rowspan="3">验收</td><td>验收组织单位</td><td colspan="2">国网××公司</td><td>验收负责人</td><td colspan="4">×××</td></tr>
<tr><td>验收负责人签字日期</td><td colspan="2">2023-06-21</td><td>是否消除</td><td colspan="4">是</td></tr>
<tr><td>验收结论</td><td colspan="7">隐患已治理，符合安全运行要求，同意销号。</td></tr>
</table>

8.2.2.23　刀闸触头异常发热

一般隐患排查治理档案表

××××年度　　　　　　　　　　　　　　　　　　　　　　　　　　　　国网××××公司

<table>
<tr><td rowspan="8">发现</td><td>隐患简题</td><td colspan="7">国网××供电公司 6 月 21 日 330kV××变电站××刀闸触头异常发热的安全隐患。</td></tr>
<tr><td>隐患编号</td><td>国网××公司 2023××××</td><td>隐患所在单位</td><td>国网××公司</td><td>隐患来源</td><td colspan="3">专业巡视</td></tr>
<tr><td>隐患分类</td><td>设备设施</td><td>专业子类</td><td>变电</td><td>隐患性质</td><td colspan="3">设备类</td></tr>
<tr><td>电压等级</td><td>110kV</td><td>归属职能部门</td><td colspan="5">设备部</td></tr>
<tr><td>发现人</td><td>×××</td><td>发现人单位</td><td>国网××公司</td><td>发现日期</td><td colspan="3">2023-06-21</td></tr>
<tr><td>事故隐患内容</td><td colspan="7">在公司变电站专业巡视中发现：330kV××变电站××刀闸 C 相在长期运行过程中接触面氧化、接触电阻增大，C 相刀口发热情况严重，达到 156℃，严重时可能造成刀闸烧毁。不满足《国家电网有限公司变电检修管理通用细则》第 4 分册　隔离开关检修细则：“2.1 本体巡视：b）触头接触良好无过热、无变形，合、分闸位置正确”要求。依据《国家电网有限公司安全事故调查规程》（2021 年版）4.2.7.2：“35kV 以上输变电设备异常运行或被迫停止运行，并造成减供负荷者”，构成七级电网事件。</td></tr>
<tr><td>可能导致后果</td><td>七级电网事件</td><td>事件依据</td><td>《国家电网有限公司安全事故调查规程》（2021 年版）4.2.7.2</td><td>标准依据</td><td colspan="3"></td></tr>
<tr><td rowspan="2">市级评估</td><td>评估等级</td><td>一般隐患</td><td>评估负责人</td><td>×××</td><td>评估负责人签字日期</td><td colspan="3">2023-06-21</td></tr>
<tr><td>可能导致后果</td><td colspan="7">七级电网事件</td></tr>
<tr><td rowspan="6">治理</td><td>实际治理完成日期</td><td>2023-06-30</td><td>治理责任单位</td><td>设备部</td><td>治理责任人</td><td colspan="3">×××</td></tr>
<tr><td>治理方式</td><td>措施</td><td>治理期限</td><td>2023-06-21 至 2023-07-30</td><td>是否纳入项目储备</td><td>否</td><td>项目储备是否审批</td><td>否</td></tr>
<tr><td>治理措施</td><td colspan="7">1. 对 330kV××变电站××刀闸 C 相氧部分进行打磨处理，对刀闸导电部分、传动部分进行检查和紧固。
2. 施工完毕后对隔离开关进行回路电阻测试，测试数据符合运行要求。</td></tr>
<tr><td>防控措施</td><td colspan="7">1. 加强运维巡视，每天在负荷高峰期对刀闸进行红外检测，发现温度不断上升时，及时使用绝缘杆对发热部位进行敲击处理，若发热情况未明显降低，应及时申请停电处理。
2. 做好应急抢修准备，准备相应设备备品备件及工器具、仪器、仪表。</td></tr>
<tr><td>治理完成情况</td><td colspan="7">2023 年 6 月 30 日，国网××供电公司对 330kV××变电站××刀闸进行消缺处理，对氧化严重的部分进行打磨处理，经回路电阻测试合格，现场测量三相温度已平衡，满足设备安全运行要求。现申请对该隐患治理完成情况进行验收。</td></tr>
<tr><td>治理计划资金（万元）</td><td colspan="2">××</td><td>累计投入资金（万元）</td><td colspan="4">××</td></tr>
<tr><td rowspan="3">验收</td><td>验收组织单位</td><td colspan="2">国网××公司</td><td>验收负责人</td><td colspan="4">×××</td></tr>
<tr><td>验收负责人签字日期</td><td colspan="2">2023-06-30</td><td>是否消除</td><td colspan="4">是</td></tr>
<tr><td>验收结论</td><td colspan="7">隐患已治理，符合安全运行要求，同意销号。</td></tr>
</table>

8.2.2.24 防误闭锁操作系统

一般隐患排查治理档案表

××××年度

国网××××公司

<table>
<tr><td rowspan="7">发现</td><td>隐患简题</td><td colspan="7">国网××供电公司4月15日110kV××变电站防误闭锁操作系统主机与适配器通信频繁中断的安全隐患。</td></tr>
<tr><td>隐患编号</td><td>国网××公司2023××××</td><td>隐患所在单位</td><td>国网××公司</td><td>隐患来源</td><td colspan="3">日常排查</td></tr>
<tr><td>隐患分类</td><td>设备设施</td><td>专业子类</td><td>变电</td><td>隐患性质</td><td colspan="3">设备类</td></tr>
<tr><td>电压等级</td><td>110kV</td><td>归属职能部门</td><td colspan="5">设备部</td></tr>
<tr><td>发现人</td><td>×××</td><td>发现人单位</td><td>国网××公司</td><td>发现日期</td><td colspan="3">2023-04-15</td></tr>
<tr><td>事故隐患内容</td><td colspan="7">在变电站日常巡视中发现：110kV××变由于防误操作系统适配器采用蓝牙通信，防误操作系统主机与适配器通信频繁中断，在操作时无法进行数据传输，需使用解锁钥匙进行操作，操作时五防设施失去“五防”功能，存在作业人员误操作及误入带电间隔的人身安全隐患，不符合《国家电网公司电力安全工作规程　变电部分》5.3.5.3：“高压电气设备都应安装完善的防误操作闭锁装置”的规定要求，依据《国家电网有限公司安全事故调查规程》(2021年版)4.1相关条款，构成人身事件。</td></tr>
<tr><td>可能导致后果</td><td>人身事件</td><td>事件依据</td><td>《国家电网有限公司安全事故调查规程》(2021年版)4.1</td><td>标准依据</td><td colspan="3"></td></tr>
<tr><td rowspan="2">市级评估</td><td>评估等级</td><td>一般隐患</td><td>评估负责人</td><td>×××</td><td>评估负责人签字日期</td><td colspan="3">2023-04-15</td></tr>
<tr><td>可能导致后果</td><td colspan="7">人身事件</td></tr>
<tr><td rowspan="6">治理</td><td>实际治理完成日期</td><td>2023-05-15</td><td>治理责任单位</td><td>设备部</td><td>治理责任人</td><td colspan="3">×××</td></tr>
<tr><td>治理方式</td><td>措施</td><td>治理期限</td><td>2023-04-15至2023-06-15</td><td>是否纳入项目储备</td><td>否</td><td>项目储备是否审批</td><td>否</td></tr>
<tr><td>治理措施</td><td colspan="7">1. 联系厂家技术人员对110kV××变防误操作系统适配器通信模式进行调整。
2. 若调整后仍无法满足要求，对110kV××变防误闭锁系统适配器进行更换。</td></tr>
<tr><td>防控措施</td><td colspan="7">1. 运维人员在设备操作或维护时，倒闸操作增加第二监护人。
2. 使用解锁钥匙时必须按照批准流程进行申请，批准后按规定使用。
3. 操作中严格执行操作票流程，禁止跳项漏项操作。</td></tr>
<tr><td>治理完成情况</td><td colspan="7">2023年5月15日，国网××公司联系厂家技术人员将110kV××变防误操作系统适配器通信改为数据线通信方式，现防误操作系统主机与适配器通信稳定可靠，满足“五防”要求。现申请对该隐患治理完成情况进行验收。</td></tr>
<tr><td>治理计划资金（万元）</td><td colspan="2">××</td><td>累计投入资金（万元）</td><td colspan="4">××</td></tr>
<tr><td rowspan="3">验收</td><td>验收组织单位</td><td colspan="2">国网××公司</td><td>验收负责人</td><td colspan="4">×××</td></tr>
<tr><td>验收负责人签字日期</td><td colspan="2">2023-05-16</td><td>是否消除</td><td colspan="4">是</td></tr>
<tr><td>验收结论</td><td colspan="7">隐患已治理，符合安全运行要求，同意销号。</td></tr>
</table>

8.2.2.25 站用电系统未配置备用电源自投装置

一般隐患排查治理档案表

××××年度　　　　　　　　　　　　　　　　　　　　　　　　　　　　　　　国网××××公司

<table>
<tr><td rowspan="8">发现</td><td>隐患简题</td><td colspan="7">国网××供电公司8月15日110kV××变电站站用系统未配置备用电源自投装置的安全隐患。</td></tr>
<tr><td>隐患编号</td><td>国网××公司2023××××</td><td>隐患所在单位</td><td>国网××公司</td><td>隐患来源</td><td colspan="3">专项排查</td></tr>
<tr><td>隐患分类</td><td>设备设施</td><td>专业子类</td><td>变电</td><td>隐患性质</td><td colspan="3">设备类</td></tr>
<tr><td>电压等级</td><td>110kV</td><td>归属职能部门</td><td colspan="5">设备部</td></tr>
<tr><td>发现人</td><td>×××</td><td>发现人单位</td><td>国网××公司</td><td>发现日期</td><td colspan="3">2023-08-15</td></tr>
<tr><td>事故隐患内容</td><td colspan="7">在公司变电站专业巡视中发现：110kV××变电站有两台站用变压器，分别接至10kVⅠ、Ⅱ母，因早期设计原因，站用系统未配备备用电源自投装置，当站用系统故障，造成站用电源消失，由直流蓄电池带全站二次设备，长时间运行将有可能导致站用直流系统失电，不符合《国家电网公司十八项电网重大反事故措施》（国家电网设备〔2018〕979号）5.2.1.4：“当仍以一台站用变压器退出时，备用站用变压器应能自动切换至失电的工作母线段，继续供电”。依据《国家电网有限公司安全事故调查规程》（2021年版）4.3.7.4：“厂（站）用电故障，有下列情形之一者：（1）110kV（含66kV）变电站站用直流全部失电”，构成七级设备事件。</td></tr>
<tr><td>可能导致后果</td><td>七级设备事件</td><td>事件依据</td><td>《国家电网有限公司安全事故调查规程》（2021年版）4.3.7.4</td><td>标准依据</td><td colspan="3"></td></tr>
<tr><td rowspan="2">市级评估</td><td>评估等级</td><td>一般隐患</td><td>评估负责人</td><td>×××</td><td>评估负责人签字日期</td><td colspan="3">2023-08-15</td></tr>
<tr><td>可能导致后果</td><td colspan="7">七级设备事件</td></tr>
<tr><td rowspan="6">治理</td><td>实际治理完成日期</td><td>2023-10-25</td><td>治理责任单位</td><td>设备部</td><td>治理责任人</td><td colspan="3">×××</td></tr>
<tr><td>治理方式</td><td>立项</td><td>治理期限</td><td>2023-08-15至2023-10-30</td><td>是否纳入项目储备</td><td>是</td><td>项目储备是否审批</td><td>是</td></tr>
<tr><td>治理措施</td><td colspan="7">申报技改项目，安装站用系统备自投装置1台。</td></tr>
<tr><td>防控措施</td><td colspan="7">1. 每周对站用电系统进行巡视，发现异常及时消缺处理。
2. 每月对站用电系统进行测温，对发热缺陷及时消缺处理。
3. 编制站用电切换操作步骤，并全员培训，以便站用电一段失电时能手动迅速切换。</td></tr>
<tr><td>治理完成情况</td><td colspan="7">2023年10月20～25日，国网××供电公司对110kV××变电站站用系统配备备用电源自投方案进行确认，并安装站用系统备自投装置1台，备自投功能试验合格。现申请对该隐患治理完成情况进行验收。</td></tr>
<tr><td>治理计划资金（万元）</td><td colspan="2">××</td><td>累计投入资金（万元）</td><td colspan="4">××</td></tr>
<tr><td rowspan="3">验收</td><td>验收组织单位</td><td colspan="2">国网××公司</td><td>验收负责人</td><td colspan="4">×××</td></tr>
<tr><td>验收负责人签字日期</td><td colspan="2">2023-10-26</td><td>是否消除</td><td colspan="4">是</td></tr>
<tr><td>验收结论</td><td colspan="7">隐患已治理，符合安全运行要求，同意销号。</td></tr>
</table>

8.2.2.26 站用电系统 ATS 自动切换装置失灵

一般隐患排查治理档案表

××××年度　　　　　　　　　　　　　　　　　　　　　　　　国网××××公司

<table>
<tr><td rowspan="8">发现</td><td>隐患简题</td><td colspan="7">国网××供电公司 10 月 10 日 110kV××变电站站用电系统 ATS 自动切换装置无法自动切换的安全隐患。</td></tr>
<tr><td>隐患编号</td><td>国网××公司 2023××××</td><td>隐患所在单位</td><td>国网××公司</td><td>隐患来源</td><td colspan="3">专项排查</td></tr>
<tr><td>隐患分类</td><td>设备设施</td><td>专业子类</td><td>站用电系统</td><td>隐患性质</td><td colspan="3">设备类</td></tr>
<tr><td>电压等级</td><td>110kV</td><td>归属职能部门</td><td colspan="5">设备部</td></tr>
<tr><td>发现人</td><td>×××</td><td>发现人单位</td><td>国网××公司</td><td>发现日期</td><td colspan="3">2023-10-10</td></tr>
<tr><td>事故隐患内容</td><td colspan="7">在公司变电站专业巡视中发现：110kV××变电站站用电系统#1、#2 站用屏内 ATS 自动切换装置运行达 15 年，已无法进行自动切换，存在可能造成站用系统运行不稳定的安全隐患，不符合《国家电网有限公司变电验收通用管理规定》 第 23 分册　站用交流电源系统验收细则 A5.13：“备自投装置闭锁功能应完善，确保不发生备用电源自投到故障元件上，造成事故扩大；备自投功能正常，实现自动切换功能”的规定要求，当站用系统故障，有可能造成站用电源消失，直流蓄电池带全站二次设备长时间运行，导致直流系统失电。依据《国家电网有限公司安全事故调查规程》（2021 年版）4.3.7.4：“厂（站）用电故障，有下列情形之一者：（1）110kV（含 66kV）变电站站用直流全部失电”，构成七级设备事件。</td></tr>
<tr><td>可能导致后果</td><td>七级设备事件</td><td>事件依据</td><td>《国家电网有限公司安全事故调查规程》（2021 年版）4.3.8.7</td><td>标准依据</td><td colspan="3"></td></tr>
<tr><td rowspan="2">市级评估</td><td>评估等级</td><td>一般隐患</td><td>评估负责人</td><td>×××</td><td>评估负责人签字日期</td><td colspan="3">2023-10-10</td></tr>
<tr><td>可能导致后果</td><td colspan="7">七级设备事件</td></tr>
<tr><td rowspan="7">治理</td><td>实际治理完成日期</td><td>2023-11-10</td><td>治理责任单位</td><td>设备部</td><td>治理责任人</td><td colspan="3">×××</td></tr>
<tr><td>治理方式</td><td>立项</td><td>治理期限</td><td>2023-10-10 至 2023-12-30</td><td>是否纳入项目储备</td><td>是</td><td>项目储备是否审批</td><td>是</td></tr>
<tr><td>治理措施</td><td colspan="7">对变电站站用电系统#1、#2 站用屏内 ATS 自动切换装置进行更换。</td></tr>
<tr><td>防控措施</td><td colspan="7">1. 每周对站用电系统进行巡视，发现异常及时消缺处理。
2. 每月对站用电系统进行测温，对发热缺陷及时消缺处理。
3. 编制站用电切换操作步骤，并全员培训，以便站用电一段失电时能手动迅速切换。
4. 对超运行周期服役设备、老旧设备进行梳理，定期开展特巡，并列入项目储备。</td></tr>
<tr><td>治理完成情况</td><td colspan="7">2023 年 11 月 10 日，国网××公司对 110kV××变电站站用电系统#1、#2 站用屏内 ATS 自动切换装置进行更换，功能试验合格。现申请对该隐患治理完成情况进行验收。</td></tr>
<tr><td>治理计划资金（万元）</td><td colspan="2">××</td><td>累计投入资金（万元）</td><td colspan="4">××</td></tr>
<tr><td colspan="7" style="display:none"></td></tr>
<tr><td rowspan="3">验收</td><td>验收组织单位</td><td colspan="2">国网××公司</td><td>验收负责人</td><td colspan="4">×××</td></tr>
<tr><td>验收负责人签字日期</td><td colspan="2">2023-11-11</td><td>是否消除</td><td colspan="4">是</td></tr>
<tr><td>验收结论</td><td colspan="7">隐患已治理，符合安全运行要求，同意销号。</td></tr>
</table>

8.2.2.27　直流系统绝缘监测装置

一般隐患排查治理档案表

××××年度　　　　　　　　　　　　　　　　　　　　　　　　　　　　　　　　　国网××××公司

<table>
<tr><td rowspan="8">发现</td><td>隐患简题</td><td colspan="7">国网××供电公司 3 月 1 日 110kV××变电站直流系统绝缘监测装置不具备交窜直报警功能的安全隐患。</td></tr>
<tr><td>隐患编号</td><td>国网××公司 2023××××</td><td>隐患所在单位</td><td>国网××公司</td><td>隐患来源</td><td colspan="3">专项排查</td></tr>
<tr><td>隐患分类</td><td>设备设施</td><td>专业子类</td><td>变电</td><td>隐患性质</td><td colspan="3">设备类</td></tr>
<tr><td>电压等级</td><td>110kV</td><td>归属职能部门</td><td colspan="5">设备部</td></tr>
<tr><td>发现人</td><td>×××</td><td>发现人单位</td><td>国网××公司</td><td>发现日期</td><td colspan="3">2023-03-01</td></tr>
<tr><td>事故隐患内容</td><td colspan="7">在公司变电站专业巡视中发现：110kV××变电站直流系统绝缘监测装置由于设备功能不完善，造成直流系统绝缘监测装置不具备交窜直报警功能，交流窜入直流后可造成继电保护或测控装置的不正确动作。直流系统绝缘故障、直流胡窜故障及交流窜电故障是极易发生且会危害电力系统正常运行，不符合《国家电网有限公司十八项电网重大反事故措施》（国家电网设备〔2018〕979 号）5.3.3.3:“直流电源系统应具备交流窜直流故障测量记录和报警功能，不具备的应逐步进行改造”的规定要求，依据《国家电网有限公司安全事故调查规程》（2021 年版）4.3.7.4:“厂（站）用电故障，有下列情形之一者：（1）110kV（含 66kV）变电站站用直流全部失电”，构成七级设备事件。</td></tr>
<tr><td>可能导致后果</td><td>七级设备事件</td><td>事件依据</td><td>《国家电网有限公司安全事故调查规程》（2021 年版）4.3.7.4</td><td>标准依据</td><td colspan="3">《设备设施安全隐患排查标准》SS3170：直流电源系统应具备交流窜直流故障的测量记录和报警功能，不具备的应逐步进行改造</td></tr>
<tr><td rowspan="2">市级评估</td><td>评估等级</td><td>一般隐患</td><td>评估负责人</td><td>×××</td><td>评估负责人签字日期</td><td colspan="3">2023-03-01</td></tr>
<tr><td>可能导致后果</td><td colspan="7">七级设备事件</td></tr>
<tr><td rowspan="6">治理</td><td>实际治理完成日期</td><td>2023-05-20</td><td>治理责任单位</td><td>设备部</td><td>治理责任人</td><td colspan="3">×××</td></tr>
<tr><td>治理方式</td><td>立项</td><td>治理期限</td><td>2023-03-01 至 2023-06-30</td><td>是否纳入项目储备</td><td>是</td><td>项目储备是否审批</td><td>是</td></tr>
<tr><td>治理措施</td><td colspan="7">在 110kV××变电站直流系统绝缘监测装置上加装具备交流窜入直流故障测记和报警功能的监测模块。</td></tr>
<tr><td>防控措施</td><td colspan="7">1. 每周巡视检查直流系统的绝缘状况，发现绝缘降低时及时处理。
2. 对端子排中交直流端子采取隔离措施。
3. 保持户外端子箱中驱潮装置运行正常，防止因受潮造成交直流短路接地。</td></tr>
<tr><td>治理完成情况</td><td colspan="7">2023 年 5 月 20 日，国网××公司在 110kV××变电站直流系统绝缘监测装置上，加装了具备交流窜入直流故障测记和报警功能的监测模块，经过调试，符合投入运行条件。现申请对该隐患治理完成情况进行验收。</td></tr>
<tr><td>治理计划资金（万元）</td><td colspan="2">××</td><td>累计投入资金（万元）</td><td colspan="4">××</td></tr>
<tr><td rowspan="3">验收</td><td>验收组织单位</td><td colspan="2">国网××公司</td><td>验收负责人</td><td colspan="4">×××</td></tr>
<tr><td>验收负责人签字日期</td><td colspan="2">2023-05-21</td><td>是否消除</td><td colspan="4">是</td></tr>
<tr><td>验收结论</td><td colspan="7">隐患已治理，符合安全运行要求，同意销号。</td></tr>
</table>

8.2.2.28 直流系统蓄电池组检测容量不足

一般隐患排查治理档案表

××××年度

国网××××公司

<table>
<tr><td rowspan="7">发现</td><td>隐患简题</td><td colspan="7">国网××供电公司7月20日110kV××变电站直流系统蓄电池组检测容量不足80%的安全隐患。</td></tr>
<tr><td>隐患编号</td><td>国网××公司2023××××</td><td>隐患所在单位</td><td>国网××公司</td><td>隐患来源</td><td colspan="3">专项排查</td></tr>
<tr><td>隐患分类</td><td>设备设施</td><td>专业子类</td><td>变电</td><td>隐患性质</td><td colspan="3">设备类</td></tr>
<tr><td>电压等级</td><td>110kV</td><td>归属职能部门</td><td colspan="5">设备部</td></tr>
<tr><td>发现人</td><td>×××</td><td>发现人单位</td><td>国网××公司</td><td>发现日期</td><td colspan="3">2023-07-20</td></tr>
<tr><td>事故隐患内容</td><td colspan="7">在公司变电站专业巡视中发现：110kV××变电站直流系统由于设备运行维护不当，蓄电池组检测容量不足80%，存在直流系统运行不稳定的安全隐患，不符合《国家电网直流电源系统管理规范》直流电源系统运行规范第三十八条：“在三次充放电循环之内，若达不到额定容量值的80%,则此组蓄电池容量严重不足，应部分或全部报废并更换”的规定要求，依据《国家电网有限公司安全事故调查规程》（2021年版）4.3.7.4：“厂（站）用电故障，有下列情形之一者：（1）110kV（含66kV）变电站站用直流全部失电”，构成七级设备事件。</td></tr>
<tr><td>可能导致后果</td><td>七级设备事件</td><td>事件依据</td><td>《国家电网有限公司安全事故调查规程》（2021年版）4.3.7.4</td><td>标准依据</td><td colspan="3">《设备设施安全隐患排查标准》SS3171：新安装阀控密封蓄电池组，投运后每2年应进行一次核对性充放电试验，投运4年后应每年进行一次核对性充放电试验</td></tr>
<tr><td rowspan="2">市级评估</td><td>评估等级</td><td>一般隐患</td><td>评估负责人</td><td>×××</td><td>评估负责人签字日期</td><td colspan="3">2023-07-20</td></tr>
<tr><td>可能导致后果</td><td colspan="7">七级设备事件</td></tr>
<tr><td rowspan="6">治理</td><td>实际治理完成日期</td><td>2023-10-25</td><td>治理责任单位</td><td>设备部</td><td>治理责任人</td><td colspan="3">×××</td></tr>
<tr><td>治理方式</td><td>立项</td><td>治理期限</td><td>2023-07-20至2023-11-30</td><td>是否纳入项目储备</td><td>是</td><td>项目储备是否审批</td><td>是</td></tr>
<tr><td>治理措施</td><td colspan="7">对110kV××变电站直流系统蓄电池组进行整体更换，并经充放电试验合格，符合正常运维使用要求。</td></tr>
<tr><td>防控措施</td><td colspan="7">1. 每周巡视直流系统，观察直流巡检功能使用正常，发现异常及时消缺进行处理。
2. 定期进行蓄电池核对性放电试验，做好蓄电池日常维护工作。
3. 做好蓄电池组电压降低故障的抢险准备工作，准备应急直流充电机，一旦该站充电机故障，尽快投入应急直流充电机,保证直流系统可靠供电。</td></tr>
<tr><td>治理完成情况</td><td colspan="7">2023年10月25日，国网××供电公司对110kV××变电站直流系统蓄电池组进行整体更换，并经充放电试验合格，符合正常运维使用要求。现申请对该隐患治理完成情况进行验收。</td></tr>
<tr><td>治理计划资金（万元）</td><td colspan="2">××</td><td>累计投入资金（万元）</td><td colspan="4">××</td></tr>
<tr><td rowspan="3">验收</td><td>验收组织单位</td><td colspan="2">国网××公司</td><td>验收负责人</td><td colspan="4">×××</td></tr>
<tr><td>验收负责人签字日期</td><td colspan="2">2023-10-26</td><td>是否消除</td><td colspan="4">是</td></tr>
<tr><td>验收结论</td><td colspan="7">隐患已治理，符合安全运行要求，同意销号。</td></tr>
</table>

8.2.2.29 直流装置故障

一般隐患排查治理档案表

××××年度　　　　　　　　　　　　　　　　　　　　　　　　　　　　　　　　国网××××公司

<table>
<tr><td rowspan="7">发现</td><td>隐患简题</td><td colspan="6">国网××供电公司6月20日110kV××变电站直流装置故障的安全隐患。</td></tr>
<tr><td>隐患编号</td><td>国网××公司2023××××</td><td>隐患所在单位</td><td>国网××公司</td><td>隐患来源</td><td colspan="2">专项排查</td></tr>
<tr><td>隐患分类</td><td>设备设施</td><td>专业子类</td><td>变电</td><td>隐患性质</td><td colspan="2">设备类</td></tr>
<tr><td>电压等级</td><td>110kV</td><td>归属职能部门</td><td colspan="4">设备部</td></tr>
<tr><td>发现人</td><td>×××</td><td>发现人单位</td><td>国网××公司</td><td>发现日期</td><td colspan="2">2023-06-20</td></tr>
<tr><td>事故隐患内容</td><td colspan="6">在公司变电站专业巡视中发现：110kV××变电站JYM-II直流装置2007年投运，属老旧超周期服役设备，直流装置存在黑屏无数据显示、不能触控操作、无信号量输出问题，有可能造成直流系统运行不稳定，不符合《国家电网有限公司直流电源系统管理规范》直流电源系统技术标准5.2.3.1："直流系统应能对直流母线电压、充电电压、蓄电池组电压、充电装置输出电流、蓄电池的充电和放电电流等参数进行监测"的规定要求，依据《国家电网有限公司安全事故调查规程》（2021年版）4.3.7.4："厂（站）用电故障，有下列情形之一者：（1）110kV（含66kV）变电站站用直流全部失电"，构成七级设备事件。</td></tr>
<tr><td>可能导致后果</td><td>七级设备事件</td><td>事件依据</td><td>《国家电网有限公司安全事故调查规程》（2021年版）4.3.7.4</td><td>标准依据</td><td colspan="2"></td></tr>
<tr><td rowspan="2">市级评估</td><td>评估等级</td><td>一般隐患</td><td>评估负责人</td><td>×××</td><td>评估负责人签字日期</td><td colspan="2">2023-06-20</td></tr>
<tr><td>可能导致后果</td><td colspan="6">七级设备事件</td></tr>
<tr><td rowspan="6">治理</td><td>实际治理完成日期</td><td>2023-10-10</td><td>治理责任单位</td><td>设备部</td><td>治理责任人</td><td colspan="2">×××</td></tr>
<tr><td>治理方式</td><td>措施</td><td>治理期限</td><td>2023-06-20至2023-11-30</td><td>是否纳入项目储备</td><td>否</td><td>项目储备是否审批　否</td></tr>
<tr><td>治理措施</td><td colspan="6">检查更换直流系统高频充电模块、绝缘监测、整流模块、可控硅、通信模块等直流屏内设备故障损坏元件。</td></tr>
<tr><td>防控措施</td><td colspan="6">1. 每周对该直流系统电压值进行测量，发现异常及时上报处理。
2. 对超运行周期服役设备、老旧设备进行梳理，定期开展特巡，并列入项目储备。
3. 准备备品备件，为直流装置故障处理做好准备。</td></tr>
<tr><td>治理完成情况</td><td colspan="6">2023年10月9～10日，国网××供电公司对110kV××变直流系统高频充电模块、绝缘监测、整流模块、可控硅、通信模块等直流屏内设备故障损坏元件进行了更换、调试，治理完成后具备安全运行条件。现申请对该隐患治理完成情况进行验收。</td></tr>
<tr><td>治理计划资金（万元）</td><td colspan="2">××</td><td>累计投入资金（万元）</td><td colspan="3">××</td></tr>
<tr><td rowspan="3">验收</td><td>验收组织单位</td><td colspan="2">国网××公司</td><td>验收负责人</td><td colspan="3">×××</td></tr>
<tr><td>验收负责人签字日期</td><td colspan="2">2023-10-11</td><td>是否消除</td><td colspan="3">是</td></tr>
<tr><td>验收结论</td><td colspan="6">隐患已治理，符合安全运行要求，同意销号。</td></tr>
</table>

8.2.2.30 直流充电整流模块和通信电源模块共用

一般隐患排查治理档案表

××××年度　　　　　　　　　　　　　　　　　　　　　　　　国网××××公司

<table>
<tr><td rowspan="7">发现</td><td>隐患简题</td><td colspan="7">国网××供电公司3月2日110kV××变电站直流充电整流模块和通信电源模块共用一个进线开关的安全隐患。</td></tr>
<tr><td>隐患编号</td><td>国网××公司2023××××</td><td>隐患所在单位</td><td>国网××公司</td><td>隐患来源</td><td colspan="3">专项排查</td></tr>
<tr><td>隐患分类</td><td>设备设施</td><td>专业子类</td><td>站用电系统</td><td>隐患性质</td><td colspan="3">设备类</td></tr>
<tr><td>电压等级</td><td>110kV</td><td>归属职能部门</td><td colspan="5">设备部</td></tr>
<tr><td>发现人</td><td>×××</td><td>发现人单位</td><td>国网××公司</td><td>发现日期</td><td colspan="3">2023-03-02</td></tr>
<tr><td>事故隐患内容</td><td colspan="7">在公司变电站专业巡视中发现：因前期设计原因，110kV××变电站直流充电整流模块和通信电源模块共用一个进线开关，单个模块故障可能导致整套电源上级交流输入开关或直流输入开关直接跳开，有可能造成直流系统运行不稳定，直流系统无法充电。不满足《国家电网有限公司十八项电网重大反事故措施》（国家电网设备〔2018〕979号）5.3.1.14：“直流高频模块和通信电源模块应加装独立进线断路器。”依据《国家电网有限公司安全事故调查规程》（2021年版）4.3.7.4：“厂（站）用电故障，有下列情形之一者：（1）110kV（含66kV）变电站站用直流全部失电”，构成七级设备事件。</td></tr>
<tr><td>可能导致后果</td><td>七级设备事件</td><td>事件依据</td><td>《国家电网有限公司安全事故调查规程》（2021年版）4.3.7.4</td><td>标准依据</td><td colspan="3"></td></tr>
<tr><td rowspan="2">市级评估</td><td>评估等级</td><td>一般隐患</td><td>评估负责人</td><td>×××</td><td>评估负责人签字日期</td><td colspan="3">2023-03-02</td></tr>
<tr><td>可能导致后果</td><td colspan="7">七级设备事件</td></tr>
<tr><td rowspan="7">治理</td><td>实际治理完成日期</td><td>2023-03-25</td><td>治理责任单位</td><td>设备部</td><td>治理责任人</td><td colspan="3">×××</td></tr>
<tr><td>治理方式</td><td>措施</td><td>治理期限</td><td>2023-03-02 至 2023-04-30</td><td>是否纳入项目储备</td><td>否</td><td>项目储备是否审批</td><td>否</td></tr>
<tr><td>治理措施</td><td colspan="7">1. 勘察直流充电整流模块、通信电源模块进线开关二次回路图，确定接线图及进线开关参数。
2. 对直流充电整流模块和通信电源模块分别加装进线开关。</td></tr>
<tr><td>防控措施</td><td colspan="7">1. 每周巡视直流系统，发现异常及时消缺处理处理。
2. 直流专业应参与初期设计审图，不按规程、规范施工的设备不予验收投运。
3. 准备应急直流充电机，一旦该站充电机故障，尽快投入应急直流充电机。</td></tr>
<tr><td>治理完成情况</td><td colspan="7">2023年3月25日，国网××供电公司对110kV××变电站直流充电整流模块和通信电源模块分别加装进线开关，并核实开关参数满足要求，治理完成后具备安全运行条件。现申请对该隐患治理完成情况进行验收。</td></tr>
<tr><td>治理计划资金（万元）</td><td colspan="2">××</td><td>累计投入资金（万元）</td><td colspan="4">××</td></tr>
<tr><td rowspan="3">验收</td><td>验收组织单位</td><td colspan="2">国网××公司</td><td>验收负责人</td><td colspan="4">×××</td></tr>
<tr><td>验收负责人签字日期</td><td colspan="2">2023-03-26</td><td>是否消除</td><td colspan="4">是</td></tr>
<tr><td>验收结论</td><td colspan="7">隐患已治理，符合安全运行要求，同意销号。</td></tr>
</table>

8.2.2.31 避雷器外绝缘破损

一般隐患排查治理档案表

××××年度　　　　　　　　　　　　　　　　　　　　　　　　　　　　国网××××公司

<table>
<tr><td rowspan="7">发现</td><td>隐患简题</td><td colspan="7">国网××供电公司3月19日110kV××变电站35kV××出线B相避雷器外绝缘破损的安全隐患。</td></tr>
<tr><td>隐患编号</td><td>国网××公司2023××××</td><td>隐患所在单位</td><td>国网××公司</td><td>隐患来源</td><td colspan="3">专业巡视</td></tr>
<tr><td>隐患分类</td><td>设备设施</td><td>专业子类</td><td>变电</td><td>隐患性质</td><td colspan="3">设备类</td></tr>
<tr><td>电压等级</td><td>35kV</td><td>归属职能部门</td><td colspan="5">设备部</td></tr>
<tr><td>发现人</td><td>×××</td><td>发现人单位</td><td>国网××公司</td><td>发现日期</td><td colspan="3">2023-03-19</td></tr>
<tr><td>事故隐患内容</td><td colspan="7">在公司变电站专业巡视中发现：110kV××变电站35kV××出线B相避雷器运行年限较长，外绝缘损坏，严重时会造成对地放电，影响电网设备安全运行。不满足《国家电网有限公司变电检修管理规定》第2分册　避雷器检修细则2.2.1：“b）避雷器复合外套及瓷外套表面无裂痕、破损、变形，明显积污”要求。依据《国家电网有限公司安全事故调查规程》（2021年版）4.2.7.2：“35kV以上输变电设备异常运行或被迫停止运行，并造成减供负荷者”，构成七级电网事件。</td></tr>
<tr><td>可能导致后果</td><td>七级电网事件</td><td>事件依据</td><td>《国家电网有限公司安全事故调查规程》（2021年版）4.2.7.2</td><td>标准依据</td><td colspan="3"></td></tr>
<tr><td rowspan="2">市级评估</td><td>评估等级</td><td>一般隐患</td><td>评估负责人</td><td>×××</td><td>评估负责人签字日期</td><td colspan="3">2023-03-19</td></tr>
<tr><td>可能导致后果</td><td colspan="7">七级电网事件</td></tr>
<tr><td rowspan="6">治理</td><td>实际治理完成日期</td><td>2023-03-25</td><td>治理责任单位</td><td>设备部</td><td>治理责任人</td><td colspan="3">×××</td></tr>
<tr><td>治理方式</td><td>措施</td><td>治理期限</td><td>2023-03-19至2023-04-30</td><td>是否纳入项目储备</td><td>否</td><td>项目储备是否审批</td><td>否</td></tr>
<tr><td>治理措施</td><td colspan="7">1. 申请停电计划，对110kV××变电站35kV××出线B相避雷器进行更换。
2. 施工完毕后对避雷器进行泄漏电流试验，测试数据应符合标准要求。</td></tr>
<tr><td>防控措施</td><td colspan="7">1. 每天对避雷器泄漏电流值进行检查并做好记录，如发现B相泄漏电流明显大于A、C相时或当泄漏电流读数超过初始值1.4倍时，应申请停运处理。
2. 发现泄漏电流读数低于初始值时，应检查避雷器与监测装置连接是否可靠，中间是否有短接，绝缘底座及接地是否良好、牢靠，必要时通知检修人员对其进行接地导通试验，判断接地电阻是否合格。</td></tr>
<tr><td>治理完成情况</td><td colspan="7">2023年3月25日，国网××供电公司对110kV××变电站35kV××出线B相避雷器进行更换，同时对A、C相避雷器进行检查，更换后对避雷器进行试验检测，测试数据符合标准要求。现申请对该隐患治理完成情况进行验收。</td></tr>
<tr><td>治理计划资金（万元）</td><td colspan="2">××</td><td>累计投入资金（万元）</td><td colspan="4">××</td></tr>
<tr><td rowspan="3">验收</td><td>验收组织单位</td><td colspan="2">国网××公司</td><td>验收负责人</td><td colspan="4">×××</td></tr>
<tr><td>验收负责人签字日期</td><td colspan="2">2023-03-26</td><td>是否消除</td><td colspan="4">是</td></tr>
<tr><td>验收结论</td><td colspan="7">隐患已治理，符合安全运行要求，同意销号。</td></tr>
</table>

8.2.2.32 电容式穿墙套管硅脂渗漏

一般隐患排查治理档案表

××××年度　　　　　　　　　　　　　　　　　　　　　　　　　　　　　　国网××××公司

<table>
<tr><td rowspan="7">发现</td><td>隐患简题</td><td colspan="7">国网××供电公司 4 月 15 日 330kV××变电站 110kV××出线电容式穿墙套管硅脂渗漏的安全隐患。</td></tr>
<tr><td>隐患编号</td><td>国网××公司 2023××××</td><td>隐患所在单位</td><td>国网××公司</td><td>隐患来源</td><td colspan="3">专业巡视</td></tr>
<tr><td>隐患分类</td><td>设备设施</td><td>专业子类</td><td>变电</td><td>隐患性质</td><td colspan="3">设备类</td></tr>
<tr><td>电压等级</td><td>110kV</td><td>归属职能部门</td><td colspan="5">设备部</td></tr>
<tr><td>发现人</td><td>×××</td><td>发现人单位</td><td>国网××公司</td><td>发现日期</td><td colspan="3">2023-04-15</td></tr>
<tr><td>事故隐患内容</td><td colspan="7">在公司变电站专业巡视中发现：330kV××变电站 110kV××出线间隔穿墙套管硅脂渗漏，初步判断出线穿墙套管密封垫老化、密封不严，严重时可能造成穿墙套管击穿放电。违反《国家电网有限公司变电检修通用管理规定》第 13 分册 穿墙套管检修细则 2：“专业巡视要点：h）油纸绝缘穿墙套管油位指示正常，无渗漏要求”的要求，依据《国家电网有限公司安全事故调查规程》（2021 年版）4.2.7.2：“35kV 以上输变电设备异常运行或被迫停止运行，并造成减供负荷者”，构成七级电网事件。</td></tr>
<tr><td>可能导致后果</td><td>七级电网事件</td><td>事件依据</td><td>《国家电网有限公司安全事故调查规程》（2021 年版）4.2.7.2</td><td>标准依据</td><td colspan="3"></td></tr>
<tr><td rowspan="2">市级评估</td><td>评估等级</td><td>一般隐患</td><td>评估负责人</td><td>×××</td><td>评估负责人签字日期</td><td colspan="3">2023-04-15</td></tr>
<tr><td>可能导致后果</td><td colspan="7">七级电网事件</td></tr>
<tr><td rowspan="7">治理</td><td>实际治理完成日期</td><td>2023-05-12</td><td>治理责任单位</td><td>设备部</td><td>治理责任人</td><td colspan="3">×××</td></tr>
<tr><td>治理方式</td><td>措施</td><td>治理期限</td><td>2023-04-15 至 2023-06-30</td><td>是否纳入项目储备</td><td>否</td><td>项目储备是否审批</td><td>否</td></tr>
<tr><td>治理措施</td><td colspan="7">1. 对 330kV××变电站 110kV××隔出线穿墙套管进行渗漏处理或更换。
2. 施工完毕后对穿墙套管进行介质损耗、绝缘电阻和耐压试验，测试数据应符合标准要求。</td></tr>
<tr><td>防控措施</td><td colspan="7">1. 加强设备巡视，每周对故障相渗漏周围进行全面检查，确认渗漏范围有无扩大，渗漏严重时申请停运处理。
2. 运维人员缩短红外检测周期，每周对故障相穿墙套管进行红外检测并与同类设备进行比较，发现温度异常时及时联系检修人员进行处理。</td></tr>
<tr><td>治理完成情况</td><td colspan="7">2023 年 5 月 12 日，国网××供电公司对 330kV××变电站 110kV××隔出线穿墙套管进行更换，并对新换的穿墙套管进行试验，试验数据符合标准要求，满足设备安全运行要求。现申请对该隐患治理完成情况进行验收。</td></tr>
<tr><td>治理计划资金（万元）</td><td colspan="2">××</td><td>累计投入资金（万元）</td><td colspan="4">××</td></tr>
<tr><td rowspan="3">验收</td><td>验收组织单位</td><td colspan="2">国网××公司</td><td>验收负责人</td><td colspan="4">×××</td></tr>
<tr><td>验收负责人签字日期</td><td colspan="2">2023-05-13</td><td>是否消除</td><td colspan="4">是</td></tr>
<tr><td>验收结论</td><td colspan="7">隐患已治理，符合安全运行要求，同意销号。</td></tr>
</table>

8.2.2.33 750kV 及以上变压器（高抗）内部存在局部放电

较大隐患排查治理档案表

××××年度　　　　　　　　　　　　　　　　　　　　　　　　　　　　国网××××公司

<table>
<tr><td rowspan="7">发现</td><td>隐患简题</td><td colspan="7">国网×××变电站 2023 年 2 月 5 日发现 750kV 及以上变压器（高抗）油温明显跃变，乙炔、乙烯等特征气体明显增高，铁芯夹件接地电流明显增大，内部存在局部放电，绝缘电阻和介损试验数据超标的安全隐患。</td></tr>
<tr><td>隐患编号</td><td>国网×××公司 2023××××</td><td>隐患所在单位</td><td>国网××超高压公司</td><td>隐患来源</td><td colspan="3">现场巡视、油色谱、局放检测、例行试验</td></tr>
<tr><td>隐患分类</td><td>设备设施</td><td>专业子类</td><td>变电</td><td>隐患性质</td><td colspan="3">设备类</td></tr>
<tr><td>电压等级</td><td>750kV</td><td>归属职能部门</td><td colspan="5">设备部</td></tr>
<tr><td>发现人</td><td>×××</td><td>发现人单位</td><td>国网××公司</td><td>发现日期</td><td colspan="3">2023-02-05</td></tr>
<tr><td>事故隐患内容</td><td colspan="7">在油化监督、停电定检中发现：国网××变电站 750kV 及以上变压器（高抗）油温明显跃变，乙炔、乙烯等特征气体明显增高，铁芯夹件接地电流明显增大，内部存在局部放电，绝缘电阻和介损试验数据超标的安全隐患。不满足《国家电网有限公司十八项电网重大反事故措施》（国家电网设备〔2018〕979 号）9.1.8：“220kV 及以上电压等级变压器受到近区短路冲击未跳闸时，应立即进行油中溶解气体组分分析，并加强跟踪，同时注意油中溶解气体组分数据的变化趋势，若发现异常，应进行局部放电带电检测，必要时安排停电检查。变压器受近区短路冲击跳闸后，应开展油中溶解气体组分分析、直流电阻、绕组变形及其他诊断性试验，综合判断无异常后方可投入运行。”依据《国家电网有限公司安全事故调查规程》（2021 年版）第 4.3.5.2（3）条 220kV 以上主变压器、高压电抗器，±400kV 以上或背靠背直流换流站的换流变压器、平波电抗器等本体故障损坏或主绝缘击穿。构成五级设备事件。</td></tr>
<tr><td>可能导致后果</td><td>五级设备事件</td><td>事件依据</td><td>《国家电网有限公司安全事故调查规程》（2021 年版）4.3.4</td><td>标准依据</td><td colspan="3">《设备设施安全隐患排查标准》SS1107</td></tr>
<tr><td rowspan="2">市级评估</td><td>评估等级</td><td>较大隐患</td><td>评估负责人</td><td>×××</td><td>评估负责人签字日期</td><td colspan="3">2023-02-05</td></tr>
<tr><td>可能导致后果</td><td colspan="7">五级设备事件</td></tr>
<tr><td rowspan="6">治理</td><td>实际治理完成日期</td><td>2023-02-19</td><td>治理责任单位</td><td>设备部</td><td>治理责任人</td><td colspan="3">×××</td></tr>
<tr><td>治理方式</td><td>立项</td><td>治理期限</td><td>2023-02-05 至 2023-05-08</td><td>是否纳入项目储备</td><td>是</td><td>项目储备是否审批</td><td>是</td></tr>
<tr><td>治理措施</td><td colspan="7">1. 做好带电检测数据比对分析工作。
2. 数据异常时及时申请检修进行消缺处理，必要时进行整体更换。</td></tr>
<tr><td>防控措施</td><td colspan="7">1. 落实班组隐患公示。
2. 加强变压器巡视频次，同时做好油化离线数据与在线数据的比对分析工作。
3. 使用重症监护仪做好监护，数据有明显变化时及时停电消缺。
4. 制订好异常事故处置方案。</td></tr>
<tr><td>治理完成情况</td><td colspan="7">2023 年 2 月 19 日已结合检修对变压器进行消缺或更换。现申请对该隐患治理完成情况进行验收。</td></tr>
<tr><td>治理计划资金（万元）</td><td colspan="2">××</td><td>累计投入资金（万元）</td><td colspan="4">××</td></tr>
<tr><td rowspan="3">验收</td><td>验收组织单位</td><td colspan="2">国网××公司</td><td>验收负责人</td><td colspan="4">×××</td></tr>
<tr><td>验收负责人签字日期</td><td colspan="2">2023-02-20</td><td>是否消除</td><td colspan="4">是</td></tr>
<tr><td>验收结论</td><td colspan="7">隐患已治理，符合安全运行要求，同意销号。</td></tr>
</table>

8.2.2.34　750kV 套管防雨闪能力不足

较大隐患排查治理档案表

××××年度　　　　　　　　　　　　　　　　　　　　　　　　　　国网××××公司

<table>
<tr><td rowspan="8">发现</td><td>隐患简题</td><td colspan="7">国网××超高压公司 2023 年 2 月 5 日发现××变电站 750kV 套管（BRDLW-800/2000-4）伞裙间距较密，未完成防雨闪能力不足改造的安全隐患。</td></tr>
<tr><td>隐患编号</td><td>国网××超高压公司 2023××××</td><td>隐患所在单位</td><td>国网××超高压公司</td><td>隐患来源</td><td colspan="3">现场巡视、图纸资料</td></tr>
<tr><td>隐患分类</td><td>设备设施</td><td>专业子类</td><td>变电</td><td>隐患性质</td><td colspan="3">设备类</td></tr>
<tr><td>电压等级</td><td>750kV</td><td>归属职能部门</td><td colspan="5">设备部</td></tr>
<tr><td>发现人</td><td>×××</td><td>发现人单位</td><td>国网××超高压公司</td><td>发现日期</td><td colspan="3">2023-02-05</td></tr>
<tr><td>事故隐患内容</td><td colspan="7">依据案例排查：2020 年 6 月 13 日 13 时至 14 时，西安市出现强对流天气，出现大风、雷电并伴随强降雨造成××变电站#1、#4 主变 B 相 750kV 侧套管闪络，套管故障。依据《国家电网有限公司安全事故调查规程》（2021 年版）4.3.4：“造成 50 万元以上 100 万元以下直接经济损失”，构成五级设备事件。</td></tr>
<tr><td>可能导致后果</td><td>五级设备事件</td><td>事件依据</td><td>《国家电网有限公司安全事故调查规程》（2021 年版）4.3.5.1</td><td>标准依据</td><td colspan="3">《设备设施安全隐患排查标准》SS2133</td></tr>
<tr style="display:none"><td></td></tr>
<tr><td rowspan="2">市级评估</td><td>评估等级</td><td>较大隐患</td><td>评估负责人</td><td>×××</td><td>评估负责人签字日期</td><td colspan="3">2023-02-05</td></tr>
<tr><td>可能导致后果</td><td colspan="7">五级设备事件</td></tr>
<tr><td rowspan="6">治理</td><td>实际治理完成日期</td><td>2023-09-15</td><td>治理责任单位</td><td>设备部</td><td>治理责任人</td><td colspan="3">×××</td></tr>
<tr><td>治理方式</td><td>立项</td><td>治理期限</td><td>2023-02-05 至 2023-10-15</td><td>是否纳入项目储备</td><td>是</td><td>项目储备是否审批</td><td>是</td></tr>
<tr><td>治理措施</td><td colspan="7">1. 根据隐患内容制定专项方案。
2. 结合停电对 750kV 套管伞裙间距进行整改，通过试验满足设备防雨闪能力要求。</td></tr>
<tr><td>防控措施</td><td colspan="7">1. 落实班组隐患公示。
2. 雨天加强对套管设备进行特巡，进行紫外测试。
3. 制订好异常事故处置方案。</td></tr>
<tr><td>治理完成情况</td><td colspan="7">2023 年 9 月 15 日，完成××变电站 750kV 变压器 750kV 套管（BRDLW-800/2000-4）防雨闪能力不足改造。并同时完成省内 750kV 变电站同类型套管的伞裙改造。现申请对该隐患治理完成情况进行验收。</td></tr>
<tr><td>治理计划资金（万元）</td><td colspan="2">××</td><td>累计投入资金（万元）</td><td colspan="4">××</td></tr>
<tr><td rowspan="3">验收</td><td>验收组织单位</td><td colspan="2">国网××公司</td><td>验收负责人</td><td colspan="4">×××</td></tr>
<tr><td>验收负责人签字日期</td><td colspan="2">2023-09-16</td><td>是否消除</td><td colspan="4">是</td></tr>
<tr><td>验收结论</td><td colspan="7">隐患已治理，符合安全运行要求，同意销号。</td></tr>
</table>

8.2.2.35 备自投不具备低压母线故障闭锁功能

较大隐患排查治理档案表

××××年度　　　　　　　　　　　　　　　　　　　　　　　　　　国网××××公司

<table>
<tr><td rowspan="8">发现</td><td>隐患简题</td><td colspan="7">国网××超高压公司 2023 年 2 月 5 日发现 750kV 及以上站用交流电源系统备自投不具备低压母线故障闭锁功能，或低压脱扣装置无延时整定的安全隐患。</td></tr>
<tr><td>隐患编号</td><td>国网××超高压公司 2023××××</td><td>隐患所在单位</td><td>国网××超高压公司</td><td>隐患来源</td><td colspan="3">现场巡视、装置检查</td></tr>
<tr><td>隐患分类</td><td>设备设施</td><td>专业子类</td><td>变电</td><td>隐患性质</td><td colspan="3">设备类</td></tr>
<tr><td>电压等级</td><td>750kV</td><td>归属职能部门</td><td colspan="5">设备部</td></tr>
<tr><td>发现人</td><td>×××</td><td>发现人单位</td><td>国网××公司</td><td>发现日期</td><td colspan="3">2023-02-05</td></tr>
<tr><td>事故隐患内容</td><td colspan="7">在变电专业排查工作中发现：国网××750kV 及以上站用交流电源系统备自投不具备低压母线故障闭锁功能，或低压脱扣装置无延时整定的安全隐患。不满足《国家电网有限公司十八项电网重大反事故措施》（国家电网设备〔2018〕979 号）5.2.1.5：“站用低压工作母线间装设备自投装置时，应具备低压母线故障闭锁备自投功能。”5.2.1.8：“变电站内如没有对电能质量有特殊要求的设备，应尽快拆除低压脱扣装置。若需装设，低压脱扣装置应具备延时整定和面板显示功能，延时时间应与系统保护和重合闸时间配合，躲过系统瞬时故障。”依据《国家电网有限公司安全事故调查规程》（2021 年版）4.3.5.1：“造成 50 万元以上 100 万元以下直接经济损失”，构成五级设备事件。</td></tr>
<tr><td>可能导致后果</td><td>五级设备事件</td><td>事件依据</td><td>《国家电网有限公司安全事故调查规程》（2021 年版）4.3.5.1</td><td>标准依据</td><td colspan="3">《设备设施安全隐患排查标准》SS2141</td></tr>
<tr><td rowspan="2">市级评估</td><td>评估等级</td><td>较大隐患</td><td>评估负责人</td><td>×××</td><td>评估负责人签字日期</td><td colspan="3">2023-02-05</td></tr>
<tr><td>可能导致后果</td><td colspan="7">五级设备事件</td></tr>
<tr><td rowspan="6">治理</td><td>实际治理完成日期</td><td>2023-02-07</td><td>治理责任单位</td><td>设备部</td><td>治理责任人</td><td colspan="3">×××</td></tr>
<tr><td>治理方式</td><td>措施</td><td>治理期限</td><td>2023-02-05 至 2023-05-08</td><td>是否纳入项目储备</td><td>否</td><td>项目储备是否审批</td><td>否</td></tr>
<tr><td>治理措施</td><td colspan="7">按照定值要求进行整定。</td></tr>
<tr><td>防控措施</td><td colspan="7">1. 落实班组隐患公示。
2. 站用交流电源系统的进线断路器、分段断路器、备自投装置及脱扣装置应纳入定值管理。
3. 制订好异常事故处置方案。</td></tr>
<tr><td>治理完成情况</td><td colspan="7">2023 年 2 月 7 日，国网××750kV 变电站按照定值要求进行整定。现申请对该隐患治理完成情况进行验收。</td></tr>
<tr><td>治理计划资金（万元）</td><td colspan="2">××</td><td>累计投入资金（万元）</td><td colspan="4">××</td></tr>
<tr><td rowspan="3">验收</td><td>验收组织单位</td><td colspan="2">国网××公司</td><td>验收负责人</td><td colspan="4">×××</td></tr>
<tr><td>验收负责人签字日期</td><td colspan="2">2023-02-08</td><td>是否消除</td><td colspan="4">是</td></tr>
<tr><td>验收结论</td><td colspan="7">隐患已治理，符合安全运行要求，同意销号。</td></tr>
</table>

8.2.2.36 750kV 变电站交直流电缆并排铺设

较大隐患排查治理档案表

××××年度　　　　　　　　　　　　　　　　　　　　　　　　　　　　　　　　　　　国网××××公司

<table>
<tr><td rowspan="7">发现</td><td>隐患简题</td><td colspan="7">国网××超高压公司 2023 年 2 月 5 日发现 750kV 变电站交直流回路共用电缆，或控制电缆与动力电缆并排铺设且未采取防火隔离措施的安全隐患。</td></tr>
<tr><td>隐患编号</td><td>国网××超高压公司 2023××××</td><td>隐患所在单位</td><td>国网××超高压公司</td><td>隐患来源</td><td colspan="3">现场巡视</td></tr>
<tr><td>隐患分类</td><td>设备设施</td><td>专业子类</td><td>变电</td><td>隐患性质</td><td colspan="3">设备类</td></tr>
<tr><td>电压等级</td><td>750kV</td><td>归属职能部门</td><td colspan="5">设备部</td></tr>
<tr><td>发现人</td><td>×××</td><td>发现人单位</td><td>国网××超高压公司</td><td>发现日期</td><td colspan="3">2023-02-05</td></tr>
<tr><td>事故隐患内容</td><td colspan="7">在变电专业专项排查中发现：国网××750kV 变电站交直流回路共用电缆，或控制电缆与动力电缆并排铺设且未采取防火隔离措施的安全隐患。不满足《国家电网有限公司十八项电网重大反事故措施》（国家电网设备〔2018〕979 号）5.2.1.5：“站用低压工作母线间装设备自投装置时，应具备低压母线故障闭锁备自投功能。”5.3.2.3：“交直流回路不得共用一根电缆，控制电缆不应与动力电缆并排铺设。对不满足要求的运行变电站，应采取加装防火隔离措施。”依据《国家电网有限公司安全事故调查规程》（2021 年版）4.2.5.4（5）“故障时，500kV 以上断路器拒动”，构成五级电网事件。</td></tr>
<tr><td>可能导致后果</td><td>五级电网事件</td><td>事件依据</td><td>《国家电网有限公司安全事故调查规程》（2021 年版）4.2.5.4</td><td>标准依据</td><td colspan="3">《设备设施安全隐患排查标准》SS2142</td></tr>
<tr><td rowspan="2">市级评估</td><td>评估等级</td><td>较大隐患</td><td>评估负责人</td><td>×××</td><td>评估负责人签字日期</td><td colspan="3">2023-02-05</td></tr>
<tr><td>可能导致后果</td><td colspan="7">五级电网事件</td></tr>
<tr><td rowspan="7">治理</td><td>实际治理完成日期</td><td>2023-03-05</td><td>治理责任单位</td><td>设备部</td><td>治理责任人</td><td colspan="3">×××</td></tr>
<tr><td>治理方式</td><td>立项</td><td>治理期限</td><td>2023-02-05 至 2023-05-08</td><td>是否纳入项目储备</td><td>是</td><td>项目储备是否审批</td><td>是</td></tr>
<tr><td>治理措施</td><td colspan="7">将交直流回路共缆回路进行调整，动力电缆加装防火槽盒隔离措施。</td></tr>
<tr><td>防控措施</td><td colspan="7">1. 落实班组隐患公示。
2. 定期开展绝缘监测装置的交流窜入、直流互窜的监测、告警及对选线功能进行检验。
3. 定期开展电缆沟测温工作。
4. 制订好异常事故处置方案。
5. 定期开展电缆沟消防封堵检查。</td></tr>
<tr><td>治理完成情况</td><td colspan="7">国网××变电站对交直流回路共缆回路进行调整，动力电缆加装防火槽盒隔离措施。现申请对该隐患治理完成情况进行验收。</td></tr>
<tr><td>治理计划资金（万元）</td><td colspan="2">××</td><td>累计投入资金（万元）</td><td colspan="4">××</td></tr>
<tr><td rowspan="3">验收</td><td>验收组织单位</td><td colspan="2">国网××公司</td><td>验收负责人</td><td colspan="4">×××</td></tr>
<tr><td>验收负责人签字日期</td><td colspan="2">2023-03-06</td><td>是否消除</td><td colspan="4">是</td></tr>
<tr><td>验收结论</td><td colspan="7">隐患已治理，符合安全运行要求，同意销号。</td></tr>
</table>

8.2.2.37 220～750kV 变压器灭火系统未配置

一般隐患排查治理档案表

××××年度　　　　　　　　　　　　　　　　　　　　　　　　　　　　　　国网××××公司

<table>
<tr><td rowspan="7">发现</td><td>隐患简题</td><td colspan="7">国网××超高压公司 2020 年 1 月 1 日发现 750kV××线#216 杆塔单 I 串复合绝缘子运行的安全隐患。</td></tr>
<tr><td>隐患编号</td><td>国网××超高压公司 2020××××</td><td>隐患所在单位</td><td>国网××超高压公司</td><td>隐患来源</td><td colspan="3">现场巡视、查资料</td></tr>
<tr><td>隐患分类</td><td>设备设施</td><td>专业子类</td><td>变电</td><td>隐患性质</td><td colspan="3">设备类</td></tr>
<tr><td>电压等级</td><td>750kV</td><td>归属职能部门</td><td colspan="5">设备部</td></tr>
<tr><td>发现人</td><td>×××</td><td>发现人单位</td><td>国网××超高压公司</td><td>发现日期</td><td colspan="3">2020-01-01</td></tr>
<tr><td>事故隐患内容</td><td colspan="7">在日常巡视中发现 750kV×××线#216 杆塔单 I 串复合绝缘子运行未采用双联（含单 V 串）及以上设计安全隐患，存在调串风险。不满足《国家电网有限公司十八项电网重大反事故措施》(国家电网设备〔2018〕979 号）6.3.1.3：“500（330）kV 和 750kV 线路的悬垂复合绝缘子串应采用双联（含单 V 串）及以上设计，且单联应满足断联工况荷载的要求”。依据《国家电网有限公司安全事故调查规程》(2021 年版）4.3.7.2（7)：“220kV 以上，500kV 以下交流线路掉串”，构成七级设备事件。</td></tr>
<tr><td>可能导致后果</td><td>七级设备事件</td><td>事件依据</td><td>《国家电网有限公司安全事故调查规程》(2021 年版）4.3.7.2</td><td>标准依据</td><td colspan="3">《设备设施安全隐患排查标准》SS3122</td></tr>
<tr><td rowspan="2">市级评估</td><td>评估等级</td><td>一般隐患</td><td>评估负责人</td><td>×××</td><td>评估负责人签字日期</td><td colspan="3">2020-01-17</td></tr>
<tr><td>可能导致后果</td><td colspan="7">七级设备事件</td></tr>
<tr><td rowspan="7">治理</td><td>实际治理完成日期</td><td>2022-09-15</td><td>治理责任单位</td><td>设备部</td><td>治理责任人</td><td colspan="3">×××</td></tr>
<tr><td>治理方式</td><td>立项</td><td>治理期限</td><td>2020-01-01 至 2022-12-31</td><td>是否纳入项目储备</td><td>是</td><td>项目储备是否审批</td><td>是</td></tr>
<tr><td>治理措施</td><td colspan="7">750kV×××线停电检修对#216 杆塔单 I 串复合绝缘子进行单改双改造。</td></tr>
<tr><td>防控措施</td><td colspan="7">1. 按周期开展线路巡视，对重污区等特殊区段加强设备特巡。
2. 每年开展一次复合绝缘子红外测温工作。
3. 依照规定开展复合绝缘子抽检工作。</td></tr>
<tr><td>治理完成情况</td><td colspan="7">2022 年 9 月 15 日，750kV×××线停电检修对#216 杆塔单 I 串复合绝缘子进行单改双改造。现申请对该隐患治理完成情况进行验收。</td></tr>
<tr><td>治理计划资金（万元）</td><td colspan="2">××</td><td>累计投入资金（万元）</td><td colspan="4">××</td></tr>
<tr><td rowspan="3">验收</td><td>验收组织单位</td><td colspan="2">国网××公司</td><td>验收负责人</td><td colspan="4">×××</td></tr>
<tr><td>验收负责人签字日期</td><td colspan="2">2022-09-15</td><td>是否消除</td><td colspan="4">是</td></tr>
<tr><td>验收结论</td><td colspan="7">隐患已治理，符合安全运行要求，同意销号。</td></tr>
</table>

8.2.3 配电

8.2.3.1 电缆外护套破损

一般隐患排查治理档案表

××××年度　　　　国网××××公司

<table>
<tr><td rowspan="7">发现</td><td>隐患简题</td><td colspan="7">国网××供电公司3月6日10kV××电缆线路存在本体变形、外护套破损和龟裂现象的安全隐患。</td></tr>
<tr><td>隐患编号</td><td>国网××公司2023××××</td><td>隐患所在单位</td><td>国网××公司</td><td>隐患来源</td><td colspan="3">日常排查</td></tr>
<tr><td>隐患分类</td><td>设备设施</td><td>专业子类</td><td>配电</td><td>隐患性质</td><td colspan="3">设备类</td></tr>
<tr><td>电压等级</td><td>10kV</td><td>归属职能部门</td><td colspan="5">配网部</td></tr>
<tr><td>发现人</td><td>×××</td><td>发现人单位</td><td>国网××公司</td><td>发现日期</td><td colspan="3">2023-03-06</td></tr>
<tr><td>事故隐患内容</td><td colspan="7">在2023年3月6日公司日常排查中发现：10kV××电缆线路存在本体变形、外护套破损和龟裂现象的安全隐患，若不及时更换电缆，可能导致线路被迫停运并造成减供负荷或设备跳闸的后果。不符合《电力电缆及通道运维规程》（Q/GDW 1512—2014）7.3表7电缆巡视检查要求及内容：“a）电缆本体是否变形。外护套 a）是否存在破损情况和龟裂现象。”依据《国家电网有限公司安全事故调查规程》（2021年版）4.2.8.1：“10kV（含20kV、6kV）供电设备（包括母线、直配线等）异常运行或被迫停止运行，并造成减供负荷者。”或4.3.8.2：“10kV以上输变电设备跳闸（10kV线路跳闸重合成功不计）、被迫停止运行、非计划检修或停止备用”，可能构成八级电网事件或八级设备事件。</td></tr>
<tr><td>可能导致后果</td><td>八级电网事件/八级设备事件</td><td>事件依据</td><td>《国家电网有限公司安全事故调查规程》（2021年版）4.2.8.1或4.3.8.2</td><td>标准依据</td><td colspan="3">《国网陕西电力安委办关于新增发布较大、一般隐患排查标准的通知》（陕西安委办〔2023〕58号）SS31151</td></tr>
<tr><td rowspan="2">市级评估</td><td>评估等级</td><td>一般隐患</td><td>评估负责人</td><td>×××</td><td>评估负责人签字日期</td><td colspan="3">2023-03-06</td></tr>
<tr><td>可能导致后果</td><td colspan="7">八级电网事件/八级设备事件</td></tr>
<tr><td rowspan="7">治理</td><td>实际治理完成日期</td><td>2023-03-10</td><td>治理责任单位</td><td>配网部</td><td>治理责任人</td><td colspan="3">×××</td></tr>
<tr><td>治理方式</td><td>立项</td><td>治理期限</td><td>2023-03-06至2023-03-31</td><td>是否纳入项目储备</td><td>是</td><td>项目储备是否审批</td><td>是</td></tr>
<tr><td>治理措施</td><td colspan="7">尽快上报技改项目、安排计划，及时对10kV××电缆线路进行电缆更换。</td></tr>
<tr><td>防控措施</td><td colspan="7">1. 对10kV××电缆线路安排特巡，加强该电缆带电局部放电监测、红外成像监测；有条件的情况下，停电进行震荡波局放监测；做好记录，发现异常及时上报。
2. 控制该线路负荷，避免超负荷运行。
3. 永久治理前，做好班组安全隐患公示，针对可能导致的后果制定应急预案或现场处置方案。</td></tr>
<tr><td>治理完成情况</td><td colspan="7">2023年3月10日，××公司完成10kV××电缆线路更换电缆工作，治理完成后满足电缆线路运行要求。现申请对该隐患治理完成情况进行验收。</td></tr>
<tr><td>治理计划资金（万元）</td><td colspan="2">××</td><td colspan="2">累计投入资金（万元）</td><td colspan="3">××</td></tr>
<tr><td rowspan="3">验收</td><td>验收组织单位</td><td colspan="2">国网××公司</td><td colspan="2">验收负责人</td><td colspan="3">×××</td></tr>
<tr><td>验收负责人签字日期</td><td colspan="2">2023-03-10</td><td colspan="2">是否消除</td><td colspan="3">是</td></tr>
<tr><td>验收结论</td><td colspan="7">验收合格，治理措施已按要求实施，同意销号。</td></tr>
</table>

8.2.3.2 杆根腐朽或法兰处锈蚀

一般隐患排查治理档案表

××××年度　　　　　　　　　　　　　　　　　　　　　　　　　　　　　　国网××××公司

<table>
<tr><td rowspan="7">发现</td><td>隐患简题</td><td colspan="8">国网××供电公司 3 月 6 日 10kV××线#12 混凝土杆根腐朽、法兰处锈蚀的安全隐患。</td></tr>
<tr><td>隐患编号</td><td>国网××公司 2023××××</td><td>隐患所在单位</td><td>国网××公司</td><td>隐患来源</td><td colspan="4">日常排查</td></tr>
<tr><td>隐患分类</td><td>设备设施</td><td>专业子类</td><td>配电</td><td>隐患性质</td><td colspan="4">设备类</td></tr>
<tr><td>电压等级</td><td>10kV</td><td>归属职能部门</td><td colspan="6">配网部</td></tr>
<tr><td>发现人</td><td>×××</td><td>发现人单位</td><td>国网××公司</td><td>发现日期</td><td colspan="4">2023-03-06</td></tr>
<tr><td>事故隐患内容</td><td colspan="8">在 2023 年 3 月 6 日公司日常排查中发现：10kV××线#12 混凝土杆基础由于雨水冲刷，存在混凝土杆杆根腐朽、法兰处锈蚀的安全隐患，若不及时更换，可能导致线路被迫停运并造成减供负荷或设备跳闸的后果。不符合《配电网运维规程》（Q/GDW 1519—2014）6.2.2：“b）混凝土杆不应有严重裂纹、铁锈水，保护层不应脱落、疏松、钢筋外露，混凝土杆不宜有纵向裂纹，横向裂纹不宜超过 1/3 周长，且裂纹宽度不宜大于 0.5mm；焊接杆焊接处应无裂纹，无严重锈蚀；铁塔（钢杆）不应严重锈蚀，主材弯曲度不应超过 5/1000，混凝土基础不应有裂纹、疏松、露筋”。依据《国家电网有限公司安全事故调查规程》（2021 年版）4.2.8.1：“10kV（含 20kV、6kV）供电设备（包括母线、直配线等）异常运行或被迫停止运行，并造成减供负荷者。”或 4.3.8.2：“10kV 以上输变电设备跳闸（10kV 线路跳闸重合成功不计）、被迫停止运行、非计划检修或停止备用”，可能构成八级电网事件或八级设备事件。</td></tr>
<tr><td>可能导致后果</td><td>八级电网事件/八级设备事件</td><td>事件依据</td><td>《国家电网有限公司安全事故调查规程》（2021 年版）4.2.8.1 或 4.3.8.2</td><td>标准依据</td><td colspan="4">《国网陕西电力安委办关于新增发布较大、一般隐患排查标准的通知》（陕西安委办〔2023〕58 号）SS31137</td></tr>
<tr><td rowspan="2">市级评估</td><td>评估等级</td><td>一般隐患</td><td>评估负责人</td><td>×××</td><td>评估负责人签字日期</td><td colspan="4">2023-03-06</td></tr>
<tr><td>可能导致后果</td><td colspan="8">八级电网事件/八级设备事件</td></tr>
<tr><td rowspan="7">治理</td><td>实际治理完成日期</td><td>2023-03-10</td><td>治理责任单位</td><td>配网部</td><td>治理责任人</td><td colspan="4">×××</td></tr>
<tr><td>治理方式</td><td>措施</td><td>治理期限</td><td>2023-03-06 至 2023-03-31</td><td>是否纳入项目储备</td><td>否</td><td colspan="2">项目储备是否审批</td><td>否</td></tr>
<tr><td>治理措施</td><td colspan="8">尽快安排计划，及时更换 10kV××线#12 混凝土杆。</td></tr>
<tr><td>防控措施</td><td colspan="8">1. 在#12 混凝土杆上张贴安全警示标识，落实企业法律主体责任；雨季期间，对 10kV××线#12 混凝土杆安排特巡，发现电杆根腐朽情况扩大立即上报。
2. 永久治理前，做好班组安全隐患公示，针对可能导致的后果制定应急预案或现场处置方案。</td></tr>
<tr><td>治理完成情况</td><td colspan="8">2023 年 3 月 10 日，××公司按照计划，对 10kV××线#12 混凝土杆进行了更换。现申请对该隐患治理完成情况进行验收。</td></tr>
<tr><td>治理计划资金（万元）</td><td colspan="2">××</td><td>累计投入资金（万元）</td><td colspan="5">××</td></tr>
<tr><td colspan="9" style="display:none"></td></tr>
<tr><td rowspan="3">验收</td><td>验收组织单位</td><td colspan="2">国网××公司</td><td>验收负责人</td><td colspan="5">×××</td></tr>
<tr><td>验收负责人签字日期</td><td colspan="2">2023-03-10</td><td>是否消除</td><td colspan="5">是</td></tr>
<tr><td>验收结论</td><td colspan="8">验收合格，治理措施已按要求实施，同意销号。</td></tr>
</table>

8.2.3.3 配变台架对地距离不足

较大隐患排查治理档案表

××××年度　　　　　　　　　　　　　　　　　　　　　　　　　　　　　　国网××××公司

<table>
<tr><td rowspan="7">发现</td><td>隐患简题</td><td colspan="8">国网××供电公司3月6日10kV××线#1配变台架对地距离不足的安全隐患。</td></tr>
<tr><td>隐患编号</td><td>国网××公司2023××××</td><td>隐患所在单位</td><td>国网××公司</td><td>隐患来源</td><td colspan="4">日常排查</td></tr>
<tr><td>隐患分类</td><td>人身安全</td><td>专业子类</td><td>配电</td><td>隐患性质</td><td colspan="4">设备类</td></tr>
<tr><td>电压等级</td><td>10kV</td><td>归属职能部门</td><td colspan="6">配网部</td></tr>
<tr><td>发现人</td><td>×××</td><td>发现人单位</td><td>国网××公司</td><td>发现日期</td><td colspan="4">2023-03-06</td></tr>
<tr><td>事故隐患内容</td><td colspan="8">在2023年3月6日公司日常排查中发现：10kV××线#1配变台架下，因村民随意倾倒垃圾，导致垃圾堆高，现场测量台架对地垂直距离为2.1m，若不及时清理，有可能导致过往人员触电伤亡的后果。不符合《城市配电网技术导则》2.6.5柱上变压器b）："变压器台架对地距离不应低于2.5m，高压熔断器对地距离不应低于4.5m"。依据《国家电网有限公司安全事故调查规程》（2021年版）4.1.2.4："一次事故造成3人以下死亡，或者10人以下重伤者"，可能构成四级人身事件。</td></tr>
<tr><td>可能导致后果</td><td>四级人身事件</td><td>事件依据</td><td>《国家电网有限公司安全事故调查规程》（2021年版）4.1.2.4</td><td>标准依据</td><td colspan="4">《国网陕西电力安委办关于新增发布较大、一般隐患排查标准的通知》（陕西安委办〔2023〕58号）RS2101</td></tr>
<tr><td rowspan="2">市级评估</td><td>评估等级</td><td>较大隐患</td><td>评估负责人</td><td>×××</td><td>评估负责人签字日期</td><td colspan="4">2023-03-06</td></tr>
<tr><td>可能导致后果</td><td colspan="8">四级人身事件</td></tr>
<tr><td rowspan="6">治理</td><td>实际治理完成日期</td><td>2023-03-06</td><td>治理责任单位</td><td>配网部</td><td>治理责任人</td><td colspan="4">×××</td></tr>
<tr><td>治理方式</td><td>措施</td><td>治理期限</td><td>2023-03-06至2023-03-06</td><td>是否纳入项目储备</td><td>否</td><td>项目储备是否审批</td><td colspan="2">否</td></tr>
<tr><td>治理措施</td><td colspan="8">立即安排计划，及时对10kV××线#1配变台架下的垃圾进行清理，确保变压器台架对地距离高于2.5m以上。</td></tr>
<tr><td>防控措施</td><td colspan="8">1. 规范设置安全警示标识，对沿途居民进行电力安全宣传，落实企业法律主体责任。
2. 永久治理前，对10kV××线#1配变安排特巡，做好记录，发现情况扩大立即上报。
3. 永久治理前，做好班组安全隐患公示，针对可能导致的后果制定应急预案或现场处置方案。</td></tr>
<tr><td>治理完成情况</td><td colspan="8">2023年3月6日，××公司当日立即安排对10kV××线#1配变台架下的垃圾进行清理，治理后配变台架对地距离2.8m，满足《城市配电网技术导则》规定要求。现申请对该隐患治理完成情况进行验收。</td></tr>
<tr><td>治理计划资金（万元）</td><td colspan="3">××</td><td>累计投入资金（万元）</td><td colspan="4">××</td></tr>
<tr><td rowspan="3">验收</td><td>验收组织单位</td><td colspan="3">国网××公司</td><td>验收负责人</td><td colspan="4">×××</td></tr>
<tr><td>验收负责人签字日期</td><td colspan="3">2023-03-06</td><td>是否消除</td><td colspan="4">是</td></tr>
<tr><td>验收结论</td><td colspan="8">验收合格，治理措施已按要求实施，同意销号。</td></tr>
</table>

8.2.3.4　混凝土杆防撞漆脱落

一般隐患排查治理档案表

××××年度　　　　国网××××公司

<table>
<tr><td rowspan="7">发现</td><td>隐患简题</td><td colspan="7">国网××供电公司 3 月 6 日 10kV××线#6、#7 混凝土杆存在防撞漆脱落的安全隐患。</td></tr>
<tr><td>隐患编号</td><td>国网××公司 2023××××</td><td>隐患所在单位</td><td>国网××公司</td><td>隐患来源</td><td colspan="3">日常排查</td></tr>
<tr><td>隐患分类</td><td>设备设施</td><td>专业子类</td><td>配电</td><td>隐患性质</td><td colspan="3">设备类</td></tr>
<tr><td>电压等级</td><td>10kV</td><td>归属职能部门</td><td colspan="5">配网部</td></tr>
<tr><td>发现人</td><td>×××</td><td>发现人单位</td><td>国网××公司</td><td>发现日期</td><td colspan="3">2023-03-06</td></tr>
<tr><td>事故隐患内容</td><td colspan="7">在 2023 年 3 月 6 日公司日常排查中发现：10kV××线路沿二级公路边走径，其中#6、#7 混凝土杆防撞漆脱落。若不及时采取补漆等防撞警示措施，可能导致车撞倒杆断线、线路被迫停运并造成减供负荷或设备跳闸的后果。不符合《配电网运维规程》（Q/GDW 1519—2014）6.2.2 g)：“杆塔位置是否合适、有无被车撞的可能，保护设施是否完好，警示标识是否清晰”的规定要求，依据《国家电网有限公司安全事故调查规程》（2021 年版）4.2.8.1：“10kV（含 20kV、6kV）供电设备（包括母线、直配线等）异常运行或被迫停止运行，并造成减供负荷者。”或 4.3.8.2：“10kV 以上输变电设备跳闸（10kV 线路跳闸重合成功不计）、被迫停止运行、非计划检修或停止备用”，可能构成八级电网事件或八级设备事件。</td></tr>
<tr><td>可能导致后果</td><td>八级电网事件/八级设备事件</td><td>事件依据</td><td>《国家电网有限公司安全事故调查规程》（2021 年版）4.2.8.1 或 4.3.8.2</td><td>标准依据</td><td colspan="3">《国网陕西电力安委办关于新增发布较大、一般隐患排查标准的通知》（陕西安委办〔2023〕58 号）SS31137</td></tr>
<tr><td rowspan="2">市级评估</td><td>评估等级</td><td>一般隐患</td><td>评估负责人</td><td>×××</td><td>评估负责人签字日期</td><td colspan="3">2023-03-06</td></tr>
<tr><td>可能导致后果</td><td colspan="7">八级电网事件/八级设备事件</td></tr>
<tr><td rowspan="7">治理</td><td>实际治理完成日期</td><td>2023-03-06</td><td>治理责任单位</td><td>配网部</td><td>治理责任人</td><td colspan="3">×××</td></tr>
<tr><td>治理方式</td><td>措施</td><td>治理期限</td><td>2023-03-06 至 2023-03-06</td><td>是否纳入项目储备</td><td>否</td><td>项目储备是否审批</td><td>否</td></tr>
<tr><td>治理措施</td><td colspan="7">尽快安排计划，及时对 10kV××线#6、#7 混凝土杆采取补刷防撞漆或加装防撞墩等防撞措施。</td></tr>
<tr><td>防控措施</td><td colspan="7">1. 永久治理前，对杆塔周围规范设置安全警示标识，在混凝土杆上安装警示牌。
2. 永久治理前，做好班组安全隐患公示，针对可能导致的后果制定应急预案或现场处置方案。</td></tr>
<tr><td>治理完成情况</td><td colspan="7">2023 年 3 月 6 日，××公司当日立即对 10kV××线#6、#7 混凝土杆补刷了防撞漆。现申请对该隐患治理完成情况进行验收。</td></tr>
<tr><td>治理计划资金（万元）</td><td colspan="2">××</td><td>累计投入资金（万元）</td><td colspan="4">××</td></tr>
<tr><td colspan="7" style="display:none"></td></tr>
<tr><td rowspan="3">验收</td><td>验收组织单位</td><td colspan="2">国网××公司</td><td>验收负责人</td><td colspan="4">×××</td></tr>
<tr><td>验收负责人签字日期</td><td colspan="2">2023-03-06</td><td>是否消除</td><td colspan="4">是</td></tr>
<tr><td>验收结论</td><td colspan="7">验收合格，治理措施已按要求实施，同意销号。</td></tr>
</table>

8.2.3.5 电缆分支箱设备绝缘老旧

一般隐患排查治理档案表

××××年度　　　　　　　　　　　　　　　　　　　　　　　　　　　　　　　　国网××××公司

<table>
<tr><td rowspan="7">发现</td><td>隐患简题</td><td colspan="7">国网××供电公司3月6日10kV××线#4、#5电缆分支箱存在设备绝缘老旧的安全隐患。</td></tr>
<tr><td>隐患编号</td><td>国网××公司2023××××</td><td>隐患所在单位</td><td>国网××公司</td><td>隐患来源</td><td colspan="3">日常排查</td></tr>
<tr><td>隐患分类</td><td>人身安全</td><td>专业子类</td><td>配电</td><td>隐患性质</td><td colspan="3">设备类</td></tr>
<tr><td>电压等级</td><td>10kV</td><td>归属职能部门</td><td colspan="5">配网部</td></tr>
<tr><td>发现人</td><td>×××</td><td>发现人单位</td><td>国网××公司</td><td>发现日期</td><td colspan="3">2023-03-06</td></tr>
<tr><td>事故隐患内容</td><td colspan="7">在2023年3月6日公司日常排查中发现：10kV××线#4、#5电缆分支箱运行年限较长，存在设备绝缘老化，若不及时更换两台电缆分支箱，可能导致操作人员意外触电人身事件的后果。不符合《配电网运维规程》（Q/GDW 1519—2014）6.3.6 电缆分支箱的巡视 h）："箱内其他设备运行是否良好。"依据《国家电网有限公司安全事故调查规程》（2021年版）4.1.2.8："无人员死亡和重伤，但造成1～2人轻伤者"，可能构成八级人身事件。</td></tr>
<tr><td>可能导致后果</td><td>八级人身事件</td><td>事件依据</td><td>《国家电网有限公司安全事故调查规程》（2021年版）4.1.2.8</td><td>标准依据</td><td colspan="3">《国网陕西电力安委办关于新增发布较大、一般隐患排查标准的通知》（陕西安委办〔2023〕58号）RS3101</td></tr>
<tr><td rowspan="2">市级评估</td><td>评估等级</td><td>一般隐患</td><td>评估负责人</td><td>×××</td><td>评估负责人签字日期</td><td colspan="3">2023-03-06</td></tr>
<tr><td>可能导致后果</td><td colspan="7">八级人身事件</td></tr>
<tr><td rowspan="6">治理</td><td>实际治理完成日期</td><td>2023-03-06</td><td>治理责任单位</td><td>配网部</td><td>治理责任人</td><td colspan="3">×××</td></tr>
<tr><td>治理方式</td><td>措施</td><td>治理期限</td><td>2023-03-06至2023-03-06</td><td>是否纳入项目储备</td><td>否</td><td>项目储备是否审批</td><td>否</td></tr>
<tr><td>治理措施</td><td colspan="7">尽快安排计划，及时更换两台电缆分支箱及老化的绝缘设备。</td></tr>
<tr><td>防控措施</td><td colspan="7">1. 做好周边宣传工作，悬挂警示标识。
2. 加强巡视，做好巡视记录，发现异常及时上报。
3. 永久治理前，做好班组安全隐患公示，针对可能导致的后果制定应急预案或现场处置方案。</td></tr>
<tr><td>治理完成情况</td><td colspan="7">2023年3月6日，××公司当日申请计划，及时对10kV××线两台电缆分支箱及老化的绝缘设备进行了更换，治理完成后满足配电网设备安全运行要求。现申请对该隐患治理完成情况进行验收。</td></tr>
<tr><td>治理计划资金（万元）</td><td colspan="2">××</td><td>累计投入资金（万元）</td><td colspan="4">××</td></tr>
<tr><td rowspan="3">验收</td><td>验收组织单位</td><td colspan="2">国网××公司</td><td>验收负责人</td><td colspan="4">×××</td></tr>
<tr><td>验收负责人签字日期</td><td colspan="2">2023-03-06</td><td>是否消除</td><td colspan="4">是</td></tr>
<tr><td>验收结论</td><td colspan="7">验收合格，治理措施已按要求实施，同意销号。</td></tr>
</table>

8.2.3.6 交跨距离不足

一般隐患排查治理档案表

××××年度　　　　　　　　　　　　　　　　　　　　　　　　　　　　　　国网××××公司

<table>
<tr><td rowspan="7">发现</td><td>隐患简题</td><td colspan="7">国网××供电公司3月6日10kV××线#3、#4档导线存在与下方加油站交跨距离不足的安全隐患。</td></tr>
<tr><td>隐患编号</td><td>国网××公司2023××××</td><td>隐患所在单位</td><td>国网××公司</td><td>隐患来源</td><td colspan="3">日常排查</td></tr>
<tr><td>隐患分类</td><td>设备设施</td><td>专业子类</td><td>配电</td><td>隐患性质</td><td colspan="3">设备类</td></tr>
<tr><td>电压等级</td><td>10kV</td><td>归属职能部门</td><td colspan="5">配网部</td></tr>
<tr><td>发现人</td><td>×××</td><td>发现人单位</td><td>国网××公司</td><td>发现日期</td><td colspan="3">2023-03-06</td></tr>
<tr><td>事故隐患内容</td><td colspan="7">在2023年3月6日公司日常排查中发现：10kV××线#3、#4导线档距为300m，由于连续高温天气，造成导线弧垂下降，现A相导线与下方加油站最小垂直距离2.8m，若不及时采取改迁、落地敷设直埋电缆或调整导线弧垂措施，可能导致大型车辆进出加油站时挂搭导线，引起倒杆断线、线路被迫停运并造成减供负荷或设备跳闸的后果。不符合《配电网运维规程》（Q/GDW 1519—2014）表C.3："10kV架空线路与建筑物最小垂直距离3.0m"的规定要求。依据《国家电网有限公司安全事故调查规程》（2021年版）4.2.8.1："10kV（含20kV、6kV）供电设备（包括母线、直配线等）异常运行或被迫停止运行，并造成减供负荷者。"或4.3.8.2："10kV以上输变电设备跳闸（10kV线路跳闸重合成功不计）、被迫停止运行、非计划检修或停止备用"，可能构成八级电网事件或八级设备事件。</td></tr>
<tr><td>可能导致后果</td><td>八级电网事件/八级设备事件</td><td>事件依据</td><td>《国家电网有限公司安全事故调查规程》（2021年版）4.2.8.1或4.3.8.2</td><td>标准依据</td><td colspan="3">《国网陕西电力安委办关于新增发布较大、一般隐患排查标准的通知》（陕西安委办〔2023〕58号）SS31137</td></tr>
<tr><td rowspan="2">市级评估</td><td>评估等级</td><td>一般隐患</td><td>评估负责人</td><td>×××</td><td>评估负责人签字日期</td><td colspan="3">2023-03-06</td></tr>
<tr><td>可能导致后果</td><td colspan="7">八级电网事件/八级设备事件</td></tr>
<tr><td rowspan="7">治理</td><td>实际治理完成日期</td><td>2023-03-06</td><td>治理责任单位</td><td>配网部</td><td>治理责任人</td><td colspan="3">×××</td></tr>
<tr><td>治理方式</td><td>措施</td><td>治理期限</td><td>2023-03-06至2023-03-06</td><td>是否纳入项目储备</td><td>否</td><td>项目储备是否审批</td><td>否</td></tr>
<tr><td>治理措施</td><td colspan="7">尽快安排计划，及时对10kV××线#3、#4档采取调整导线弧垂的治理措施。</td></tr>
<tr><td>防控措施</td><td colspan="7">1. 永久治理前，在跨越处设置醒目的安全警示标识，向加油站下达《安全隐患告知书》，开展电力设施安全宣传，落实企业法律主体责任。
2. 永久治理前，做好班组安全隐患公示，针对可能导致的后果制定应急预案或现场处置方案。</td></tr>
<tr><td>治理完成情况</td><td colspan="7">2023年3月6日，××公司当日申请计划，及时调整了10kV××线#3、#4档弧垂，导线与下方加油站最小垂直距离3.5m，治理完成后满足线路运行要求。现申请对该隐患治理完成情况进行验收。</td></tr>
<tr><td>治理计划资金（万元）</td><td colspan="2">××</td><td>累计投入资金（万元）</td><td colspan="4">××</td></tr>
<tr><td rowspan="3">验收</td><td>验收组织单位</td><td colspan="2">国网××公司</td><td>验收负责人</td><td colspan="4">×××</td></tr>
<tr><td>验收负责人签字日期</td><td colspan="2">2023-03-06</td><td>是否消除</td><td colspan="4">是</td></tr>
<tr><td>验收结论</td><td colspan="7">验收合格，治理措施已按要求实施，同意销号。</td></tr>
</table>

8.2.3.7 同杆擅自搭挂弱电线路

一般隐患排查治理档案表

××××年度　　　　国网××××公司

<table>
<tr><td rowspan="7">发现</td><td>隐患简题</td><td colspan="7">国网××供电公司3月6日10kV××线#3、#4、#5混凝土杆存在通信运营商擅自搭挂弱电线路的安全隐患。</td></tr>
<tr><td>隐患编号</td><td>国网××公司2023××××</td><td>隐患所在单位</td><td>国网××公司</td><td>隐患来源</td><td colspan="3">日常排查</td></tr>
<tr><td>隐患分类</td><td>设备设施</td><td>专业子类</td><td>配电</td><td>隐患性质</td><td colspan="3">设备类</td></tr>
<tr><td>电压等级</td><td>10kV</td><td>归属职能部门</td><td colspan="5">配网部</td></tr>
<tr><td>发现人</td><td>×××</td><td>发现人单位</td><td>国网××公司</td><td>发现日期</td><td colspan="3">2023-03-06</td></tr>
<tr><td>事故隐患内容</td><td colspan="7">在2023年3月6日公司日常排查中发现：110kV××变10kV××线#3、#4、#5混凝土杆存在通信运营商擅自搭挂弱电线路的安全隐患，若不及时拆除同杆擅自搭挂的弱电线路，可能导致车辆等外力因素拉挂弱电线路，牵连搭挂的电力线路发生倒杆断线、线路被迫停运并造成减供负荷或设备跳闸的后果。不符合《电力设施保护条例及实施细则》第三章十四条：“任何单位或个人，不得从事下列危害电力线路设施的行为：（五）擅自攀登杆塔或在杆塔上架设电力线、通信线、广播线、安装广播喇叭”。依据《国家电网有限公司安全事故调查规程》（2021年版）4.2.8.1：“10kV（含20kV、6kV）供电设备（包括母线、直配线等）异常运行或被迫停止运行，并造成减供负荷者。”或4.3.8.2：“10kV以上输变电设备跳闸（10kV线路跳闸重合成功不计）、被迫停止运行、非计划检修或停止备用”，可能构成八级电网事件或八级设备事件。</td></tr>
<tr><td>可能导致后果</td><td>八级电网事件/八级设备事件</td><td>事件依据</td><td>《国家电网有限公司安全事故调查规程》（2021年版）4.2.8.1或4.3.8.2</td><td>标准依据</td><td colspan="3">《国网陕西电力安委办关于新增发布较大、一般隐患排查标准的通知》（陕西安委办〔2023〕58号）SS31137</td></tr>
<tr><td rowspan="2">市级评估</td><td>评估等级</td><td>一般隐患</td><td>评估负责人</td><td>×××</td><td>评估负责人签字日期</td><td colspan="3">2023-03-06</td></tr>
<tr><td>可能导致后果</td><td colspan="7">八级电网事件/八级设备事件</td></tr>
<tr><td rowspan="6">治理</td><td>实际治理完成日期</td><td>2023-03-10</td><td>治理责任单位</td><td>配网部</td><td>治理责任人</td><td colspan="3">×××</td></tr>
<tr><td>治理方式</td><td>措施</td><td>治理期限</td><td>2023-03-06至2023-03-13</td><td>是否纳入项目储备</td><td>否</td><td>项目储备是否审批</td><td>否</td></tr>
<tr><td>治理措施</td><td colspan="7">向通信运营商下达《安全隐患通知书》以及近电作业须知，责令其拆除同杆擅自搭挂的弱电线路。</td></tr>
<tr><td>防控措施</td><td colspan="7">1. 永久治理前，如遇登杆作业，应设置专职监护人，做好防止人身意外跌落的安全防护措施。
2. 永久治理前，做好班组安全隐患公示，针对可能导致的后果制定应急预案或现场处置方案。</td></tr>
<tr><td>治理完成情况</td><td colspan="7">2023年3月10日，××公司安排10kV××线#3—#5区段停电，现场监护通信运营商拆除#3—#5杆弱电线路，治理完成后满足线路安全运行要求。现申请对该隐患治理完成情况进行验收。</td></tr>
<tr><td>治理计划资金（万元）</td><td colspan="2">××</td><td>累计投入资金（万元）</td><td colspan="4">××</td></tr>
<tr><td rowspan="3">验收</td><td>验收组织单位</td><td colspan="2">国网××公司</td><td>验收负责人</td><td colspan="4">×××</td></tr>
<tr><td>验收负责人签字日期</td><td colspan="2">2023-03-10</td><td>是否消除</td><td colspan="4">是</td></tr>
<tr><td>验收结论</td><td colspan="7">验收合格，治理措施已按要求实施，同意销号。</td></tr>
</table>

8.2.3.8 导线对地垂直距离不足

较大隐患排查治理档案表

××××年度　　　　国网××××公司

<table>
<tr><td rowspan="7">发现</td><td>隐患简题</td><td colspan="7">国网××供电公司 3 月 6 日 10kV××线#7—#8 档存在导线对地垂直距离不足的安全隐患。</td></tr>
<tr><td>隐患编号</td><td>国网××公司 2023××××</td><td>隐患所在单位</td><td>国网××公司</td><td>隐患来源</td><td colspan="3">日常排查</td></tr>
<tr><td>隐患分类</td><td>人身安全</td><td>专业子类</td><td>配电</td><td>隐患性质</td><td colspan="3">设备类</td></tr>
<tr><td>电压等级</td><td>10kV</td><td>归属职能部门</td><td colspan="5">配网部</td></tr>
<tr><td>发现人</td><td>×××</td><td>发现人单位</td><td>国网××公司</td><td>发现日期</td><td colspan="3">2023-03-06</td></tr>
<tr><td>事故隐患内容</td><td colspan="7">在 2023 年 3 月 6 日公司日常排查中发现：35kV××变电站 10kV××线#7—#8 档跨越××中学操场，目前存在导线对地最小垂直距离 5.5m，若通道发生高杆物、车辆穿越及学生放风筝等，极有可能发生人身意外触电事件。不符合《配电网运维规程》（Q/GDW 1519—2014）表 C.3：“居民区 10kV 架空线路最小对地垂直距离 6.5m”。依据《国家电网有限公司安全事故调查规程》（2021 年版）4.1.2.4：“一次事故造成 3 人以下死亡，或者 10 人以下重伤者”，可能构成四级人身事件。</td></tr>
<tr><td>可能导致后果</td><td>四级人身事件</td><td>事件依据</td><td>《国家电网有限公司安全事故调查规程》（2021 年版）4.1.2.4</td><td>标准依据</td><td colspan="3">《国网陕西电力安委办关于新增发布较大、一般隐患排查标准的通知》（陕西安委办〔2023〕58 号）RS2102</td></tr>
<tr><td rowspan="2">市级评估</td><td>评估等级</td><td>较大隐患</td><td>评估负责人</td><td>×××</td><td>评估负责人签字日期</td><td colspan="3">2023-03-06</td></tr>
<tr><td>可能导致后果</td><td colspan="7">四级人身事件</td></tr>
<tr><td rowspan="7">治理</td><td>实际治理完成日期</td><td>2023-03-10</td><td>治理责任单位</td><td>配网部</td><td>治理责任人</td><td colspan="3">×××</td></tr>
<tr><td>治理方式</td><td>措施</td><td>治理期限</td><td>2023-03-06 至 2023-03-13</td><td>是否纳入项目储备</td><td>否</td><td>项目储备是否审批</td><td>否</td></tr>
<tr><td>治理措施</td><td colspan="7">尽快安排计划，及时更换 10kV××线#7—#8 两基混凝土杆为 15m 混凝土杆，更换混凝土杆移位于××中学操场围墙外 8m 处。</td></tr>
<tr><td>防控措施</td><td colspan="7">1. 跨越处混凝土杆上张贴安全警示标识，并在××中学组织开展电力设施保护宣传。
2. 对学校下发《安全隐患告知书》，督促学校落实安全管理责任。
3. 永久治理前，做好班组安全隐患公示，针对可能导致的后果制定应急预案或现场处置方案。</td></tr>
<tr><td>治理完成情况</td><td colspan="7">2023 年 3 月 10 日，××公司将 10kV××线#7—#8 两基混凝土杆更换为 15m 混凝土杆，治理完成后导线对地最小垂直距离为 10.5m，满足线路安全运行要求。现申请对该隐患治理完成情况进行验收。</td></tr>
<tr><td>治理计划资金（万元）</td><td colspan="2">××</td><td>累计投入资金（万元）</td><td colspan="4">××</td></tr>
<tr><td rowspan="3">验收</td><td>验收组织单位</td><td colspan="2">国网××公司</td><td>验收负责人</td><td colspan="4">×××</td></tr>
<tr><td>验收负责人签字日期</td><td colspan="2">2023-03-10</td><td>是否消除</td><td colspan="4">是</td></tr>
<tr><td>验收结论</td><td colspan="7">验收合格，治理措施已按要求实施，同意销号。</td></tr>
</table>

8.2.3.9 安全标识缺失

一般隐患排查治理档案表

××××年度　　　　　　　　　　　　　　　　　　　　　　　　国网××××公司

<table>
<tr><td rowspan="7">发现</td><td>隐患简题</td><td colspan="7">国网××供电公司3月6日10kV××线#6、#8、#15混凝土杆安全标识缺失的安全隐患。</td></tr>
<tr><td>隐患编号</td><td>国网××公司2023××××</td><td>隐患所在单位</td><td>国网××公司</td><td>隐患来源</td><td colspan="3">日常排查</td></tr>
<tr><td>隐患分类</td><td>人身安全</td><td>专业子类</td><td>配电</td><td>隐患性质</td><td colspan="3">设备类</td></tr>
<tr><td>电压等级</td><td>10kV</td><td>归属职能部门</td><td colspan="5">配网部</td></tr>
<tr><td>发现人</td><td>×××</td><td>发现人单位</td><td>国网××公司</td><td>发现日期</td><td colspan="3">2023-03-06</td></tr>
<tr><td>事故隐患内容</td><td colspan="7">在2023年3月6日公司日常排查中发现：10kV××线存在#6杆警示牌、#8杆相序牌、#15杆号牌缺失的安全隐患，若不及时补装相序牌、警示牌及杆号牌，可能导致社会人员或作业人员误登带电杆塔，发生人身意外触电事件。不符合《配电网运行规程》（Q/GDW 1519—2014）6.2.2：“h）各类标识（杆号牌、相位牌、3m线标记等）是否齐全、清晰明显、规范统一、位置合适、安装牢固”。依据《国家电网有限公司安全事故调查规程》（2021年版）4.1.2.8：“无人员死亡和重伤，但造成1～2人轻伤者”，可能构成八级人身事件。</td></tr>
<tr><td>可能导致后果</td><td>八级人身事件</td><td>事件依据</td><td>《国家电网有限公司安全事故调查规程》（2021年版）4.1.2.8</td><td>标准依据</td><td colspan="3">《国网陕西电力安委办关于新增发布较大、一般隐患排查标准的通知》（陕西安委办〔2023〕58号）RS3102</td></tr>
<tr><td rowspan="2">市级评估</td><td>评估等级</td><td>一般隐患</td><td>评估负责人</td><td>×××</td><td>评估负责人签字日期</td><td colspan="3">2023-03-06</td></tr>
<tr><td>可能导致后果</td><td colspan="7">八级人身事件</td></tr>
<tr><td rowspan="6">治理</td><td>实际治理完成日期</td><td>2023-03-10</td><td>治理责任单位</td><td>配网部</td><td>治理责任人</td><td colspan="3">×××</td></tr>
<tr><td>治理方式</td><td>措施</td><td>治理期限</td><td>2023-03-06至2023-03-13</td><td>是否纳入项目储备</td><td>否</td><td>项目储备是否审批</td><td>否</td></tr>
<tr><td>治理措施</td><td colspan="7">尽快安排计划，及时对10kV××线#6、#8、#15分别补装规范统一的警示牌、相序牌及杆号牌。</td></tr>
<tr><td>防控措施</td><td colspan="7">1. 永久治理前，运行人员核实线路双重编号名称，现场立即补加临时警示牌、相序牌及杆号牌，并将现场情况告知检修人员，防止检修作业过程误登带电杆塔。
2. 永久治理前，做好班组安全隐患公示，针对可能导致的后果制定应急预案或现场处置方案。</td></tr>
<tr><td>治理完成情况</td><td colspan="7">2023年3月10日，××公司对10kV××线#6、#8、#15分别补装警示牌、相序牌及杆号牌，治理完成后满足线路设备标准化规范要求。现申请对该隐患治理完成情况进行验收。</td></tr>
<tr><td>治理计划资金（万元）</td><td colspan="2">××</td><td>累计投入资金（万元）</td><td colspan="4">××</td></tr>
<tr><td rowspan="3">验收</td><td>验收组织单位</td><td colspan="2">国网××公司</td><td>验收负责人</td><td colspan="4">×××</td></tr>
<tr><td>验收负责人签字日期</td><td colspan="2">2023-03-10</td><td>是否消除</td><td colspan="4">是</td></tr>
<tr><td>验收结论</td><td colspan="7">验收合格，治理措施已按要求实施，同意销号。</td></tr>
</table>

8.2.3.10 拉线套管缺失

一般隐患排查治理档案表

××××年度　　　　　　　　　　　　　　　　　　　　　　　　　　　　国网××××公司

<table>
<tr><td rowspan="9">发现</td><td>隐患简题</td><td colspan="7">国网××供电公司3月6日10kV××线#9混凝土杆拉线套管缺失的安全隐患。</td></tr>
<tr><td>隐患编号</td><td>国网××公司2023××××</td><td>隐患所在单位</td><td>国网××公司</td><td>隐患来源</td><td colspan="3">日常排查</td></tr>
<tr><td>隐患分类</td><td>人身安全</td><td>专业子类</td><td>配电</td><td>隐患性质</td><td colspan="3">设备类</td></tr>
<tr><td>电压等级</td><td>10kV</td><td>归属职能部门</td><td colspan="5">配网部</td></tr>
<tr><td>发现人</td><td>×××</td><td>发现人单位</td><td>国网××公司</td><td>发现日期</td><td colspan="3">2023-03-06</td></tr>
<tr><td>事故隐患内容</td><td colspan="7">在2023年3月6日公司日常排查中发现：10kV××线#9混凝土杆走径沿城区人行道架设，#9杆拉线套管缺失，若不及时重新加装拉线套管，可能存在街道行人或车辆碰触拉线人身意外伤害。不符合《配电网运维规程》(Q/GDW 1519—2014)6.2.5 f)：“拉线不应设在妨碍交通（行人、车辆）或易被车撞的地方，无法避免时应设有明显警示标识或采取其他保护措施，穿越带电导线的拉线应加设拉线绝缘子”。依据《国家电网有限公司安全事故调查规程》(2021年版)4.1.2.8：“无人员死亡和重伤，但造成1～2人轻伤者”，可能构成八级人身事件。</td></tr>
<tr><td>可能导致后果</td><td>八级人身事件</td><td>事件依据</td><td>《国家电网有限公司安全事故调查规程》(2021年版)4.1.2.8</td><td>标准依据</td><td colspan="3">《国网陕西电力安委办关于新增发布较大、一般隐患排查标准的通知》(陕西安委办〔2023〕58号)RS3103</td></tr>
<tr><td>评估等级</td><td>一般隐患</td><td>评估负责人</td><td>×××</td><td>评估负责人签字日期</td><td colspan="3">2023-03-06</td></tr>
<tr><td>可能导致后果</td><td colspan="7">八级人身事件</td></tr>
<tr><td rowspan="6">治理</td><td>实际治理完成日期</td><td>2023-03-10</td><td>治理责任单位</td><td>配网部</td><td>治理责任人</td><td colspan="3">×××</td></tr>
<tr><td>治理方式</td><td>措施</td><td>治理期限</td><td>2023-03-06至2023-03-13</td><td>是否纳入项目储备</td><td>否</td><td>项目储备是否审批</td><td>否</td></tr>
<tr><td>治理措施</td><td colspan="7">及时对#9混凝土杆重新加装拉线套管。</td></tr>
<tr><td>防控措施</td><td colspan="7">1. 永久治理前，设有明显警示标识或采取其他保护措施，对沿街商铺、学校、机关等场所人员加强电力设施保护宣传。
2. 永久治理前，做好班组安全隐患公示，针对可能导致的后果制定应急预案或现场处置方案。</td></tr>
<tr><td>治理完成情况</td><td colspan="7">2023年3月10日，××公司对#9混凝土杆重新加装拉线套管，治理完成后满足线路安全运行要求。现申请对该隐患治理完成情况进行验收。</td></tr>
<tr><td>治理计划资金（万元）</td><td colspan="2">××</td><td>累计投入资金（万元）</td><td colspan="4">××</td></tr>
<tr><td rowspan="3">验收</td><td>验收组织单位</td><td colspan="2">国网××公司</td><td>验收负责人</td><td colspan="4">×××</td></tr>
<tr><td>验收负责人签字日期</td><td colspan="2">2023-03-10</td><td>是否消除</td><td colspan="4">是</td></tr>
<tr><td>验收结论</td><td colspan="7">验收合格，治理措施已按要求实施，同意销号。</td></tr>
</table>

8.2.3.11 架空绝缘导线老化

一般隐患排查治理档案表

××××年度　　　　　　　　　　　　　　　　　　　　　　　　　　　　　　　国网××××公司

<table>
<tr><td rowspan="7">发现</td><td>隐患简题</td><td colspan="7">国网××供电公司 3 月 6 日 10kV××线#12—#25 架空绝缘导线线材老化的安全隐患。</td></tr>
<tr><td>隐患编号</td><td>国网××公司 2023××××</td><td>隐患所在单位</td><td>国网××公司</td><td>隐患来源</td><td colspan="3">日常排查</td></tr>
<tr><td>隐患分类</td><td>设备设施</td><td>专业子类</td><td>配电</td><td>隐患性质</td><td colspan="3">设备类</td></tr>
<tr><td>电压等级</td><td>10kV</td><td>归属职能部门</td><td colspan="5">配网部</td></tr>
<tr><td>发现人</td><td>×××</td><td>发现人单位</td><td>国网××公司</td><td>发现日期</td><td colspan="3">2023-03-06</td></tr>
<tr><td>事故隐患内容</td><td colspan="7">在 2023 年 3 月 6 日公司日常排查中发现：10kV××线#12—#25 架空绝缘导线运行年限近 10 年，绝缘导线线材老化发热，存在绝缘层表面起泡、龟裂情况，线路供电可靠性降低，若不进行更换，可能导致线路被迫停运并造成减供负荷或设备跳闸的后果。不符合《配电网运维规程》（Q/GDW 1519—2014）6.2.3 g）：“架空绝缘导线有无过热、变形、起泡现象”。依据《国家电网有限公司安全事故调查规程》（2021 年版）4.2.8.1：“10kV（含 20kV、6kV）供电设备（包括母线、直配线等）异常运行或被迫停止运行，并造成减供负荷者。”或 4.3.8.2：“10kV 以上输变电设备跳闸（10kV 线路跳闸重合成功不计）、被迫停止运行、非计划检修或停止备用”，可能构成八级电网事件或八级设备事件。</td></tr>
<tr><td>可能导致后果</td><td>八级电网事件/八级设备事件</td><td>事件依据</td><td>《国家电网有限公司安全事故调查规程》（2021 年版）4.2.8.1 或 4.3.8.2</td><td>标准依据</td><td colspan="3">《国网陕西电力安委办关于新增发布较大、一般隐患排查标准的通知》（陕西安委办〔2023〕58 号）SS31137</td></tr>
<tr><td rowspan="2">市级评估</td><td>评估等级</td><td>一般隐患</td><td>评估负责人</td><td>×××</td><td>评估负责人签字日期</td><td colspan="3">2023-03-06</td></tr>
<tr><td>可能导致后果</td><td colspan="7">八级电网事件/八级设备事件</td></tr>
<tr><td rowspan="7">治理</td><td>实际治理完成日期</td><td>2023-03-10</td><td>治理责任单位</td><td>配网部</td><td>治理责任人</td><td colspan="3">×××</td></tr>
<tr><td>治理方式</td><td>措施</td><td>治理期限</td><td>2023-03-06 至 2023-03-13</td><td>是否纳入项目储备</td><td>否</td><td>项目储备是否审批</td><td>否</td></tr>
<tr><td>治理措施</td><td colspan="7">尽快安排计划，及时对 10kV××线#12—#25 老旧架空绝缘导线进行更换。</td></tr>
<tr><td>防控措施</td><td colspan="7">1. 加强该线路负荷监控，编制负荷转移方案。
2. 负荷高峰期，优化配电网运行方式，执行有序用电方案。
3. 永久治理前，做好班组安全隐患公示，针对可能导致的后果制定应急预案或现场处置方案。</td></tr>
<tr><td>治理完成情况</td><td colspan="7">2023 年 3 月 10 日，××公司对#12—#25 老旧架空绝缘导线进行了更换，治理完成后满足线路安全运行要求。现申请对该隐患治理完成情况进行验收。</td></tr>
<tr><td>治理计划资金（万元）</td><td colspan="2">××</td><td>累计投入资金（万元）</td><td colspan="4">××</td></tr>
<tr><td colspan="8"></td></tr>
<tr><td rowspan="3">验收</td><td>验收组织单位</td><td colspan="2">国网××公司</td><td>验收负责人</td><td colspan="4">×××</td></tr>
<tr><td>验收负责人签字日期</td><td colspan="2">2023-03-10</td><td>是否消除</td><td colspan="4">是</td></tr>
<tr><td>验收结论</td><td colspan="7">验收合格，治理措施已按要求实施，同意销号。</td></tr>
</table>

8.2.3.12 杆水泥层脱落或钢筋外露

一般隐患排查治理档案表

××××年度　　　　　　　　　　　　　　　　　　　　　　　　　　　　　　　　　　　　国网××××公司

<table>
<tr><td rowspan="7">发现</td><td>隐患简题</td><td colspan="7">国网××供电公司 3 月 6 日 10kV××线#8 混凝土杆水泥层脱落、钢筋外露的安全隐患。</td></tr>
<tr><td>隐患编号</td><td>国网××公司 2023××××</td><td>隐患所在单位</td><td>国网××公司</td><td>隐患来源</td><td colspan="3">日常排查</td></tr>
<tr><td>隐患分类</td><td>设备设施</td><td>专业子类</td><td>配电</td><td>隐患性质</td><td colspan="3">设备类</td></tr>
<tr><td>电压等级</td><td>10kV</td><td>归属职能部门</td><td colspan="5">配网部</td></tr>
<tr><td>发现人</td><td>×××</td><td>发现人单位</td><td>国网××公司</td><td>发现日期</td><td colspan="3">2023-03-06</td></tr>
<tr><td>事故隐患内容</td><td colspan="7">在 2023 年 3 月 6 日公司日常排查中发现：10kV××线#8 混凝土杆运行年限近 20 年，目前存在电杆老旧、水泥层脱落、钢筋外露的安全隐患，若不及时更换混凝土杆，可能导致倒杆断线、线路被迫停运并造成减供负荷或设备跳闸的后果。不符合《配电网运维规程》（Q/GDW 1519—2014）6.2.2 b）："混凝土杆不应有严重裂纹、铁锈水，保护层不应脱落、疏松、钢筋外露，混凝土杆不宜有纵向裂纹，横向裂纹不宜超过 1/3 周长，且裂纹宽度不宜大于 0.5mm；焊接杆焊接处应无裂纹，无严重锈蚀；铁塔（钢杆）不应严重锈蚀，主材弯曲度不应超过 5/1000，混凝土基础不应有裂纹、疏松、露筋"。依据《国家电网有限公司安全事故调查规程》（2021 年版）4.2.8.1："10kV（含 20kV、6kV）供电设备（包括母线、直配线等）异常运行或被迫停止运行，并造成减供负荷者"或 4.3.8.2："10kV 以上输变电设备跳闸（10kV 线路跳闸重合成功不计）、被迫停止运行、非计划检修或停止备用"，可能构成八级电网事件或八级设备事件。</td></tr>
<tr><td>可能导致后果</td><td>八级电网事件/八级设备事件</td><td>事件依据</td><td>《国家电网有限公司安全事故调查规程》（2021 年版）4.2.8.1 或 4.3.8.2</td><td>标准依据</td><td colspan="3">《国网陕西电力安委办关于新增发布较大、一般隐患排查标准的通知》（陕西安委办〔2023〕58 号）SS31137</td></tr>
<tr><td rowspan="2">市级评估</td><td>评估等级</td><td>一般隐患</td><td>评估负责人</td><td>×××</td><td>评估负责人签字日期</td><td colspan="3">2023-03-06</td></tr>
<tr><td>可能导致后果</td><td colspan="7">八级电网事件/八级设备事件</td></tr>
<tr><td rowspan="6">治理</td><td>实际治理完成日期</td><td>2023-03-10</td><td>治理责任单位</td><td>配网部</td><td>治理责任人</td><td colspan="3">×××</td></tr>
<tr><td>治理方式</td><td>措施</td><td>治理期限</td><td>2023-03-06 至 2023-03-12</td><td>是否纳入项目储备</td><td>否</td><td>项目储备是否审批</td><td>否</td></tr>
<tr><td>治理措施</td><td colspan="7">尽快安排计划，及时将 10kV××线#8 老旧混凝土杆更换为合格的混凝土杆。</td></tr>
<tr><td>防控措施</td><td colspan="7">1. 落实企业法律主体责任，在 10kV××线#8 混凝土杆上张贴安全警示标识。
2. 对 10kV××线#8 混凝土杆安排特巡，发现水泥层脱落、钢筋外露扩大或杆身出现裂纹、倾斜情况立即上报，采取补打临时拉线的安全技术措施。
3. 永久治理前，做好班组安全隐患公示，针对可能导致的后果制定应急预案或现场处置方案。</td></tr>
<tr><td>治理完成情况</td><td colspan="7">2023 年 3 月 10 日，××公司及时将 10kV××线#8 老旧混凝土杆更换为新混凝土杆，治理完成后满足线路安全运行要求。现申请对该隐患治理完成情况进行验收。</td></tr>
<tr><td>治理计划资金（万元）</td><td colspan="2">××</td><td>累计投入资金（万元）</td><td colspan="4">××</td></tr>
<tr><td rowspan="3">验收</td><td>验收组织单位</td><td colspan="2">国网××公司</td><td>验收负责人</td><td colspan="4">×××</td></tr>
<tr><td>验收负责人签字日期</td><td colspan="2">2023-03-10</td><td>是否消除</td><td colspan="4">是</td></tr>
<tr><td>验收结论</td><td colspan="7">验收合格，治理措施已按要求实施，同意销号。</td></tr>
</table>

8.2.3.13 杆身裂纹

一般隐患排查治理档案表

××××年度　　　　　　　　　　　　　　　　　　　　　　　　　　　　　　　　　国网××××公司

<table>
<tr><td rowspan="7">发现</td><td>隐患简题</td><td colspan="7">国网××供电公司3月6日10kV××线#4混凝土杆杆身中部存在纵向裂纹达0.5m的安全隐患。</td></tr>
<tr><td>隐患编号</td><td>国网××公司2023××××</td><td>隐患所在单位</td><td>国网××公司</td><td>隐患来源</td><td colspan="3">日常排查</td></tr>
<tr><td>隐患分类</td><td>设备设施</td><td>专业子类</td><td>配电</td><td>隐患性质</td><td colspan="3">设备类</td></tr>
<tr><td>电压等级</td><td>10kV</td><td>归属职能部门</td><td colspan="5">配网部</td></tr>
<tr><td>发现人</td><td>×××</td><td>发现人单位</td><td>国网××公司</td><td>发现日期</td><td colspan="3">2023-03-06</td></tr>
<tr><td>事故隐患内容</td><td colspan="7">在2023年3月6日公司日常排查中发现：10kV××线#4混凝土杆杆身中部存在纵向裂纹达0.5m的安全隐患，若不及时更换，可能导致倒杆断线、线路被迫停运并造成减供负荷或设备跳闸的后果。不符合《配电网运维规程》（Q/GDW 1519—2014）6.2.2 b）："混凝土杆不应有严重裂纹、铁锈水，保护层不应脱落、疏松、钢筋外露，混凝土杆不宜有纵向裂纹，横向裂纹不宜超过1/3周长，且裂纹宽度不宜大于0.5mm；焊接杆焊接处应无裂纹，无严重锈蚀；铁塔（钢杆）不应严重锈蚀，主材弯曲度不应超过5/1000，混凝土基础不应有裂纹、疏松、露筋"。依据《国家电网有限公司安全事故调查规程》（2021年版）4.2.8.1："10kV（含20kV、6kV）供电设备（包括母线、直配线等）异常运行或被迫停止运行，并造成减供负荷者。"或4.3.8.2："10kV以上输变电设备跳闸（10kV线路跳闸重合成功不计）、被迫停止运行、非计划检修或停止备用"，可能构成八级电网事件或八级设备事件。</td></tr>
<tr><td>可能导致后果</td><td>八级电网事件/八级设备事件</td><td>事件依据</td><td>《国家电网有限公司安全事故调查规程》（2021年版）4.2.8.1或4.3.8.2</td><td>标准依据</td><td colspan="3">《国网陕西电力安委办关于新增发布较大、一般隐患排查标准的通知》（陕西安委办〔2023〕58号）SS31137</td></tr>
<tr><td rowspan="2">市级评估</td><td>评估等级</td><td>一般隐患</td><td>评估负责人</td><td>×××</td><td>评估负责人签字日期</td><td colspan="3">2023-03-06</td></tr>
<tr><td>可能导致后果</td><td colspan="7">八级电网事件/八级设备事件</td></tr>
<tr><td rowspan="6">治理</td><td>实际治理完成日期</td><td>2023-03-10</td><td>治理责任单位</td><td>配网部</td><td>治理责任人</td><td colspan="3">×××</td></tr>
<tr><td>治理方式</td><td>措施</td><td>治理期限</td><td>2023-03-06至2023-03-13</td><td>是否纳入项目储备</td><td>否</td><td>项目储备是否审批</td><td>否</td></tr>
<tr><td>治理措施</td><td colspan="7">尽快安排计划，及时将10kV××线#4裂纹混凝土杆更换为合格的混凝土杆。</td></tr>
<tr><td>防控措施</td><td colspan="7">1. 落实企业法律主体责任，在10kV××线#4混凝土杆上张贴安全警示标识。
2. 对10kV××线#4裂纹混凝土杆安排特巡，观测裂纹扩大情况以及杆身是否出现倾斜，必要时立即采取补打临时拉线措施。
3. 永久治理前，做好班组安全隐患公示，针对可能导致的后果制定应急预案或现场处置方案。</td></tr>
<tr><td>治理完成情况</td><td colspan="7">2023年3月10日，××公司及时将10kV××线#4裂纹混凝土杆更换为新混凝土杆，治理完成后满足线路安全运行要求。现申请对该隐患治理完成情况进行验收。</td></tr>
<tr><td>治理计划资金（万元）</td><td colspan="2">××</td><td>累计投入资金（万元）</td><td colspan="4">××</td></tr>
<tr><td rowspan="3">验收</td><td>验收组织单位</td><td colspan="2">国网××公司</td><td>验收负责人</td><td colspan="4">×××</td></tr>
<tr><td>验收负责人签字日期</td><td colspan="2">2023-03-10</td><td>是否消除</td><td colspan="4">是</td></tr>
<tr><td>验收结论</td><td colspan="7">验收合格，治理措施已按要求实施，同意销号。</td></tr>
</table>

8.2.3.14 杆身倾斜

一般隐患排查治理档案表

××××年度　　　　　　　　　　　　　　　　　　　　　　　　　　　　国网××××公司

<table>
<tr><td rowspan="7">发现</td><td>隐患简题</td><td colspan="7">国网××供电公司 3 月 6 日 10kV××线#21 混凝土杆存在杆身倾斜的安全隐患。</td></tr>
<tr><td>隐患编号</td><td>国网××公司 2023××××</td><td>隐患所在单位</td><td>国网××公司</td><td>隐患来源</td><td colspan="3">日常排查</td></tr>
<tr><td>隐患分类</td><td>设备设施</td><td>专业子类</td><td>配电</td><td>隐患性质</td><td colspan="3">设备类</td></tr>
<tr><td>电压等级</td><td>—</td><td>归属职能部门</td><td colspan="5">建设部</td></tr>
<tr><td>发现人</td><td>×××</td><td>发现人单位</td><td>国网××公司</td><td>发现日期</td><td colspan="3">2023-03-06</td></tr>
<tr><td>事故隐患内容</td><td colspan="7">在 2023 年 3 月 6 日公司日常排查中发现：10kV××线#21 混凝土杆杆基由于连续降雨，造成基础松动，混凝土杆向左侧倾斜，现场测量杆塔偏离线路中心 0.2m，若不及时扶正加固，可能导致倒杆断线、线路被迫停运并造成减供负荷或设备跳闸的后果。不符合《配电网运维规程》（Q/GDW 1519—2014）6.2.2：“杆塔和基础巡视的主要内容：a）杆塔是否倾斜、位移，是否符合 SD 292—88 相关规定，杆塔偏离线路中心不应大于 0.1m，混凝土杆倾斜不应大于 15/1000，铁塔倾斜度不应大于 0.5%（适用于 50m 及以上高度铁塔）或 1.0%（适用于 50m 以下高度铁塔），转角杆不应向内角倾斜，终端杆不应向导线侧倾斜，向拉线侧倾斜应小于 0.2m”。依据《国家电网有限公司安全事故调查规程》（2021 年版）4.2.8.1：“10kV（含 20kV、6kV）供电设备（包括母线、直配线等）异常运行或被迫停止运行，并造成减供负荷者。”或 4.3.8.2：“10kV 以上输变电设备跳闸（10kV 线路跳闸重合成功不计）、被迫停止运行、非计划检修或停止备用”，可能构成八级电网事件或八级设备事件。</td></tr>
<tr><td>可能导致后果</td><td>八级电网事件/八级设备事件</td><td>事件依据</td><td>《国家电网有限公司安全事故调查规程》（2021 年版）4.2.8.1 或 4.3.8.2</td><td>标准依据</td><td colspan="3">《国网陕西电力安委办关于新增发布较大、一般隐患排查标准的通知》（陕西安委办〔2023〕58 号）SS31137</td></tr>
<tr><td rowspan="2">市级评估</td><td>评估等级</td><td>一般隐患</td><td>评估负责人</td><td>×××</td><td>评估负责人签字日期</td><td colspan="3">2023-03-06</td></tr>
<tr><td>可能导致后果</td><td colspan="7">八级电网事件/八级设备事件</td></tr>
<tr><td rowspan="6">治理</td><td>实际治理完成日期</td><td>2023-03-06</td><td>治理责任单位</td><td>配网部</td><td>治理责任人</td><td colspan="3">×××</td></tr>
<tr><td>治理方式</td><td>措施</td><td>治理期限</td><td>2023-03-06 至 2023-03-06</td><td>是否纳入项目储备</td><td>否</td><td>项目储备是否审批</td><td>否</td></tr>
<tr><td>治理措施</td><td colspan="7">对#21 混凝土杆进行扶正、加固杆根基础。</td></tr>
<tr><td>防控措施</td><td colspan="7">1. 雨季期间，安排对 10kV××线#21 倾斜混凝土杆线路特巡；做好巡视记录，发现异常及时上报。
2. 对#21 混凝土杆喷刷防撞标志及警示标语，并在两侧采取补打临时拉线的安全技术措施。
3. 永久治理前，做好班组安全隐患公示，针对可能导致的后果制定应急预案或现场处置方案。</td></tr>
<tr><td>治理完成情况</td><td colspan="7">2023 年 3 月 6 日，××公司当日及时对#21 混凝土杆进行扶正、水泥加固杆根基础，治理完成后满足线路安全运行要求。现申请对该隐患治理完成情况进行验收。</td></tr>
<tr><td>治理计划资金（万元）</td><td colspan="2">××</td><td>累计投入资金（万元）</td><td colspan="4">××</td></tr>
<tr><td rowspan="3">验收</td><td>验收组织单位</td><td colspan="2">国网××公司</td><td>验收负责人</td><td colspan="4">×××</td></tr>
<tr><td>验收负责人签字日期</td><td colspan="2">2023-03-06</td><td>是否消除</td><td colspan="4">是</td></tr>
<tr><td>验收结论</td><td colspan="7">验收合格，治理措施已按要求实施，同意销号。</td></tr>
</table>

8.2.3.15　电缆沟道墙体渗漏

一般隐患排查治理档案表

××××年度　　　　国网××××公司

<table>
<tr><td rowspan="7">发现</td><td>隐患简题</td><td colspan="7">国网××供电公司3月6日10kV××电缆沟道墙体存在渗漏积水及通道垃圾淤积的安全隐患。</td></tr>
<tr><td>隐患编号</td><td>国网××公司2023××××</td><td>隐患所在单位</td><td>国网××公司</td><td>隐患来源</td><td colspan="3">日常排查</td></tr>
<tr><td>隐患分类</td><td>设备设施</td><td>专业子类</td><td>配电</td><td>隐患性质</td><td colspan="3">设备类</td></tr>
<tr><td>电压等级</td><td>10kV</td><td>归属职能部门</td><td colspan="5">配网部</td></tr>
<tr><td>发现人</td><td>×××</td><td>发现人单位</td><td>国网××公司</td><td>发现日期</td><td colspan="3">2023-03-06</td></tr>
<tr><td>事故隐患内容</td><td colspan="7">在2023年3月6日公司日常排查中发现：10kV××电缆线路××路段电缆沟道地处城区低洼处，雨水季节沟道墙体存在雨水渗漏、积水以及通道垃圾淤积现象，若雨季积水易造成电缆及中间接头进潮，电缆绝缘降低，可能导致线路被迫停运并造成减供负荷或设备跳闸的后果。不符合《电力电缆及通道运维规程》（Q/GDW 1512—2014）5.6.1一般规定j）：“电缆通道采用钢筋混凝土型式时，其伸缩（变形）缝应满足密封、防水、适应变形、施工方便、检修容易等要求，施工缝、穿墙管、预留孔等细部结构应采取相应的止水、防水措施；”和5.6.1一般规定k）：“电缆通道所有管孔（含已敷设电缆）和电缆通道与变、配电站（室）连接处均应采用阻水法兰等措施进行防水封堵”。依据《国家电网有限公司安全事故调查规程》（2021年版）4.2.8.1：“10kV（含20kV、6kV）供电设备（包括母线、直配线等）异常运行或被迫停止运行，并造成减供负荷者。”或4.3.8.2：“10kV以上输变电设备跳闸（10kV线路跳闸重合成功不计）、被迫停止运行、非计划检修或停止备用”，可能构成八级电网事件或八级设备事件。</td></tr>
<tr><td>可能导致后果</td><td>八级电网事件/八级设备事件</td><td>事件依据</td><td>《国家电网有限公司安全事故调查规程》（2021年版）4.2.8.1或4.3.8.2</td><td>标准依据</td><td colspan="3">《国网陕西电力安委办关于新增发布较大、一般隐患排查标准的通知》（陕西安委办〔2023〕58号）SS31145</td></tr>
<tr><td rowspan="2">市级评估</td><td>评估等级</td><td>一般隐患</td><td>评估负责人</td><td>×××</td><td>评估负责人签字日期</td><td colspan="3">2023-03-06</td></tr>
<tr><td>可能导致后果</td><td colspan="7">八级电网事件/八级设备事件</td></tr>
<tr><td rowspan="7">治理</td><td>实际治理完成日期</td><td>2023-03-06</td><td>治理责任单位</td><td>配网部</td><td>治理责任人</td><td colspan="3">×××</td></tr>
<tr><td>治理方式</td><td>措施</td><td>治理期限</td><td>2023-03-06至2023-03-13</td><td>是否纳入项目储备</td><td>否</td><td>项目储备是否审批</td><td>否</td></tr>
<tr><td>治理措施</td><td colspan="7">及时清理10kV××电缆线路××路段电缆沟道垃圾及积水；对沟道渗水点墙面地面进行防水修补，做好电缆入口封堵。</td></tr>
<tr><td>防控措施</td><td colspan="7">1. 雨季增加巡视频次，做好巡视记录，及时上报。
2. 永久治理前，做好班组安全隐患公示，针对可能导致的后果制定应急预案或现场处置方案。</td></tr>
<tr><td>治理完成情况</td><td colspan="7">2023年3月6日，××公司当日及时清理10kV××电缆线路××路段电缆沟道垃圾及积水，并对沟道渗水点墙面地面进行防水修补，做好电缆入口封堵，治理完成后满足线路运行要求。现申请对该隐患治理完成情况进行验收。</td></tr>
<tr><td>治理计划资金（万元）</td><td colspan="2">××</td><td>累计投入资金（万元）</td><td colspan="4">××</td></tr>
<tr><td rowspan="3">验收</td><td>验收组织单位</td><td colspan="2">国网××公司</td><td>验收负责人</td><td colspan="4">×××</td></tr>
<tr><td>验收负责人签字日期</td><td colspan="2">2023-03-06</td><td>是否消除</td><td colspan="4">是</td></tr>
<tr><td>验收结论</td><td colspan="7">验收合格，治理措施已按要求实施，同意销号。</td></tr>
</table>

8.2.3.16 电缆线路未涂刷防火涂料

一般隐患排查治理档案表

××××年度　　　　　　　　　　　　　　　　　　　　　　　　　　　　　　国网××××公司

发现	隐患简题	国网××供电公司3月6日10kV××电缆线路未涂刷防火涂料的安全隐患。						
	隐患编号	国网××公司2023××××	隐患所在单位	国网××公司	隐患来源	日常排查		
	隐患分类	设备设施	专业子类	配电	隐患性质	设备类		
	电压等级	10kV	归属职能部门	配网部				
	发现人	×××	发现人单位	国网××公司	发现日期	2023-03-06		
	事故隐患内容	**在2023年3月6日公司日常排查中发现**：10kV××电缆线路沟道存在非阻燃电缆接头两侧2～3m长的区段未涂刷防火涂料，若电缆发生故障，可能引起着火，造成电缆损伤、线路被迫停运并造成减供负荷或设备跳闸的后果。不符合《国家电网公司电力电缆及通道运维规程》（Q/GDW 1519—2014）5.5.4 d)："未采用阻燃电缆时，电缆接头两侧及相邻电缆2～3m长的区段应采取涂刷防火涂料、缠绕防火包带等措施"。依据《国家电网有限公司安全事故调查规程》（2021年版）4.2.8.1："10kV（含20kV、6kV）供电设备（包括母线、直配线等）异常运行或被迫停止运行，并造成减供负荷者。"或4.3.8.2："10kV以上输变电设备跳闸（10kV线路跳闸重合成功不计）、被迫停止运行、非计划检修或停止备用。"可能构成八级电网事件或八级设备事件。						
	可能导致后果	八级电网事件/八级设备事件	事件依据	《国家电网有限公司安全事故调查规程》（2021年版）4.2.8.1或4.3.8.2或4.3.8.12	标准依据	《国网陕西电力安委办关于新增发布较大、一般隐患排查标准的通知》（陕西安委办〔2023〕58号）SS31128		
市级评估	评估等级	一般隐患	评估负责人	×××	评估负责人签字日期	2023-03-31		
	可能导致后果	八级电网事件/八级设备事件						
治理	实际治理完成日期	2023-03-10	治理责任单位	配网部	治理责任人	×××		
	治理方式	措施	治理期限	2023-03-06至2023-03-13	是否纳入项目储备	否	项目储备是否审批	否
	治理措施	尽快安排计划，及时对10kV××电缆线路接头两侧2～3m长的区段涂刷防火涂料。						
	防控措施	1. 永久治理前，增加对电缆沟道内巡视频次，及时清除沟道内生活垃圾等易燃物。 2. 加强对该电缆沟道的跟踪监视，做好红外测温及有害气体检测工作。 3. 永久治理前，做好班组安全隐患公示，针对可能导致的后果制定应急预案或现场处置方案。						
	治理完成情况	2023年3月10日，××公司对10kV××电缆线路接头两侧2～3m长的区段涂刷了防火涂料，治理完成后满足线路安全运行要求。现申请对该隐患治理完成情况进行验收。						
	治理计划资金（万元）	××	累计投入资金（万元）	××				
验收	验收组织单位	国网××公司	验收负责人	×××				
	验收负责人签字日期	2023-03-10	是否消除	是				
	验收结论	验收合格，治理措施已按要求实施，同意销号。						

8.2.3.17 电缆终端头下坠脱落

一般隐患排查治理档案表

××××年度

国网××××公司

<table>
<tr><td rowspan="7">发现</td><td>隐患简题</td><td colspan="7">国网××供电公司 3 月 6 日 10kV××线#1 终端塔电缆终端头下坠脱落的安全隐患。</td></tr>
<tr><td>隐患编号</td><td>国网××公司 2023××××</td><td>隐患所在单位</td><td>国网××公司</td><td>隐患来源</td><td colspan="3">日常排查</td></tr>
<tr><td>隐患分类</td><td>设备设施</td><td>专业子类</td><td>配电</td><td>隐患性质</td><td colspan="3">设备类</td></tr>
<tr><td>电压等级</td><td>10kV</td><td>归属职能部门</td><td colspan="5">配网部</td></tr>
<tr><td>发现人</td><td>×××</td><td>发现人单位</td><td>国网××公司</td><td>发现日期</td><td colspan="3">2023-03-06</td></tr>
<tr><td>事故隐患内容</td><td colspan="7">在 2023 年 3 月 6 日公司日常排查中发现：10kV××线路其#1 终端塔出线电缆 B 相电缆终端头下方电缆固定卡子缺失，造成电缆终端头受力，存在下坠、脱落隐患。若不及时治理，电缆终端头长期受力，可能造成终端头应力锥移位，导致电缆头击穿、损坏，线路被迫停运并造成减供负荷或设备跳闸的后果。不符合《电力电缆及通道运维规程》（Q/GDW 1519—2014）5.3.9：“电缆终端法兰盘（分支手套）下应有不小于 1m 的垂直段，且刚性固定应不少于 2 处。电缆终端处应预留适量电缆，长度不小于制作一个电缆终端的裕度。”依据《国家电网有限公司安全事故调查规程》（2021 年版）4.2.8.1：“10kV（含 20kV、6kV）供电设备（包括母线、直配线等）异常运行或被迫停止运行，并造成减供负荷者。”或 4.3.8.2：“10kV 以上输变电设备跳闸（10kV 线路跳闸重合成功不计）、被迫停止运行、非计划检修或停止备用”，可能构成八级电网事件或八级设备事件。</td></tr>
<tr><td>可能导致后果</td><td>八级电网事件/八级设备事件</td><td>事件依据</td><td>《国家电网有限公司安全事故调查规程》（2021 年版）4.2.8.1 或 4.3.8.2</td><td>标准依据</td><td colspan="3">《国网陕西电力安委办关于新增发布较大、一般隐患排查标准的通知》（陕西安委办〔2023〕58 号）SS31152</td></tr>
<tr><td rowspan="2">市级评估</td><td>评估等级</td><td>一般隐患</td><td>评估负责人</td><td>×××</td><td>评估负责人签字日期</td><td colspan="3">2023/3/31</td></tr>
<tr><td>可能导致后果</td><td colspan="7">八级电网事件/八级设备事件</td></tr>
<tr><td rowspan="6">治理</td><td>实际治理完成日期</td><td>2023-03-10</td><td>治理责任单位</td><td>配网部</td><td>治理责任人</td><td colspan="3">×××</td></tr>
<tr><td>治理方式</td><td>措施</td><td>治理期限</td><td>2023-03-06 至 2023-03-13</td><td>是否纳入项目储备</td><td>否</td><td>项目储备是否审批</td><td>否</td></tr>
<tr><td>治理措施</td><td colspan="7">上报停电检修计划，对 10kV××线#1 终端塔出线电缆 B 相电缆终端头下方补装电缆卡子，登杆检查电缆头结构是否移位。</td></tr>
<tr><td>防控措施</td><td colspan="7">1. 缩短巡视周期，重点检查电缆终端头与电缆连接部分的位移情况，做好记录，发现异常及时上报。
2. 永久治理前，做好班组安全隐患公示，针对可能导致的后果制定应急预案或现场处置方案。</td></tr>
<tr><td>治理完成情况</td><td colspan="7">2023 年 3 月 10 日，××公司对 10kV××线#1 终端塔出线电缆 B 相电缆终端头下方补装了电缆固定卡子、登杆检查电缆头结构无移位，治理完成后满足线路安全运行要求。现申请对该隐患治理完成情况进行验收。</td></tr>
<tr><td>治理计划资金（万元）</td><td colspan="2">××</td><td>累计投入资金（万元）</td><td colspan="4">××</td></tr>
<tr><td rowspan="3">验收</td><td>验收组织单位</td><td colspan="2">国网××公司</td><td>验收负责人</td><td colspan="4">×××</td></tr>
<tr><td>验收负责人签字日期</td><td colspan="2">2023-03-10</td><td>是否消除</td><td colspan="4">是</td></tr>
<tr><td>验收结论</td><td colspan="7">验收合格，治理措施已按要求实施，同意销号。</td></tr>
</table>

8.2.3.18 变压器外壳未可靠接地

较大隐患排查治理档案表

××××年度　　　　国网××××公司

<table>
<tr><td rowspan="7">发现</td><td>隐患简题</td><td colspan="7">国网××供电公司3月6日10kV××线#78变压器外壳未可靠接地的安全隐患。</td></tr>
<tr><td>隐患编号</td><td>国网××公司2023××××</td><td>隐患所在单位</td><td>国网××公司</td><td>隐患来源</td><td colspan="3">日常排查</td></tr>
<tr><td>隐患分类</td><td>人身安全</td><td>专业子类</td><td>通用</td><td>隐患性质</td><td colspan="3">人员类</td></tr>
<tr><td>电压等级</td><td>10kV</td><td>归属职能部门</td><td colspan="5">配网部</td></tr>
<tr><td>发现人</td><td>×××</td><td>发现人单位</td><td>国网××公司</td><td>发现日期</td><td colspan="3">2023-03-06</td></tr>
<tr><td>事故隐患内容</td><td colspan="7">在2023年3月6日公司日常排查中发现：10kV ××线#78柱上变压器（315kVA）接地线与接地极连接锈蚀，经测量接地电阻值为8Ω，存在变压器未可靠接地的安全隐患。在变压器运行或者检修状态下，外壳可能带有电压，易造成检修人员触电事件。不符合《配电网运行规程》（Q/GDW 1519—2014）6.8：“表2《配电网设备接地电阻》总容量100kVA及以上的变压器接地电阻4Ω。”。依据《国家电网有限公司安全事故调查规程》（2021年版）4.1.2.4：“一次事故造成3人以下死亡，或者10人以下重伤者。”，可能构成四级人身事件。</td></tr>
<tr><td>可能导致后果</td><td>四级人身事件</td><td>事件依据</td><td>《国家电网有限公司安全事故调查规程》（2021年版）4.1.2.4</td><td>标准依据</td><td colspan="3">《国家电网有限公司关于印发重大、较大安全隐患排查清单（试行）的通知》（国家电网安监〔2022〕273号）RS2303</td></tr>
<tr><td rowspan="2">市级评估</td><td>评估等级</td><td>较大隐患</td><td>评估负责人</td><td>×××</td><td>评估负责人签字日期</td><td colspan="3">2023-03-06</td></tr>
<tr><td>可能导致后果</td><td colspan="7">四级人身事件</td></tr>
<tr><td rowspan="6">治理</td><td>实际治理完成日期</td><td>2023-03-10</td><td>治理责任单位</td><td>配网部</td><td>治理责任人</td><td colspan="3">×××</td></tr>
<tr><td>治理方式</td><td>措施</td><td>治理期限</td><td>2023-03-06至2023-03-13</td><td>是否纳入项目储备</td><td>否</td><td>项目储备是否审批</td><td>否</td></tr>
<tr><td>治理措施</td><td colspan="7">尽快安排计划，及时在10kV××线#78柱上变压器重新安装可靠的接地装置。</td></tr>
<tr><td>防控措施</td><td colspan="7">1. 在10kV××线#78柱上变压器上悬挂标示牌，提醒检修人员注意安全。
2. 永久治理前，做好班组安全隐患公示，针对可能导致的后果制定应急预案或现场处置方案。</td></tr>
<tr><td>治理完成情况</td><td colspan="7">2023年3月10日，××公司对10kV××线#78柱上变压器（315kVA）重新装设了接地线，现场测量接地电阻为4Ω，治理完成后满足配变安全运行要求。现申请对该隐患治理完成情况进行验收。</td></tr>
<tr><td>治理计划资金（万元）</td><td colspan="2">××</td><td>累计投入资金（万元）</td><td colspan="4">××</td></tr>
<tr><td rowspan="3">验收</td><td>验收组织单位</td><td colspan="2">国网××公司</td><td>验收负责人</td><td colspan="4">×××</td></tr>
<tr><td>验收负责人签字日期</td><td colspan="2">2023-03-10</td><td>是否消除</td><td colspan="4">是</td></tr>
<tr><td>验收结论</td><td colspan="7">验收合格，治理措施已按要求实施，同意销号。</td></tr>
</table>

8.2.3.19　开关柜除湿装置故障

一般隐患排查治理档案表

××××年度

国网××××公司

<table>
<tr><td rowspan="7">发现</td><td>隐患简题</td><td colspan="7">国网××供电公司 3 月 6 日 10kV××线#1 开关柜除湿装置故障的安全隐患。</td></tr>
<tr><td>隐患编号</td><td>国网××公司 2023××××</td><td>隐患所在单位</td><td>国网××公司</td><td>隐患来源</td><td colspan="3">日常排查</td></tr>
<tr><td>隐患分类</td><td>设备设施</td><td>专业子类</td><td>配电</td><td>隐患性质</td><td colspan="3">设备类</td></tr>
<tr><td>电压等级</td><td>10kV</td><td>归属职能部门</td><td colspan="5">配网部</td></tr>
<tr><td>发现人</td><td>×××</td><td>发现人单位</td><td>国网××公司</td><td>发现日期</td><td colspan="3">2023-03-06</td></tr>
<tr><td>事故隐患内容</td><td colspan="7">在 2023 年 3 月 6 日公司日常排查中发现：10kV××线#1 开关柜位于室外温差大易凝露区域，防潮除湿装置故障，不在运行状态，存在开关柜内部潮湿的安全隐患，易造成设备绝缘降低，可能导致线路被迫停运并造成减供负荷或设备跳闸的后果。不符合《配电网运维规程》（Q/GDW 1519—2014）6.6 d）：“设备有无凝露，加热器、除湿装置是否处于良好状态”。依据《国家电网有限公司安全事故调查规程》（2021 年版）4.2.8.1：“10kV（含 20kV、6kV）供电设备（包括母线、直配线等）异常运行或被迫停止运行，并造成减供负荷者。”或 4.3.8.2：“10kV 以上输变电设备跳闸（10kV 线路跳闸重合成功不计）、被迫停止运行、非计划检修或停止备用”，可能构成八级电网事件或八级设备事件。</td></tr>
<tr><td>可能导致后果</td><td>八级电网事件/八级设备事件</td><td>事件依据</td><td>《国家电网有限公司安全事故调查规程》（2021 年版）4.2.8.1 或 4.3.8.2</td><td>标准依据</td><td colspan="3">《国网陕西电力安委办关于新增发布较大、一般隐患排查标准的通知》（陕西安委办〔2023〕58 号）SS31153</td></tr>
<tr><td rowspan="2">市级评估</td><td>评估等级</td><td>一般隐患</td><td>评估负责人</td><td>×××</td><td>评估负责人签字日期</td><td colspan="3">2023-03-06</td></tr>
<tr><td>可能导致后果</td><td colspan="7">八级电网事件/八级设备事件</td></tr>
<tr><td rowspan="6">治理</td><td>实际治理完成日期</td><td>2023-03-10</td><td>治理责任单位</td><td>配网部</td><td>治理责任人</td><td colspan="3">×××</td></tr>
<tr><td>治理方式</td><td>措施</td><td>治理期限</td><td>2023-03-06 至 2023-03-13</td><td>是否纳入项目储备</td><td>否</td><td>项目储备是否审批</td><td>是/否</td></tr>
<tr><td>治理措施</td><td colspan="7">安排计划，及时对 10kV××线#1 开关柜更换合格的防潮除湿装置。</td></tr>
<tr><td>防控措施</td><td colspan="7">1. 对 10kV××线#1 开关柜安排特巡，做好记录，发现异常及时上报。
2. 永久治理前，做好班组安全隐患公示，针对可能导致的后果制定应急预案或现场处置方案。</td></tr>
<tr><td>治理完成情况</td><td colspan="7">2023 年 3 月 10 日，××公司对 10kV××线#1 开关柜更换了合格的防潮除湿装置，治理完成后设备满足运行要求。现申请对该隐患治理完成情况进行验收。</td></tr>
<tr><td>治理计划资金（万元）</td><td colspan="2">××</td><td>累计投入资金（万元）</td><td colspan="4">××</td></tr>
<tr><td rowspan="3">验收</td><td>验收组织单位</td><td colspan="2">国网××公司</td><td>验收负责人</td><td colspan="4">×××</td></tr>
<tr><td>验收负责人签字日期</td><td colspan="2">2023-03-10</td><td>是否消除</td><td colspan="4">是</td></tr>
<tr><td>验收结论</td><td colspan="7">验收合格，治理措施已按要求实施，同意销号。</td></tr>
</table>

8.2.3.20 树线距离不足

一般隐患排查治理档案表

××××年度　　　　　　　　　　　　　　　　　　　　　　　　　　　　　　　　国网××××公司

<table>
<tr><td rowspan="7">发现</td><td>隐患简题</td><td colspan="7">国网××供电公司 3 月 6 日 10kV××线#1—#2 通道内树线距离不足的安全隐患。</td></tr>
<tr><td>隐患编号</td><td>国网××公司 2023××××</td><td>隐患所在单位</td><td>国网××公司</td><td>隐患来源</td><td colspan="3">日常排查</td></tr>
<tr><td>隐患分类</td><td>设备设施</td><td>专业子类</td><td>配电</td><td>隐患性质</td><td colspan="3">设备类</td></tr>
<tr><td>电压等级</td><td>10kV</td><td>归属职能部门</td><td colspan="5">配网部</td></tr>
<tr><td>发现人</td><td>×××</td><td>发现人单位</td><td>国网××公司</td><td>发现日期</td><td colspan="3">2023-03-06</td></tr>
<tr><td>事故隐患内容</td><td colspan="7">在 2023 年 03 月 06 日公司日常排查中发现：10kV××线#1—#2 通道内存在 3 棵杨树，导线距该 3 棵树木最小垂直距离为 1m。由于该线路走径处于山林地带，存在大风期间树线摆动，易导致引发山火、线路被迫停运并造成减供负荷或设备跳闸的后果。不符合《配电网运行规程》（Q/GDW 1519—2014）表 C.3："架空线路与其他设施的安全距离限制：10kV 架空线路与果树，经济作物，城市绿化，灌木之间的最小垂直距离 1.5m"。依据《国家电网有限公司安全事故调查规程》（2021 年版）4.2.8.1："10kV（含 20kV、6kV）供电设备（包括母线、直配线等）异常运行或被迫停止运行，并造成减供负荷者。"或 4.3.8.2："10kV 以上输变电设备跳闸（10kV 线路跳闸重合成功不计）、被迫停止运行、非计划检修或停止备用"，可能构成八级电网事件或八级设备事件。</td></tr>
<tr><td>可能导致后果</td><td>八级电网事件/八级设备事件</td><td>事件依据</td><td>《国家电网有限公司安全事故调查规程》（2021 年版）4.2.8.1 或 4.3.8.2</td><td>标准依据</td><td colspan="3">《国网陕西电力安委办关于新增发布较大、一般隐患排查标准的通知》（陕西安委办〔2023〕58 号）SS31133</td></tr>
<tr><td rowspan="2">市级评估</td><td>评估等级</td><td>一般隐患</td><td>评估负责人</td><td>×××</td><td>评估负责人签字日期</td><td colspan="3">2023-03-06</td></tr>
<tr><td>可能导致后果</td><td colspan="7">八级电网事件/八级设备事件</td></tr>
<tr><td rowspan="6">治理</td><td>实际治理完成日期</td><td>2023-03-06</td><td>治理责任单位</td><td>配网部</td><td>治理责任人</td><td colspan="3">×××</td></tr>
<tr><td>治理方式</td><td>措施</td><td>治理期限</td><td>2023-03-06 至 2023-03-13</td><td>是否纳入项目储备</td><td>否</td><td>项目储备是否审批</td><td>否</td></tr>
<tr><td>治理措施</td><td colspan="7">尽快安排计划，及时对 10kV××线#1—#2 通道内 3 棵杨树进行砍伐、修剪。</td></tr>
<tr><td>防控措施</td><td colspan="7">1. 在 10kV××线#1—#2 区段内设置安全警示标识。
2. 掌握不同树种季节性生长规律，树木生长高峰期，增加对线路巡视频次，做好记录。
3. 及时联系电力通道树木归属人，告知安全隐患。
4. 永久治理前，做好班组安全隐患公示，针对可能导致的后果制定应急预案或现场处置方案。</td></tr>
<tr><td>治理完成情况</td><td colspan="7">2023 年 3 月 6 日，××公司当日立即对 10kV××线#1—#2 通道内 3 棵杨树进行砍伐、修剪，治理完成后满足线路安全距离要求。现申请对该隐患治理完成情况进行验收。</td></tr>
<tr><td>治理计划资金（万元）</td><td colspan="2">××</td><td>累计投入资金（万元）</td><td colspan="4">××</td></tr>
<tr><td rowspan="3">验收</td><td>验收组织单位</td><td colspan="2">国网××公司</td><td>验收负责人</td><td colspan="4">×××</td></tr>
<tr><td>验收负责人签字日期</td><td colspan="2">2023-03-06</td><td>是否消除</td><td colspan="4">是</td></tr>
<tr><td>验收结论</td><td colspan="7">验收合格，治理措施已按要求实施，同意销号。</td></tr>
</table>

8.2.3.21　土方垮塌涌入杆基

一般隐患排查治理档案表

××××年度　　　　　　　　　　　　　　　　　　　　　　　　　　　　　　　　　　　　　国网××××公司

<table>
<tr><td rowspan="7">发现</td><td>隐患简题</td><td colspan="7">国网××供电公司3月6日10kV××线#8混凝土杆杆基上边坡3m处存在土方垮塌涌入杆基的安全隐患。</td></tr>
<tr><td>隐患编号</td><td>国网××公司2023××××</td><td>隐患所在单位</td><td>国网××公司</td><td>隐患来源</td><td colspan="3">日常排查</td></tr>
<tr><td>隐患分类</td><td>设备设施</td><td>专业子类</td><td>配电</td><td>隐患性质</td><td colspan="3">设备类</td></tr>
<tr><td>电压等级</td><td>10kV</td><td>归属职能部门</td><td colspan="5">配网部</td></tr>
<tr><td>发现人</td><td>×××</td><td>发现人单位</td><td>国网××公司</td><td>发现日期</td><td colspan="3">2023-03-06</td></tr>
<tr><td>事故隐患内容</td><td colspan="7">在2023年3月6日公司日常排查中发现：10kV××线　#6—#10杆之间通道处于易滑坡区域，由于近期连续降雨，其中#8混凝土杆杆基上边坡3m处垮塌土方涌入杆根，造成杆身倾斜。在暴雨季节存在水淹水冲、滑坡加剧，可能导致#6—#10整段发生连锁倒杆断线、线路被迫停运并造成减供负荷或设备跳闸的后果。不符合《配电网运维规程》（Q/GDW 1519—2014）a）：“杆塔是否倾斜、位移，是否符合SD 292—88相关规定，杆塔偏离线路中心不应大于0.1m，混凝土杆倾斜不应大于15/1000，铁塔倾斜度不应大于0.5%（适用于50m及以上高度铁塔）或1.0%（适用于50m以下高度铁塔），转角杆不应向内角倾斜，终端杆不应向导线侧倾斜，向拉线侧倾斜应小于0.2m。”c）：“基础有无损坏、下沉、上拔，周围土壤有无挖掘或沉陷，杆塔埋深是否符合要求。”f）：“杆塔有无被水淹、水冲的可能，防洪设施有无损坏、坍塌。”依据《国家电网有限公司安全事故调查规程》（2021年版）4.2.8.1：“10kV（含20kV、6kV）供电设备（包括母线、直配线等）异常运行或被迫停止运行，并造成减供负荷者。”或4.3.8.2：“10kV以上输变电设备跳闸（10kV线路跳闸重合成功不计）、被迫停止运行、非计划检修或停止备用”，可能构成八级电网事件或八级设备事件。</td></tr>
<tr><td>可能导致后果</td><td>八级电网事件/八级设备事件</td><td>事件依据</td><td>《国家电网有限公司安全事故调查规程》（2021年版）4.2.8.1或4.3.8.2</td><td>标准依据</td><td colspan="3">《国网陕西电力安委办关于新增发布较大、一般隐患排查标准的通知》（陕西安委办〔2023〕58号）SS31145</td></tr>
<tr><td rowspan="2">市级评估</td><td>评估等级</td><td>一般隐患</td><td>评估负责人</td><td>×××</td><td>评估负责人签字日期</td><td colspan="3">2023-03-06</td></tr>
<tr><td>可能导致后果</td><td colspan="7">八级电网事件/八级设备事件</td></tr>
<tr><td rowspan="6">治理</td><td>实际治理完成日期</td><td>2023-03-10</td><td>治理责任单位</td><td>配网部</td><td>治理责任人</td><td colspan="3">×××</td></tr>
<tr><td>治理方式</td><td>措施</td><td>治理期限</td><td>2023-03-06至2023-03-13</td><td>是否纳入项目储备</td><td>否</td><td>项目储备是否审批</td><td>否</td></tr>
<tr><td>治理措施</td><td colspan="7">1. 尽快安排计划，及时对10kV××线#8杆基垮塌土方进行清理、杆身进行扶正，两侧补打拉线，并对杆基进行加固、修缮排水槽。
2. 尽快安排计划，及时对10kV××线　#6—#10杆通道内混凝土杆上、下边坡修筑挡护墙。</td></tr>
<tr><td>防控措施</td><td colspan="7">1. 在滑坡带打观测桩，观测位移情况；安排对10kV××线　#6—#10杆之间通道特巡，做好记录，及时上报险情。
2. 将该线路　#6—#10杆通道地质灾害隐患上报地方政府部门报备。
3. 永久治理前，做好班组安全隐患公示，针对可能导致的后果制定应急预案或现场处置方案。</td></tr>
<tr><td>治理完成情况</td><td colspan="7">2023年3月6日，××公司当日立即对10kV××线#8杆基垮塌土方进行清理、杆身扶正，两侧补打拉线，并对杆基进行加固、修缮排水槽。3月10日完成对10kV××线　#6—#10杆通道内混凝土杆上、下边坡修筑挡护墙工作，治理完成后满足线路安全运行要求。现申请对该隐患治理完成情况进行验收。</td></tr>
<tr><td>治理计划资金（万元）</td><td colspan="2">××</td><td>累计投入资金（万元）</td><td colspan="4">××</td></tr>
<tr><td rowspan="3">验收</td><td>验收组织单位</td><td colspan="2">国网××公司</td><td>验收负责人</td><td colspan="4">×××</td></tr>
<tr><td>验收负责人签字日期</td><td colspan="2">2023-03-10</td><td>是否消除</td><td colspan="4">是</td></tr>
<tr><td>验收结论</td><td colspan="7">验收合格，治理措施已按要求实施，同意销号。</td></tr>
</table>

8.2.3.22 电缆井盖防盗锁缺失或破损

一般隐患排查治理档案表

××××年度　　　　　　　　　　　　　　　　　　　　国网××××公司

<table>
<tr><td rowspan="7">发现</td><td>隐患简题</td><td colspan="7">国网××供电公司3月6日10kV××电缆线路×号电缆井盖防盗锁缺失、井盖破损的隐患。</td></tr>
<tr><td>隐患编号</td><td>国网××公司2023××××</td><td>隐患所在单位</td><td>国网××公司</td><td>隐患来源</td><td colspan="3">日常排查</td></tr>
<tr><td>隐患分类</td><td>设备设施</td><td>专业子类</td><td>配电</td><td>隐患性质</td><td colspan="3">设备类</td></tr>
<tr><td>电压等级</td><td>10kV</td><td>归属职能部门</td><td colspan="5">配网部</td></tr>
<tr><td>发现人</td><td>×××</td><td>发现人单位</td><td>国网××公司</td><td>发现日期</td><td colspan="3">2023-03-06</td></tr>
<tr><td>事故隐患内容</td><td colspan="7">在2023年3月6日公司日常排查中发现：10kV××电缆线路×号电缆井盖防盗锁缺失、井盖破损，若不及时更换井盖并加装防盗锁，可能发生井盖丢失、电缆通道内洪涝等地质灾害和电缆被盗拨的情况，导致线路被迫停运并造成减供负荷或设备跳闸的后果。不符合《电力电缆及通道运维规程》（Q/GDW 1512—2014）5.6.4 隧道技术要求 m）：“隧道上电力井盖可加装电子锁以及集中监控设备，实现隧道井盖的集中控制、远程开启、非法开启报警等功能，井盖集中监控主机应安装在与隧道相连的变电站自动化室内”。《电力电缆及通道运维规程》（Q/GDW 1512—2014）通道维护内容10.2.1：“更换破损的井盖、盖板、保护板，补全缺失的井盖、盖板、保护板。”《配电网运维规程》（Q/GDW 1519—2014）7.3.9：“运维人员应监视电缆通道结构、周围土层和临近建（构）筑物等的稳定性，发现异常应及时采取防护措施，发现电缆部件被盗、电缆工作井盖板缺失等危及电缆线路安全运行的情况时，应设置临时防护措施并向有关部门报告。”依据《国家电网有限公司安全事故调查规程》（2021年版）4.2.8.1：“10kV（含20kV、6kV）供电设备（包括母线、直配线等）异常运行或被迫停止运行，并造成减供负荷者。”或4.3.8.2：“10kV以上输变电设备跳闸（10kV线路跳闸重合成功不计）、被迫停止运行、非计划检修或停止备用”，可能构成八级电网事件或八级设备事件。</td></tr>
<tr><td>可能导致后果</td><td>八级电网事件/八级设备事件</td><td>事件依据</td><td>《国家电网有限公司安全事故调查规程》（2021年版）4.2.8.1或4.3.8.2</td><td>标准依据</td><td colspan="3">《国网陕西电力安委办关于新增发布较大、一般隐患排查标准的通知》（陕西安委办〔2023〕58号）SS31145</td></tr>
<tr><td rowspan="2">市级评估</td><td>评估等级</td><td>一般隐患</td><td>评估负责人</td><td>×××</td><td>评估负责人签字日期</td><td colspan="3">2023-03-06</td></tr>
<tr><td>可能导致后果</td><td colspan="7">八级电网事件/八级设备事件</td></tr>
<tr><td rowspan="7">治理</td><td>实际治理完成日期</td><td>2023-03-06</td><td>治理责任单位</td><td>配网部</td><td>治理责任人</td><td colspan="3">×××</td></tr>
<tr><td>治理方式</td><td>措施</td><td>治理期限</td><td>2023-03-06至2023-03-13</td><td>是否纳入项目储备</td><td>否</td><td>项目储备是否审批</td><td>否</td></tr>
<tr><td>治理措施</td><td colspan="7">尽快安排计划，及时对10kV××电缆线路×号电缆井盖进行更换并加装防盗锁。</td></tr>
<tr><td>防控措施</td><td colspan="7">1. 永久治理前，对10kV××电缆线路×号电缆井盖周围规范设置警示围栏和安全警示标识，并告知市政管理部门。
2. 永久治理前，对10kV××电缆线路安排特巡，重点检查电缆井盖破损、防盗锁丢失现象，做好记录，发现异常及时上报。
3. 及时将该电缆线路×号电缆井盖防盗锁缺失、井盖破损情况上报公司保卫部门及所辖区域公安部门，协助调查防盗锁缺失工作。
4. 永久治理前，做好班组安全隐患公示，针对可能导致的后果制定应急预案或现场处置方案。</td></tr>
<tr><td>治理完成情况</td><td colspan="7">2023年3月6日，××公司当日立即对10kV××电缆线路×号电缆井盖进行了更换并加装防盗锁，治理完成后满足线路安全运行要求。现申请对该隐患治理完成情况进行验收。</td></tr>
<tr><td>治理计划资金（万元）</td><td colspan="2">××</td><td>累计投入资金（万元）</td><td colspan="4">××</td></tr>
<tr><td rowspan="3">验收</td><td>验收组织单位</td><td colspan="2">国网××公司</td><td>验收负责人</td><td colspan="4">×××</td></tr>
<tr><td>验收负责人签字日期</td><td colspan="2">2023-03-06</td><td>是否消除</td><td colspan="4">是</td></tr>
<tr><td>验收结论</td><td colspan="7">验收合格，治理措施已按要求实施，同意销号。</td></tr>
</table>

8.2.3.23 通道内违规施工

一般隐患排查治理档案表

××××年度　　　　　　　　　　　　　　　　　　　　　　　　　　　　　　　　　　　　国网××××公司

<table>
<tr><td rowspan="7">发现</td><td>隐患简题</td><td colspan="7">国网××供电公司3月6日10kV××线#10—#16通道内存在市政施工单位擅自更改施工范围的安全隐患。</td></tr>
<tr><td>隐患编号</td><td>国网××公司2023××××</td><td>隐患所在单位</td><td>国网××公司</td><td>隐患来源</td><td colspan="3">日常排查</td></tr>
<tr><td>隐患分类</td><td>设备设施</td><td>专业子类</td><td>配电</td><td>隐患性质</td><td colspan="3">设备类</td></tr>
<tr><td>电压等级</td><td>10kV</td><td>归属职能部门</td><td colspan="5">配网部</td></tr>
<tr><td>发现人</td><td>×××</td><td>发现人单位</td><td>国网××公司</td><td>发现日期</td><td colspan="3">2023-03-06</td></tr>
<tr><td>事故隐患内容</td><td colspan="7">在2023年3月6日公司日常排查中发现：10kV××线#10—#16通道保护范围内存在市政工程项目施工时机械开挖作业超出施工方案规定的施工范围，延伸至线路通道保护范围内的安全隐患。如不及时制止，可能造成施工机具、流动机械误碰杆身及导线，导致线路被迫停运并造成减供负荷或设备跳闸的后果。不符合《配电网运维规程》（Q/GDW 1519—2014）7.1.3：“对经同意在线路保护范围内施工的，运维单位应严格审查施工方案，严格审批施工电源接入方案，制定安全防护措施，并与施工单位签订保护协议书，明确双方职责；施工前应对施工方进行交底，包括路径走向、架设高度、埋设深度、保护设施等；施工期间应安排运维人员到现场检查防护措施，必要时进行现场监护，确保施工单位不擅自更改施工范围。”7.1.2：“运维单位应加大防护宣传，提高公民保护电力设施重要性的认识，定期组织召开防外力破坏工作宣传会，防止各类外力破坏，及时发现并消除缺陷和隐患。”依据《国家电网有限公司安全事故调查规程》（2021年版）4.2.8.1：“10kV（含20kV、6kV）供电设备（包括母线、直配线等）异常运行或被迫停止运行，并造成减供负荷者。”或4.3.8.2：“10kV以上输变电设备跳闸（10kV线路跳闸重合成功不计）、被迫停止运行、非计划检修或停止备用。”可能构成八级电网事件或八级设备事件。</td></tr>
<tr><td>可能导致后果</td><td>八级电网事件/八级设备事件</td><td>事件依据</td><td>《国家电网有限公司安全事故调查规程》（2021年版）4.2.8.1或4.3.8.2</td><td>标准依据</td><td colspan="3">《国网陕西电力安委办关于新增发布较大、一般隐患排查标准的通知》（陕西安委办〔2023〕58号）SS31154</td></tr>
<tr><td rowspan="2">市级评估</td><td>评估等级</td><td>一般隐患</td><td>评估负责人</td><td>×××</td><td>评估负责人签字日期</td><td colspan="3">2023-03-06</td></tr>
<tr><td>可能导致后果</td><td colspan="7">八级电网事件/八级设备事件</td></tr>
<tr><td rowspan="6">治理</td><td>实际治理完成日期</td><td>2023-03-06</td><td>治理责任单位</td><td>配网部</td><td>治理责任人</td><td colspan="3">×××</td></tr>
<tr><td>治理方式</td><td>措施</td><td>治理期限</td><td>2023-03-06至2023-03-06</td><td>是否纳入项目储备</td><td>否</td><td>项目储备是否审批</td><td>否</td></tr>
<tr><td>治理措施</td><td colspan="7">立即劝阻施工单位退出通道保护范围内的施工机械，并向10kV××线#10—#16通道保护范围内作业的市政施工单位下达《安全隐患告知书》，要求立即整改进入该线路通道保护范围内进行施工作业的安全隐患，确保施工单位不擅自更改施工范围。</td></tr>
<tr><td>防控措施</td><td colspan="7">1. 落实10kV××线#10—#16通道保护区电力安全警示标识的规范设置和电力设施保护宣传工作。
2. 在该项目施工期间（根据需要和实际情况，可安装视频监控装置实施动态监控），增加对10kV××线#10—#16的巡视频次，做好记录，发现异常及时上报。
3. 永久治理前，做好班组安全隐患公示，针对可能导致的后果制定应急预案或现场处置方案。</td></tr>
<tr><td>治理完成情况</td><td colspan="7">2023年3月6日，××公司立即劝阻施工单位退出通道保护范围内的施工机械，同时向10kV××线#10—#16通道保护范围内作业的市政施工单位下达了《安全隐患告知书》，施工单位立即停止并退出了保护范围内施工作业的相关机械，并制定措施确保不擅自进入该电力线路通道的保护范围内。治理完成后满足线路安全运行要求。现申请对该隐患治理完成情况进行验收。</td></tr>
<tr><td>治理计划资金（万元）</td><td colspan="2">××</td><td>累计投入资金（万元）</td><td colspan="4">××</td></tr>
<tr><td rowspan="3">验收</td><td>验收组织单位</td><td colspan="2">国网××公司</td><td>验收负责人</td><td colspan="4">×××</td></tr>
<tr><td>验收负责人签字日期</td><td colspan="2">2023-03-06</td><td>是否消除</td><td colspan="4">是</td></tr>
<tr><td>验收结论</td><td colspan="7">验收合格，治理措施已按要求实施，同意销号。</td></tr>
</table>

8.2.4 调度及二次系统

8.2.4.1 电力监控系统异常

较大隐患排查治理档案表

××××年度　　　　　　　　　　　　　　　　　　　　　　　　　　　　　　国网××××公司

<table>
<tr><td rowspan="8">发现</td><td>隐患简题</td><td colspan="8">国网××供电公司 2 月 26 日电力监控系统无法对异常攻击行为进行隔离和阻断的安全隐患。</td></tr>
<tr><td>隐患编号</td><td>国网××公司 2022××××</td><td>隐患所在单位</td><td>国网××公司</td><td>隐患来源</td><td colspan="4">专项检查</td></tr>
<tr><td>隐患分类</td><td>设备设施</td><td>专业子类</td><td>调度及二次系统</td><td>隐患性质</td><td colspan="4">设备类</td></tr>
<tr><td>电压等级</td><td>220V</td><td>归属职能部门</td><td colspan="6">调控中心</td></tr>
<tr><td>发现人</td><td>×××</td><td>发现人单位</td><td>国网××公司</td><td>发现日期</td><td colspan="4">2022-02-26</td></tr>
<tr><td>事故隐患内容</td><td colspan="8">在公司春季安全大检查中发现：国网××供电公司电力监控系统中调度数据网设备和纵向加密装置虽然已全覆盖，但存在无法对该系统安全运行情况进行量化分析，不能及时掌握潜在信息安全风险和隐患，难于隔离和阻断电力监控系统异常攻击行为，不满足《国家电网有限公司十八项电网重大反事故措施》（国家电网设备〔2018〕979 号）16.2.1.5 规定：“地级及以上调控机构应建设网络安全管理平台，公司资产厂站侧应部署网络安全监测装置，实现对调度控制系统、变电站监控系统、发电厂监控系统网络安全事件的监视、告警、分析和审计功能。”若系统受到攻击时，将可能造成监控系统 SCADA 功能丧失，依据《国家电网有限公司安全事故调查规程》（2021 年版）4.3.6.15：“安全保护等级为四级的电力监控系统的主、备调系统的 SCADA 功能全部失效”，构成六级设备事件。</td></tr>
<tr><td>可能导致后果</td><td>六级设备事件</td><td>事件依据</td><td>《国家电网有限公司安全事故调查规程》（2021 年版）4.3.6.15</td><td>标准依据</td><td colspan="4"></td></tr>
<tr><td rowspan="2">市级评估</td><td>评估等级</td><td>较大隐患</td><td>评估负责人</td><td>×××</td><td>评估负责人签字日期</td><td colspan="4">2022-02-26</td></tr>
<tr><td>可能导致后果</td><td colspan="8">六级设备事件</td></tr>
<tr><td rowspan="6">治理</td><td>实际治理完成日期</td><td>2022-10-12</td><td>治理责任单位</td><td>调控中心</td><td>治理责任人</td><td colspan="4">×××</td></tr>
<tr><td>治理方式</td><td>立项</td><td>治理期限</td><td>2022-02-26 至 2022-11-30</td><td>是否纳入项目储备</td><td>是</td><td colspan="2">项目储备是否审批</td><td>是</td></tr>
<tr><td>治理措施</td><td colspan="8">申报建设电力监控系统网络安全管理平台，安装防病毒系统、入侵检测系统和防火墙等，提高电力监控系统安全防护水平。</td></tr>
<tr><td>防控措施</td><td colspan="8">1. 严格执行调度数据网接入和安全策略配置管理，制定完善电力系统应急预案和故障恢复措施，定期组织演练。
2. 在电力监控系统设备上禁止使用移动存储设备，对电力监控系统所有设备空余接口进行屏蔽。
3. 定期对关键业务的数据与系统进行备份管理。</td></tr>
<tr><td>治理完成情况</td><td colspan="8">2022 年 10 月 12 日，国网××公司电力监控系统网络安全管理平台完成建设，安全防病毒系统×套，入侵检测系统×套，安全Ⅰ区和安全Ⅱ区、安全Ⅱ区和安全Ⅲ区之间防火墙×套，并投入运行，能有效隔离和阻断对电力监控系统的异常攻击，满足电力监控系统安全运行要求。现申请对该隐患治理完成情况进行验收。</td></tr>
<tr><td>治理计划资金（万元）</td><td colspan="3">××</td><td>累计投入资金（万元）</td><td colspan="4">××</td></tr>
<tr><td rowspan="3">验收</td><td>验收组织单位</td><td colspan="3">国网××公司</td><td>验收负责人</td><td colspan="4">×××</td></tr>
<tr><td>验收负责人签字日期</td><td colspan="3">2022-10-12</td><td>是否消除</td><td colspan="4">是</td></tr>
<tr><td>验收结论</td><td colspan="8">隐患已治理，符合安全运行要求，同意销号。</td></tr>
</table>

8.2.4.2 前置服务器硬盘老化

较大隐患排查治理档案表

××××年度　　　　　　　　　　　　　　　　　　　　　　　　　　　　　　国网××××公司

<table>
<tr><td rowspan="7">发现</td><td>隐患简题</td><td colspan="7">国网××供电公司2月5日备调系统××前置服务器硬盘老化故障存在间歇性服务器死机。</td></tr>
<tr><td>隐患编号</td><td>国网××公司2023××××</td><td>隐患所在单位</td><td>国网××公司</td><td>隐患来源</td><td colspan="3">日常巡视</td></tr>
<tr><td>隐患分类</td><td>设备设施</td><td>专业子类</td><td>调度及二次系统</td><td>隐患性质</td><td colspan="3">设备类</td></tr>
<tr><td>电压等级</td><td>220V</td><td>归属职能部门</td><td colspan="5">调控中心</td></tr>
<tr><td>发现人</td><td>×××</td><td>发现人单位</td><td>国网××公司</td><td>发现日期</td><td colspan="3">2023-02-05</td></tr>
<tr><td>事故隐患内容</td><td colspan="7">在公司春季安全大检查中发现：备调系统××前置服务器硬盘老化故障，存在间歇性服务器死机，备调系统应用服务无法启动的安全隐患，若另一台前置服务器发生故障将导致备调系统通道中断，备调系统失去作用。不符合《国家电网有限公司十八项电网重大反事故措施》（国家电网设备〔2018〕979号）16.1.1.1：“调度自动化系统的核心设备（数据采集与交换服务器、监视控制服务器、历史数据库服务器、分析决策服务器等）应采用冗余配置，磁盘阵列宜采用冗余配置。”依据《国家电网有限公司安全事故调查规程》（2021年版）4.3.6.15：“主、备调配置的安全等级为三级的电力监控系统的主调系统和备调系统的主要功能全部失效”，构成六级设备事件。</td></tr>
<tr><td>可能导致后果</td><td>六级设备事件</td><td>事件依据</td><td>《国家电网有限公司安全事故调查规程》（2021年版）4.3.6.15</td><td>标准依据</td><td colspan="3"></td></tr>
<tr><td rowspan="2">市级评估</td><td>评估等级</td><td>较大隐患</td><td>评估负责人</td><td>×××</td><td>评估负责人签字日期</td><td colspan="3">2023-02-05</td></tr>
<tr><td>可能导致后果</td><td colspan="7">六级设备事件</td></tr>
<tr><td rowspan="6">治理</td><td>实际治理完成日期</td><td>2023-03-08</td><td>治理责任单位</td><td>调控中心</td><td>治理责任人</td><td colspan="3">×××</td></tr>
<tr><td>治理方式</td><td>措施</td><td>治理期限</td><td>2023-02-05至2023-03-15</td><td>是否纳入项目储备</td><td>否</td><td>项目储备是否审批</td><td>否</td></tr>
<tr><td>治理措施</td><td colspan="7">对××前置服务器故障硬盘进行更换和调试，完成××前置服务器接入备调系统调试工作。</td></tr>
<tr><td>防控措施</td><td colspan="7">备调系统××前置服务器故障期间，每天对备调系统另一服务器进行指令操作，监测运行工况（定期备份）。</td></tr>
<tr><td>治理完成情况</td><td colspan="7">2023年3月8日，国网××公司对备调系统××前置服务器老化硬盘进行更换，经接入备调系统调试，备调系统运行正常。现申请对该隐患治理完成情况进行验收。</td></tr>
<tr><td>治理计划资金（万元）</td><td colspan="2">××</td><td>累计投入资金（万元）</td><td colspan="4">××</td></tr>
<tr><td rowspan="3">验收</td><td>验收组织单位</td><td colspan="2">国网××公司</td><td>验收负责人</td><td colspan="4">×××</td></tr>
<tr><td>验收负责人签字日期</td><td colspan="2">2023-03-08</td><td>是否消除</td><td colspan="4">是</td></tr>
<tr><td>验收结论</td><td colspan="7">隐患已治理，符合安全运行要求，同意销号。</td></tr>
</table>

8.2.5 充电桩

8.2.5.1 充电桩设备位于低洼处

一般隐患排查治理档案表

××××年度 国网××××公司

发现	隐患简题	国网××公司3月11日××室外充电桩设备位于低洼处存在水淹漏电的安全隐患。						
	隐患编号	国网××公司2022××××	隐患所在单位	国网××公司	隐患来源	日常排查		
	隐患分类	设备设施	专业子类	充电桩	隐患性质	设备类		
	电压等级	—	归属职能部门	营销部				
	发现人	×××	发现人单位	国网××公司	发现日期	2022-03-11		
	事故隐患内容	**在2022年3月11日日常安全检查中发现**：由于市政道路施工，导致××室外充电桩设备位于低洼处，雷雨天气易造成充电设备水淹漏电情况，可能造成人身安全事件。违反了《电动汽车充电站通用技术要求》（Q/GDW 10236—2016） 7.2.2 充电设备安装和布置要求："1）充电设备安全装在室外时，可安装防雨、防雪顶棚。2）充电设备在室内时，应安装通风设施。3）充电设备基础应高出地面 0.2m 及以上。"依据《国家电网有限公司安全事故调查规程》（2021年版）4.1.2.8："无人员死亡和重伤，但造成1～2人轻伤者"，构成八级人身事件。						
	可能导致后果	八级人身事件	事件依据	《国家电网有限公司安全事故调查规程》（2021年版）4.1.2.8	标准依据	《设备设施安全隐患排查标准》SS31116		
市级评估	评估等级	一般隐患	评估负责人	×××	评估负责人签字日期	2022-03-11		
	可能导致后果	八级人身事件						
治理	实际治理完成日期	2023-03-11	治理责任单位	营销部	治理责任人	×××		
	治理方式	措施	治理期限	2022-03-11至2022-03-28	是否纳入项目储备	否	项目储备是否审批	否
	治理措施	按照充电设备安装和布置要求，对××室外充电桩设备进行升高或移位。						
	防控措施	1. 雷雨天气，安排人员加强巡视，提前采取围堵等防水淹措施，避免造成设备损坏。 2. 未永久整改治理前，制定应急处置方案，同时采取封堵等防水淹措施。						
	治理完成情况	2022年3月11日，××单位对××室外充电桩设备提前采取封堵等防水淹措施，符合充电设备安装和布置要求。现申请对该隐患治理完成情况进行验收。						
	治理计划资金（万元）	××		累计投入资金（万元）	××			
验收	验收组织单位	国网××公司		验收负责人	×××			
	验收负责人签字日期	2022-03-20		是否消除	是			
	验收结论	验收合格，符合安全规程要求，同意销号。						

8.2.5.2　充电桩区域未设置挡车条

一般隐患排查治理档案表

××××年度　　　　　　　　　　　　　　　　　　　　　　　　　　　　　　　国网××××公司

<table>
<tr><td rowspan="7">发现</td><td>隐患简题</td><td colspan="7">国网××公司2月6日××充电桩区域未设置挡车条，存在车辆充电时误碰设备的安全隐患。</td></tr>
<tr><td>隐患编号</td><td>国网××公司2022××××</td><td>隐患所在单位</td><td>国网××公司</td><td>隐患来源</td><td colspan="3">日常排查</td></tr>
<tr><td>隐患分类</td><td>设备设施</td><td>专业子类</td><td>充电桩</td><td>隐患性质</td><td colspan="3">设备类</td></tr>
<tr><td>电压等级</td><td>—</td><td>归属职能部门</td><td colspan="5">营销部</td></tr>
<tr><td>发现人</td><td>×××</td><td>发现人单位</td><td>国网××公司</td><td>发现日期</td><td colspan="3">2022-02-06</td></tr>
<tr><td>事故隐患内容</td><td colspan="7">在2022年2月6日公司日常安全检查中发现：××充电桩区域未设置挡车条，存在车辆充电时误碰设备，造成设备移位，可能导致漏电伤人安全事件，违反了《电动汽车充电站通用技术要求》（Q/GDW 10236—2016）7.2.2 安装和布置要求：“充电设备布置应便于需要充电的电动汽车的停放和充电人员操作、检修。”依据《国家电网有限公司安全事故调查规程》（2021年版）4.1.2.8：“无人员死亡和重伤，但造成1～2人轻伤者”，构成八级人身事件。</td></tr>
<tr><td>可能导致后果</td><td>八级人身事件</td><td>事件依据</td><td>《国家电网有限公司安全事故调查规程》（2021年版）4.1.2.8</td><td>标准依据</td><td colspan="3">《设备设施安全隐患排查标准》SS31117</td></tr>
<tr><td rowspan="2">市级评估</td><td>评估等级</td><td>一般隐患</td><td>评估负责人</td><td>×××</td><td>评估负责人签字日期</td><td colspan="3">2022-02-06</td></tr>
<tr><td>可能导致后果</td><td colspan="7">八级人身事件</td></tr>
<tr><td rowspan="6">治理</td><td>实际治理完成日期</td><td>2022-02-08</td><td>治理责任单位</td><td>营销部</td><td>治理责任人</td><td colspan="3">×××</td></tr>
<tr><td>治理方式</td><td>措施</td><td>治理期限</td><td>2022-02-06至2022-02-20</td><td>是否纳入项目储备</td><td>否</td><td>项目储备是否审批</td><td>否</td></tr>
<tr><td>治理措施</td><td colspan="7">1. 按照充电设备安装和布置要求，对××室外充电桩区域设置加装挡车条。
2. 未永久整改治理前，加装醒目的警示或提示标识，采取格挡等防误碰措施，避免设备受损。</td></tr>
<tr><td>防控措施</td><td colspan="7">1. 定期进行巡视检查，提前采取格挡等防误碰措施，避免造成设备损坏。
2. 组织开展同类问题排查，发现问题立即组织整改，确保充电站设备安装和布置符合规程要求。</td></tr>
<tr><td>治理完成情况</td><td colspan="7">2022年2月8日，按照充电设备安装和布置要求，对××室外充电桩区域加装挡车条，经检查，符合充电设备安装和布置要求。现申请对该隐患治理完成情况进行验收。</td></tr>
<tr><td>治理计划资金（万元）</td><td colspan="2">××</td><td>累计投入资金（万元）</td><td colspan="4">××</td></tr>
<tr><td rowspan="3">验收</td><td>验收组织单位</td><td colspan="2">国网××公司</td><td>验收负责人</td><td colspan="4">×××</td></tr>
<tr><td>验收负责人签字日期</td><td colspan="2">2022-02-11</td><td>是否消除</td><td colspan="4">是</td></tr>
<tr><td>验收结论</td><td colspan="7">验收合格，符合安全规程要求，同意销号。</td></tr>
</table>

8.2.5.3 充电站监控系统异常

一般隐患排查治理档案表

××××年度　　　　　　　　　　　　　　　　　　　　　　　　　　　　　　　　　　国网××××公司

<table>
<tr><td rowspan="7">发现</td><td>隐患简题</td><td colspan="7">国网××公司 7 月 18 日××充电站监控系统异常无法使用的安全隐患。</td></tr>
<tr><td>隐患编号</td><td>国网××公司 2022××××</td><td>隐患所在单位</td><td>国网××公司</td><td>隐患来源</td><td colspan="3">安全检查</td></tr>
<tr><td>隐患分类</td><td>设备设施</td><td>专业子类</td><td>充电桩</td><td>隐患性质</td><td colspan="3">设备类</td></tr>
<tr><td>电压等级</td><td>—</td><td>归属职能部门</td><td colspan="5">营销部</td></tr>
<tr><td>发现人</td><td>×××</td><td>发现人单位</td><td>国网××公司</td><td>发现日期</td><td colspan="3">2022-07-18</td></tr>
<tr><td>事故隐患内容</td><td colspan="7">在 2022 年 7 月 18 日公秋季安全大检查中发现：××充电站监控系统异常无法使用，存在未有效及时处置站点突发安全事件等情况。违反了《电动汽车充电站及电池更换站监控系统技术规范》（NB/T 33005—2013）6.1.1.2：“监控系统应能对站内设备状态异常、故障，测量值越限、突变及监控系统软、硬件、通信接口及网络故障时进行报警处理。”6.2.4.1：“就地监视设备应包括各种功能摄像机、红外对射报警探测器等，应能与站控层工作站配合，实现防盗、防火、防人为事故的监控，对充电站及电池更换站设备如充电设备、电池箱、电池箱更换设备、配电设备等进行监视。”依据《国家电网有限公司安全事故调查规程》（2021 年版）4.3.8.14（2）：“电力监控系统运行异常，延迟事故处理或延误送（发）电”，构成八级设备事件。</td></tr>
<tr><td>可能导致后果</td><td>八级设备事件</td><td>事件依据</td><td>《国家电网有限公司安全事故调查规程》（2021 年版）4.3.8.14</td><td>标准依据</td><td colspan="3">《设备设施安全隐患排查标准》SS31118</td></tr>
<tr><td rowspan="2">市级评估</td><td>评估等级</td><td>一般隐患</td><td>评估负责人</td><td>×××</td><td>评估负责人签字日期</td><td colspan="3">2022-07-18</td></tr>
<tr><td>可能导致后果</td><td colspan="7">八级设备事件</td></tr>
<tr><td rowspan="6">治理</td><td>实际治理完成日期</td><td>2022-07-18</td><td>治理责任单位</td><td>营销部</td><td>治理责任人</td><td colspan="3">×××</td></tr>
<tr><td>治理方式</td><td>措施</td><td>治理期限</td><td>2022-07-18 至 2022-07-28</td><td>是否纳入项目储备</td><td>否</td><td>项目储备是否审批</td><td>否</td></tr>
<tr><td>治理措施</td><td colspan="7">1. ××充电站监控系统功能修复前，定期安排专业人员进行巡视检查。
2. 营销部（电动汽车相关管理人员）及时联系运维厂家对××站点充电站监控系统异常情况进行检查、修复。</td></tr>
<tr><td>防控措施</td><td colspan="7">1. 定期联系运维厂家或相关人员对管辖内充电站监控系统设备及运行情况进行检查、维护。
2. 组织开展同类问题排查，发现问题立即组织整改，确保充电站监控系统设备正常运行。</td></tr>
<tr><td>治理完成情况</td><td colspan="7">按照即查即改的工作要求，2022 年 7 月 18 日，联系运维厂家对××站点充电站监控系统异常情况进行了检查、修复，经检查，站点监控系统运行正常。现申请对该隐患治理完成情况进行验收。</td></tr>
<tr><td>治理计划资金（万元）</td><td colspan="2">××</td><td>累计投入资金（万元）</td><td colspan="4">××</td></tr>
<tr><td rowspan="3">验收</td><td>验收组织单位</td><td colspan="2">国网××公司</td><td>验收负责人</td><td colspan="4">×××</td></tr>
<tr><td>验收负责人签字日期</td><td colspan="2">2022-07-21</td><td>是否消除</td><td colspan="4">是</td></tr>
<tr><td>验收结论</td><td colspan="7">验收合格，符合安全规程要求，同意销号。</td></tr>
</table>

8.2.6 分布式光伏

8.2.6.1 电源并网点未装设故障电流开断设备

一般隐患排查治理档案表

××××年度　　　　　　　　　　　　　　　　　　　　　　　　　　　　国网××××公司

<table>
<tr><td rowspan="7">发现</td><td>隐患简题</td><td colspan="7">国网××公司1月13日××分布式光伏电源并网点未装设故障电流开断设备的安全隐患。</td></tr>
<tr><td>隐患编号</td><td>国网××公司2022××××</td><td>隐患所在单位</td><td>国网××公司</td><td>隐患来源</td><td colspan="3">日常排查</td></tr>
<tr><td>隐患分类</td><td>设备设施</td><td>专业子类</td><td>分布式光伏</td><td>隐患性质</td><td colspan="3">设备类</td></tr>
<tr><td>电压等级</td><td>—</td><td>归属职能部门</td><td colspan="5">营销部</td></tr>
<tr><td>发现人</td><td>×××</td><td>发现人单位</td><td>国网××公司</td><td>发现日期</td><td colspan="3">2022-01-13</td></tr>
<tr><td>事故隐患内容</td><td colspan="7">在2022年1月13日公司冬春季安全隐患排查中发现：××分布式光伏电源并网点未装设故障电流开断设备，易引起设备损坏。违反了《国家电网有限公司营销现场作业安全工作规程（试行）》15.3.1：“1）接入高压配电网的分布式电源，并网点应安装简易操作、可闭锁、具有明显断开点、可开端故障电流的开断设备，电网侧应能接地。2）接入低压配电网的分布式电源，并网点应安装易操作、具有明显开断提示、具有开端故障电流能力的开断设备。”依据《国家电网有限公司安全事故调查规程》（2021年版）4.3.3.8（1）：“发电机组（含调相机组、风电机组、光伏发电单元）跳闸、被迫停止运行或停止备用”，构成八级设备事件。</td></tr>
<tr><td>可能导致后果</td><td>八级设备事件</td><td>事件依据</td><td>《国家电网有限公司安全事故调查规程》（2021年版）4.3.3.8</td><td>标准依据</td><td colspan="3">《设备设施安全隐患排查标准》SS31119</td></tr>
<tr><td rowspan="2">市级评估</td><td>评估等级</td><td>一般隐患</td><td>评估负责人</td><td>×××</td><td>评估负责人签字日期</td><td colspan="3">2022-01-13</td></tr>
<tr><td>可能导致后果</td><td colspan="7">八级设备事件</td></tr>
<tr><td rowspan="6">治理</td><td>实际治理完成日期</td><td>2022-01-13</td><td>治理责任单位</td><td>营销部</td><td>治理责任人</td><td colspan="3">×××</td></tr>
<tr><td>治理方式</td><td>措施</td><td>治理期限</td><td>2022-01-13 至 2022-01-30</td><td>是否纳入项目储备</td><td>否</td><td>项目储备是否审批</td><td>否</td></tr>
<tr><td>治理措施</td><td colspan="7">严格按照安全规程要求，在××分布式光伏电源并网点装设简易操作、可闭锁、具有明显断开点、可开端故障电流的开断设备。</td></tr>
<tr><td>防控措施</td><td colspan="7">1. 落实并网点客户产权开断设备维管安全责任，同时应明确并网点安全隔离方案，防止引起电网侧设备故障。
2. 分布式电源并网前，电网管理单位应对并网点设备验收合格，并通过协议与客户明确双方安全责任和义务。</td></tr>
<tr><td>治理完成情况</td><td colspan="7">2022年1月13日，客户在××分布式光伏电源并网点已装设可开端故障电流的开断设备，并制定并网点安全隔离方案及应急处置措施。经验收，符合规程要求。现申请对该隐患治理完成情况进行验收。</td></tr>
<tr><td>治理计划资金（万元）</td><td colspan="2">××</td><td>累计投入资金（万元）</td><td colspan="4">××</td></tr>
<tr><td rowspan="3">验收</td><td>验收组织单位</td><td colspan="2">国网××公司</td><td>验收负责人</td><td colspan="4">×××</td></tr>
<tr><td>验收负责人签字日期</td><td colspan="2">2022-01-20</td><td>是否消除</td><td colspan="4">是</td></tr>
<tr><td>验收结论</td><td colspan="7">验收合格，符合安全规程要求，同意销号。</td></tr>
</table>

8.2.6.2 电源并网点开断设备无名称和编号

一般隐患排查治理档案表

××××年度　　　　　　　　　　　　　　　　　　　　　　　　　　　　　　国网××××公司

<table>
<tr><td rowspan="7">发现</td><td>隐患简题</td><td colspan="7">国网××公司2月7日××客户分布式电源并网点开断设备无名称和编号、无操作指示流程安全隐患。</td></tr>
<tr><td>隐患编号</td><td>国网××公司2022××××</td><td>隐患所在单位</td><td>国网××公司</td><td>隐患来源</td><td colspan="3">日常排查</td></tr>
<tr><td>隐患分类</td><td>设备设施</td><td>专业子类</td><td>分布式光伏</td><td>隐患性质</td><td colspan="3">设备类</td></tr>
<tr><td>电压等级</td><td>—</td><td>归属职能部门</td><td colspan="5">营销部</td></tr>
<tr><td>发现人</td><td>×××</td><td>发现人单位</td><td>国网××公司</td><td>发现日期</td><td colspan="3">2022-02-07</td></tr>
<tr><td>事故隐患内容</td><td colspan="7">在2022年2月7日公司客户侧春季安全大检查发现：××客户分布式电源并网点开断设备无名称和编号、无操作指示流程，容易出现设备误操作，导致设备故障或被迫停运。违反了《国家电网有限公司营销现场作业安全工作规程（试行）》15.3.1.3：“接入高压配电室的分布式电源客户进线开关、并网点开断设备应有名称和编号，并报电网管理单位备案。”15.3.3：“分布式电源现场设备应具有明显操作指示，便于操作及检查确认。”依据《国家电网有限公司安全事故调查规程》（2021年版）4.3.3.8（1）：“发电机组（含调相机组、风电机组、光伏发电单元）跳闸、被迫停止运行或停止备用”，构成八级设备事件。</td></tr>
<tr><td>可能导致后果</td><td>八级设备事件</td><td>事件依据</td><td>《国家电网有限公司安全事故调查规程》（2021年版）4.3.8.12</td><td>标准依据</td><td colspan="3">《设备设施安全隐患排查标准》SS31121</td></tr>
<tr><td rowspan="2">市级评估</td><td>评估等级</td><td>一般隐患</td><td>评估负责人</td><td>×××</td><td>评估负责人签字日期</td><td colspan="3">2022-02-07</td></tr>
<tr><td>可能导致后果</td><td colspan="7">八级设备事件</td></tr>
<tr><td rowspan="6">治理</td><td>实际治理完成日期</td><td>2022-02-07</td><td>治理责任单位</td><td>营销部</td><td>治理责任人</td><td colspan="3">×××</td></tr>
<tr><td>治理方式</td><td>措施</td><td>治理期限</td><td>2022-02-07 至 2022-02-28</td><td>是否纳入项目储备</td><td>否</td><td>项目储备是否审批</td><td>否</td></tr>
<tr><td>治理措施</td><td colspan="7">1. 按照安全规程要求，督促指导做好××客户分布式电源并网点开断设备存在名称编号完善，同时向公司相关部门报备。
2. 指导客户尽快完善电源现场设备操作指示或流程，未有效整改前，操作设备前应认真检查核对，防止误操作。</td></tr>
<tr><td>防控措施</td><td colspan="7">1. 落实分布式电源现场设备维管安全责任，督促客户做好维管设备名称、编号、标志标识及相关操作指示完善。
2. 指导客户做好日常安全检查工作，对于不符合规程要求的要立查立改，防止因图示不符、操作失误导致设备故障。</td></tr>
<tr><td>治理完成情况</td><td colspan="7">2022年2月7日，××客户对分布式电源并网点开断设备名称编号、设备操作指示进行了完善，同时向公司相关部门报备。经检查，符合规程要求。现申请对该隐患治理完成情况进行验收。</td></tr>
<tr><td>治理计划资金（万元）</td><td colspan="2">××</td><td>累计投入资金（万元）</td><td colspan="4">××</td></tr>
<tr><td rowspan="3">验收</td><td>验收组织单位</td><td colspan="2">国网××公司</td><td>验收负责人</td><td colspan="4">×××</td></tr>
<tr><td>验收负责人签字日期</td><td colspan="2">2022-02-10</td><td>是否消除</td><td colspan="4">是</td></tr>
<tr><td>验收结论</td><td colspan="7">验收合格，符合安全规程要求，同意销号。</td></tr>
</table>

8.2.7 直流

8.2.7.1 换流站换流变（油浸式平波电抗器）内部存在局部放电

重大隐患排查治理档案表

××××年度　　　　　　　　　　　　　　　　　　　　　　　　　　　　　　　　　　　　　　　国网××××公司

<table>
<tr><td rowspan="8">发现</td><td>隐患简题</td><td colspan="8">国网××超高压公司 2023 年 2 月 3 日发现换流站换流变（油浸式平波电抗器）乙炔等特征气体明显增高，铁芯夹件接地电流明显增大，内部存在局部放电，绝缘电阻和介损试验数据超标的安全隐患。</td></tr>
<tr><td>隐患编号</td><td>国网××超高压公司 2023××××</td><td>隐患所在单位</td><td>国网××超高压公司</td><td>隐患来源</td><td colspan="4">在线监测、油色谱、局部放电检测、例行试验</td></tr>
<tr><td>隐患分类</td><td>设备设施</td><td>专业子类</td><td>直流</td><td>隐患性质</td><td colspan="4">设备类</td></tr>
<tr><td>电压等级</td><td>—</td><td>归属职能部门</td><td colspan="6">设备部</td></tr>
<tr><td>发现人</td><td>×××</td><td>发现人单位</td><td>国网××超高压公司</td><td>发现日期</td><td colspan="4">2023-02-05</td></tr>
<tr><td>事故隐患内容</td><td colspan="8">在投运前调试阶段发现：国网××换流站换流变（油浸式平波电抗器）乙炔等特征气体明显增高，铁芯夹件接地电流明显增大，内部存在局部放电，绝缘电阻和介损试验数据超标的安全隐患，不符合《国家电网公司直流检修管理规定》2.5：“视窗内应无气体。若特征气体明显增高铁芯夹件接地电流明显增大，内部存在局部放电，绝缘电阻和介损试验数据超标，严重时可能造成换流变爆炸烧毁，单极闭锁”，依照《国家电网有限公司安全事故调查规程》（2021 年版）4.3.2（1）：“造成 5000 万元以上 1 亿元以下直接经济损失”，构成二级设备事件。</td></tr>
<tr><td>可能导致后果</td><td>二级设备事件</td><td>事件依据</td><td>《国家电网有限公司安全事故调查规程》（2021 年版）4.3.2</td><td>标准依据</td><td colspan="4">《设备设施安全隐患排查标准》SS1101</td></tr>
<tr><td>评估等级</td><td>重大隐患</td><td>评估负责人</td><td>×××</td><td>评估负责人签字日期</td><td colspan="4">2023-02-05</td></tr>
<tr><td rowspan="2">市级评估</td><td>可能导致后果</td><td colspan="8">二级设备事件</td></tr>
<tr><td>评估等级</td><td>重大隐患</td><td>评估负责人</td><td>×××</td><td>评估负责人签字日期</td><td colspan="4">2023-××-××</td></tr>
<tr><td rowspan="3">省级评估</td><td>可能导致后果</td><td colspan="8">二级设备事件</td></tr>
<tr><td>省评估意见</td><td colspan="8">同意</td></tr>
<tr><td rowspan="7">治理</td><td>实际治理完成日期</td><td>2023-02-19</td><td>治理责任单位</td><td>设备部</td><td>治理责任人</td><td colspan="4">×××</td></tr>
<tr><td>治理方式</td><td>立项/措施</td><td>治理期限</td><td>2023-02-05 至 2023-05-08</td><td>是否纳入项目储备</td><td>是/否</td><td colspan="2">项目储备是否审批</td><td>是/否</td></tr>
<tr><td>治理措施</td><td colspan="8">1. 做好换流变（油浸式平波电抗器）乙炔等特征气体检测工作，做好数据比对分析工作。
2. 数据异常时及时申请检修进行消缺处理，必要时进行整体更换。</td></tr>
<tr><td>防控措施</td><td colspan="8">1. 落实班组隐患公示。
2. 加强换流变、平抗的巡视频次，同时做好油化离线数据与在线数据的比对分析工作。
3. 使用重症监护仪做好监护，数据有明显变化时及时停电消缺。
4. 制订好异常事故处置方案。</td></tr>
<tr><td>治理完成情况</td><td colspan="8">2023 年 2 月 19 日，结合检修对换流变（油浸式平波电抗器）开展细致检修工作，查明问题进行处理。现申请对该隐患治理完成情况进行验收。</td></tr>
<tr><td>治理计划资金（万元）</td><td colspan="2">××</td><td>累计投入资金（万元）</td><td colspan="5">××</td></tr>
<tr><td>验收组织单位</td><td colspan="2">国网××公司</td><td>验收负责人</td><td colspan="5">×××</td></tr>
<tr><td rowspan="3">验收</td><td>验收负责人签字日期</td><td colspan="2">2023-02-19</td><td>是否消除</td><td colspan="5">是</td></tr>
<tr><td>验收结论</td><td colspan="8">隐患已治理，符合安全运行要求，同意销号。</td></tr>
</table>

8.2.7.2 GOE 型拉杆式网侧套管拉杆处机械强度设计裕度偏小

重大隐患排查治理档案表

××××年度　　　　　　　　　　　　　　　　　　　　　　　　　　　　　　国网××××公司

<table>
<tr><td rowspan="8">发现</td><td>隐患简题</td><td colspan="7">国网××超高压公司 2023 年 2 月 3 日发现换流站针对 GOE 型拉杆式网侧套管拉杆处至接线底座连接系统机械强度设计裕度偏小缺陷，换流站在运同类型 GOE 套管未完成新型拉杆和紫铜底座更换的安全隐患。</td></tr>
<tr><td>隐患编号</td><td>国网××公司 2023××××</td><td>隐患所在单位</td><td>国网××超高压公司</td><td>隐患来源</td><td colspan="3">资料核查、现场检查</td></tr>
<tr><td>隐患分类</td><td>设备设施</td><td>专业子类</td><td>直流</td><td>隐患性质</td><td colspan="3">设备类</td></tr>
<tr><td>电压等级</td><td>—</td><td>归属职能部门</td><td colspan="5">设备部</td></tr>
<tr><td>发现人</td><td>×××</td><td>发现人单位</td><td>国网××超高压公司</td><td>发现日期</td><td colspan="3">2023-02-05</td></tr>
<tr><td>事故隐患内容</td><td colspan="7">在 2023 年直流隐患排查中发现：国网×××换流站针对 GOE 型拉杆式网侧套管拉杆处至接线底座连接系统机械强度设计裕度偏小缺陷，换流站在运同类型 GOE 套管未完成新型拉杆和紫铜底座更换的安全隐患。不满足《国家电网有限公司关于印发防止直流换流站事故措施及释义（修订版）的通知》（国家电网设备〔2021〕227 号）2.1.3：“换流变压器和油浸式平波电抗器阀侧套管、直流穿墙套管应优先选用复合外绝缘套管；对于穿墙套管采用复合外绝套时，其强度应满足套管各种条件下受力要求。”对于阀侧套管，外绝缘侧若为变径方式，变径区域的电场设计应考虑足够的绝缘裕度，套管穿墙部分的封堵应使用非导磁材料。若未完成新型拉杆和紫铜底座更换，可能造成套管跌落损坏，最终造成单极闭锁、换流变损坏经济损失。依照《国家电网有限公司安全事故调查规程》（2021 年版）4.3.2（1）：“造成 5000 万元以上 1 亿元以下直接经济损失”，构成二级设备事件。</td></tr>
<tr><td>可能导致后果</td><td>二级设备事件</td><td>事件依据</td><td>《国家电网有限公司安全事故调查规程》（2021 年版）4.3.2</td><td>标准依据</td><td colspan="3">《设备设施安全隐患排查标准》SS1102</td></tr>
<tr><td rowspan="2">市级评估</td><td>评估等级</td><td>重大隐患</td><td>评估负责人</td><td>×××</td><td>评估负责人签字日期</td><td colspan="3">2023-02-05</td></tr>
<tr><td>可能导致后果</td><td colspan="7">二级设备事件</td></tr>
<tr><td rowspan="3">省级评估</td><td>评估等级</td><td>重大隐患</td><td>评估负责人</td><td>×××</td><td>评估负责人签字日期</td><td colspan="3">2023-××-××</td></tr>
<tr><td>可能导致后果</td><td colspan="7">二级设备事件</td></tr>
<tr><td>省评估意见</td><td colspan="7">同意</td></tr>
<tr><td rowspan="7">治理</td><td>实际治理完成日期</td><td>2023-02-19</td><td>治理责任单位</td><td>设备部</td><td>治理责任人</td><td colspan="3">×××</td></tr>
<tr><td>治理方式</td><td>立项/措施</td><td>治理期限</td><td>2023-02-05 至 2023-05-08</td><td>是否纳入项目储备</td><td>是/否</td><td>项目储备是否审批</td><td>是/否</td></tr>
<tr><td>治理措施</td><td colspan="7">更换换流站在运同类型 GOE 套管新型拉杆和紫铜底座。</td></tr>
<tr><td>防控措施</td><td colspan="7">1. 永久治理前，落实班组隐患公示。
2. 每周对 GOE 型拉杆式网侧套管进行特巡，重点观察套管新型拉杆和紫铜底座是否出现裂纹；重要保电、节假日及春运高峰期，增加巡视频次。
3. 负荷高峰期，对 GOE 型拉杆式网侧套管进行红外接点测温工作。</td></tr>
<tr><td>治理完成情况</td><td colspan="7">2023 年 2 月 19 日，完成对 GOE 套管新型拉杆和紫铜底座更换。现申请对该隐患治理完成情况进行验收。</td></tr>
<tr><td>治理计划资金（万元）</td><td colspan="2">××</td><td colspan="2">累计投入资金（万元）</td><td colspan="3">××</td></tr>
<tr><td colspan="7"></td></tr>
<tr><td rowspan="3">验收</td><td>验收组织单位</td><td colspan="2">国网××公司</td><td colspan="2">验收负责人</td><td colspan="3">×××</td></tr>
<tr><td>验收负责人签字日期</td><td colspan="2">2023-02-19</td><td colspan="2">是否消除</td><td colspan="3">是</td></tr>
<tr><td>验收结论</td><td colspan="7">隐患已治理，符合安全运行要求，同意销号。</td></tr>
</table>

8.2.7.3　真空型分接开关球墨传动轴质量缺陷

重大隐患排查治理档案表

××××年度　　　　国网××××公司

<table>
<tr><td rowspan="7">发现</td><td>隐患简题</td><td colspan="7">国网××超高压公司 2023 年 2 月 3 日发现换流站针对真空型分接开关球墨铸铁传动轴铸造缩孔和加工质量缺陷，换流站在运同类型分接开关未完成主驱动轴和顶盖整改的安全隐患。</td></tr>
<tr><td>隐患编号</td><td>国网××超高压公司 2023××××</td><td>隐患所在单位</td><td>国网××超高压公司</td><td>隐患来源</td><td colspan="3">资料核查、现场检查</td></tr>
<tr><td>隐患分类</td><td>设备设施</td><td>专业子类</td><td>直流</td><td>隐患性质</td><td colspan="3">设备类</td></tr>
<tr><td>电压等级</td><td>—</td><td>归属职能部门</td><td colspan="5">设备部</td></tr>
<tr><td>发现人</td><td>×××</td><td>发现人单位</td><td>国网××公司</td><td>发现日期</td><td colspan="3">2023-02-05</td></tr>
<tr><td>事故隐患内容</td><td colspan="7">在 2023 年直流隐患排查中发现：国网××换流站针对真空型分接开关球墨铸铁传动轴铸造缩孔和加工质量缺陷，换流站在运同类型分接开关未完成主驱动轴和顶盖整改的安全隐患。不满足《国家电网有限公司关于印发防止直流换流站事故措施及释义（修订版）的通知》（国家电网设备〔2021〕227 号）1.2.13：“换流变压器厂家应做好有载分接开关入厂检验，包括外观查验、出厂试验报告核查、机械传动和切换结构检查等，保证有载分接开关结构完好、功能正常。”若加工质量有缺陷，可能造成换流变有载分接开关调压时发生滑档无法调压，造成换流变功率无法调节严重时造成跨区直流功率输送无法升高，造成功率损失，依照《国家电网有限公司安全事故调查规程》（2021 年版）4.2.4（1）：“造成区域性电网减供负荷 4%以上 7%以下者”，构成四级电网事件。</td></tr>
<tr><td>可能导致后果</td><td>四级电网事件</td><td>事件依据</td><td>《国家电网有限公司安全事故调查规程》（2021 年版）4.2.4</td><td>标准依据</td><td colspan="3">《设备设施安全隐患排查标准》SS1103</td></tr>
<tr><td rowspan="2">市级评估</td><td>评估等级</td><td>重大隐患</td><td>评估负责人</td><td>×××</td><td>评估负责人签字日期</td><td colspan="3">2023-02-05</td></tr>
<tr><td>可能导致后果</td><td colspan="7">四级电网事件</td></tr>
<tr><td rowspan="3">省级评估</td><td>评估等级</td><td>重大隐患</td><td>评估负责人</td><td>×××</td><td>评估负责人签字日期</td><td colspan="3">2023-××-××</td></tr>
<tr><td>可能导致后果</td><td colspan="7">四级电网事件</td></tr>
<tr><td>省评估意见</td><td colspan="7">同意</td></tr>
<tr><td rowspan="6">治理</td><td>实际治理完成日期</td><td>2023-02-19</td><td>治理责任单位</td><td>设备部</td><td>治理责任人</td><td colspan="3">×××</td></tr>
<tr><td>治理方式</td><td>立项/措施</td><td>治理期限</td><td>2023-02-05 至 2023-05-08</td><td>是否纳入项目储备</td><td>是/否</td><td>项目储备是否审批</td><td>是/否</td></tr>
<tr><td>治理措施</td><td colspan="7">利用年度检修时间，更换换流站在运同类型分接开关主驱动轴和顶盖。</td></tr>
<tr><td>防控措施</td><td colspan="7">1. 必要时应对换流变压器有载分接开关传动轴各部位固定螺栓按照规定力矩，进行检查紧固，对传动齿轮磨损情况、齿轮盒密封性进行检查并补充润滑油。
2. 落实班组隐患公示。
3. 每周对真空型分接开关进行特巡；重要保电、节假日增加巡视频次。
4. 负荷高峰期，对开关进行红外接点测温工作。</td></tr>
<tr><td>治理完成情况</td><td colspan="7">2023 年 2 月 19 日，××换流站完成真空型分接开关主驱动轴和顶盖整改。现申请对该隐患治理完成情况进行验收。</td></tr>
<tr><td>治理计划资金（万元）</td><td colspan="2">××</td><td>累计投入资金（万元）</td><td colspan="4">××</td></tr>
<tr><td rowspan="3">验收</td><td>验收组织单位</td><td colspan="2">国网××公司</td><td>验收负责人</td><td colspan="4">×××</td></tr>
<tr><td>验收负责人签字日期</td><td colspan="2">2023-02-19</td><td>是否消除</td><td colspan="4">是</td></tr>
<tr><td>验收结论</td><td colspan="7">隐患已治理，符合安全运行要求，同意销号。</td></tr>
</table>

8.2.7.4 换流变套管出现漏油、温度异常，特征气体明显增高

较大隐患排查治理档案表

××××年度　　　　　　　　　　　　　　　　　　　　　　　　　　　　国网××××公司

<table>
<tr><td rowspan="7">发现</td><td>隐患简题</td><td colspan="7">国网××超高压公司 2023 年 2 月 3 日发现换流站 ± 125kV 及以上换流变（油浸式平波电抗器）套管出现漏油、温度出现异常，乙炔、乙烯等特征气体明显增高，介损电容量超标的安全隐患。</td></tr>
<tr><td>隐患编号</td><td>国网××超高压公司 2023××××</td><td>隐患所在单位</td><td>国网××超高压公司</td><td>隐患来源</td><td colspan="3">现场巡视、油色谱、带电检测、例行试验</td></tr>
<tr><td>隐患分类</td><td>设备设施</td><td>专业子类</td><td>直流</td><td>隐患性质</td><td colspan="3">设备类</td></tr>
<tr><td>电压等级</td><td>—</td><td>归属职能部门</td><td colspan="5">设备部</td></tr>
<tr><td>发现人</td><td>×××</td><td>发现人单位</td><td>国网××超高压公司</td><td>发现日期</td><td colspan="3">2023-02-05</td></tr>
<tr><td>事故隐患内容</td><td colspan="7">在 2023 年年度检修工作套管油化试验和例行试验中发现：国网×× ± 125kV 及以上换流变（油浸式平波电抗器）套管出现漏油、温度出现异常，乙炔、乙烯等特征气体明显增高，介损电容量超标的安全隐患。不满足《国家电网有限公司关于印发防止直流换流站事故措施及释义（修订版）的通知》（国家电网设备〔2021〕227 号）1.2.13：“换流变压器厂家应做好有载分接开关入厂检验，包括外观查验、出厂试验报告核查、机械传动和切换结构检查等，保证有载分接开关结构完好、功能正常。”若有异常将造成换流变（油浸式平波电抗器）套管绝缘降低发生放电最终造成单极闭锁，依照《国家电网有限公司安全事故调查规程》（2021 年版）4.2.6.6（2）：“ ± 400kV 以上直流单级或单换流器闭锁，并造成功率损失”，构成六级电网事件。</td></tr>
<tr><td>可能导致后果</td><td>六级电网事件</td><td>事件依据</td><td>《国家电网有限公司安全事故调查规程》（2021 年版）4.2.6.6（2）</td><td>标准依据</td><td colspan="3">《设备设施安全隐患排查标准》SS2101</td></tr>
<tr><td rowspan="2">市级评估</td><td>评估等级</td><td>较大隐患</td><td>评估负责人</td><td>×××</td><td>评估负责人签字日期</td><td colspan="3">2023-02-05</td></tr>
<tr><td>可能导致后果</td><td colspan="7">六级电网事件</td></tr>
<tr><td rowspan="6">治理</td><td>实际治理完成日期</td><td>2023-02-19</td><td>治理责任单位</td><td>设备部</td><td>治理责任人</td><td colspan="3">×××</td></tr>
<tr><td>治理方式</td><td>立项/措施</td><td>治理期限</td><td>2023-02-05 至 2023-05-08</td><td>是否纳入项目储备</td><td>是/否</td><td>项目储备是否审批</td><td>是/否</td></tr>
<tr><td>治理措施</td><td colspan="7">1. 根据隐患内容制定专项方案。
2. 针对乙炔等数据达到停运值的，应立即申请停运检修。</td></tr>
<tr><td>防控措施</td><td colspan="7">1. 落实班组隐患公示。
2. 加强油在线数据巡视频次，同时对油在线离线和在线数据进行比对和分析。
3. 制订好异常事故处置方案。</td></tr>
<tr><td>治理完成情况</td><td colspan="7">2023 年 2 月 19 日，国网××换流站利用年度检修对换流变（油浸式平波电抗器）套管出现漏油、温度出现异常，乙炔、乙烯等特征气体进行检验。现申请对该隐患治理完成情况进行验收。</td></tr>
<tr><td>治理计划资金（万元）</td><td colspan="2">××</td><td>累计投入资金（万元）</td><td colspan="4">××</td></tr>
<tr><td rowspan="3">验收</td><td>验收组织单位</td><td colspan="2">国网××公司</td><td>验收负责人</td><td colspan="4">×××</td></tr>
<tr><td>验收负责人签字日期</td><td colspan="2">2023-02-19</td><td>是否消除</td><td colspan="4">是</td></tr>
<tr><td>验收结论</td><td colspan="7">隐患已治理，符合安全运行要求，同意销号。</td></tr>
</table>

8.2.7.5　换流变分接开关油温异常，气体含量超标

较大隐患排查治理档案表

××××年度

国网××××公司

<table>
<tr><td rowspan="7">发现</td><td>隐患简题</td><td colspan="7">国网××超高压公司 2023 年 2 月 3 日发现换流站 ± 125kV 及以上换流变分接开关油温异常，乙炔、乙烯等特征气体超标的安全隐患。</td></tr>
<tr><td>隐患编号</td><td>国网××超高压公司 2023××××</td><td>隐患所在单位</td><td>国网××超高压公司</td><td>隐患来源</td><td colspan="3">油色谱、带电局部放电测试</td></tr>
<tr><td>隐患分类</td><td>设备设施</td><td>专业子类</td><td>直流</td><td>隐患性质</td><td colspan="3">设备类</td></tr>
<tr><td>电压等级</td><td>—</td><td>归属职能部门</td><td colspan="5">设备部</td></tr>
<tr><td>发现人</td><td>×××</td><td>发现人单位</td><td>国网××公司</td><td>发现日期</td><td colspan="3">2023-02-05</td></tr>
<tr><td>事故隐患内容</td><td colspan="7">在 2023 年日常巡视和例行油化试验中发现：国网××换流站 ± 125kV 及以上换流变分接开关油温异常，乙炔、乙烯等特征气体超标的安全隐患。不满足《国家电网有限公司关于印发防止直流换流站事故措施及释义（修订版）的通知》（国家电网设备〔2021〕227 号）1.2.13：“换流变压器厂家应做好有载分接开关入厂检验，包括外观查验、出厂试验报告核查、机械传动和切换结构检查等，保证有载分接开关结构完好、功能正常。”若有数据异常严重超标将造成换流变（油浸式平波电抗器）有载分接开关放电严重最终造成单极闭锁。依照《国家电网有限公司安全事故调查规程》（2021 年版）4.2.6.6（2）：“ ± 400kV 以上直流单级或单换流器闭锁，并造成功率损失”，构成六级电网事件。</td></tr>
<tr><td>可能导致后果</td><td>六级电网事件</td><td>事件依据</td><td>《国家电网有限公司安全事故调查规程》（2021 年版）4.2.6.6</td><td>标准依据</td><td colspan="3">《设备设施安全隐患排查标准》SS2102</td></tr>
<tr><td rowspan="2">市级评估</td><td>评估等级</td><td>较大隐患</td><td>评估负责人</td><td>×××</td><td>评估负责人签字日期</td><td colspan="3">2023-02-05</td></tr>
<tr><td>可能导致后果</td><td colspan="7">六级电网事件</td></tr>
<tr><td rowspan="7">治理</td><td>实际治理完成日期</td><td>2023-02-19</td><td>治理责任单位</td><td>设备部</td><td>治理责任人</td><td colspan="3">×××</td></tr>
<tr><td>治理方式</td><td>立项/措施</td><td>治理期限</td><td>2023-02-05 至 2023-05-08</td><td>是否纳入项目储备</td><td>是/否</td><td>项目储备是否审批</td><td>是/否</td></tr>
<tr><td>治理措施</td><td colspan="7">1. 做好有载分接开关离线油色谱检测工作，做好数据比对分析工作。
2. 数据异常时及时申请检修进行消缺处理。</td></tr>
<tr><td>防控措施</td><td colspan="7">1. 落实班组隐患公示。
2. 加强换流变有载分接开关的巡视频次，同时做好离线数据比对分析工作。
3. 制订好异常事故处置方案。</td></tr>
<tr><td>治理完成情况</td><td colspan="7">2023 年 2 月 19 日，结合检修对有载分接开关进行吊芯检查以及绝缘油滤油更换工作。现申请对该隐患治理完成情况进行验收。</td></tr>
<tr><td>治理计划资金（万元）</td><td colspan="2">××</td><td>累计投入资金（万元）</td><td colspan="4">××</td></tr>
<tr><td colspan="8" style="display:none"></td></tr>
<tr><td rowspan="3">验收</td><td>验收组织单位</td><td colspan="2">国网××公司</td><td>验收负责人</td><td colspan="4">×××</td></tr>
<tr><td>验收负责人签字日期</td><td colspan="2">2023-02-19</td><td>是否消除</td><td colspan="4">是</td></tr>
<tr><td>验收结论</td><td colspan="7">隐患已治理，符合安全运行要求，同意销号。</td></tr>
</table>

8.2.7.6 干式电抗器隔声罩顶部无防鸟、防雨措施

较大隐患排查治理档案表

××××年度　　　国网××××公司

<table>
<tr><td rowspan="8">发现</td><td>隐患简题</td><td colspan="7">国网××超高压公司2023年2月3日发现换流站干式电抗器隔声罩顶部、底部未设有防止鸟类进入措施，顶部未设置防雨格栅的安全隐患。</td></tr>
<tr><td>隐患编号</td><td>国网××超高压公司2023××××</td><td>隐患所在单位</td><td>国网××超高压公司</td><td>隐患来源</td><td colspan="3">现场巡视</td></tr>
<tr><td>隐患分类</td><td>设备设施</td><td>专业子类</td><td>直流</td><td>隐患性质</td><td colspan="3">设备类</td></tr>
<tr><td>电压等级</td><td>—</td><td>归属职能部门</td><td colspan="5">设备部</td></tr>
<tr><td>发现人</td><td>×××</td><td>发现人单位</td><td>国网××公司</td><td>发现日期</td><td colspan="3">2023-02-05</td></tr>
<tr><td>事故隐患内容</td><td colspan="7">在日常巡视中发现：国网××换流站干式电抗器隔声罩顶部、底部未设有防止鸟类进入措施，顶部未设置防雨格栅的安全隐患。不满足《国家电网有限公司关于印发防止直流换流站事故措施及释义（修订版）的通知》（国家电网设备〔2021〕227 号）11.2.2：“干式电抗器隔声罩顶部、底部均应设有防止鸟类进入的措施。”若发现有鸟窝或鸟类进入痕迹，鸟类会破坏线圈绝缘层，造成电抗器直流电阻与匝间主绝缘的变化，最终造成电抗器跳闸。依据《国家电网有限公司安全事故调查规程》（2021年版）4.3.6.1：“造成20万元以上，50万元以下直接经济损失”，构成六级设备事件。</td></tr>
<tr><td>可能导致后果</td><td>六级设备事件</td><td>事件依据</td><td>《国家电网有限公司安全事故调查规程》（2021年版）4.3.6.1</td><td>标准依据</td><td colspan="3">《设备设施安全隐患排查标准》SS2103</td></tr>
<tr><td rowspan="2">市级评估</td><td>评估等级</td><td>较大隐患</td><td>评估负责人</td><td>×××</td><td>评估负责人签字日期</td><td colspan="3">2023-02-05</td></tr>
<tr><td>可能导致后果</td><td colspan="7">六级设备事件</td></tr>
<tr><td rowspan="6">治理</td><td>实际治理完成日期</td><td>2023-02-19</td><td>治理责任单位</td><td>设备部</td><td>治理责任人</td><td colspan="3">×××</td></tr>
<tr><td>治理方式</td><td>立项</td><td>治理期限</td><td>2023-02-05 至 2023-05-08</td><td>是否纳入项目储备</td><td>是</td><td>项目储备是否审批</td><td>是</td></tr>
<tr><td>治理措施</td><td colspan="7">完善电抗器防止鸟类进入措施以及在顶部设置防雨格栅。</td></tr>
<tr><td>防控措施</td><td colspan="7">1. 落实班组隐患公示。
2. 在设备区周围加装驱鸟装置。
3. 制订好异常事故处置方案。</td></tr>
<tr><td>治理完成情况</td><td colspan="7">2023年2月19日，结合停电完善防止鸟类进入格栅以及在顶部设置防雨格栅。现申请对该隐患治理完成情况进行验收。</td></tr>
<tr><td>治理计划资金（万元）</td><td colspan="2">××</td><td>累计投入资金（万元）</td><td colspan="4">××</td></tr>
<tr><td rowspan="3">验收</td><td>验收组织单位</td><td colspan="2">国网××公司</td><td>验收负责人</td><td colspan="4">×××</td></tr>
<tr><td>验收负责人签字日期</td><td colspan="2">2023-02-19</td><td>是否消除</td><td colspan="4">是</td></tr>
<tr><td>验收结论</td><td colspan="7">隐患已治理，符合安全运行要求，同意销号。</td></tr>
</table>

8.2.7.7 阀塔光纤发生放电，元件损坏

较大隐患排查治理档案表

××××年度　　　　国网××××公司

<table>
<tr><td rowspan="7">发现</td><td>隐患简题</td><td colspan="7">国网××超高压公司2023年2月3日发现换流站极ⅡA相Y1阀塔光纤发生放电，元件损坏、光纤断裂、阀触发和回报脉冲丢失的安全隐患。</td></tr>
<tr><td>隐患编号</td><td>国网××超高压公司2023××××</td><td>隐患所在单位</td><td>国网××超高压公司</td><td>隐患来源</td><td colspan="3">事故分析</td></tr>
<tr><td>隐患分类</td><td>设备设施</td><td>专业子类</td><td>直流</td><td>隐患性质</td><td colspan="3">设备类</td></tr>
<tr><td>电压等级</td><td>—</td><td>归属职能部门</td><td colspan="5">设备部</td></tr>
<tr><td>发现人</td><td>×××</td><td>发现人单位</td><td>国网××超高压公司</td><td>发现日期</td><td colspan="3">2023-02-05</td></tr>
<tr><td>事故隐患内容</td><td colspan="7">在事故分析中发现：2014年10月16日，国网××换流站极ⅡA相Y1阀塔光纤发生放电，造成多个晶闸管回检光纤故障，达到晶闸管故障跳闸定值，导致直流闭锁。不满足《国家电网有限公司关于印发防止直流换流站事故措施及释义（修订版）的通知》（国家电网设备〔2021〕227号）3.2.1：“阀塔内非金属材料应不低于UL94V0材料标准，应按照美国材料和试验协会（ASTM）的E135-90标准进行燃烧特性试验或提供第三方试验报告。”换流阀阀模块、阀塔光纤存在间歇性放电，元件损坏、光纤断裂、阀触发和回报脉冲丢失，存在单极直流闭锁的安全风险，依照《国家电网有限公司安全事故调查规程》（2021年版）4.2.6.6（2）：“±400kV以上直流单极或单换流器闭锁，并造成功率损失”，构成六级电网事件。</td></tr>
<tr><td>可能导致后果</td><td>六级电网事件</td><td>事件依据</td><td>《国家电网有限公司安全事故调查规程》（2021年版）4.2.6.6（2）</td><td>标准依据</td><td colspan="3">《设备设施安全隐患排查标准》SS2104</td></tr>
<tr><td rowspan="2">市级评估</td><td>评估等级</td><td>较大隐患</td><td>评估负责人</td><td>×××</td><td>评估负责人签字日期</td><td colspan="3">2023-02-05</td></tr>
<tr><td>可能导致后果</td><td colspan="7">六级电网事件</td></tr>
<tr><td rowspan="6">治理</td><td>实际治理完成日期</td><td>2023-02-12</td><td>治理责任单位</td><td>设备部</td><td>治理责任人</td><td colspan="3">×××</td></tr>
<tr><td>治理方式</td><td>措施</td><td>治理期限</td><td>2023-02-05至2023-03-05</td><td>是否纳入项目储备</td><td>否</td><td>项目储备是否审批</td><td>否</td></tr>
<tr><td>治理措施</td><td colspan="7">1. 对损坏元件进行更换。
2. 利用年检对阀塔光纤进行检查。</td></tr>
<tr><td>防控措施</td><td colspan="7">运行期间对阀塔进行紫外放电检测并对光子数进行记录，若发生光子数突变立即汇报调度。</td></tr>
<tr><td>治理完成情况</td><td colspan="7">2023年2月12日，国网××换流站对双极换流阀阀塔损坏元件进行更换并开展光纤触发测试，未见放电现象。现申请对该隐患治理完成情况进行验收。</td></tr>
<tr><td>治理计划资金（万元）</td><td colspan="3">××</td><td>累计投入资金（万元）</td><td colspan="3">××</td></tr>
<tr><td rowspan="3">验收</td><td>验收组织单位</td><td colspan="3">国网××公司</td><td>验收负责人</td><td colspan="3">×××</td></tr>
<tr><td>验收负责人签字日期</td><td colspan="3">2023-02-12</td><td>是否消除</td><td colspan="3">是</td></tr>
<tr><td>验收结论</td><td colspan="7">隐患已治理，符合安全运行要求，同意销号。</td></tr>
</table>

8.2.7.8 直流断路器操动机构分合闸缓冲器漏油

较大隐患排查治理档案表

××××年度　　　　　　　　　　　　　　　　　　　　　　　　　　　　　　　　　　　　国网××××公司

<table>
<tr><td rowspan="7">发现</td><td>隐患简题</td><td colspan="7">国网××超高压公司 2023 年 2 月 3 日发现换流站直流断路器操动机构分合闸缓冲器漏油、操作裕度不足造成分合闸不到位的安全隐患。</td></tr>
<tr><td>隐患编号</td><td>国网××超高压公司 2023××××</td><td>隐患所在单位</td><td>国网××超高压公司</td><td>隐患来源</td><td colspan="3">现场巡视、例行试验</td></tr>
<tr><td>隐患分类</td><td>设备设施</td><td>专业子类</td><td>直流</td><td>隐患性质</td><td colspan="3">设备类</td></tr>
<tr><td>电压等级</td><td>± 500kV</td><td>归属职能部门</td><td colspan="5">设备部</td></tr>
<tr><td>发现人</td><td>×××</td><td>发现人单位</td><td>国网××公司</td><td>发现日期</td><td colspan="3">2023-02-05</td></tr>
<tr><td>事故隐患内容</td><td colspan="7">在日常巡视中和倒闸操作中发现：国网××换流站直流断路器操动机构分合闸缓冲器漏油、操作裕度不足造成分合闸不到位的安全隐患。不满足《国家电网有限公司关于印发防止直流换流站事故措施及释义（修订版）的通知》（国家电网设备〔2021〕227 号）8.1.33：“应确保操动机构的操作功具有一定裕度，避免长期运行后操作功下降导致合分闸不到位。”造成灭弧室放电直流断路器损坏。依据《国家电网有限公司安全事故调查规程》（2021 年版）4.3.6.1：“造成 20 万元以上，50 万元以下直接经济损失”，构成六级设备事件。</td></tr>
<tr><td>可能导致后果</td><td>六级设备事件</td><td>事件依据</td><td>《国家电网有限公司安全事故调查规程》（2021 年版）4.3.6.1</td><td>标准依据</td><td colspan="3">《设备设施安全隐患排查标准》SS2105</td></tr>
<tr><td rowspan="2">市级评估</td><td>评估等级</td><td>较大隐患</td><td>评估负责人</td><td>×××</td><td>评估负责人签字日期</td><td colspan="3">2023-02-05</td></tr>
<tr><td>可能导致后果</td><td colspan="7">六级设备事件</td></tr>
<tr><td rowspan="6">治理</td><td>实际治理完成日期</td><td>2023-02-12</td><td>治理责任单位</td><td>设备部</td><td>治理责任人</td><td colspan="3">×××</td></tr>
<tr><td>治理方式</td><td>立项</td><td>治理期限</td><td>2023-02-05 至 2023-03-05</td><td>是否纳入项目储备</td><td>是</td><td>项目储备是否审批</td><td>是</td></tr>
<tr><td>治理措施</td><td colspan="7">1. 根据隐患内容制订专项方案。
2. 结合停电对直流断路器操动机构进行试验及问题整改。</td></tr>
<tr><td>防控措施</td><td colspan="7">1. 落实班组隐患公示。
2. 日常巡视中，加强油位观察，观察渗漏油程度，如渗漏油趋势严重，立即汇报调度。
3. 停电期间增加专项排查和试验。
4. 制订好异常事故处置方案。</td></tr>
<tr><td>治理完成情况</td><td colspan="7">2023 年××月××日，国网××换流站完成直流断路器合闸不到位整改。现申请对该隐患治理完成情况进行验收。</td></tr>
<tr><td>治理计划资金（万元）</td><td colspan="2">××</td><td>累计投入资金（万元）</td><td colspan="4">××</td></tr>
<tr><td rowspan="3">验收</td><td>验收组织单位</td><td colspan="2">国网××公司</td><td>验收负责人</td><td colspan="4">×××</td></tr>
<tr><td>验收负责人签字日期</td><td colspan="2">2023-02-12</td><td>是否消除</td><td colspan="4">是</td></tr>
<tr><td>验收结论</td><td colspan="7">隐患已治理，符合安全运行要求，同意销号。</td></tr>
</table>

8.2.7.9 换流站电流互感器选型错误

较大隐患排查治理档案表

××××年度　　　　　　　　　　　　　　　　　　　　国网××××公司

<table>
<tr><td rowspan="8">发现</td><td>隐患简题</td><td colspan="7">国网××超高压公司 2023 年 2 月 3 日发现换流站电流互感器选型错误、CT 暂态特性不一致；光 CT 受震动、低温影响等导致测量异常的安全隐患。</td></tr>
<tr><td>隐患编号</td><td>国网××超高压公司 2023××××</td><td>隐患所在单位</td><td>国网××超高压公司</td><td>隐患来源</td><td colspan="3">现场巡视、图纸资料</td></tr>
<tr><td>隐患分类</td><td>设备设施</td><td>专业子类</td><td>直流</td><td>隐患性质</td><td colspan="3">设备类</td></tr>
<tr><td>电压等级</td><td>—</td><td>归属职能部门</td><td colspan="5">设备部</td></tr>
<tr><td>发现人</td><td>×××</td><td>发现人单位</td><td>国网××公司</td><td>发现日期</td><td colspan="3">2023-02-05</td></tr>
<tr><td>事故隐患内容</td><td colspan="7">在 2023 年公司安全性评价专项监督工作中发现：国网××换流站电流互感器选型错误、CT 暂态特性不一致；光 CT 受震动、低温影响等导致测量异常的安全隐患。不满足《国家电网有限公司关于印发防止直流换流站事故措施及释义（修订版）的通知》（国家电网设备〔2021〕227 号）9.1.3：“在快速的差动保护中应使用相同暂态特性的电流互感器，避免因电流互感器暂态特性不同造成保护误动。”9.1.18：“光 CT、光纤传输的直流分压器传输回路应选用可靠的光纤耦合器，户外采集单元接线盒应满足 IP67 防护等级，且有防止接线盒摆动的措施。采集单元应满足安装地点极端运行温度要求和抗电磁干扰要求。”依照《国家电网有限公司安全事故调查规程》（2021 年版）4.2.6.6（2）：“±400kV 以上直流单极或单换流器闭锁，并造成功率损失”，构成六级电网事件。</td></tr>
<tr><td>可能导致后果</td><td>六级电网事件</td><td>事件依据</td><td>《国家电网有限公司安全事故调查规程》（2021 年版）4.2.6.6</td><td>标准依据</td><td colspan="3">《设备设施安全隐患排查标准》SS2106</td></tr>
<tr><td rowspan="2">市级评估</td><td>评估等级</td><td>较大隐患</td><td>评估负责人</td><td>×××</td><td>评估负责人签字日期</td><td colspan="3">2023-02-05</td></tr>
<tr><td>可能导致后果</td><td colspan="7">六级电网事件</td></tr>
<tr><td rowspan="7">治理</td><td>实际治理完成日期</td><td>2023-02-12</td><td>治理责任单位</td><td>设备部</td><td>治理责任人</td><td colspan="3">×××</td></tr>
<tr><td>治理方式</td><td>立项</td><td>治理期限</td><td>2023-02-05 至 2023-03-05</td><td>是否纳入项目储备</td><td>是</td><td>项目储备是否审批</td><td>是</td></tr>
<tr><td>治理措施</td><td colspan="7">1. 根据隐患内容制定专项方案。
2. 对不满足 IP67 防护等级的或没有防止接线盒摆动措施的进行更换。</td></tr>
<tr><td>防控措施</td><td colspan="7">1. 落实班组隐患公示。
2. 对电流互感器选型及试验结果进行排查。
3. 加强对不满足要求设备特巡频次；重要保电、节假日应增加巡视频次。
4. 加强初设和施工图纸的审核，加强验收核查。</td></tr>
<tr><td>治理完成情况</td><td colspan="7">2023 年 2 月 12 日，国网××换流站完成电流互感器更换。现申请对该隐患治理完成情况进行验收。</td></tr>
<tr><td>治理计划资金（万元）</td><td colspan="2">××</td><td>累计投入资金（万元）</td><td colspan="4">××</td></tr>
<tr><td colspan="8" style="display:none"></td></tr>
<tr><td rowspan="3">验收</td><td>验收组织单位</td><td colspan="2">国网××公司</td><td>验收负责人</td><td colspan="4">×××</td></tr>
<tr><td>验收负责人签字日期</td><td colspan="2">2023-02-12</td><td>是否消除</td><td colspan="4">是</td></tr>
<tr><td>验收结论</td><td colspan="7">隐患已治理，符合安全运行要求，同意销号。</td></tr>
</table>

8.2.7.10 电流互感器、直流分压器未配置两路独立电源

较大隐患排查治理档案表

××××年度　　　　　　　　　　　　　　　　　　　　　　　　　　　　　　　国网××××公司

<table>
<tr><td rowspan="7">发现</td><td>隐患简题</td><td colspan="7">国网××超高压公司 2023 年 2 月 3 日发现换流站电流互感器、直流分压器外表面污秽严重、介损试验数据超标，测量传输模块未配置两路独立电源供电的安全隐患。</td></tr>
<tr><td>隐患编号</td><td>国网××超高压公司 2023××××</td><td>隐患所在单位</td><td>国网××超高压公司</td><td>隐患来源</td><td colspan="3">现场巡视、在线监测</td></tr>
<tr><td>隐患分类</td><td>设备设施</td><td>专业子类</td><td>直流</td><td>隐患性质</td><td colspan="3">设备类</td></tr>
<tr><td>电压等级</td><td>—</td><td>归属职能部门</td><td colspan="5">设备部</td></tr>
<tr><td>发现人</td><td>×××</td><td>发现人单位</td><td>国网××公司</td><td>发现日期</td><td colspan="3">2023-02-05</td></tr>
<tr><td>事故隐患内容</td><td colspan="7">在 2023 年公司安全性评价专项监督工作中发现：国网××换流站电流互感器、直流分压器外表面污秽严重、介损试验数据超标，测量传输模块未配置两路独立电源供电的安全隐患。不满足《国家电网有限公司关于印发防止直流换流站事故措施及释义（修订版）的通知》（国家电网设备〔2021〕227 号）19.3.1：“运行阶段室外设备防污闪管理重点如下：（1）污区等级处于直流 C 级及以上的直流换流站户外瓷绝缘子应喷涂防污闪涂料。（2）未喷涂防污材料的户外瓷质直流场设备宜在投运第一年利用停电机会完成喷涂工作。已喷涂防污闪涂料的绝缘子应每年进行憎水性检查，憎水性下降到 3 级时应考虑重新喷涂。”9.1.8：“光 CT、零磁通 CT、直流分压器等设备测量传输环节中电子单元、合并单元、模拟量输出模块等，应由两路独立电源供电，且两路电源应取自由不同蓄电池组供电的直流母线段，每路电源具有监视功能。”依照《国家电网有限公司安全事故调查规程》（2021 年版）4.2.6.6（2）：“±400kV 以上直流单极或单换流器闭锁，并造成功率损失”，构成六级电网事件。</td></tr>
<tr><td>可能导致后果</td><td>六级电网事件</td><td>事件依据</td><td>《国家电网有限公司安全事故调查规程》（2021 年版）4.2.6.6（2）</td><td>标准依据</td><td colspan="3">《设备设施安全隐患排查标准》SS2107</td></tr>
<tr><td rowspan="2">市级评估</td><td>评估等级</td><td>较大隐患</td><td>评估负责人</td><td>×××</td><td>评估负责人签字日期</td><td colspan="3">2023-02-05</td></tr>
<tr><td>可能导致后果</td><td colspan="7">六级电网事件</td></tr>
<tr><td rowspan="6">治理</td><td>实际治理完成日期</td><td>2023-02-12</td><td>治理责任单位</td><td>设备部</td><td>治理责任人</td><td colspan="3">×××</td></tr>
<tr><td>治理方式</td><td>立项</td><td>治理期限</td><td>2023-02-05 至 2023-03-05</td><td>是否纳入项目储备</td><td>是</td><td>项目储备是否审批</td><td>是</td></tr>
<tr><td>治理措施</td><td colspan="7">1. 根据隐患内容制定专项方案。
2. 对不满足表面污秽严重、介损试验数据超标的电流互感器、直流分压器进行更换。
3. 对电流互感器、直流分压器测量传输模块配置两路独立电源供电。</td></tr>
<tr><td>防控措施</td><td colspan="7">1. 落实班组隐患公示。
2. 对电流互感器选型及试验结果进行排查比对。
3. 加强对不满足要求设备开展精准红外测温；重要保电、节假日应增加巡视频次。
4. 在完成两路独立电源改造前，对测量传输模块电源进行特巡。</td></tr>
<tr><td>治理完成情况</td><td colspan="7">2023 年 2 月 12 日，国网××换流站完成电流互感器、直流分压器的更换，并对测量传输模块配置两路独立电源供电。现申请对该隐患治理完成情况进行验收。</td></tr>
<tr><td>治理计划资金（万元）</td><td colspan="2">××</td><td>累计投入资金（万元）</td><td colspan="4">××</td></tr>
<tr><td rowspan="3">验收</td><td>验收组织单位</td><td colspan="2">国网××公司</td><td>验收负责人</td><td colspan="4">×××</td></tr>
<tr><td>验收负责人签字日期</td><td colspan="2">2023-02-12</td><td>是否消除</td><td colspan="4">是</td></tr>
<tr><td>验收结论</td><td colspan="7">隐患已治理，符合安全运行要求，同意销号。</td></tr>
</table>

8.2.7.11 电容器塔无防止鸟类筑巢措施、未进行绝缘化处理

较大隐患排查治理档案表

××××年度　　　　　　　　　　　　　　　　　　　　　　　　　　　　　　　国网××××公司

<table>
<tr><td rowspan="7">发现</td><td>隐患简题</td><td colspan="7">国网××超高压公司 2023 年 2 月 3 日发现换流站 330kV 及以上电容器塔的支撑钢梁及等电位线连接处无防止鸟类筑巢措施，电容器等电位排、均压环等金属裸露部分以及连接电容器的多股软连接线、接头未进行绝缘化处理的安全隐患。</td></tr>
<tr><td>隐患编号</td><td>国网×××公司 2023××××</td><td>隐患所在单位</td><td>国网××超高压公司</td><td>隐患来源</td><td colspan="3">现场巡视</td></tr>
<tr><td>隐患分类</td><td>设备设施</td><td>专业子类</td><td>直流</td><td>隐患性质</td><td colspan="3">设备类</td></tr>
<tr><td>电压等级</td><td>—</td><td>归属职能部门</td><td colspan="5">设备部</td></tr>
<tr><td>发现人</td><td>×××</td><td>发现人单位</td><td>国网××超高压公司</td><td>发现日期</td><td colspan="3">2023-02-05</td></tr>
<tr><td>事故隐患内容</td><td colspan="7">在事故分析中发现：2017 年 7 月 23 日，国网××换流站 5612 BP11/13 交流滤波器不平衡保护动作跳闸,故障原因是 500kV 第一大组第二小组 5612 BP11/13 滤波器 13 分支电容器塔由于鸟害发生放电，导致高压电容器塔上产生较大的不平衡电流，达到了跳闸的定值，故障后保护正确动作，退出了故障滤波器并锁定。事故措施：要加强滤波器设备运行监视，采取防鸟害措施，夜晚关闭滤波器场地照明，避免虫子招来鸟儿，进一步研究电容器支架绝缘措施。不满足《国家电网有限公司关于印发防止直流换流站事故措施及释义（修订版）的通知》（国家电网设备〔2021〕227 号）10.2.8：“电容器塔的支撑钢梁及等电位线连接处应有防止鸟类筑巢的措施，电容器等电位排、均压环等金属裸露部分以及连接电容器的多股软连接线、接头应进行绝缘化处理并满足设备散热的要求，防止鸟害引起故障跳闸。”存在直流闭锁的安全风险，依据《国家电网有限公司安全事故调查规程》（2021 年版）4.2.6.6（6）：“±400kV 以上直流输电系统功率速降超过 2000MW 或额定功率的 50%”，构成六级电网事件。</td></tr>
<tr><td>可能导致后果</td><td>六级电网事件</td><td>事件依据</td><td>《国家电网有限公司安全事故调查规程》（2021 年版）4.2.6.6（6）</td><td>标准依据</td><td colspan="3">《设备设施安全隐患排查标准》SS2108</td></tr>
<tr><td rowspan="2">市级评估</td><td>评估等级</td><td>较大隐患</td><td>评估负责人</td><td>×××</td><td>评估负责人签字日期</td><td colspan="3">2023-02-05</td></tr>
<tr><td>可能导致后果</td><td colspan="7">六级电网事件</td></tr>
<tr><td rowspan="6">治理</td><td>实际治理完成日期</td><td>2023-02-12</td><td>治理责任单位</td><td>设备部</td><td>治理责任人</td><td colspan="3">×××</td></tr>
<tr><td>治理方式</td><td>措施</td><td>治理期限</td><td>2023-02-05 至 2023-03-05</td><td>是否纳入项目储备</td><td>否</td><td>项目储备是否审批</td><td>否</td></tr>
<tr><td>治理措施</td><td colspan="7">为防止鸟类进入造成电容器组层间短路，电容器接头处应加装防鸟罩，电容器连接线可采用带绝缘护套的 BV 线。</td></tr>
<tr><td>防控措施</td><td colspan="7">1. 要加强滤波器设备运行监视。
2. 采取防鸟害措施，夜晚关闭滤波器场地照明，避免虫子招来鸟儿。</td></tr>
<tr><td>治理完成情况</td><td colspan="7">2023 年 2 月 12 日，国网××换流站完成更换三大组交流滤波器电容器连接线。现申请对该隐患治理完成情况进行验收。</td></tr>
<tr><td>治理计划资金（万元）</td><td colspan="2">××</td><td>累计投入资金（万元）</td><td colspan="4">××</td></tr>
<tr><td rowspan="3">验收</td><td>验收组织单位</td><td colspan="2">国网××公司</td><td>验收负责人</td><td colspan="4">×××</td></tr>
<tr><td>验收负责人签字日期</td><td colspan="2">2023-02-12</td><td>是否消除</td><td colspan="4">是</td></tr>
<tr><td>验收结论</td><td colspan="7">隐患已治理，符合安全运行要求，同意销号。</td></tr>
</table>

8.2.7.12 直流系统保护未采用三重化或双重化配置

较大隐患排查治理档案表

××××年度　　　　　　　　　　　　　　　　　　　　　　国网××××公司

<table>
<tr><td rowspan="9">发现</td><td>隐患简题</td><td colspan="7">国网××超高压公司2023年2月3日发现换流站直流系统保护（含双极/极/换流器保护、换流变压器保护、交直流滤波器保护）未采用三重化或双重化配置，各套保护出口前存在电气联系，跳闸回路存在动断触点的安全隐患。</td></tr>
<tr><td>隐患编号</td><td>国网×××公司2023××××</td><td>隐患所在单位</td><td>国网××超高压公司</td><td>隐患来源</td><td colspan="3">现场巡视、图纸资料</td></tr>
<tr><td>隐患分类</td><td>设备设施</td><td>专业子类</td><td>直流</td><td>隐患性质</td><td colspan="3">设备类</td></tr>
<tr><td>电压等级</td><td>—</td><td>归属职能部门</td><td colspan="5">设备部</td></tr>
<tr><td>发现人</td><td>×××</td><td>发现人单位</td><td>国网××超高压公司</td><td>发现日期</td><td colspan="3">2023-02-05</td></tr>
<tr><td>事故隐患内容</td><td colspan="7">在事故分析中发现：2019年7月11日，国网××换流站极Ⅱ极控A系统发“紧急闭锁”信号闭锁，检查发现极Ⅱ极控A与极控B两个RCD100装置之间的连线松动，极控A系统重启时，引起继电器K1失电，启动ESOF跳闸出口。不满足《国家电网有限公司关于印发防止直流换流站事故措施及释义（修订版）的通知》（国家电网设备〔2021〕227号）5.1.25：“跳闸回路应避免采用动断触点，防止回路中任一端子松动或者直流电源丢失导致继电器失磁，跳闸误出口。”存在直流闭锁的安全风险，依据《国家电网有限公司安全事故调查规程》（2021年版）4.2.6.6（2）：“±400kV以上直流单极或单换流器闭锁，并造成功率损失。”和4.2.6.6（6）：“±400kV以上直流输电系统功率速降超过2000MW或额定功率的50%”，构成六级电网事件。</td></tr>
<tr><td>可能导致后果</td><td>六级电网事件</td><td>事件依据</td><td>《国家电网有限公司安全事故调查规程》（2021年版）4.2.6.6</td><td>标准依据</td><td colspan="3">《设备设施安全隐患排查标准》SS2109</td></tr>
<tr><td rowspan="2">市级评估</td><td>评估等级</td><td>较大隐患</td><td>评估负责人</td><td>×××</td><td>评估负责人签字日期</td><td colspan="3">2023-02-05</td></tr>
<tr><td>可能导致后果</td><td colspan="7">六级电网事件</td></tr>
<tr><td rowspan="7">治理</td><td>实际治理完成日期</td><td>2023-02-12</td><td>治理责任单位</td><td>设备部</td><td>治理责任人</td><td colspan="3">×××</td></tr>
<tr><td>治理方式</td><td>措施</td><td>治理期限</td><td>2023-02-05至2023-03-05</td><td>是否纳入项目储备</td><td>否</td><td>项目储备是否审批</td><td>否</td></tr>
<tr><td>治理措施</td><td colspan="7">对常闭回路设计整改为常开回路，完善出口保护双重化配置。</td></tr>
<tr><td>防控措施</td><td colspan="7">1. 检修过程做好隔离措施防止回路中任一端子松动导致继电器失磁，跳闸误出口。
2. 严禁直流电源丢失导致继电器失磁，跳闸误出口。</td></tr>
<tr><td>治理完成情况</td><td colspan="7">2023年2月12日，国网××换流站跳闸回路完成双重化配置。现申请对该隐患治理完成情况进行验收。</td></tr>
<tr><td>治理计划资金（万元）</td><td colspan="2">××</td><td>累计投入资金（万元）</td><td colspan="4">××</td></tr>
<tr><td>验收组织单位</td><td colspan="2">国网××公司</td><td>验收负责人</td><td colspan="4">×××</td></tr>
<tr><td rowspan="2">验收</td><td>验收负责人签字日期</td><td colspan="2">2023-02-12</td><td>是否消除</td><td colspan="4">是</td></tr>
<tr><td>验收结论</td><td colspan="7">隐患已治理，符合安全运行要求，同意销号。</td></tr>
</table>

8.2.7.13 直流控制系统存在非独立的硬件设备

较大隐患排查治理档案表

××××年度　　　　　　　　　　　　　　　　　　　　　　　　　　　　　　　　国网××××公司

<table>
<tr><td rowspan="7">发现</td><td>隐患简题</td><td colspan="7">国网××超高压公司 2023 年 2 月 3 日发现换流站直流控制系统存在非独立的硬件设备（包括主机、板卡、电源、输入输出回路和控制软件），或每极各层控制设备间、极间存在有公用的输入/输出（I/O）设备的安全隐患。</td></tr>
<tr><td>隐患编号</td><td>国网×××公司 2023××××</td><td>隐患所在单位</td><td>国网××超高压公司</td><td>隐患来源</td><td colspan="3">现场巡视、图纸资料</td></tr>
<tr><td>隐患分类</td><td>设备设施</td><td>专业子类</td><td>直流</td><td>隐患性质</td><td colspan="3">设备类</td></tr>
<tr><td>电压等级</td><td>—</td><td>归属职能部门</td><td colspan="5">设备部</td></tr>
<tr><td>发现人</td><td>×××</td><td>发现人单位</td><td>国网××超高压公司</td><td>发现日期</td><td colspan="3">2023-02-05</td></tr>
<tr><td>事故隐患内容</td><td colspan="7">在事故分析中发现：2005 年 5 月 7 日，国网××换流站换流变压器采样板 PS845 板卡单一故障，电流出现突变，引起换流变压器绕组差动保护动作导致极闭锁。不满足《国家电网有限公司关于印发防止直流换流站事故措施及释义（修订版）的通知》（国家电网设备〔2021〕227 号）5.1.25：“直流系统保护（含双极/极/换流器保护、换流变压器保护、交直流滤波器保护）采用三重化或双重化配置。每套保护均应独立、完整，各套保护出口前不应有任何电气联系，当一套保护退出时不应影响其他各套保护运行。”存在直流闭锁的安全风险，依据《国家电网有限公司安全事故调查规程》（2021 年版）4.2.6.6（2）：“±400kV 以上直流单极或单换流器闭锁，并造成功率损失。”和 4.2.6.6（6）：“±400kV 以上直流输电系统功率速降超过 2000MW 或额定功率的 50%”，构成六级电网事件。</td></tr>
<tr><td>可能导致后果</td><td>六级电网事件</td><td>事件依据</td><td>《国家电网有限公司安全事故调查规程》（2021 年版）4.2.6.6</td><td>标准依据</td><td colspan="3">《设备设施安全隐患排查标准》SS2110</td></tr>
<tr><td rowspan="2">市级评估</td><td>评估等级</td><td>较大隐患</td><td>评估负责人</td><td>×××</td><td>评估负责人签字日期</td><td colspan="3">2023-02-05</td></tr>
<tr><td>可能导致后果</td><td colspan="7">六级电网事件</td></tr>
<tr><td rowspan="6">治理</td><td>实际治理完成日期</td><td>2023-02-12</td><td>治理责任单位</td><td>设备部</td><td>治理责任人</td><td colspan="3">×××</td></tr>
<tr><td>治理方式</td><td>措施</td><td>治理期限</td><td>2023-02-05 至 2023-03-05</td><td>是否纳入项目储备</td><td>否</td><td>项目储备是否审批</td><td>否</td></tr>
<tr><td>治理措施</td><td colspan="7">1. 控保系统双重化配置。
2. 对存在共用硬件部分进行整改。</td></tr>
<tr><td>防控措施</td><td colspan="7">1. 双重化配置的控保系统禁止同时退出运行。
2. 对共用硬件加强监视。</td></tr>
<tr><td>治理完成情况</td><td colspan="7">2023 年 2 月 12 日，国网××换流站对共用硬件进行整改，确保双重化配置之间完全独立。现申请对该隐患治理完成情况进行验收。</td></tr>
<tr><td>治理计划资金（万元）</td><td colspan="2">××</td><td>累计投入资金（万元）</td><td colspan="4">××</td></tr>
<tr><td rowspan="3">验收</td><td>验收组织单位</td><td colspan="2">国网××公司</td><td>验收负责人</td><td colspan="4">×××</td></tr>
<tr><td>验收负责人签字日期</td><td colspan="2">2023-02-12</td><td>是否消除</td><td colspan="4">是</td></tr>
<tr><td>验收结论</td><td colspan="7">隐患已治理，符合安全运行要求，同意销号。</td></tr>
</table>

8.2.7.14 阀内冷系统循环水系统存在设备故障及漏水

较大隐患排查治理档案表

××××年度　　　　　　　　　　　　　　　　　　　　　　　　　　　　国网××××公司

<table>
<tr><td rowspan="8">发现</td><td>隐患简题</td><td colspan="7">国网××超高压公司 2023 年 2 月 3 日发现换流站阀内冷系统循环水系统主泵轴封破裂、阀塔水管断裂、主泵出水止回阀弹簧及卡销故障、主过滤器堵塞、管道法兰密封不严的安全隐患。</td></tr>
<tr><td>隐患编号</td><td>国网×××公司 2023××××</td><td>隐患所在单位</td><td>国网××超高压公司</td><td>隐患来源</td><td colspan="3">现场巡视</td></tr>
<tr><td>隐患分类</td><td>设备设施</td><td>专业子类</td><td>直流</td><td>隐患性质</td><td colspan="3">设备类</td></tr>
<tr><td>电压等级</td><td>—</td><td>归属职能部门</td><td colspan="5">设备部</td></tr>
<tr><td>发现人</td><td>×××</td><td>发现人单位</td><td>国网××超高压公司</td><td>发现日期</td><td colspan="3">2023-02-05</td></tr>
<tr><td>事故隐患内容</td><td colspan="7">在事故分析中发现：2007 年 9 月 5 日，国网××换流站因长期震动导致极Ⅱ内冷水系统#1 主泵轴承损坏、陶瓷密封圈破裂漏水，阀漏水保护动作闭锁。不满足《国家电网有限公司关于印发防止直流换流站事故措施及释义（修订版）的通知》（国家电网设备〔2021〕227 号）4.2.4：“主泵与管道连接部分宜采用软连接，防止长期振动导致主泵轴承、轴封损坏漏水。”存在直流闭锁的安全风险，依据《国家电网有限公司安全事故调查规程》（2021 年版）4.2.6.6（2）：“±400kV 以上直流单极或单换流器闭锁，并造成功率损失。”和 4.2.6.6（6）：“±400kV 以上直流输电系统功率速降超过 2000MW 或额定功率的 50%”，构成六级电网事件。</td></tr>
<tr><td>可能导致后果</td><td>六级电网事件</td><td>事件依据</td><td>《国家电网有限公司安全事故调查规程》（2021 年版）4.2.6.6</td><td>标准依据</td><td colspan="3">《设备设施安全隐患排查标准》SS2111</td></tr>
<tr><td colspan="0" style="display:none"></td></tr>
<tr><td rowspan="2">市级评估</td><td>评估等级</td><td>较大隐患</td><td>评估负责人</td><td>×××</td><td>评估负责人签字日期</td><td colspan="3">2023-02-05</td></tr>
<tr><td>可能导致后果</td><td colspan="7">六级电网事件</td></tr>
<tr><td rowspan="6">治理</td><td>实际治理完成日期</td><td>2023-02-12</td><td>治理责任单位</td><td>设备部</td><td>治理责任人</td><td colspan="3">×××</td></tr>
<tr><td>治理方式</td><td>措施</td><td>治理期限</td><td>2023-02-05 至 2023-03-05</td><td>是否纳入项目储备</td><td>否</td><td>项目储备是否审批</td><td>否</td></tr>
<tr><td>治理措施</td><td colspan="7">对主泵与管道连接部分采用软连接。</td></tr>
<tr><td>防控措施</td><td colspan="7">1. 加强对主泵的巡视。
2. 针对阀漏水保护信号加强监视。
3. 退出微分泄漏保护，进行补水。</td></tr>
<tr><td>治理完成情况</td><td colspan="7">2023 年 2 月 12 日，国网××换流站利用年度检修对主泵与管道连接部分整改为采用软连接。现申请对该隐患治理完成情况进行验收。</td></tr>
<tr><td>治理计划资金（万元）</td><td colspan="2">××</td><td>累计投入资金（万元）</td><td colspan="4">××</td></tr>
<tr><td rowspan="3">验收</td><td>验收组织单位</td><td colspan="2">国网××公司</td><td>验收负责人</td><td colspan="4">×××</td></tr>
<tr><td>验收负责人签字日期</td><td colspan="2">2023-02-12</td><td>是否消除</td><td colspan="4">是</td></tr>
<tr><td>验收结论</td><td colspan="7">隐患已治理，符合安全运行要求，同意销号。</td></tr>
</table>

8.2.7.15 内冷系统传感器故障

较大隐患排查治理档案表

××××年度　　　　　　　　　　　　　　　　　　　　　　　国网××××公司

<table>
<tr><td rowspan="7">发现</td><td>隐患简题</td><td colspan="7">国网××超高压公司 2023 年 2 月 3 日发现换流站阀内冷系统传感器故障或探头受损，通信回路故障等导致采样异常的安全隐患。</td></tr>
<tr><td>隐患编号</td><td>国网×××公司 2023××××</td><td>隐患所在单位</td><td>国网××超高压公司</td><td>隐患来源</td><td colspan="3">现场巡视、信号监控</td></tr>
<tr><td>隐患分类</td><td>设备设施</td><td>专业子类</td><td>直流</td><td>隐患性质</td><td colspan="3">设备类</td></tr>
<tr><td>电压等级</td><td>—</td><td>归属职能部门</td><td colspan="5">设备部</td></tr>
<tr><td>发现人</td><td>×××</td><td>发现人单位</td><td>国网××超高压公司</td><td>发现日期</td><td colspan="3">2023-02-05</td></tr>
<tr><td>事故隐患内容</td><td colspan="7">在事故分析中发现：2017 年 6 月 9 日，国网××换流站极Ⅱ出阀温度变送器 TT04 故障，出阀温度按不利值选择，误将故障变送器的值作为保护输入信号，导致功率回降。不满足《国家电网有限公司关于印发防止直流换流站事故措施及释义（修订版）的通知》（国家电网设备〔2021〕227 号）4.1.1：“作用于跳闸的传感器应按照三套独立冗余配置，保护按照‘三取二’原则出口，当一套传感器故障时，采用‘二取一’逻辑出口；当两套传感器故障时，采用‘一取一’逻辑出口。”存在直流闭锁的安全风险，依据《国家电网有限公司安全事故调查规程》（2021 年版）4.2.6.6（2）：“±400kV 以上直流单极或单换流器闭锁，并造成功率损失。”和 4.2.6.6（6）：“±400kV 以上直流输电系统功率速降超过 2000MW 或额定功率的 50%”，构成六级电网事件。</td></tr>
<tr><td>可能导致后果</td><td>六级电网事件</td><td>事件依据</td><td>《国家电网有限公司安全事故调查规程》（2021 年版）4.2.6.6</td><td>标准依据</td><td colspan="3">《设备设施安全隐患排查标准》SS2112</td></tr>
<tr><td rowspan="2">市级评估</td><td>评估等级</td><td>较大隐患</td><td>评估负责人</td><td>×××</td><td>评估负责人签字日期</td><td colspan="3">2023-02-05</td></tr>
<tr><td>可能导致后果</td><td colspan="7">六级电网事件</td></tr>
<tr><td rowspan="7">治理</td><td>实际治理完成日期</td><td>2023-02-12</td><td>治理责任单位</td><td>设备部</td><td>治理责任人</td><td colspan="3">×××</td></tr>
<tr><td>治理方式</td><td>措施</td><td>治理期限</td><td>2023-02-05 至 2023-03-05</td><td>是否纳入项目储备</td><td>否</td><td>项目储备是否审批</td><td>否</td></tr>
<tr><td>治理措施</td><td colspan="7">阀内冷系统传感器进行双重化配置，必要时进行三重化配置。</td></tr>
<tr><td>防控措施</td><td colspan="7">1. 加强对内水冷的巡视。
2. 针对传感器加强监视。</td></tr>
<tr><td>治理完成情况</td><td colspan="7">2023 年 2 月 12 日，国网××换流站阀内冷系统传感器整改为双重化配置。现申请对该隐患治理完成情况进行验收。</td></tr>
<tr><td>治理计划资金（万元）</td><td colspan="2">××</td><td>累计投入资金（万元）</td><td colspan="4">××</td></tr>
<tr><td colspan="8"></td></tr>
<tr><td rowspan="3">验收</td><td>验收组织单位</td><td colspan="2">国网××公司</td><td>验收负责人</td><td colspan="4">×××</td></tr>
<tr><td>验收负责人签字日期</td><td colspan="2">2023-02-12</td><td>是否消除</td><td colspan="4">是</td></tr>
<tr><td>验收结论</td><td colspan="7">隐患已治理，符合安全运行要求，同意销号。</td></tr>
</table>

8.2.7.16　交流电源备自投与阀内冷系统未与站用电联合调试

较大隐患排查治理档案表

××××年度　　　　　　　　　　　　　　　　　　　　　　　　　　　　　　　　国网××××公司

<table>
<tr><td rowspan="7">发现</td><td>隐患简题</td><td colspan="7">国网××超高压公司 2023 年 2 月 3 日发现换流站 10kV/400V 站用交流电源备自投与阀内冷系统未在系统调试前完成各级站用电源切换、定值检定、内冷水主泵切换试验的安全隐患。</td></tr>
<tr><td>隐患编号</td><td>国网××超高压公司 2023××××</td><td>隐患所在单位</td><td>国网××超高压公司</td><td>隐患来源</td><td colspan="3">现场巡视、查阅资料</td></tr>
<tr><td>隐患分类</td><td>设备设施</td><td>专业子类</td><td>直流</td><td>隐患性质</td><td colspan="3">设备类</td></tr>
<tr><td>电压等级</td><td>—</td><td>归属职能部门</td><td colspan="5">设备部</td></tr>
<tr><td>发现人</td><td>×××</td><td>发现人单位</td><td>国网××超高压公司</td><td>发现日期</td><td colspan="3">2023-02-05</td></tr>
<tr><td>事故隐患内容</td><td colspan="7">在现场巡视、查阅资料中发现：国网××换流站 10kV/400V 站用交流电源备自投与阀内冷系统未在系统调试前完成各级站用电源切换、定值检定、内冷水主泵切换试验的安全隐患。不满足《国家电网有限公司关于印发防止直流换流站事故措施及释义（修订版）的通知》（国家电网设备〔2021〕227 号）12.3.1：“站用电系统及阀冷却系统应在系统调试前完成各级站用电源切换、定值检定、内冷水主泵切换试验。”可能造成单极闭锁。依据《国家电网有限公司安全事故调查规程》（2021 年版）4.2.6.6（2）：“±400kV 以上直流单极或单换流器闭锁，并造成功率损失。”和 4.2.6.6（6）：“±400kV 以上直流输电系统功率速降超过 2000MW 或额定功率的 50%”，构成六级电网事件。</td></tr>
<tr><td>可能导致后果</td><td>六级电网事件</td><td>事件依据</td><td>《国家电网有限公司安全事故调查规程》（2021 年版）4.2.6</td><td>标准依据</td><td colspan="3">《设备设施安全隐患排查标准》SS2113</td></tr>
<tr><td rowspan="2">市级评估</td><td>评估等级</td><td>较大隐患</td><td>评估负责人</td><td>×××</td><td>评估负责人签字日期</td><td colspan="3">2023-02-05</td></tr>
<tr><td>可能导致后果</td><td colspan="7">六级电网事件</td></tr>
<tr><td rowspan="6">治理</td><td>实际治理完成日期</td><td>2023-02-12</td><td>治理责任单位</td><td>设备部</td><td>治理责任人</td><td colspan="3">×××</td></tr>
<tr><td>治理方式</td><td>措施</td><td>治理期限</td><td>2023-02-05 至 2023-03-05</td><td>是否纳入项目储备</td><td>否</td><td>项目储备是否审批</td><td>否</td></tr>
<tr><td>治理措施</td><td colspan="7">按照调试方案进行各级备自投切换试验，验证备自投配合和动作时序是否正确，检验切换过程对各装置运行的影响，检验切换过程电压是否稳定，是否影响各类负荷运行，以及是否会导致直流闭锁。</td></tr>
<tr><td>防控措施</td><td colspan="7">1. 落实班组隐患公示。
2. 停电检修时，对备自投定值进行核查，开展各级备自投和电源切换装置的切换试验。
3. 制订好异常事故处置方案。
4. 投运前要对站用电各级与水冷电源开展切换试验并留存试验记录。</td></tr>
<tr><td>治理完成情况</td><td colspan="7">2023 年 2 月 12 日，国网××换流站停电检修时，对备自投定值进行核查，开展各级备自投和电源切换装置的切换试验。现申请对该隐患治理完成情况进行验收。</td></tr>
<tr><td>治理计划资金（万元）</td><td colspan="2">××</td><td>累计投入资金（万元）</td><td colspan="4">××</td></tr>
<tr><td rowspan="3">验收</td><td>验收组织单位</td><td colspan="2">国网××公司</td><td>验收负责人</td><td colspan="4">×××</td></tr>
<tr><td>验收负责人签字日期</td><td colspan="2">2023-02-12</td><td>是否消除</td><td colspan="4">是</td></tr>
<tr><td>验收结论</td><td colspan="7">隐患已治理，符合安全运行要求，同意销号。</td></tr>
</table>

8.2.7.17 直流开关场未按照“能配尽配”原则配置防误闭锁

较大隐患排查治理档案表

××××年度　　　　　　　　　　　　　　　　　　　　　　　　　　　　　国网××××公司

发现	隐患简题	国网××超高压公司2023年2月3日发现换流站交直流开关场未按照“能配尽配”原则配置完善机械联锁、电气联锁和软件联锁的安全隐患。						
	隐患编号	国网××超高压公司2023××××	隐患所在单位	国网××超高压公司	隐患来源	现场巡视、图纸资料		
	隐患分类	设备设施	专业子类	直流	隐患性质	设备类		
	电压等级	—	归属职能部门	设备部				
	发现人	×××	发现人单位	国网××超高压公司	发现日期	2023-02-05		
	事故隐患内容	**在专项督导检查中发现中发现：**国网××换流站交直流开关场未按照“能配尽配”原则配置完善机械联锁、电气联锁和软件联锁造成误操作的安全隐患。不满足《国家电网有限公司关于印发防止直流换流站事故措施及释义（修订版）的通知》（国家电网设备〔2021〕227 号）8.2.51：“交直流开关场按照‘能配尽配’原则足额配置机械联锁、电气联锁和软件联锁，防止意外原因导致带电合闸。”依据《国家电网有限公司安全事故调查规程》（2021年版）4.3.6.18：“3kV以上电气设备，发生下列一般电气误操作，使主设备异常运行或被迫停运”，构成六级设备事件。						
	可能导致后果	六级设备事件	事件依据	《国家电网有限公司安全事故调查规程》（2021年版）4.3.6.18	标准依据	《设备设施安全隐患排查标准》SS2116		
市级评估	评估等级	较大隐患	评估负责人	×××	评估负责人签字日期	2023-02-05		
	可能导致后果	六级设备事件						
治理	实际治理完成日期	2023-02-12	治理责任单位	设备部	治理责任人	×××		
	治理方式	立项/措施	治理期限	2023-02-05至2023-03-05	是否纳入项目储备	是/否	项目储备是否审批	是/否
	治理措施	1. 根据隐患内容制定专项方案。 2. 结合停电对交直流开关配置完善机械联锁、电气联锁和软件联锁。						
	防控措施	1. 落实班组隐患公示。 2. 操作时应认真核对设备状态，严格执行操作票唱票、复诵制度。						
	治理完成情况	2023年2月12日，国网××换流站完成刀闸机械联锁问题治理。现申请对该隐患治理完成情况进行验收。						
	治理计划资金（万元）	××		累计投入资金（万元）	××			
验收	验收组织单位	国网××公司		验收负责人	×××			
	验收负责人签字日期	2023-02-12		是否消除	是			
	验收结论	隐患已治理，符合安全运行要求，同意销号。						

8.2.7.18 换流站设备基础沉降超过限值导致电缆、光缆划伤、折断

较大隐患排查治理档案表

××××年度　　　　　　　　　　　　　　　　　　　　　　　　　　　　　　　　国网××××公司

<table>
<tr><td rowspan="8">发现</td><td>隐患简题</td><td colspan="7">国网××超高压公司 2023 年 2 月 3 日发现换流站设备基础沉降超过限值导致电缆、光缆划伤、折断的安全隐患。</td></tr>
<tr><td>隐患编号</td><td>国网××超高压公司 2023××××</td><td>隐患所在单位</td><td>国网××超高压公司</td><td>隐患来源</td><td colspan="3">专项监督</td></tr>
<tr><td>隐患分类</td><td>设备设施</td><td>专业子类</td><td>直流</td><td>隐患性质</td><td colspan="3">设备类</td></tr>
<tr><td>电压等级</td><td>—</td><td>归属职能部门</td><td colspan="5">设备部</td></tr>
<tr><td>发现人</td><td>×××</td><td>发现人单位</td><td>国网××超高压公司</td><td>发现日期</td><td colspan="3">2023-02-05</td></tr>
<tr><td>事故隐患内容</td><td colspan="7">在 2023 年公司安全性评价专项监督工作中发现：国网××换流站设备基础沉降超过限值导致电缆、光缆划伤、折断，造成电缆两点接地或光缆中断，造成设备跳闸或误动作安全隐患。不满足《国家电网有限公司关于印发防止直流换流站事故措施及释义（修订版）的通知》（国家电网设备〔2021〕227 号）9.1.20：“互感器端子箱进线孔、穿管孔应有保护、固定措施，端子箱内电缆（尾缆）应留有足够裕度，防止由于沉降等引起电缆（尾缆）下移后被进线孔边缘划伤。”依照《国家电网有限公司安全事故调查规程》（2021 年版）4.2.6.6（2）：“±400kV 以上直流单极或单换流器闭锁，并造成功率损失”，构成六级电网事件。</td></tr>
<tr><td>可能导致后果</td><td>六级电网事件</td><td>事件依据</td><td>《国家电网有限公司安全事故调查规程》（2021 年版）4.2.6.6（2）</td><td>标准依据</td><td colspan="3">《设备设施安全隐患排查标准》SS2117</td></tr>
<tr><td colspan="8"></td></tr>
<tr><td rowspan="2">市级评估</td><td>评估等级</td><td>较大隐患</td><td>评估负责人</td><td>×××</td><td>评估负责人签字日期</td><td colspan="3">2023-02-05</td></tr>
<tr><td>可能导致后果</td><td colspan="7">六级电网事件</td></tr>
<tr><td rowspan="6">治理</td><td>实际治理完成日期</td><td>2023-02-12</td><td>治理责任单位</td><td>设备部</td><td>治理责任人</td><td colspan="3">×××</td></tr>
<tr><td>治理方式</td><td>措施</td><td>治理期限</td><td>2023-02-05 至 2023-03-05</td><td>是否纳入项目储备</td><td>否</td><td>项目储备是否审批</td><td>否</td></tr>
<tr><td>治理措施</td><td colspan="7">定期开展设备基础偏移进行测量，及时发现基础沉降问题并调整处理。</td></tr>
<tr><td>防控措施</td><td colspan="7">1. 落实班组隐患公示。
2. 定期开展设备基础偏移进行测量。
3. 制订好异常事故处置方案。
4. 根据沉降裕度留存电缆敷设裕度。</td></tr>
<tr><td>治理完成情况</td><td colspan="7">2023 年 2 月 12 日，国网××换流站对发现基础沉降问题进行基础补强，调整处理。现申请对该隐患治理完成情况进行验收。</td></tr>
<tr><td>治理计划资金（万元）</td><td colspan="2">××</td><td>累计投入资金（万元）</td><td colspan="4">××</td></tr>
<tr><td rowspan="3">验收</td><td>验收组织单位</td><td colspan="2">国网××公司</td><td>验收负责人</td><td colspan="4">×××</td></tr>
<tr><td>验收负责人签字日期</td><td colspan="2">2023-02-12</td><td>是否消除</td><td colspan="4">是</td></tr>
<tr><td>验收结论</td><td colspan="7">隐患已治理，符合安全运行要求，同意销号。</td></tr>
</table>

8.2.7.19 换流站换流变、油浸式平波电抗器升高座与油箱本体未加强结构设计

一般隐患排查治理档案表

××××年度　　　　　　　　　　　　　　　　　　　　　　　　　　　　国网××××公司

<table>
<tr><td rowspan="8">发现</td><td>隐患简题</td><td colspan="7">国网××超高压公司 2023 年 2 月 3 日发现换流站换流变压器、油浸式平波电抗器升高座与油箱本体未加强结构设计，在长时间震动后可能发生损伤和变形的安全隐患。</td></tr>
<tr><td>隐患编号</td><td>国网××超高压公司 2023××××</td><td>隐患所在单位</td><td>国网××超高压公司</td><td>隐患来源</td><td colspan="3">设计资料、出厂资料、现场检查</td></tr>
<tr><td>隐患分类</td><td>设备设施</td><td>专业子类</td><td>直流</td><td>隐患性质</td><td colspan="3">设备类</td></tr>
<tr><td>电压等级</td><td>—</td><td>归属职能部门</td><td colspan="5">设备部</td></tr>
<tr><td>发现人</td><td>×××</td><td>发现人单位</td><td>国网××超高压公司</td><td>发现日期</td><td colspan="3">2023-02-05</td></tr>
<tr><td>事故隐患内容</td><td colspan="7">国网××换流站换流变压器、油浸式平波电抗器升高座与油箱本体未加强结构设计，在长时间震动后可能发生损伤和变形的安全隐患，不符合《国家电网有限公司关于印发防止直流换流站事故措施及释义（修订版）的通知》(国家电网设备〔2021〕227 号) 1.1.7：“换流变压器、油浸式平波电抗器升高座与油箱本体应采取措施加强结构设计，油箱应能够承受真空度为 13.3Pa 和正压力为 0.12MPa 的机械强度试验，不得有损伤和不允许的永久变形；换流变压器顶盖与油箱连接方式应避免箱沿异常发热。”依据《国家电网有限公司安全事故调查规程》(2021 年版) 4.3.7.2：“35kV 以上主变压器、电抗器等本体故障损坏”，构成七级设备事件。</td></tr>
<tr><td>可能导致后果</td><td>七级设备事件</td><td>事件依据</td><td>《国家电网有限公司安全事故调查规程》(2021 年版) 4.3.7.2</td><td>标准依据</td><td colspan="3">《设备设施安全隐患排查标准》SS3101</td></tr>
<tr><td colspan="8"></td></tr>
<tr><td rowspan="2">市级评估</td><td>评估等级</td><td>一般隐患</td><td>评估负责人</td><td>×××</td><td>评估负责人签字日期</td><td colspan="3">2023-02-05</td></tr>
<tr><td>可能导致后果</td><td colspan="7">七级设备事件</td></tr>
<tr><td rowspan="6">治理</td><td>实际治理完成日期</td><td>2023-02-12</td><td>治理责任单位</td><td>设备部</td><td>治理责任人</td><td colspan="3">×××</td></tr>
<tr><td>治理方式</td><td>措施</td><td>治理期限</td><td>2023-02-05 至 2023-03-05</td><td>是否纳入项目储备</td><td>否</td><td>项目储备是否审批</td><td>否</td></tr>
<tr><td>治理措施</td><td colspan="7">对换流变压器、油浸式平波电抗器升高座与油箱本体进行加装固定支架处理。</td></tr>
<tr><td>防控措施</td><td colspan="7">1. 落实班组隐患公示。
2. 对换流变压器、油浸式平波电抗器升高座与油箱本体外轮廓做好标记，每周进行巡视一次，记录变形发展趋势。
3. 制订好异常事故处置方案。
4. 做好初设及设备到场验收审核。</td></tr>
<tr><td>治理完成情况</td><td colspan="7">2023 年 2 月 12 日，国网××换流站结合检修换流变压器、油浸式平波电抗器升高座与油箱本体进行加装固定支架处理。现申请对该隐患治理完成情况进行验收。</td></tr>
<tr><td>治理计划资金（万元）</td><td colspan="2">××</td><td>累计投入资金（万元）</td><td colspan="4">××</td></tr>
<tr><td rowspan="3">验收</td><td>验收组织单位</td><td colspan="2">国网××公司</td><td>验收负责人</td><td colspan="4">×××</td></tr>
<tr><td>验收负责人签字日期</td><td colspan="2">2023-02-12</td><td>是否消除</td><td colspan="4">是</td></tr>
<tr><td>验收结论</td><td colspan="7">隐患已治理，符合安全运行要求，同意销号。</td></tr>
</table>

8.2.7.20 换流变压器、油浸式平波电抗器潜油泵端盖法兰紧固面未采用不锈钢螺栓

一般隐患排查治理档案表

××××年度　　　　　　　　　　　　　　　　　　　　　　　　　　　　　　　　国网××××公司

<table>
<tr><td rowspan="8">发现</td><td>隐患简题</td><td colspan="6">国网××超高压公司 2023 年 2 月 3 日发现换流站换流变压器、油浸式平波电抗器潜油泵端盖法兰紧固面未采用不锈钢螺栓对穿结构可能造成螺栓锈蚀，导致渗油的安全隐患。</td></tr>
<tr><td>隐患编号</td><td>国网××超高压公司 2023××××</td><td>隐患所在单位</td><td>国网××超高压公司</td><td>隐患来源</td><td colspan="2">设计资料、出厂资料、现场检查</td></tr>
<tr><td>隐患分类</td><td>设备设施</td><td>专业子类</td><td>直流</td><td>隐患性质</td><td colspan="2">设备类</td></tr>
<tr><td>电压等级</td><td>—</td><td>归属职能部门</td><td colspan="4">设备部</td></tr>
<tr><td>发现人</td><td>×××</td><td>发现人单位</td><td>国网××超高压公司</td><td>发现日期</td><td colspan="2">2023-02-05</td></tr>
<tr><td>事故隐患内容</td><td colspan="6">在事故分析中发现：国网××换流站换流变压器、油浸式平波电抗器潜油泵端盖法兰紧固面未采用不锈钢螺栓对穿结构可能造成螺栓锈蚀，导致渗油的安全隐患，不符合《国家电网有限公司关于印发防止直流换流站事故措施及释义（修订版）的通知》（国家电网设备〔2021〕227 号）1.1.17：“换流变压器、油浸式平波电抗器潜油泵端盖法兰紧固面应采用不锈钢螺栓对穿结构，防止螺栓锈蚀引发螺栓断裂、泵体滑落，导致漏油。”依据《国家电网有限公司安全事故调查规程》（2021 年版）4.3.8.1：“造成 5 万元以上 10 万元以下直接经济损失”，构成八级设备事件。</td></tr>
<tr><td>可能导致后果</td><td>八级设备事件</td><td>事件依据</td><td>《国家电网有限公司安全事故调查规程》（2021 年版）4.3.8.1</td><td>标准依据</td><td colspan="2">《设备设施安全隐患排查标准》SS3102</td></tr>
<tr><td colspan="7"></td></tr>
<tr><td rowspan="2">市级评估</td><td>评估等级</td><td>一般隐患</td><td>评估负责人</td><td>×××</td><td>评估负责人签字日期</td><td colspan="2">2023-02-05</td></tr>
<tr><td>可能导致后果</td><td colspan="6">八级设备事件</td></tr>
<tr><td rowspan="6">治理</td><td>实际治理完成日期</td><td>2023-02-06</td><td>治理责任单位</td><td>设备部</td><td>治理责任人</td><td colspan="2">×××</td></tr>
<tr><td>治理方式</td><td>措施</td><td>治理期限</td><td>2023-02-05 至 2023-03-05</td><td>是否纳入项目储备</td><td>否</td><td>项目储备是否审批　否</td></tr>
<tr><td>治理措施</td><td colspan="6">对换流变压器、油浸式平波电抗器潜油泵端盖法兰紧固面更换不锈钢螺栓。</td></tr>
<tr><td>防控措施</td><td colspan="6">1. 对换流变压器、油浸式平波电抗器潜油泵端盖法兰处每日进行巡视一次。
2. 对换流变压器、油浸式平波电抗器潜油泵端盖法兰处增加一对螺栓。
3. 制订好异常事故处置方案。</td></tr>
<tr><td>治理完成情况</td><td colspan="6">2023 年 2 月 6 日，国网××换流站结合检修对换流变压器、油浸式平波电抗器潜油泵端盖法兰紧固面更换不锈钢螺栓。现申请对该隐患治理完成情况进行验收。</td></tr>
<tr><td>治理计划资金（万元）</td><td colspan="2">××</td><td>累计投入资金（万元）</td><td colspan="3">××</td></tr>
<tr><td rowspan="3">验收</td><td>验收组织单位</td><td colspan="2">国网××公司</td><td>验收负责人</td><td colspan="3">×××</td></tr>
<tr><td>验收负责人签字日期</td><td colspan="2">2023-02-06</td><td>是否消除</td><td colspan="3">是</td></tr>
<tr><td>验收结论</td><td colspan="6">隐患已治理，符合安全运行要求，同意销号。</td></tr>
</table>

8.2.7.21 阀侧套管金具安装时引流导线和均压罩应保持足够安全距离

一般隐患排查治理档案表

××××年度

国网××××公司

发现	隐患简题	国网××超高压公司 2023 年 2 月 3 日发现换流站换流变压器阀侧套管金具安装时引流导线和均压罩应保持足够安全距离，防止相互触碰发热损坏的安全隐患。						
	隐患编号	国网××超高压公司 2023××××	隐患所在单位	国网××超高压公司	隐患来源	设计资料、出厂资料、红外测温		
	隐患分类	设备设施	专业子类	直流	隐患性质	设备类		
	电压等级	—	归属职能部门	设备部				
	发现人	×××	发现人单位	国网××超高压公司	发现日期	2023-02-05		
	事故隐患内容	国网××换流站换流变压器阀侧套管金具安装时，引流导线和均压罩应保持足够安全距离，防止相互触碰分流导致引流导线和均压罩异常发热，导致损坏的安全隐患，不符合《国家电网有限公司关于印发防止直流换流站事故措施及释义（修订版）的通知》（国家电网设备〔2021〕227 号）2.3.1："换流变压器阀侧套管金具安装时，引流导线和均压罩应保持足够安全距离，防止间隙放电或相互触碰分流发热。"依据《国家电网有限公司安全事故调查规程》（2021 年版）4.3.8.1："造成 5 万元以上 10 万元以下直接经济损失"，构成八级设备事件。						
	可能导致后果	八级设备事件	事件依据	《国家电网有限公司安全事故调查规程》（2021 年版）4.3.8.1	标准依据	《设备设施安全隐患排查标准》SS3103		
市级评估	评估等级	一般隐患	评估负责人	×××	评估负责人签字日期	2023-02-05		
	可能导致后果	八级设备事件						
治理	实际治理完成日期	2023-02-12	治理责任单位	设备部	治理责任人	×××		
	治理方式	措施	治理期限	2023-02-05 至 2023-03-05	是否纳入项目储备	否	项目储备是否审批	否
	治理措施	对换流变阀侧套管金具与引流导线和均压罩位置进行调整。						
	防控措施	1. 落实班组隐患公示。 2. 对换流变阀侧套管金具与引流导线和均压罩每日进行一次红外测温，发现温度异常及时汇报。 3. 制订好异常事故处置方案。						
	治理完成情况	2023 年 2 月 12 日，国网××换流站结合检修对换流变阀侧套管金具与引流导线和均压罩位置进行调整。现申请对该隐患治理完成情况进行验收。						
	治理计划资金（万元）	××	累计投入资金（万元）	××				
验收	验收组织单位	国网××公司	验收负责人	×××				
	验收负责人签字日期	2023-02-12	是否消除	是				
	验收结论	隐患已治理，符合安全运行要求，同意销号。						

8.2.7.22 晶闸管触发单元未采用低功耗设计

一般隐患排查治理档案表

××××年度　　　　　　　　　　　　　　　　　　　　　　　　　　　　　　　　　　　国网××××公司

<table>
<tr><td rowspan="8">发现</td><td>隐患简题</td><td colspan="7">国网××超高压公司 2023 年 2 月 3 日发现换流站晶闸管触发单元未采用低功耗设计，使用大功率器件长期运行过程中因器件过应力致使板卡故障的安全隐患。</td></tr>
<tr><td>隐患编号</td><td>国网××超高压公司 2023××××</td><td>隐患所在单位</td><td>国网××超高压公司</td><td>隐患来源</td><td colspan="3">设计图纸资料、现场检查、查阅资料</td></tr>
<tr><td>隐患分类</td><td>设备设施</td><td>专业子类</td><td>直流</td><td>隐患性质</td><td colspan="3">设备类</td></tr>
<tr><td>电压等级</td><td>—</td><td>归属职能部门</td><td colspan="5">设备部</td></tr>
<tr><td>发现人</td><td>×××</td><td>发现人单位</td><td>国网××超高压公司</td><td>发现日期</td><td colspan="3">2023-02-05</td></tr>
<tr><td>事故隐患内容</td><td colspan="7">在事故分析中发现：国网××换流站换流晶闸管触发单元未采用低功耗设计，使用大功率器件，器件选型未充分考虑在各种运行工况下的电压、电流的耐受能力，长期运行过程中因器件过应力致使板卡故障的安全隐患，不符合《国家电网有限公司关于印发防止直流换流站事故措施及释义（修订版）的通知》（国家电网设备〔2021〕227 号）3.2.3：“新建工程晶闸管触发单元应优先采用低功耗设计，避免使用大功率器件，器件选型应充分考虑在各种运行工况下的电压、电流的耐受能力且有足够裕度，避免长期运行过程中因器件过应力致使板卡故障。”依据《国家电网有限公司安全事故调查规程》（2021 年版）4.3.7.1：“造成 10 万元以上 20 万元以下直接经济损失”，构成七级设备事件。</td></tr>
<tr><td>可能导致后果</td><td>七级设备事件</td><td>事件依据</td><td>《国家电网有限公司安全事故调查规程》（2021 年版）4.3.7.1</td><td>标准依据</td><td colspan="3">《设备设施安全隐患排查标准》SS3104</td></tr>
<tr><td rowspan="2">市级评估</td><td>评估等级</td><td>一般隐患</td><td>评估负责人</td><td>×××</td><td>评估负责人签字日期</td><td colspan="3">2023-02-05</td></tr>
<tr><td>可能导致后果</td><td colspan="7">七级设备事件</td></tr>
<tr><td rowspan="6">治理</td><td>实际治理完成日期</td><td>2023-02-12</td><td>治理责任单位</td><td>设备部</td><td>治理责任人</td><td colspan="3">×××</td></tr>
<tr><td>治理方式</td><td>立项</td><td>治理期限</td><td>2023-02-05 至 2023-03-05</td><td>是否纳入项目储备</td><td>是</td><td>项目储备是否审批</td><td>是</td></tr>
<tr><td>治理措施</td><td colspan="7">对晶闸管触发单元大功率器件进行更换。</td></tr>
<tr><td>防控措施</td><td colspan="7">1. 落实班组隐患公示。
2. 对换流阀晶闸管触发单元每日进行一次红外测温，发现温度异常及时汇报。
3. 制订好异常事故处置方案。</td></tr>
<tr><td>治理完成情况</td><td colspan="7">2023 年 2 月 12 日，国网××换流站结合检修对晶闸管触发单元大功率器件进行更换。现申请对该隐患治理完成情况进行验收。</td></tr>
<tr><td>治理计划资金（万元）</td><td colspan="2">××</td><td>累计投入资金（万元）</td><td colspan="4">××</td></tr>
<tr><td rowspan="3">验收</td><td>验收组织单位</td><td colspan="2">国网××公司</td><td>验收负责人</td><td colspan="4">×××</td></tr>
<tr><td>验收负责人签字日期</td><td colspan="2">2023-02-12</td><td>是否消除</td><td colspan="4">是</td></tr>
<tr><td>验收结论</td><td colspan="7">隐患已治理，符合安全运行要求，同意销号。</td></tr>
</table>

8.2.7.23 晶闸管触发单元、阻尼电容、阻尼电阻等元件连接不可靠

一般隐患排查治理档案表

××××年度　　　　国网××××公司

<table>
<tr><td rowspan="8">发现</td><td>隐患简题</td><td colspan="7">国网××超高压公司 2023 年 2 月 3 日发现换流站晶闸管触发单元、阻尼电容、阻尼电阻等元件连接不可靠，因连接松动导致设备放电故障损坏的安全隐患。</td></tr>
<tr><td>隐患编号</td><td>国网××超高压公司 2023××××</td><td>隐患所在单位</td><td>国网××超高压公司</td><td>隐患来源</td><td colspan="3">现场检查</td></tr>
<tr><td>隐患分类</td><td>设备设施</td><td>专业子类</td><td>直流</td><td>隐患性质</td><td colspan="3">设备类</td></tr>
<tr><td>电压等级</td><td>—</td><td>归属职能部门</td><td colspan="5">设备部</td></tr>
<tr><td>发现人</td><td>×××</td><td>发现人单位</td><td>国网××超高压公司</td><td>发现日期</td><td colspan="3">2023-02-05</td></tr>
<tr><td>事故隐患内容</td><td colspan="7">现场检查中发现：国网××换流站换流晶闸管触发单元、阻尼电容、阻尼电阻等元件连接不可靠，因连接松动导致单个晶闸管单元设备放电故障损坏的安全隐患，不符合《国家电网有限公司关于印发防止直流换流站事故措施及释义（修订版）的通知》（国家电网设备〔2021〕227 号）3.4.9：“检查晶闸管触发单元、阻尼电容、阻尼电阻等元件连接可靠，防止因连接松动导致设备放电故障”。依据《国家电网有限公司安全事故调查规程》（2021 年版）4.3.7.1：“造成 10 万元以上 20 万元以下直接经济损失”，构成七级设备事件。</td></tr>
<tr><td>可能导致后果</td><td>七级设备事件</td><td>事件依据</td><td>《国家电网有限公司安全事故调查规程》（2021 年版）4.3.7.1</td><td>标准依据</td><td colspan="3">《设备设施安全隐患排查标准》SS3105</td></tr>
<tr><td rowspan="2">市级评估</td><td>评估等级</td><td>一般隐患</td><td>评估负责人</td><td>×××</td><td>评估负责人签字日期</td><td colspan="3">2023-02-05</td></tr>
<tr><td>可能导致后果</td><td colspan="7">七级设备事件</td></tr>
<tr><td rowspan="6">治理</td><td>实际治理完成日期</td><td>2023-02-12</td><td>治理责任单位</td><td>设备部</td><td>治理责任人</td><td colspan="3">×××</td></tr>
<tr><td>治理方式</td><td>措施</td><td>治理期限</td><td>2023-02-05 至 2023-03-05</td><td>是否纳入项目储备</td><td>否</td><td>项目储备是否审批</td><td>否</td></tr>
<tr><td>治理措施</td><td colspan="7">对晶闸管触发单元、阻尼电容、阻尼电阻等元件进行紧固检查。</td></tr>
<tr><td>防控措施</td><td colspan="7">1. 落实班组隐患公示。
2. 对换流阀晶闸管触发单元每日进行一次红外、紫外测温，发现温度异常及时汇报。
3. 制订好异常事故处置方案。</td></tr>
<tr><td>治理完成情况</td><td colspan="7">2023 年 2 月 12 日，国网××换流站结合检修对晶闸管触发单元、阻尼电容、阻尼电阻等元件进行紧固检查。现申请对该隐患治理完成情况进行验收。</td></tr>
<tr><td>治理计划资金（万元）</td><td colspan="2">××</td><td colspan="2">累计投入资金（万元）</td><td colspan="3">××</td></tr>
<tr><td rowspan="3">验收</td><td>验收组织单位</td><td colspan="2">国网××公司</td><td colspan="2">验收负责人</td><td colspan="3">×××</td></tr>
<tr><td>验收负责人签字日期</td><td colspan="2">2023-02-12</td><td colspan="2">是否消除</td><td colspan="3">是</td></tr>
<tr><td>验收结论</td><td colspan="7">隐患已治理，符合安全运行要求，同意销号。</td></tr>
</table>

8.2.7.24 换流站户外温度变送器无防水措施

一般隐患排查治理档案表

××××年度　　　　　　　　　　　　　　　　　　　　　　　　　　　　国网××××公司

<table>
<tr><td rowspan="7">发现</td><td>隐患简题</td><td colspan="7">国网××超高压公司 2023 年 2 月 3 日发现换流站安装于户外的外冷回水温度变送器没有防雨措施，导致传感器进水损坏的安全隐患。</td></tr>
<tr><td>隐患编号</td><td>国网××超高压公司 2023××××</td><td>隐患所在单位</td><td>国网××超高压公司</td><td>隐患来源</td><td colspan="3">设计图纸资料、现场检查、查阅资料</td></tr>
<tr><td>隐患分类</td><td>设备设施</td><td>专业子类</td><td>直流</td><td>隐患性质</td><td colspan="3">设备类</td></tr>
<tr><td>电压等级</td><td>—</td><td>归属职能部门</td><td colspan="5">设备部</td></tr>
<tr><td>发现人</td><td>×××</td><td>发现人单位</td><td>国网××超高压公司</td><td>发现日期</td><td colspan="3">2023-02-05</td></tr>
<tr><td>事故隐患内容</td><td colspan="7">在事故分析中发现：国网××换流站安装于户外的外冷回水温度变送器没有防雨措施，导致传感器进水损坏的安全隐患，会造成监控系统报警。不满足《国家电网有限公司关于印发防止直流换流站事故措施及释义（修订版）的通知》（国家电网设备〔2021〕227 号）4.1.11 安装于户外的外冷回水温度变送器应有防雨措施。依据《国家电网有限公司安全事故调查规程》（2021 年版）4.3.8.1：“造成 5 万元以上 10 万元以下直接经济损失”，构成八级设备事件。</td></tr>
<tr><td>可能导致后果</td><td>八级设备事件</td><td>事件依据</td><td>《国家电网有限公司安全事故调查规程》（2021 年版）4.3.8.1</td><td>标准依据</td><td colspan="3">《设备设施安全隐患排查标准》SS3106</td></tr>
<tr><td rowspan="2">市级评估</td><td>评估等级</td><td>一般隐患</td><td>评估负责人</td><td>×××</td><td>评估负责人签字日期</td><td colspan="3">2023-02-05</td></tr>
<tr><td>可能导致后果</td><td colspan="7">八级设备事件</td></tr>
<tr><td rowspan="7">治理</td><td>实际治理完成日期</td><td>2023-02-12</td><td>治理责任单位</td><td>设备部</td><td>治理责任人</td><td colspan="3">×××</td></tr>
<tr><td>治理方式</td><td>措施</td><td>治理期限</td><td>2023-02-05 至 2023-03-05</td><td>是否纳入项目储备</td><td>否</td><td>项目储备是否审批</td><td>否</td></tr>
<tr><td>治理措施</td><td colspan="7">对户外的外冷回水温度变送器加装固定防雨罩。</td></tr>
<tr><td>防控措施</td><td colspan="7">1. 落实班组隐患公示。
2. 对户外的外冷回水温度变送器加装临时防雨措施并每日进行检查。
3. 制订好异常事故处置方案。</td></tr>
<tr><td>治理完成情况</td><td colspan="7">2023 年 2 月 12 日，国网××换流站结合检修对户外的外冷回水温度变送器加装固定防雨罩。现申请对该隐患治理完成情况进行验收。</td></tr>
<tr><td>治理计划资金（万元）</td><td colspan="2">××</td><td>累计投入资金（万元）</td><td colspan="4">××</td></tr>
<tr><td colspan="7"></td></tr>
<tr><td rowspan="3">验收</td><td>验收组织单位</td><td colspan="2">国网××公司</td><td>验收负责人</td><td colspan="4">×××</td></tr>
<tr><td>验收负责人签字日期</td><td colspan="2">2023-02-12</td><td>是否消除</td><td colspan="4">是</td></tr>
<tr><td>验收结论</td><td colspan="7">隐患已治理，符合安全运行要求，同意销号。</td></tr>
</table>

8.2.7.25 外冷系统风扇电机及其接线盒未采取防潮、防锈措施

一般隐患排查治理档案表

××××年度　　　　　　　　　　　　　　　　　　　　　　　　　　国网××××公司

<table>
<tr><td rowspan="8">发现</td><td>隐患简题</td><td colspan="7">国网××超高压公司 2023 年 2 月 3 日发现换流站阀外冷系统风扇电机及其接线盒未采取防潮、防锈措施，导致电气设备损坏的安全隐患。</td></tr>
<tr><td>隐患编号</td><td>国网××超高压公司 2023××××</td><td>隐患所在单位</td><td>国网××超高压公司</td><td>隐患来源</td><td colspan="3">设计图纸资料、现场检查、查阅资料</td></tr>
<tr><td>隐患分类</td><td>设备设施</td><td>专业子类</td><td>直流</td><td>隐患性质</td><td colspan="3">设备类</td></tr>
<tr><td>电压等级</td><td>—</td><td>归属职能部门</td><td colspan="5">设备部</td></tr>
<tr><td>发现人</td><td>×××</td><td>发现人单位</td><td>国网××超高压公司</td><td>发现日期</td><td colspan="3">2023-02-05</td></tr>
<tr><td>事故隐患内容</td><td colspan="7">在事故分析中发现：国网××换流站阀外冷系统风扇电机及其接线盒未采取防潮、防锈措施，导致电气设备损坏的安全隐患，不符合《国家电网有限公司关于印发防止直流换流站事故措施及释义（修订版）的通知》（国家电网设备〔2021〕227 号）4.1.42：“阀外冷系统风扇电机及其接线盒应采取防潮、防锈措施”。依据《国家电网有限公司安全事故调查规程》（2021 年版）4.3.7.1：“造成 10 万元以上 20 万元以下直接经济损失”，构成七级设备事件。</td></tr>
<tr><td>可能导致后果</td><td>七级设备事件</td><td>事件依据</td><td>《国家电网有限公司安全事故调查规程》（2021 年版）4.2.7.1</td><td>标准依据</td><td colspan="3">《设备设施安全隐患排查标准》SS3107</td></tr>
<tr style="display:none"></tr>
<tr><td rowspan="2">市级评估</td><td>评估等级</td><td>一般隐患</td><td>评估负责人</td><td>×××</td><td>评估负责人签字日期</td><td colspan="3">2023-02-05</td></tr>
<tr><td>可能导致后果</td><td colspan="7">七级设备事件</td></tr>
<tr><td rowspan="6">治理</td><td>实际治理完成日期</td><td>2023-02-12</td><td>治理责任单位</td><td>设备部</td><td>治理责任人</td><td colspan="3">×××</td></tr>
<tr><td>治理方式</td><td>措施</td><td>治理期限</td><td>2023-02-05 至 2023-03-05</td><td>是否纳入项目储备</td><td>否</td><td>项目储备是否审批</td><td>否</td></tr>
<tr><td>治理措施</td><td colspan="7">对户外阀外冷系统风扇电机及其接线盒加装固定防雨罩。</td></tr>
<tr><td>防控措施</td><td colspan="7">1. 落实班组隐患公示。
2. 对户外的阀外冷系统风扇电机及其接线盒加装临时防潮、防锈措施并每日进行检查。
3. 制订好异常事故处置方案。</td></tr>
<tr><td>治理完成情况</td><td colspan="7">2023 年 2 月 12 日，国网××换流站结合检修对户外阀外冷系统风扇电机及其接线盒加装固定防雨罩。现申请对该隐患治理完成情况进行验收。</td></tr>
<tr><td>治理计划资金（万元）</td><td colspan="2">××</td><td>累计投入资金（万元）</td><td colspan="4">××</td></tr>
<tr><td rowspan="3">验收</td><td>验收组织单位</td><td colspan="2">国网××公司</td><td>验收负责人</td><td colspan="4">×××</td></tr>
<tr><td>验收负责人签字日期</td><td colspan="2">2023-02-12</td><td>是否消除</td><td colspan="4">是</td></tr>
<tr><td>验收结论</td><td colspan="7">隐患已治理，符合安全运行要求，同意销号。</td></tr>
</table>

8.2.7.26 寒冷地区，阀外冷系统未安装防冻措施

一般隐患排查治理档案表

××××年度　　　　　　　　　　　　　　　　　　　　　　　　　　　国网××××公司

<table>
<tr><td rowspan="8">发现</td><td>隐患简题</td><td colspan="7">国网××超高压公司 2023 年 2 月 3 日发现换流站在寒冷地区，阀外冷系统未装设防冻棚内，未配置足够裕度的暖风机，导致阀冷系统设备结冰或冻裂的安全隐患。</td></tr>
<tr><td>隐患编号</td><td>国网××超高压公司 2023××××</td><td>隐患所在单位</td><td>国网××超高压公司</td><td>隐患来源</td><td colspan="3">设计图纸资料、现场检查、查阅资料</td></tr>
<tr><td>隐患分类</td><td>设备设施</td><td>专业子类</td><td>直流</td><td>隐患性质</td><td colspan="3">设备类</td></tr>
<tr><td>电压等级</td><td>—</td><td>归属职能部门</td><td colspan="5">设备部</td></tr>
<tr><td>发现人</td><td>×××</td><td>发现人单位</td><td>国网××超高压公司</td><td>发现日期</td><td colspan="3">2023-02-05</td></tr>
<tr><td>事故隐患内容</td><td colspan="7">国网××换流站在寒冷地区，阀外冷系统冷却器未装设于防冻棚内，未配置足够裕度的暖风机，导致低温天气下阀冷系统设备结冰或冻裂的安全隐患，不符合《国家电网有限公司关于印发防止直流换流站事故措施及释义（修订版）的通知》（国家电网设备〔2021〕227 号）4.1.44：“在寒冷地区，阀外冷系统冷却器应装设于防冻棚内，配置足够裕度的暖风机，且具备低温自动启动、手动启动功能，避免低温天气下阀冷系统设备结冰或冻裂”。依据《国家电网有限公司安全事故调查规程》（2021 年版）4.3.7.1：“造成 10 万元以上 20 万元以下直接经济损失”，构成七级设备事件。</td></tr>
<tr><td>可能导致后果</td><td>七级设备事件</td><td>事件依据</td><td>《国家电网有限公司安全事故调查规程》（2021 年版）4.3.7.1</td><td>标准依据</td><td colspan="3">《设备设施安全隐患排查标准》SS3108</td></tr>
<tr><td colspan="8" style="display:none"></td></tr>
<tr><td rowspan="2">市级评估</td><td>评估等级</td><td>一般隐患</td><td>评估负责人</td><td>×××</td><td>评估负责人签字日期</td><td colspan="3">2023-02-05</td></tr>
<tr><td>可能导致后果</td><td colspan="7">七级设备事件</td></tr>
<tr><td rowspan="7">治理</td><td>实际治理完成日期</td><td>2023-02-12</td><td>治理责任单位</td><td>设备部</td><td>治理责任人</td><td colspan="3">×××</td></tr>
<tr><td>治理方式</td><td>立项/措施</td><td>治理期限</td><td>2023-02-05 至 2023-03-05</td><td>是否纳入项目储备</td><td>是/否</td><td>项目储备是否审批</td><td>是/否</td></tr>
<tr><td>治理措施</td><td colspan="7">在寒冷地区换流站外冷系统装设防冻棚，配置足够裕度的暖风机。</td></tr>
<tr><td>防控措施</td><td colspan="7">1. 在寒冷天气下严禁内冷、外冷系统停运。
2. 在寒冷天气下，手动投入内外冷系统加热器。
3. 制订好异常事故处置方案。</td></tr>
<tr><td>治理完成情况</td><td colspan="7">2023 年 2 月 12 日，国网××换流站结合检修在外冷系统装设防冻棚，配置足够裕度的暖风机。现申请对该隐患治理完成情况进行验收。</td></tr>
<tr><td>治理计划资金（万元）</td><td colspan="2">××</td><td>累计投入资金（万元）</td><td colspan="4">××</td></tr>
<tr><td colspan="8" style="display:none"></td></tr>
<tr><td rowspan="3">验收</td><td>验收组织单位</td><td colspan="2">国网××公司</td><td>验收负责人</td><td colspan="4">×××</td></tr>
<tr><td>验收负责人签字日期</td><td colspan="2">2023-02-12</td><td>是否消除</td><td colspan="4">是</td></tr>
<tr><td>验收结论</td><td colspan="7">隐患已治理，符合安全运行要求，同意销号。</td></tr>
</table>

8.2.7.27　冷却塔风扇电机未设计在冷却塔外

一般隐患排查治理档案表

××××年度　　　　　　　　　　　　　　　　　　　　　　　　国网××××公司

<table>
<tr><td rowspan="8">发现</td><td>隐患简题</td><td colspan="7">国网××超高压公司 2023 年 2 月 3 日发现换流站阀外水冷系统冷却塔风扇电机未设计在冷却塔外，未与塔内湿热的环境隔离，导致电机受潮短路故障的安全隐患。</td></tr>
<tr><td>隐患编号</td><td>国网××超高压公司 2023××××</td><td>隐患所在单位</td><td>国网××超高压公司</td><td>隐患来源</td><td colspan="3">设计图纸资料、现场检查、查阅资料</td></tr>
<tr><td>隐患分类</td><td>设备设施</td><td>专业子类</td><td>直流</td><td>隐患性质</td><td colspan="3">设备类</td></tr>
<tr><td>电压等级</td><td>—</td><td>归属职能部门</td><td colspan="5">设备部</td></tr>
<tr><td>发现人</td><td>×××</td><td>发现人单位</td><td>国网××超高压公司</td><td>发现日期</td><td colspan="3">2023-02-05</td></tr>
<tr><td>事故隐患内容</td><td colspan="7">国网××换流站阀外水冷系统冷却塔风扇电机未设计在冷却塔外，未与塔内湿热的环境隔离，导致电机受潮短路故障的安全隐患。不满足《国家电网有限公司关于印发防止直流换流站事故措施及释义（修订版）的通知》（国家电网设备〔2021〕227 号）4.2.13 阀外水冷系统冷却塔风扇电机应设计在冷却塔外部，与冷却塔内湿热的环境隔离，防水风扇电机发生受潮短路故障。依据《国家电网有限公司安全事故调查规程》（2021 年版）4.3.7.1：“造成 10 万元以上 20 万元以下直接经济损失”，构成七级设备事件。</td></tr>
<tr><td>可能导致后果</td><td>七级设备事件</td><td>事件依据</td><td>《国家电网有限公司安全事故调查规程》（2021 年版）4.3.7.1</td><td>标准依据</td><td colspan="3">《设备设施安全隐患排查标准》SS3109</td></tr>
<tr><td colspan="7"></td></tr>
<tr><td rowspan="2">市级评估</td><td>评估等级</td><td>一般隐患</td><td>评估负责人</td><td>×××</td><td>评估负责人签字日期</td><td colspan="3">2023-02-05</td></tr>
<tr><td>可能导致后果</td><td colspan="7">七级设备事件</td></tr>
<tr><td rowspan="7">治理</td><td>实际治理完成日期</td><td>2023-02-12</td><td>治理责任单位</td><td>设备部</td><td>治理责任人</td><td colspan="3">×××</td></tr>
<tr><td>治理方式</td><td>立项/措施</td><td>治理期限</td><td>2023-02-05 至 2023-03-05</td><td>是否纳入项目储备</td><td>是/否</td><td>项目储备是否审批</td><td>是/否</td></tr>
<tr><td>治理措施</td><td colspan="7">将阀外水冷系统冷却塔风扇电机设计在冷却塔外或采取防水措施。</td></tr>
<tr><td>防控措施</td><td colspan="7">1. 落实班组隐患公示。
2. 每日对户外的外冷水电机进行巡视。
3. 制订好异常事故处置方案。
4. 初设审核时，应针对此项问题进行专题分析。</td></tr>
<tr><td>治理完成情况</td><td colspan="7">2023 年 2 月 12 日，国网××换流站利用年度检修对外水冷冷却塔进行改造。现申请对该隐患治理完成情况进行验收。</td></tr>
<tr><td>治理计划资金（万元）</td><td colspan="2">××</td><td>累计投入资金（万元）</td><td colspan="4">××</td></tr>
<tr><td colspan="7"></td></tr>
<tr><td rowspan="3">验收</td><td>验收组织单位</td><td colspan="2">国网××公司</td><td>验收负责人</td><td colspan="4">×××</td></tr>
<tr><td>验收负责人签字日期</td><td colspan="2">2023-02-12</td><td>是否消除</td><td colspan="4">是</td></tr>
<tr><td>验收结论</td><td colspan="7">隐患已治理，符合安全运行要求，同意销号。</td></tr>
</table>

8.2.7.28 直流控制保护装置未采用双路电源供电

一般隐患排查治理档案表

××××年度　　　　　　　　　　　　　　　　　　　　　　　　　　　　国网××××公司

<table>
<tr><td rowspan="7">发现</td><td>隐患简题</td><td colspan="7">国网××超高压公司 2023 年 2 月 3 日发现换流站直流控制保护装置未采用双路完全冗余的电源供电，单路电源异常导致该保护退出超过 24h 的安全隐患。</td></tr>
<tr><td>隐患编号</td><td>国网××超高压公司 2023××××</td><td>隐患所在单位</td><td>国网××超高压公司</td><td>隐患来源</td><td colspan="3">现场检查、查阅设计资料</td></tr>
<tr><td>隐患分类</td><td>设备设施</td><td>专业子类</td><td>直流</td><td>隐患性质</td><td colspan="3">设备类</td></tr>
<tr><td>电压等级</td><td>—</td><td>归属职能部门</td><td colspan="5">设备部</td></tr>
<tr><td>发现人</td><td>×××</td><td>发现人单位</td><td>国网××超高压公司</td><td>发现日期</td><td colspan="3">2023-02-05</td></tr>
<tr><td>事故隐患内容</td><td colspan="7">查阅设计资料时发现：国网××换流站直流控制保护装置未采用双路完全冗余的电源供电，单路电源异常导致该保护退出超过 24h 的安全隐患，不符合《国家电网有限公司关于印发防止直流换流站事故措施及释义（修订版）的通知》（国家电网设备〔2021〕227 号）5.1.13：“每套直流控制保护装置应采用双路完全冗余的电源供电，单路电源异常不影响装置正常工作，并具备完善的报警功能”，存在直流闭锁的安全风险。依据《国家电网有限公司安全事故调查规程》（2021 年版）4.2.7.5（1）：“直流输电系统单极闭锁”，构成七级电网事件。</td></tr>
<tr><td>可能导致后果</td><td>七级电网事件</td><td>事件依据</td><td>《国家电网有限公司安全事故调查规程》（2021 年版）4.2.7.5（1）</td><td>标准依据</td><td colspan="3">《设备设施安全隐患排查标准》SS3110</td></tr>
<tr><td rowspan="2">市级评估</td><td>评估等级</td><td>一般隐患</td><td>评估负责人</td><td>×××</td><td>评估负责人签字日期</td><td colspan="3">2023-02-05</td></tr>
<tr><td>可能导致后果</td><td colspan="7">七级电网事件</td></tr>
<tr><td rowspan="6">治理</td><td>实际治理完成日期</td><td>2023-02-12</td><td>治理责任单位</td><td>设备部</td><td>治理责任人</td><td colspan="3">×××</td></tr>
<tr><td>治理方式</td><td>立项/措施/制度</td><td>治理期限</td><td>2023-02-05 至 2023-03-05</td><td>是否纳入项目储备</td><td>是/否</td><td>项目储备是否审批</td><td>是/否</td></tr>
<tr><td>治理措施</td><td colspan="7">对直流控制保护装置加装一路电源供电。</td></tr>
<tr><td>防控措施</td><td colspan="7">1. 落实班组隐患公示。
2. 每日对直流控制保护装置电源系统开展红外检测。
3. 制订好异常事故处置方案。
4. 初设审核时，应针对此项问题进行专题分析。</td></tr>
<tr><td>治理完成情况</td><td colspan="7">2023 年 2 月 12 日，国网××换流站结合检修对直流控制保护装置加装一路电源供电。现申请对该隐患治理完成情况进行验收。</td></tr>
<tr><td>治理计划资金（万元）</td><td colspan="2">××</td><td>累计投入资金（万元）</td><td colspan="4">××</td></tr>
<tr><td rowspan="3">验收</td><td>验收组织单位</td><td colspan="2">国网××公司</td><td>验收负责人</td><td colspan="4">×××</td></tr>
<tr><td>验收负责人签字日期</td><td colspan="2">2023-02-12</td><td>是否消除</td><td colspan="4">是</td></tr>
<tr><td>验收结论</td><td colspan="7">隐患已治理，符合安全运行要求，同意销号。</td></tr>
</table>

8.2.7.29 非电量保护装置未安装防雨罩

一般隐患排查治理档案表

××××年度　　　　　　　　　　　　　　　　　　　　　　　　　　　　　　国网××××公司

<table>
<tr><td rowspan="7">发现</td><td>隐患简题</td><td colspan="7">国网××超高压公司2023年2月3日发现换流站户外非电量保护装置，TA、TV二次接线盒未安装防雨罩，进水导致保护误动或设备故障的安全隐患。</td></tr>
<tr><td>隐患编号</td><td>国网××超高压公司2023××××</td><td>隐患所在单位</td><td>国网××超高压公司</td><td>隐患来源</td><td colspan="3">现场巡视、查资料、设计、验收</td></tr>
<tr><td>隐患分类</td><td>设备设施</td><td>专业子类</td><td>直流</td><td>隐患性质</td><td colspan="3">设备类</td></tr>
<tr><td>电压等级</td><td>—</td><td>归属职能部门</td><td colspan="5">设备部</td></tr>
<tr><td>发现人</td><td>×××</td><td>发现人单位</td><td>国网××超高压公司</td><td>发现日期</td><td colspan="3">2023-02-05</td></tr>
<tr><td>事故隐患内容</td><td colspan="7">验收时发现：国网××换流站直流气体继电器、油流继电器、SF$_6$压力传感器等户外非电量保护装置，TA、TV二次接线盒未安装防雨罩，装置本体及二次电缆进出线50mm范围未被遮蔽，防雨罩设计不合理，不利于拆装，未固定良好，进水导致保护误动或设备故障安全隐患，不符合《国家电网有限公司关于印发防止直流换流站事故措施及释义（修订版）的通知》（国家电网设备〔2021〕227号）13.1.2：“对于换流变压器、平波电抗器、主变压器、套管等设备的气体继电器、油流继电器、SF$_6$压力传感器等户外非电量保护装置，TA、TV二次接线盒，应配套安装防雨罩，装置本体及二次电缆进出线50mm范围应被遮蔽，防雨罩应能防止上方和侧面的喷水且便于拆装。防雨罩边缘需加装防护措施（橡胶防护套等）并采用非金属扎带固定良好，防止因长期震动割伤附近管路、电缆。”依据《国家电网有限公司安全事故调查规程》（2021年版）4.2.7.5（1）：“直流输电系统单极闭锁”，构成七级电网事件。</td></tr>
<tr><td>可能导致后果</td><td>七级电网事件</td><td>事件依据</td><td>《国家电网有限公司安全事故调查规程》（2021年版）4.2.7.5</td><td>标准依据</td><td colspan="3">《设备设施安全隐患排查标准》SS3111</td></tr>
<tr><td rowspan="2">市级评估</td><td>评估等级</td><td>一般隐患</td><td>评估负责人</td><td>×××</td><td>评估负责人签字日期</td><td colspan="3">2023-02-05</td></tr>
<tr><td>可能导致后果</td><td colspan="7">七级电网事件</td></tr>
<tr><td rowspan="7">治理</td><td>实际治理完成日期</td><td>2023-02-12</td><td>治理责任单位</td><td>设备部</td><td>治理责任人</td><td colspan="3">×××</td></tr>
<tr><td>治理方式</td><td>措施</td><td>治理期限</td><td>2023-02-05至2023-03-05</td><td>是否纳入项目储备</td><td>否</td><td>项目储备是否审批</td><td>否</td></tr>
<tr><td>治理措施</td><td colspan="7">对直流气体继电器、油流继电器、SF$_6$压力传感器等户外非电量保护装置，TA、TV二次接线盒加装防雨罩。</td></tr>
<tr><td>防控措施</td><td colspan="7">1. 落实班组隐患公示。
2. 隐患处理前每日对直流气体继电器、油流继电器、SF$_6$压力传感器进行巡视检查，发现异常及时汇报。
3. 制订好异常事故处置方案。</td></tr>
<tr><td>治理完成情况</td><td colspan="7">2023年2月12日，国网××换流站结合检修对直流气体继电器、油流继电器、SF$_6$压力传感器等户外非电量保护装置，TA、TV二次接线盒加装防雨罩。现申请对该隐患治理完成情况进行验收。</td></tr>
<tr><td>治理计划资金（万元）</td><td colspan="2">××</td><td>累计投入资金（万元）</td><td colspan="4">××</td></tr>
<tr><td rowspan="3">验收</td><td>验收组织单位</td><td colspan="2">国网××公司</td><td>验收负责人</td><td colspan="4">×××</td></tr>
<tr><td>验收负责人签字日期</td><td colspan="2">2023-02-12</td><td>是否消除</td><td colspan="4">是</td></tr>
<tr><td>验收结论</td><td colspan="7">隐患已治理，符合安全运行要求，同意销号。</td></tr>
</table>

8.2.7.30 换流站交直流回路共缆、共端子排

一般隐患排查治理档案表

××××年度　　　　　　　　　　　　　　　　　　　　　　　　国网××××公司

<table>
<tr><td rowspan="8">发现</td><td>隐患简题</td><td colspan="6">国网××超高压公司 2023 年 2 月 3 日发现换流站交直流回路共缆、共端子排，端子箱受潮引起交流窜入直流电源系统，导致保护设备异常或故障的安全隐患。</td></tr>
<tr><td>隐患编号</td><td>国网××超高压公司 2023××××</td><td>隐患所在单位</td><td>国网××超高压公司</td><td>隐患来源</td><td colspan="2">设计资料、出厂资料、现场检查</td></tr>
<tr><td>隐患分类</td><td>设备设施</td><td>专业子类</td><td>直流</td><td>隐患性质</td><td colspan="2">设备类</td></tr>
<tr><td>电压等级</td><td>—</td><td>归属职能部门</td><td colspan="4">设备部</td></tr>
<tr><td>发现人</td><td>×××</td><td>发现人单位</td><td>国网××公司</td><td>发现日期</td><td colspan="2">2023-02-05</td></tr>
<tr><td>事故隐患内容</td><td colspan="6">在直流专业二次专项排查中发现：国网××换流站交直流回路共缆、共端子排，端子箱受潮引起交流窜入直流电源系统，导致保护设备异常或故障的安全隐患。不满足《国家电网有限公司关于印发防止直流换流站事故措施及释义（修订版）的通知》（国家电网设备〔2021〕227 号）14.1.11：“交直流回路禁止共缆、共端子排。采用航空插头接线形式的户外机构箱，交、直流回路宜使用相互独立的航空插头。交、直流回路在同一航空插头底座上应选用不相邻的针孔，防止端子箱受潮引起交流窜入直流电源系统。”依据《国家电网有限公司安全事故调查规程》（2021 年版）4.3.8.4：“交直流设备异常造成限负荷、降功率或降压运行”，构成八级设备事件。</td></tr>
<tr><td>可能导致后果</td><td>八级设备事件</td><td>事件依据</td><td>《国家电网有限公司安全事故调查规程》（2021 年版）4.3.8.4</td><td>标准依据</td><td colspan="2">《设备设施安全隐患排查标准》SS3112</td></tr>
<tr><td rowspan="2">市级评估</td><td>评估等级</td><td>一般隐患</td><td>评估负责人</td><td>×××</td><td>评估负责人签字日期</td><td colspan="2">2023-02-05</td></tr>
<tr><td>可能导致后果</td><td colspan="6">八级设备事件</td></tr>
<tr><td rowspan="7">治理</td><td>实际治理完成日期</td><td>2023-02-12</td><td>治理责任单位</td><td>设备部</td><td>治理责任人</td><td colspan="2">×××</td></tr>
<tr><td>治理方式</td><td>立项</td><td>治理期限</td><td>2023-02-05 至 2023-03-05</td><td>是否纳入项目储备</td><td>是</td><td>项目储备是否审批 是</td></tr>
<tr><td>治理措施</td><td colspan="6">将交直流回路存在共缆情况的，进行电缆重新辐射、共端子排回路情况的，加装端子排并进行调整。</td></tr>
<tr><td>防控措施</td><td colspan="6">1. 落实班组隐患公示。
2. 定期开展绝缘监测装置的交流窜入、直流互窜的监测和告警及选线功能的检验。
3. 雨季前，加强现场端子箱、机构箱封堵措施的巡视，及时消除封堵不严和封堵设施脱落缺陷。
4. 制订好异常事故处置方案。</td></tr>
<tr><td>治理完成情况</td><td colspan="6">2023 年 2 月 12 日，国网××换流站对交直流回路共缆、共端子排回路进行调整处理。现申请对该隐患治理完成情况进行验收。</td></tr>
<tr><td>治理计划资金（万元）</td><td colspan="2">××</td><td>累计投入资金（万元）</td><td colspan="3">××</td></tr>
<tr><td colspan="6"></td></tr>
<tr><td rowspan="3">验收</td><td>验收组织单位</td><td colspan="2">国网××公司</td><td>验收负责人</td><td colspan="3">×××</td></tr>
<tr><td>验收负责人签字日期</td><td colspan="2">2023-02-12</td><td>是否消除</td><td colspan="3">是</td></tr>
<tr><td>验收结论</td><td colspan="6">隐患已治理，符合安全运行要求，同意销号。</td></tr>
</table>

8.2.7.31 换流站电容器过电压耐受能力不足

一般隐患排查治理档案表

××××年度　　　　国网××××公司

<table>
<tr><td rowspan="7">发现</td><td>隐患简题</td><td colspan="6">国网××超高压公司2023年2月3日发现换流站电容器对操作过电压的耐受能力不足，造成整组并联电容器故障损坏的安全隐患。</td></tr>
<tr><td>隐患编号</td><td>国网××超高压公司2023××××</td><td>隐患所在单位</td><td>国网××超高压公司</td><td>隐患来源</td><td colspan="2">现场检查、查阅图纸、查阅设计</td></tr>
<tr><td>隐患分类</td><td>设备设施</td><td>专业子类</td><td>直流</td><td>隐患性质</td><td colspan="2">设备类</td></tr>
<tr><td>电压等级</td><td>—</td><td>归属职能部门</td><td colspan="4">设备部</td></tr>
<tr><td>发现人</td><td>×××</td><td>发现人单位</td><td>国网××超高压公司</td><td>发现日期</td><td colspan="2">2023-02-05</td></tr>
<tr><td>事故隐患内容</td><td colspan="6">在2023年公司安全性评价专项监督工作中发现：国网××超高压公司电容器对操作过电压的耐受能力不足，造成整组并联电容器故障损坏的安全隐患。不满足《国家电网有限公司关于印发防止直流换流站事故措施及释义（修订版）的通知》（国家电网设备〔2021〕227号）10.1.3：“交流滤波电容器组串并联结构及绝缘设计应充分考虑电容器对操作过电压的耐受能力，避免电容器损坏。”依据《国家电网有限公司安全事故调查规程》（2021年版）4.3.7.1：“造成10万元以上20万元以下直接经济损失”，构成七级设备事件。</td></tr>
<tr><td>可能导致后果</td><td>七级设备事件</td><td>事件依据</td><td>《国家电网有限公司安全事故调查规程》（2021年版）4.3.7.1</td><td>标准依据</td><td colspan="2">《设备设施安全隐患排查标准》SS3113</td></tr>
<tr><td rowspan="2">市级评估</td><td>评估等级</td><td>一般隐患</td><td>评估负责人</td><td>×××</td><td>评估负责人签字日期</td><td colspan="2">2023-02-05</td></tr>
<tr><td>可能导致后果</td><td colspan="6">七级设备事件</td></tr>
<tr><td rowspan="7">治理</td><td>实际治理完成日期</td><td>2023-02-12</td><td>治理责任单位</td><td>设备部</td><td>治理责任人</td><td colspan="2">×××</td></tr>
<tr><td>治理方式</td><td>措施</td><td>治理期限</td><td>2023-02-05至2023-03-05</td><td>是否纳入项目储备</td><td>否</td><td>项目储备是否审批　否</td></tr>
<tr><td>治理措施</td><td colspan="6">1. 根据隐患内容制订专项方案。
2. 结合停电对电容器组进行试验，对试验不合格的电容器进行更换。</td></tr>
<tr><td>防控措施</td><td colspan="6">1. 落实班组隐患公示。
2. 加强对交流滤波器设备特巡频次；重要保电、节假日应增加巡视频次。
3. 交流滤波器投退时，应加强故障录波的查看和分析。</td></tr>
<tr><td>治理完成情况</td><td colspan="6">2023年2月12日，国网××换流站完成并联电容器更换。现申请对该隐患治理完成情况进行验收。</td></tr>
<tr><td>治理计划资金（万元）</td><td colspan="2">××</td><td>累计投入资金（万元）</td><td colspan="3">××</td></tr>
<tr><td colspan="0" style="display:none"></td></tr>
<tr><td rowspan="3">验收</td><td>验收组织单位</td><td colspan="2">国网××公司</td><td>验收负责人</td><td colspan="3">×××</td></tr>
<tr><td>验收负责人签字日期</td><td colspan="2">2023-02-12</td><td>是否消除</td><td colspan="3">是</td></tr>
<tr><td>验收结论</td><td colspan="6">隐患已治理，符合安全运行要求，同意销号。</td></tr>
</table>

8.2.7.32 CT 传感器原件未采取有效抗高低温措施

一般隐患排查治理档案表

××××年度　　　　　　　　　　　　　　　　　　　　　　　　　　　　国网××××公司

<table>
<tr><td rowspan="7">发现</td><td>隐患简题</td><td colspan="7">国网××超高压公司 2023 年 2 月 3 日发现换流站纯光 CT 传感光纤环、保偏光纤、调制模块未采取有效抗高低温措施，导致在极端温度情况下发生测量故障的安全隐患。</td></tr>
<tr><td>隐患编号</td><td>国网×××公司 2023××××</td><td>隐患所在单位</td><td>国网××超高压公司</td><td>隐患来源</td><td colspan="3">现场检查、查阅图纸、查阅设计</td></tr>
<tr><td>隐患分类</td><td>设备设施</td><td>专业子类</td><td>直流</td><td>隐患性质</td><td colspan="3">设备类</td></tr>
<tr><td>电压等级</td><td>—</td><td>归属职能部门</td><td colspan="5">设备部</td></tr>
<tr><td>发现人</td><td>×××</td><td>发现人单位</td><td>国网××超高压公司</td><td>发现日期</td><td colspan="3">2023-02-05</td></tr>
<tr><td>事故隐患内容</td><td colspan="7">在事故分析中发现：2021 年 1 月 7 日，国网××换流站光 CT 在极寒天气下测量异常，导致极Ⅱ双换流器和极Ⅰ高端换流器闭锁。不满足《国家电网有限公司关于印发防止直流换流站事故措施及释义（修订版）的通知》（国家电网设备〔2021〕227 号）9.2.12：“纯光 CT 传感光纤环、保偏光纤、调制模块应采取有效的抗高低温措施，产品型式试验报告中应包括一次部件和二次部件的温度循环试验，避免纯光 CT 在高低温下输出异常。”存在直流闭锁的安全风险，依据《国家电网有限公司安全事故调查规程》（2021 年版）4.2.7.5（1）：“直流输电系统单极闭锁”，构成七级电网事件。</td></tr>
<tr><td>可能导致后果</td><td>七级电网事件</td><td>事件依据</td><td>《国家电网有限公司安全事故调查规程》（2021 年版）4.2.7.5（1）</td><td>标准依据</td><td colspan="3">《设备设施安全隐患排查标准》SS3114</td></tr>
<tr><td rowspan="2">市级评估</td><td>评估等级</td><td>一般隐患</td><td>评估负责人</td><td>×××</td><td>评估负责人签字日期</td><td colspan="3">2023-02-05</td></tr>
<tr><td>可能导致后果</td><td colspan="7">七级电网事件</td></tr>
<tr><td rowspan="6">治理</td><td>实际治理完成日期</td><td>2023-02-12</td><td>治理责任单位</td><td>设备部</td><td>治理责任人</td><td colspan="3">×××</td></tr>
<tr><td>治理方式</td><td>措施</td><td>治理期限</td><td>2023-02-05 至 2023-03-05</td><td>是否纳入项目储备</td><td>否</td><td>项目储备是否审批</td><td>否</td></tr>
<tr><td>治理措施</td><td colspan="7">对站内光 CT 增加保温层。</td></tr>
<tr><td>防控措施</td><td colspan="7">1. 产品型式试验报告中应包括一次部件和二次部件的温度循环试验。
2. 极端天气下加强对光 CT 巡视。</td></tr>
<tr><td>治理完成情况</td><td colspan="7">2023 年 2 月 12 日，国网××换流站光 CT 增加保温层。现申请对该隐患治理完成情况进行验收。</td></tr>
<tr><td>治理计划资金（万元）</td><td colspan="2">××</td><td>累计投入资金（万元）</td><td colspan="4">××</td></tr>
<tr><td rowspan="3">验收</td><td>验收组织单位</td><td colspan="2">国网××公司</td><td>验收负责人</td><td colspan="4">×××</td></tr>
<tr><td>验收负责人签字日期</td><td colspan="2">2023-02-12</td><td>是否消除</td><td colspan="4">是</td></tr>
<tr><td>验收结论</td><td colspan="7">隐患已治理，符合安全运行要求，同意销号。</td></tr>
</table>

8.2.7.33　CT 传感器原件未采取有效抗振措施

一般隐患排查治理档案表

××××年度　　　　　　　　　　　　　　　　　　　　　　　　　　国网××××公司

<table>
<tr><td rowspan="8">发现</td><td>隐患简题</td><td colspan="7">国网××超高压公司 2023 年 2 月 3 日发现换流站纯光 CT 传感光纤环、保偏光纤、调制模块未采取有效抗振措施，导致因运行振动发生测量故障或光纤断裂的安全隐患。</td></tr>
<tr><td>隐患编号</td><td>国网×××公司 2023××××</td><td>隐患所在单位</td><td>国网××超高压公司</td><td>隐患来源</td><td colspan="3">查阅设计资料、出厂资料、现场检测</td></tr>
<tr><td>隐患分类</td><td>设备设施</td><td>专业子类</td><td>直流</td><td>隐患性质</td><td colspan="3">设备类</td></tr>
<tr><td>电压等级</td><td>—</td><td>归属职能部门</td><td colspan="5">设备部</td></tr>
<tr><td>发现人</td><td>×××</td><td>发现人单位</td><td>国网××超高压公司</td><td>发现日期</td><td colspan="3">2023-02-05</td></tr>
<tr><td>事故隐患内容</td><td colspan="7">在事故分析中发现：2020 年 12 月 31 日，国网××换流站光 CT 调制箱抗振动能力差，外界振动引起测量电流突变，导致极 Ⅰ 011LB 直流滤波器第二套差动保护动作，闭锁直流。不满足《国家电网有限公司关于印发防止直流换流站事故措施及释义（修订版）的通知》（国家电网设备〔2021〕227 号）9.2.11：“纯光 CT 传感光纤环、保偏光纤、调制模块应采取有效的抗振措施，产品型式试验报告中应包括一次部件和二次部件的振动试验，避免纯光 CT 因外界振动输出异常电流。”存在直流闭锁的安全风险，依据《国家电网有限公司安全事故调查规程》（2021 年版）4.2.7.5，“直流输电系统单极闭锁”构成七级电网事件。</td></tr>
<tr><td>可能导致后果</td><td>七级电网事件</td><td>事件依据</td><td>《国家电网有限公司安全事故调查规程》（2021 年版）4.2.7.5</td><td>标准依据</td><td colspan="3">《设备设施安全隐患排查标准》SS3115</td></tr>
<tr><td colspan="8" style="display:none"></td></tr>
<tr><td rowspan="2">市级评估</td><td>评估等级</td><td>一般隐患</td><td>评估负责人</td><td>×××</td><td>评估负责人签字日期</td><td colspan="3">2023-02-05</td></tr>
<tr><td>可能导致后果</td><td colspan="7">七级电网事件</td></tr>
<tr><td rowspan="6">治理</td><td>实际治理完成日期</td><td>2023-02-12</td><td>治理责任单位</td><td>设备部</td><td>治理责任人</td><td colspan="3">×××</td></tr>
<tr><td>治理方式</td><td>措施</td><td>治理期限</td><td>2023-02-05 至 2023-03-05</td><td>是否纳入项目储备</td><td>否</td><td>项目储备是否审批</td><td>否</td></tr>
<tr><td>治理措施</td><td colspan="7">对光 CT 增加抗振层。</td></tr>
<tr><td>防控措施</td><td colspan="7">1. 产品型式试验报告中应包括一次部件和二次部件的振动试验。
2. 极端天气下加强对光 CT 巡视。</td></tr>
<tr><td>治理完成情况</td><td colspan="7">2023 年 2 月 12 日，国网××换流站对光 CT 增加抗振层。现申请对该隐患治理完成情况进行验收。</td></tr>
<tr><td>治理计划资金（万元）</td><td colspan="2">××</td><td>累计投入资金（万元）</td><td colspan="4">××</td></tr>
<tr><td rowspan="3">验收</td><td>验收组织单位</td><td colspan="2">国网××公司</td><td>验收负责人</td><td colspan="4">×××</td></tr>
<tr><td>验收负责人签字日期</td><td colspan="2">2023-02-12</td><td>是否消除</td><td colspan="4">是</td></tr>
<tr><td>验收结论</td><td colspan="7">隐患已治理，符合安全运行要求，同意销号。</td></tr>
</table>

8.2.7.34 换流站接线板电流严重发热

一般隐患排查治理档案表

××××年度　　　　　　　　　　　　　　　　　　　　　　　　　　　　　　国网××××公司

<table>
<tr><td rowspan="8">发现</td><td>隐患简题</td><td colspan="7">国网××超高压公司 2023 年 2 月 3 日发现换流站接线板载流密度不足、螺丝力矩不足、导电膏涂抹不均匀导致严重发热，造成设备非计划停运的安全隐患。</td></tr>
<tr><td>隐患编号</td><td>国网×××公司 2023××××</td><td>隐患所在单位</td><td>国网××超高压公司</td><td>隐患来源</td><td colspan="3">定期红外测温、查阅设计、现场验收</td></tr>
<tr><td>隐患分类</td><td>设备设施</td><td>专业子类</td><td>直流</td><td>隐患性质</td><td colspan="3">设备类</td></tr>
<tr><td>电压等级</td><td>—</td><td>归属职能部门</td><td colspan="5">设备部</td></tr>
<tr><td>发现人</td><td>×××</td><td>发现人单位</td><td>国网××超高压公司</td><td>发现日期</td><td colspan="3">2023-02-05</td></tr>
<tr><td>事故隐患内容</td><td colspan="7">在事故分析中发现：2017 年 7 月 10 日，国网××换流站 5642 交流滤波器 C 相 L1 电抗器起火损毁，返厂解体检查发现层间存在堵塞部位导致局部散热不良。不满足《国家电网有限公司关于印发防止直流换流站事故措施及释义（修订版）的通知》（国家电网设备〔2021〕227 号）9.2.11：“设计单位应对干式电抗器接头进行校核，设计文件中应包含接头材质、有效接触面积（去除螺栓孔面积）、载流密度、螺栓标号、力矩要求等，设计图纸中应包含接头形状和面积计算。”存在直流闭锁的安全风险，依据《国家电网有限公司安全事故调查规程》（2021 年版）4.2.7.5（1）：“直流输电系统单极闭锁”，构成七级电网事件。</td></tr>
<tr><td>可能导致后果</td><td>七级电网事件</td><td>事件依据</td><td>《国家电网有限公司安全事故调查规程》（2021 年版）4.2.7.5</td><td>标准依据</td><td colspan="3">《设备设施安全隐患排查标准》SS3116</td></tr>
<tr><td colspan="8"></td></tr>
<tr><td rowspan="2">市级评估</td><td>评估等级</td><td>一般隐患</td><td>评估负责人</td><td>×××</td><td>评估负责人签字日期</td><td colspan="3">2023-02-05</td></tr>
<tr><td>可能导致后果</td><td colspan="7">七级电网事件</td></tr>
<tr><td rowspan="7">治理</td><td>实际治理完成日期</td><td>2023-02-12</td><td>治理责任单位</td><td>设备部</td><td>治理责任人</td><td colspan="3">×××</td></tr>
<tr><td>治理方式</td><td>措施</td><td>治理期限</td><td>2023-02-05 至 2023-03-05</td><td>是否纳入项目储备</td><td>否</td><td>项目储备是否审批</td><td>否</td></tr>
<tr><td>治理措施</td><td colspan="7">更换线夹，增加载流密度。</td></tr>
<tr><td>防控措施</td><td colspan="7">1. 加强设备巡视及红外测温。
2. 按照“十步法”对接点进行检查处理。</td></tr>
<tr><td>治理完成情况</td><td colspan="7">2023 年 2 月 12 日，国网××换流站对接线板更换线夹，增加载流密度，满足运行要求。现申请对该隐患治理完成情况进行验收。</td></tr>
<tr><td>治理计划资金（万元）</td><td colspan="2">××</td><td colspan="2">累计投入资金（万元）</td><td colspan="3">××</td></tr>
<tr><td colspan="8"></td></tr>
<tr><td rowspan="3">验收</td><td>验收组织单位</td><td colspan="2">国网××公司</td><td colspan="2">验收负责人</td><td colspan="3">×××</td></tr>
<tr><td>验收负责人签字日期</td><td colspan="2">2023-02-12</td><td colspan="2">是否消除</td><td colspan="3">是</td></tr>
<tr><td>验收结论</td><td colspan="7">隐患已治理，符合安全运行要求，同意销号。</td></tr>
</table>

8.2.7.35 换流站户外端子箱和接线盒无防水措施

一般隐患排查治理档案表

××××年度

国网××××公司

<table>
<tr><td rowspan="7">发现</td><td>隐患简题</td><td colspan="7">国网××超高压公司2023年2月3日发现换流站户外端子箱和接线盒的进线电缆额外加装护套时，无防止护套进水的措施，护套破损后雨水倒灌至端子箱和接线盒内，导致接点受潮，绝缘降低。</td></tr>
<tr><td>隐患编号</td><td>国网××超高压公司2023××××</td><td>隐患所在单位</td><td>国网××超高压公司</td><td>隐患来源</td><td colspan="3">设计资料、出厂资料、现场检查</td></tr>
<tr><td>隐患分类</td><td>设备设施</td><td>专业子类</td><td>直流</td><td>隐患性质</td><td colspan="3">设备类</td></tr>
<tr><td>电压等级</td><td>—</td><td>归属职能部门</td><td colspan="5">设备部</td></tr>
<tr><td>发现人</td><td>×××</td><td>发现人单位</td><td>国网××超高压公司</td><td>发现日期</td><td colspan="3">2023-02-05</td></tr>
<tr><td>事故隐患内容</td><td colspan="7">在专项排查中发现：国网××超高压公司户外端子箱和接线盒的进线电缆额外加装护套时，无防止护套进水的措施，护套破损后雨水倒灌至端子箱和接线盒内，导致接点受潮，绝缘降低。不满足《国家电网有限公司关于印发防止直流换流站事故措施及释义（修订版）的通知》（国家电网设备〔2021〕227号）13.3.5：“户外端子箱和接线盒的进线电缆额外加装护套时，应具有防止护套进水的措施，避免护套破损后雨水倒灌至端子箱和接线盒内，导致接点受潮，绝缘降低。”存在直流闭锁的安全风险，依据《国家电网有限公司安全事故调查规程》（2021年版）4.2.7.5（1）：“直流输电系统单极闭锁”，构成七级电网事件。</td></tr>
<tr><td>可能导致后果</td><td>七级电网事件</td><td>事件依据</td><td>《国家电网有限公司安全事故调查规程》（2021年版）4.2.7.5</td><td>标准依据</td><td colspan="3">《设备设施安全隐患排查标准》SS3117</td></tr>
<tr><td rowspan="2">市级评估</td><td>评估等级</td><td>一般隐患</td><td>评估负责人</td><td>×××</td><td>评估负责人签字日期</td><td colspan="3">2023-02-05</td></tr>
<tr><td>可能导致后果</td><td colspan="7">七级电网事件</td></tr>
<tr><td rowspan="6">治理</td><td>实际治理完成日期</td><td>2023-02-12</td><td>治理责任单位</td><td>设备部</td><td>治理责任人</td><td colspan="3">×××</td></tr>
<tr><td>治理方式</td><td>措施</td><td>治理期限</td><td>2023-02-05至2023-03-05</td><td>是否纳入项目储备</td><td>否</td><td>项目储备是否审批</td><td>否</td></tr>
<tr><td>治理措施</td><td colspan="7">更换户外端子箱和接线盒的进线电缆护套。</td></tr>
<tr><td>防控措施</td><td colspan="7">1. 落实班组隐患公示。
2. 定期开展户外端子箱和接线盒的进线电缆护套的巡视检查，发现问题及时处理。
3. 制订好异常事故处置方案。</td></tr>
<tr><td>治理完成情况</td><td colspan="7">2023年2月12日，国网××换流站更换户外端子箱和接线盒的进线电缆护套。现申请对该隐患治理完成情况进行验收。</td></tr>
<tr><td>治理计划资金（万元）</td><td colspan="2">××</td><td>累计投入资金（万元）</td><td colspan="4">××</td></tr>
<tr><td rowspan="3">验收</td><td>验收组织单位</td><td colspan="2">国网××公司</td><td>验收负责人</td><td colspan="4">×××</td></tr>
<tr><td>验收负责人签字日期</td><td colspan="2">2023-02-12</td><td>是否消除</td><td colspan="4">是</td></tr>
<tr><td>验收结论</td><td colspan="7">隐患已治理，符合安全运行要求，同意销号。</td></tr>
</table>

8.2.7.36 换流站雨水排水管道未采用钢筋混凝土预制管

一般隐患排查治理档案表

××××年度　　　　　　　　　　　　　　　　　　　　　　　　　　　　　国网××××公司

<table>
<tr><td rowspan="7">发现</td><td>隐患简题</td><td colspan="7">国网××超高压公司2023年2月3日发现换流站直径300mm以上雨水排水管道未采用钢筋混凝土预制管，回填土沉降引起管道损坏、堵塞，雨水无法排出，导致室内外电缆沟大量积水，造成电缆绝缘降低，引发异常故障的安全隐患。</td></tr>
<tr><td>隐患编号</td><td>国网××超高压公司2023××××</td><td>隐患所在单位</td><td>国网××超高压公司</td><td>隐患来源</td><td colspan="3">设计资料、出厂资料、现场检查</td></tr>
<tr><td>隐患分类</td><td>设备设施</td><td>专业子类</td><td>直流</td><td>隐患性质</td><td colspan="3">设备类</td></tr>
<tr><td>电压等级</td><td>—</td><td>归属职能部门</td><td colspan="5">设备部</td></tr>
<tr><td>发现人</td><td>×××</td><td>发现人单位</td><td>国网××超高压公司</td><td>发现日期</td><td colspan="3">2023-02-05</td></tr>
<tr><td>事故隐患内容</td><td colspan="7">在专项排查中发现：国网××超高压公司换流站直径300mm以上雨水排水管道未采用钢筋混凝土预制管，回填土沉降引起管道损坏、堵塞，雨水无法排出，导致室内外电缆沟大量积水，造成电缆绝缘降低，引发异常故障的安全隐患。不满足《国家电网有限公司关于印发防止直流换流站事故措施及释义（修订版）的通知》（国家电网设备〔2021〕227号）21.1.5：“换流站直径300mm以上雨水排水管道应采用钢筋混凝土预制管，防止回填土沉降引起管道损坏、堵塞。”依据《国家电网有限公司安全事故调查规程》（2021年版）4.2.7.5：“直流输电系统单极闭锁”，构成七级电网事件。</td></tr>
<tr><td>可能导致后果</td><td>七级电网事件</td><td>事件依据</td><td>《国家电网有限公司安全事故调查规程》（2021年版）4.2.7.5</td><td>标准依据</td><td colspan="3">《设备设施安全隐患排查标准》SS3118</td></tr>
<tr><td rowspan="2">市级评估</td><td>评估等级</td><td>一般隐患</td><td>评估负责人</td><td>×××</td><td>评估负责人签字日期</td><td colspan="3">2023-02-05</td></tr>
<tr><td>可能导致后果</td><td colspan="7">七级电网事件</td></tr>
<tr><td rowspan="6">治理</td><td>实际治理完成日期</td><td>2023-02-12</td><td>治理责任单位</td><td>设备部</td><td>治理责任人</td><td colspan="3">×××</td></tr>
<tr><td>治理方式</td><td>立项/措施</td><td>治理期限</td><td>2023-02-05至2023-04-05</td><td>是否纳入项目储备</td><td>是/否</td><td>项目储备是否审批</td><td>是/否</td></tr>
<tr><td>治理措施</td><td colspan="7">对损坏、堵塞的排水管道进行更换、疏通。</td></tr>
<tr><td>防控措施</td><td colspan="7">1. 落实班组隐患公示。
2. 定期检查确保站内外排水设施工作正常，确保排水系统畅通。
3. 汛期前后，应检查房屋渗漏、设备设施基础倾斜及沉降、电缆沟积水、站内外排水系统情况，发现异常及时处理。
4. 制订好异常事故处置方案。</td></tr>
<tr><td>治理完成情况</td><td colspan="7">2023年2月12日，国网××换流站对损坏、堵塞的排水管道进行更换、疏通。现申请对该隐患治理完成情况进行验收。</td></tr>
<tr><td>治理计划资金（万元）</td><td colspan="2">××</td><td>累计投入资金（万元）</td><td colspan="4">××</td></tr>
<tr><td rowspan="3">验收</td><td>验收组织单位</td><td colspan="2">国网××公司</td><td>验收负责人</td><td colspan="4">×××</td></tr>
<tr><td>验收负责人签字日期</td><td colspan="2">2023-02-12</td><td>是否消除</td><td colspan="4">是</td></tr>
<tr><td>验收结论</td><td colspan="7">隐患已治理，符合安全运行要求，同意销号。</td></tr>
</table>

8.2.7.37　换流站阀控柜通风散热不良

一般隐患排查治理档案表

××××年度　　　　　　　　　　　　　　　　　　　　　　　　　　　　　　　　　　　　　　国网××××公司

<table>
<tr><td rowspan="8">发现</td><td>隐患简题</td><td colspan="7">国网××超高压公司2023年2月3日发现换流站阀控柜不具备良好的通风、散热功能，阀控系统长期运行产生的热量无法有效散出而导致板卡故障，造成经济损失的安全隐患。</td></tr>
<tr><td>隐患编号</td><td>国网××超高压公司2023××××</td><td>隐患所在单位</td><td>国网××超高压公司</td><td>隐患来源</td><td colspan="3">设备巡视、现场检查</td></tr>
<tr><td>隐患分类</td><td>设备设施</td><td>专业子类</td><td>直流</td><td>隐患性质</td><td colspan="3">设备类</td></tr>
<tr><td>电压等级</td><td>—</td><td>归属职能部门</td><td colspan="5">设备部</td></tr>
<tr><td>发现人</td><td>×××</td><td>发现人单位</td><td>国网××超高压公司</td><td>发现日期</td><td colspan="3">2023-02-05</td></tr>
<tr><td>事故隐患内容</td><td colspan="7">国网××换流站换阀控柜不具备良好的通风、散热功能，阀控系统长期运行产生的热量无法有效散出而导致板卡故障，造成经济损失的安全隐患，不符合《国家电网有限公司关于印发防止直流换流站事故措施及释义（修订版）的通知》（国家电网设备〔2021〕227号）3.1.14：“阀控柜应具备良好的通风、散热功能，防止阀控系统长期运行产生的热量无法有效散出而导致板卡故障。”依据《国家电网有限公司安全事故调查规程》（2021年版）4.3.7.1：“造成10万元以上20万元以下直接经济损失”，构成七级设备事件。</td></tr>
<tr><td>可能导致后果</td><td>七级设备事件</td><td>事件依据</td><td>《国家电网有限公司安全事故调查规程》（2021年版）4.3.7.1</td><td>标准依据</td><td colspan="3">《设备设施安全隐患排查标准》SS3105</td></tr>
<tr style="display:none"><td></td></tr>
<tr><td rowspan="2">市级评估</td><td>评估等级</td><td>一般隐患</td><td>评估负责人</td><td>×××</td><td>评估负责人签字日期</td><td colspan="3">2023-02-05</td></tr>
<tr><td>可能导致后果</td><td colspan="7">七级设备事件</td></tr>
<tr><td rowspan="6">治理</td><td>实际治理完成日期</td><td>2023-02-12</td><td>治理责任单位</td><td>设备部</td><td>治理责任人</td><td colspan="3">×××</td></tr>
<tr><td>治理方式</td><td>措施</td><td>治理期限</td><td>2023-02-05至2023-03-05</td><td>是否纳入项目储备</td><td>否</td><td>项目储备是否审批</td><td>否</td></tr>
<tr><td>治理措施</td><td colspan="7">在阀控柜内增加通风散热装置。</td></tr>
<tr><td>防控措施</td><td colspan="7">1. 落实班组隐患公示。
2. 对阀控柜每日进行一次红外检测，发现温度异常及时汇报。
3. 开启柜门辅助进行降温。
4. 制订好异常事故处置方案。</td></tr>
<tr><td>治理完成情况</td><td colspan="7">2023年2月12日，国网××换流站结合年度检修在阀控柜增加通风散热装置。现申请对该隐患治理完成情况进行验收。</td></tr>
<tr><td>治理计划资金（万元）</td><td colspan="2">××</td><td>累计投入资金（万元）</td><td colspan="4">××</td></tr>
<tr><td rowspan="3">验收</td><td>验收组织单位</td><td colspan="2">国网××公司</td><td>验收负责人</td><td colspan="4">×××</td></tr>
<tr><td>验收负责人签字日期</td><td colspan="2">2023-02-12</td><td>是否消除</td><td colspan="4">是</td></tr>
<tr><td>验收结论</td><td colspan="7">隐患已治理，符合安全运行要求，同意销号。</td></tr>
</table>

8.2.7.38 换流站换流变压器及平波电抗器无油在线装置

一般隐患排查治理档案表

××××年度　　　　　　　　　　　　　　　　　　　　　　国网××××公司

<table>
<tr><td rowspan="8">发现</td><td>隐患简题</td><td colspan="7">国网××超高压公司2023年2月3日发现换流站换流变压器及平波电抗器油在线装置运维、检修不当，导致在线装置失去在线监测设备，不能实时掌握设备状态的安全隐患。</td></tr>
<tr><td>隐患编号</td><td>国网××超高压公司2023××××</td><td>隐患所在单位</td><td>国网××超高压公司</td><td>隐患来源</td><td colspan="3">现场检查、设备巡视</td></tr>
<tr><td>隐患分类</td><td>设备设施</td><td>专业子类</td><td>直流</td><td>隐患性质</td><td colspan="3">设备类</td></tr>
<tr><td>电压等级</td><td>—</td><td>归属职能部门</td><td colspan="5">设备部</td></tr>
<tr><td>发现人</td><td>×××</td><td>发现人单位</td><td>国网××超高压公司</td><td>发现日期</td><td colspan="3">2023-02-05</td></tr>
<tr><td>事故隐患内容</td><td colspan="7">国网××换流站换流变压器及平波电抗器油在线装置运维、检修不当，导致在线装置失去在线监测设备，不能实时掌握设备状态安全隐患，不符合《国家电网有限公司十八项电网重大反事故措施》（国家电网设备〔2018〕979 号）8.2.1.12：“换流变压器及油浸式平波电抗器应配置成熟可靠的在线监测装置，并将在线监测信息送至后台集中分析。”依据《国家电网有限公司安全事故调查规程》（2021 年版）4.2.7.5：“直流输电系统单极闭锁”，构成七级电网事件。</td></tr>
<tr><td>可能导致后果</td><td>七级电网事件</td><td>事件依据</td><td>《国家电网有限公司安全事故调查规程》（2021 年版）4.2.7.5</td><td>标准依据</td><td colspan="3">《设备设施安全隐患排查标准》SS3106</td></tr>
<tr><td colspan="8"></td></tr>
<tr><td rowspan="2">市级评估</td><td>评估等级</td><td>一般隐患</td><td>评估负责人</td><td>×××</td><td>评估负责人签字日期</td><td colspan="3">2023-02-05</td></tr>
<tr><td>可能导致后果</td><td colspan="7">七级电网事件</td></tr>
<tr><td rowspan="7">治理</td><td>实际治理完成日期</td><td>2023-02-12</td><td>治理责任单位</td><td>设备部</td><td>治理责任人</td><td colspan="3">×××</td></tr>
<tr><td>治理方式</td><td>措施</td><td>治理期限</td><td>2023-02-05 至 2023-03-05</td><td>是否纳入项目储备</td><td>否</td><td>项目储备是否审批</td><td>否</td></tr>
<tr><td>治理措施</td><td colspan="7">在换流变压器、平波电抗器安装在线检测系统并定期进行维护保养，确保设备可靠运行。</td></tr>
<tr><td>防控措施</td><td colspan="7">1. 落实班组隐患公示。
2. 每日对换流变压器、平波电抗器在线检测系统进行检查，抄录数据，每月进行离线对比分析，发现数据异常及时上报。
3. 制订好异常事故处置方案。</td></tr>
<tr><td>治理完成情况</td><td colspan="7">2023 年 2 月 12 日，国网××换流站结合年度检修在换流变压器、平波电抗器安装在线检测系统并定期进行维护保养，确保设备可靠运行。现申请对该隐患治理完成情况进行验收。</td></tr>
<tr><td>治理计划资金（万元）</td><td colspan="2">××</td><td colspan="2">累计投入资金（万元）</td><td colspan="3">××</td></tr>
<tr><td colspan="8"></td></tr>
<tr><td rowspan="3">验收</td><td>验收组织单位</td><td colspan="2">国网××公司</td><td colspan="2">验收负责人</td><td colspan="3">×××</td></tr>
<tr><td>验收负责人签字日期</td><td colspan="2">2023-02-12</td><td colspan="2">是否消除</td><td colspan="3">是</td></tr>
<tr><td>验收结论</td><td colspan="7">隐患已治理，符合安全运行要求，同意销号。</td></tr>
</table>

8.2.8 通用

8.2.8.1 220～750kV 变压器未按要求配置固定自动灭火系统及火灾自动报警系统

较大隐患排查治理档案表

××××年度

国网××××公司

<table>
<tr><td rowspan="7">发现</td><td>隐患简题</td><td colspan="7">国网××超高压公司 2023 年 2 月 3 日发现 220～750kV 变压器未按要求配置固定自动灭火系统及火灾自动报警系统。固定自动灭火系统、火灾自动报警系统未投自动或关键控制元件、管网系统等部件故障导致功能失效或误动，无人值班变电站消防信号未接入集中监控区域的安全隐患。</td></tr>
<tr><td>隐患编号</td><td>国网××超高压公司 2023××××</td><td>隐患所在单位</td><td>国网××超高压公司</td><td>隐患来源</td><td colspan="3">现场巡视、设计图纸、资料检查</td></tr>
<tr><td>隐患分类</td><td>设备设施</td><td>专业子类</td><td>通用</td><td>隐患性质</td><td colspan="3">设备类</td></tr>
<tr><td>电压等级</td><td>—</td><td>归属职能部门</td><td colspan="5">设备部</td></tr>
<tr><td>发现人</td><td>×××</td><td>发现人单位</td><td>国网××公司</td><td>发现日期</td><td colspan="3">2023-02-05</td></tr>
<tr><td>事故隐患内容</td><td colspan="7">在 2023 年公司安全性评价专项监督工作中发现：国网××超高压公司××750kV 变电站，750kV 变压器未按要求配置固定自动灭火系统及火灾自动报警系统。固定自动灭火系统、火灾自动报警系统未投自动或关键控制元件、管网系统等部件故障导致功能失效或误动，无人值班变电站消防信号未接入集中监控区域的安全隐患。违反《国网设备部关于印发变电站消防设备设施运行管理规定（试行）的通知》5.9；《油浸变压器排油注氮消防系统设计、施工及验收规范》《火灾自动报警系统设计规范》。依据《国家电网有限公司安全事故调查规程》（2021 年版）4.3.5.1：“造成 50 万元以上 100 万元以下直接经济损失”，构成五级设备事件。</td></tr>
<tr><td>可能导致后果</td><td>五级设备事件</td><td>事件依据</td><td>《国家电网有限公司安全事故调查规程》（2021 年版）4.3.5.1</td><td>标准依据</td><td colspan="3">《设备设施安全隐患排查标准》SS2147</td></tr>
<tr><td rowspan="2">市级评估</td><td>评估等级</td><td>较大隐患</td><td>评估负责人</td><td>×××</td><td>评估负责人签字日期</td><td colspan="3">2023-02-05</td></tr>
<tr><td>可能导致后果</td><td colspan="7">五级设备事件</td></tr>
<tr><td rowspan="6">治理</td><td>实际治理完成日期</td><td>2023-02-12</td><td>治理责任单位</td><td>设备部</td><td>治理责任人</td><td colspan="3">×××</td></tr>
<tr><td>治理方式</td><td>立项</td><td>治理期限</td><td>2023-02-05 至 2023-04-05</td><td>是否纳入项目储备</td><td>是</td><td>项目储备是否审批</td><td>是</td></tr>
<tr><td>治理措施</td><td colspan="7">配置固定自动灭火系统及火灾自动报警系统，运行方式在自动位置，并将信号接入有人值守的消防控制室。</td></tr>
<tr><td>防控措施</td><td colspan="7">1. 落实班组隐患公示。
2. 定期开展充油设备的特巡工作以及在线监测工作，加强在线监测数据的分析。
3. 制订好异常事故处置方案。</td></tr>
<tr><td>治理完成情况</td><td colspan="7">2023 年 2 月 12 日，已配置固定自动灭火系统及火灾自动报警系统，运行方式在自动位置，并将信号接入有人值守的消防控制室。现申请对该隐患治理完成情况进行验收。</td></tr>
<tr><td>治理计划资金（万元）</td><td colspan="2">××</td><td>累计投入资金（万元）</td><td colspan="4">××</td></tr>
<tr><td rowspan="3">验收</td><td>验收组织单位</td><td colspan="2">国网××公司</td><td>验收负责人</td><td colspan="4">×××</td></tr>
<tr><td>验收负责人签字日期</td><td colspan="2">2023-02-12</td><td>是否消除</td><td colspan="4">是</td></tr>
<tr><td>验收结论</td><td colspan="7">隐患已治理，符合安全运行要求，同意销号。</td></tr>
</table>

8.3 人身安全

8.3.1 通用

8.3.1.1 脚手架装设不牢固

较大隐患排查治理档案表

××××年度　　　　　　　　　　　　　　　　　　　　　　　　　　　　　　　　国网××××公司

<table>
<tr><td rowspan="7">发现</td><td>隐患简题</td><td colspan="7">国网××供电公司3月6日新建110kV××变电站土建工程现场脚手架装设不牢固的安全隐患。</td></tr>
<tr><td>隐患编号</td><td>国网××公司2023××××</td><td>隐患所在单位</td><td>国网××公司</td><td>隐患来源</td><td colspan="3">日常排查</td></tr>
<tr><td>隐患分类</td><td>人身安全</td><td>专业子类</td><td>通用</td><td>隐患性质</td><td colspan="3">管理类</td></tr>
<tr><td>电压等级</td><td>—</td><td>归属职能部门</td><td colspan="5">建设部</td></tr>
<tr><td>发现人</td><td>×××</td><td>发现人单位</td><td>国网××公司</td><td>发现日期</td><td colspan="3">2023-03-06</td></tr>
<tr><td>事故隐患内容</td><td colspan="7">在2023年3月6日公司日常排查中发现：新建110kV××变电站土建工程综合配电楼1～4轴填充墙至水平梁植筋工作，现场搭设的脚手架内侧纵向水平杆离墙壁约280mm，二层的木脚手板距板两端处仅用铁丝缠绕1圈，存在脚手架搭设不规范，现场有2名作业人员需登脚手架进行作业，有可能导致作业人员意外跌落的安全隐患。不符合《国家电网有限公司电力建设安全工作规程　第1部分：变电》10.3.3.14：“当脚手架内侧纵向水平杆离建筑物墙壁大于250mm时应加纵向水平防护杆或架设木脚手板防护”；10.3.2.4：“木脚手板应采用50mm厚的杉木或松木板制作，宽度宜为200mm，板长宜为4m。凡腐朽、扭曲、破裂的，或有大横透节及多节疤的，不得使用。在距板的两端80mm处宜用10号镀锌铁丝箍绕2道或用薄铁皮包箍钉牢。”依据《国家电网有限公司安全事故调查规程》（2021年版）4.1.2.4一般人身事故（四级人身事件）：“一次事故造成3人以下死亡，或者10人以下重伤者”，可能构成一般人身事故（四级人身事件）。</td></tr>
<tr><td>可能导致后果</td><td>四级人身事件</td><td>事件依据</td><td>《国家电网有限公司安全事故调查规程》（2021年版）4.1.2.4</td><td>标准依据</td><td colspan="3">《人身安全隐患排查标准》RS2208</td></tr>
<tr><td rowspan="2">市级评估</td><td>评估等级</td><td>较大隐患</td><td>评估负责人</td><td>×××</td><td>评估负责人签字日期</td><td colspan="3">2023-03-06</td></tr>
<tr><td>可能导致后果</td><td colspan="7">四级人身事件</td></tr>
<tr><td rowspan="4">治理</td><td>实际治理完成日期</td><td>2023-03-06</td><td>治理责任单位</td><td>建设部</td><td>治理责任人</td><td colspan="3">×××</td></tr>
<tr><td>治理方式</td><td>措施</td><td>治理期限</td><td>2023-03-06至2023-03-06</td><td>是否纳入项目储备</td><td>否</td><td>项目储备是否审批</td><td>否</td></tr>
<tr><td>治理措施</td><td colspan="7">1. 向工程项目部下发《安全隐患整改通知单》，对不合格的脚手架严禁攀登作业。
2. 立即按规程要求对搭设的脚手架进行加固，在脚手架内侧纵向水平杆与建筑物墙壁之间，加装纵向水平防护杆。
3. 二层的木脚手板距板两端处用铁丝缠绕3圈，并用铁皮钉牢。</td></tr>
<tr><td>防控措施</td><td colspan="7">1. 脚手架搭设应编制设计方案，脚手架搭设后应经使用单位和监理单位验收合格挂牌后方可使用，使用中应定期进行检查和维护。
2. 搭设负责人、架子工等作业人员必须持证上岗。
3. 脚手架基础必须夯实硬化，基础横向向外要有排水坡度，并做到坚实平整、排水畅通，垫板不晃动、不沉降，立杆不悬空。
4. 作业人员进入现场安全防护用品应佩戴齐全，必须戴好安全帽，系安全带，扎裹腿，穿软底鞋，扳手要有防坠绳，高处作业应使用工具袋和传递绳。
5. 开展施工环境全面排查，发现类似问题立即整改。</td></tr>
<tr><td rowspan="2">治理</td><td>治理完成情况</td><td colspan="7">2023年3月6日，××公司立即按规程要求对搭设的脚手架进行了加固，在脚手架内侧纵向水平杆与建筑物墙壁之间，加装了纵向水平防护杆，二层的木脚手板距板两端处用铁丝缠绕3圈，并用铁皮钉牢，治理完成后经监理确认，满足规程要求。现申请对该隐患治理完成情况进行验收。</td></tr>
<tr><td>治理计划资金（万元）</td><td colspan="2">××</td><td>累计投入资金（万元）</td><td colspan="4">××</td></tr>
<tr><td rowspan="3">验收</td><td>验收组织单位</td><td colspan="2">国网××公司</td><td>验收负责人</td><td colspan="4">×××</td></tr>
<tr><td>验收负责人签字日期</td><td colspan="2">2023-03-06</td><td>是否消除</td><td colspan="4">是</td></tr>
<tr><td>验收结论</td><td colspan="7">验收合格，治理措施已按要求实施，同意销号。</td></tr>
</table>

8.3.1.2 电焊机外壳未接地

较大隐患排查治理档案表

××××年度　　　　　　　　　　　　　　　　　　　　　　　　　　　　国网××××公司

<table>
<tr><td rowspan="7">发现</td><td>隐患简题</td><td colspan="7">国网××供电公司3月6日新建110kV××变电站土建工程现场使用的电焊机外壳未接地的安全隐患。</td></tr>
<tr><td>隐患编号</td><td>国网××公司2023××××</td><td>隐患所在单位</td><td>国网××公司</td><td>隐患来源</td><td colspan="3">日常排查</td></tr>
<tr><td>隐患分类</td><td>人身安全</td><td>专业子类</td><td>通用</td><td>隐患性质</td><td colspan="3">管理类</td></tr>
<tr><td>电压等级</td><td>—</td><td>归属职能部门</td><td colspan="5">建设部</td></tr>
<tr><td>发现人</td><td>×××</td><td>发现人单位</td><td>国网××公司</td><td>发现日期</td><td colspan="3">2023-03-06</td></tr>
<tr><td>事故隐患内容</td><td colspan="7">在2023年3月6日公司日常排查中发现：新建110kV××变电站土建工程现场使用的电焊机外壳未接地，且监理未对其进行进场报审审查的安全隐患。若不及时消除，可能存在人身意外触电。违反了《国家电网有限公司电力建设安全工作规程　第1部分：变电》6.5.5：“e）对地电压在127V及以上的下列电气设备及设施，均应装设接地或接零保护：1）发电机、电动机、电焊机及变压器的金属外壳。”依据《国家电网有限公司安全事故调查规程》（2021年版）4.1.2.4一般人身事故（四级人身事件）：“一次事故造成3人以下死亡，或者10人以下重伤者”，可能构成一般人身事故（四级人身事件）。</td></tr>
<tr><td>可能导致后果</td><td>四级人身事件</td><td>事件依据</td><td>《国家电网有限公司安全事故调查规程》（2021年版）4.1.2.4</td><td>标准依据</td><td colspan="3">《人身安全隐患排查标准》RS2205</td></tr>
<tr><td rowspan="2">市级评估</td><td>评估等级</td><td>较大隐患</td><td>评估负责人</td><td>×××</td><td>评估负责人签字日期</td><td colspan="3">2023-03-06</td></tr>
<tr><td>可能导致后果</td><td colspan="7">四级人身事件</td></tr>
<tr><td rowspan="7">治理</td><td>实际治理完成日期</td><td>2023-03-06</td><td>治理责任单位</td><td>建设部</td><td>治理责任人</td><td colspan="3">×××</td></tr>
<tr><td>治理方式</td><td>措施</td><td>治理期限</td><td>2023-03-06至2023-03-06</td><td>是否纳入项目储备</td><td>否</td><td>项目储备是否审批</td><td>否</td></tr>
<tr><td>治理措施</td><td colspan="7">1. 向工程项目部下发《安全隐患整改通知单》，对电焊机金属外壳未装设接地线或接零保护的，不得进行电焊作业。
2. 监理立即对施工机械、工器具、安全防护用品（用具）进场报审进行审查，并履行检查确认手续。</td></tr>
<tr><td>防控措施</td><td colspan="7">1. 未完成治理措施并经验收合格前，禁止现场使用该电焊机。
2. 开展吊车、电焊机等特种作业施工机械、机具安全检查，发现类似问题立即整改。</td></tr>
<tr><td>治理完成情况</td><td colspan="7">2023年3月6日，××公司按规定及时对电焊机金属外壳实施可靠接地，监理立即对施工机械、工器具、安全防护用品（用具）进场报审进行审查，并履行检查确认手续，无类似问题出现。现申请对该隐患治理完成情况进行验收。</td></tr>
<tr><td>治理计划资金（万元）</td><td colspan="2">××</td><td>累计投入资金（万元）</td><td colspan="4">××</td></tr>
<tr><td rowspan="3">验收</td><td>验收组织单位</td><td colspan="2">国网××公司</td><td>验收负责人</td><td colspan="4">×××</td></tr>
<tr><td>验收负责人签字日期</td><td colspan="2">2023-03-06</td><td>是否消除</td><td colspan="4">是</td></tr>
<tr><td>验收结论</td><td colspan="7">验收合格，治理措施已按要求实施，同意销号。</td></tr>
</table>

8.3.1.3 特种作业人员资格证过期

较大隐患排查治理档案表

××××年度　　　　　　　　　　　　　　　　　　　　国网××××公司

<table>
<tr><td rowspan="7">发现</td><td>隐患简题</td><td colspan="7">国网××供电公司3月6日110kV××变电工程项目部存在2名特种作业人员资格证过期的安全隐患。</td></tr>
<tr><td>隐患编号</td><td>国网××公司2023××××</td><td>隐患所在单位</td><td>国网××公司</td><td>隐患来源</td><td colspan="3">日常排查</td></tr>
<tr><td>隐患分类</td><td>人身安全</td><td>专业子类</td><td>通用</td><td>隐患性质</td><td colspan="3">管理类</td></tr>
<tr><td>电压等级</td><td>—</td><td>归属职能部门</td><td colspan="5">建设部</td></tr>
<tr><td>发现人</td><td>×××</td><td>发现人单位</td><td>国网××公司</td><td>发现日期</td><td colspan="3">2023-03-06</td></tr>
<tr><td>事故隐患内容</td><td colspan="7">在2023年3月6日公司日常排查中发现：110kV××变电工程项目部存在2名高空作业人员资格证过期、监理未对该2名高空作业人员的安全准入资质进行审查的安全隐患。由于特种作业人员属高风险作业工种，若不加强对特种作业人员安全培训及持证上岗，极有可能在特种作业环境条件下发生人身意外伤害。违反了《国家电网有限公司电力建设安全工作规程　第1部分：变电》5.2.4：“特种作业人员、特种设备作业人员应按照国家有关规定，取得相应资格，并按期复审，定期体检。”《国家电网有限公司工程监理安全监督管理办法》［国网（安监/4）1103—2022］第十条准入管理方面（二）：“现场作业人员年龄、健康、安全培训考试、资格证书等安全准入资质审查情况”。依据《国家电网有限公司安全事故调查规程》（2021年版）4.1.2.4一般人身事故（四级人身事件）：“一次事故造成3人以下死亡，或者10人以下重伤者”，可能构成一般人身事故（四级人身事件）。</td></tr>
<tr><td>可能导致后果</td><td>四级人身事件</td><td>事件依据</td><td>《国家电网有限公司安全事故调查规程》（2021年版）4.1.2.4</td><td>标准依据</td><td colspan="3">《人身安全隐患排查标准》RS2204</td></tr>
<tr><td rowspan="2">市级评估</td><td>评估等级</td><td>较大隐患</td><td>评估负责人</td><td>×××</td><td>评估负责人签字日期</td><td colspan="3">2023-03-06</td></tr>
<tr><td>可能导致后果</td><td colspan="7">四级人身事件</td></tr>
<tr><td rowspan="7">治理</td><td>实际治理完成日期</td><td>2023-03-06</td><td>治理责任单位</td><td>建设部</td><td>治理责任人</td><td colspan="3">×××</td></tr>
<tr><td>治理方式</td><td>措施</td><td>治理期限</td><td>2023-03-06至2023-03-06</td><td>是否纳入项目储备</td><td>否</td><td>项目储备是否审批</td><td>否</td></tr>
<tr><td>治理措施</td><td colspan="7">1. 向工程项目部下发《安全隐患整改通知单》，对特种作业资格证过期的2名特种作业人员，在未进行安全教育培训，未取得有效的特种作业资格证之前，不得进入作业现场从事特种作业。
2. 监理立即对现场作业人员年龄、健康、安全培训考试、资格证书等安全准入资质进行全面审查并履行检查确认手续。</td></tr>
<tr><td>防控措施</td><td colspan="7">1. 永久治理前，做好班组安全隐患公示，针对可能导致的后果制定应急预案或现场处置方案。
2. 对从事特殊作业的人员进行梳理，组织对特种作业人员开展资格培训取证。</td></tr>
<tr><td>治理完成情况</td><td colspan="7">2023年3月6日，××公司按规定及时将现场特种作业资格证过期的2名特种作业人员清退出现场，禁止无特种作业资格证的人员进入作业现场从事特种作业，同时监理立即对现场作业人员年龄、健康、安全培训考试、资格证书等安全准入资质进行了全面审查并履行了检查确认手续，无类似问题出现。现申请对该隐患治理完成情况进行验收。</td></tr>
<tr><td>治理计划资金（万元）</td><td colspan="2">××</td><td>累计投入资金（万元）</td><td colspan="4">××</td></tr>
<tr style="display:none"></tr>
<tr><td rowspan="3">验收</td><td>验收组织单位</td><td colspan="2">国网××公司</td><td>验收负责人</td><td colspan="4">×××</td></tr>
<tr><td>验收负责人签字日期</td><td colspan="2">2023-03-06</td><td>是否消除</td><td colspan="4">是</td></tr>
<tr><td>验收结论</td><td colspan="7">验收合格，治理措施已按要求实施，同意销号。</td></tr>
</table>

8.3.1.4 未执行“双到位”

一般隐患排查治理档案表

××××年度　　　　　　　　　　　　　　　　　　　　　　　　　　　　　　　　　　　国网××××公司

<table>
<tr><td rowspan="7">发现</td><td>隐患简题</td><td colspan="7">国网××供电公司×月×日交流35kV××变电站10kV××线高压客户××业扩现场，未按照到岗到位标准，实行领导干部和到位管理人员现场“双到位”。</td></tr>
<tr><td>隐患编号</td><td>国网××公司2023××××</td><td>隐患所在单位</td><td>国网××供电公司/国网××县供电公司</td><td>隐患来源</td><td colspan="3">日常排查</td></tr>
<tr><td>隐患分类</td><td>人身安全</td><td>专业子类</td><td>通用</td><td>隐患性质</td><td colspan="3">管理类</td></tr>
<tr><td>电压等级</td><td>10kV及以下</td><td>归属职能部门</td><td colspan="5">国网××供电公司/国网××县供电公司/××班</td></tr>
<tr><td>发现人</td><td>×××</td><td>发现人单位</td><td>国网××公司/国网××县供电公司</td><td>发现日期</td><td colspan="3">2023-03-01</td></tr>
<tr><td>事故隐患内容</td><td colspan="7">交流35kV××变电站10kV××线高压客户××业扩现场，该现场属于Ⅳ级检修现场，经检查该现场未按照到岗到位标准，不满足《国家电网有限公司关于进一步加强生产现场作业风险管控工作的通知》（国家电网设备〔2022〕89号）六到岗到位要求：Ⅳ级检修：县级公司组织安全生产管理人员，班组、供电所负责人以及设备主人等应按到岗到位计划开展到岗到位，县级公司分管领导视实际情况进行到岗到位。变电站设备主人必要时应到岗到位，安全生产管理人员应按县级检修单位同一时间段内超过5项及以上Ⅳ、Ⅴ级检修作业现场的，分管领导或专业管理部门管理人员认为有必要时应对各现场进行巡查。二、对于各级检修作业，应确保《检修作业关键工序风险库》中涉及的高风险工序期间有管理人员现场到岗到位。依据《国家电网有限公司安全事故调查规程》（2021年版）4.1.2.8：“无人员死亡或重伤，但造成1～2人轻伤者”导致八级人身事件。</td></tr>
<tr><td>可能导致后果</td><td>八级人身事件</td><td>事件依据</td><td>《国家电网有限公司安全事故调查规程》（2021年版）4.1.2.8</td><td>标准依据</td><td colspan="3">《营销现场作业安全工作规程（试行）》5.1.5；RS3203</td></tr>
<tr><td rowspan="2">市级评估</td><td>评估等级</td><td>一般隐患</td><td>评估负责人</td><td>×××</td><td>评估负责人签字日期</td><td colspan="3">2023-03-01</td></tr>
<tr><td>可能导致后果</td><td colspan="7">八级人身事件</td></tr>
<tr><td rowspan="6">治理</td><td>实际治理完成日期</td><td>2023-03-01</td><td>治理责任单位</td><td>国网××公司/国网××县供电公司</td><td>治理责任人</td><td colspan="3">×××</td></tr>
<tr><td>治理方式</td><td>措施</td><td>治理期限</td><td>2023-03-01至2023-03-30</td><td>是否纳入项目储备</td><td>否</td><td>项目储备是否审批</td><td>否</td></tr>
<tr><td>治理措施</td><td colspan="7">1. 立即停止现场作业，落实营销作业“双到位”管理。
2. 对当日作业现场领导干部和到位管理人员进行通报考核。</td></tr>
<tr><td>防控措施</td><td colspan="7">1. 立即停止现场作业，未规范组织开展“双到位”并履行“双到位”工作规定流程前不得开展施工作业。
2. 严肃项目计划开工管理，编制现场作业标准化资料清单，具备条件后方可许可开工。</td></tr>
<tr><td>治理完成情况</td><td colspan="7">按照即查即改的工作要求，××年××月××日，××公司立即停止了该现场作业，组织开展了“双到位”，建立健全本单位相关规章制度。当日作业现场领导干部和到位管理人员进行通报考核，按照规定进行了追责处罚。</td></tr>
<tr><td>治理计划资金（万元）</td><td colspan="2">××</td><td>累计投入资金（万元）</td><td colspan="4">××</td></tr>
<tr><td rowspan="3">验收</td><td>验收组织单位</td><td colspan="2">国网××公司/国网××县供电公司</td><td>验收负责人</td><td colspan="4">×××</td></tr>
<tr><td>验收负责人签字日期</td><td colspan="2">2023-03-01</td><td>是否消除</td><td colspan="4">是</td></tr>
<tr><td>验收结论</td><td colspan="7">隐患已治理，治理措施已按要求实施，同意销号。</td></tr>
</table>

8.3.1.5　未开展现场勘察

一般隐患排查治理档案表

××××年度　　　　　　　　　　　　　　　　　　　　　　　　国网××××公司

<table>
<tr><td rowspan="7">发现</td><td>隐患简题</td><td colspan="7">国网××供电公司××供电所×月×日给某污水厂开展Ⅲ级检修作业现场时未开展现场勘察的隐患。</td></tr>
<tr><td>隐患编号</td><td>国网××公司2023××××</td><td>隐患所在单位</td><td>国网××供电公司/国网××县供电公司</td><td>隐患来源</td><td colspan="3">日常排查</td></tr>
<tr><td>隐患分类</td><td>人身安全</td><td>专业子类</td><td>通用</td><td>隐患性质</td><td colspan="3">管理类</td></tr>
<tr><td>电压等级</td><td>10kV 及以下</td><td>归属职能部门</td><td colspan="5">国网××供电公司/国网××县供电公司/××所</td></tr>
<tr><td>发现人</td><td>×××</td><td>发现人单位</td><td>国网××公司/国网××县供电公司</td><td>发现日期</td><td colspan="3">2023-03-01</td></tr>
<tr><td>事故隐患内容</td><td colspan="7">在公司隐患日常排查工作中发现：××供电所××月××日给某污水厂开展Ⅲ级检修作业现场时未开展现场勘察的隐患。不符合《国网陕西省电力有限公司关于推进安全生产“四双”管理的指导意见》(国网陕电办〔2021〕6号)Ⅰ~Ⅲ级检修必须开展现场勘察，Ⅳ、Ⅴ级检修根据作业内容必要时开展现场勘察。作业环境复杂、高风险工序多的检修，还应在项目立项、检修计划申报前开展前期勘察，确保项目内容、停电范围和停电时间的准确性。因停电计划变更、设备突发故障或缺陷等原因导致停电区域、作业内容、作业环境发生变化时，根据实际情况重新组织现场勘察。</td></tr>
<tr><td>可能导致后果</td><td>八级人身事件</td><td>事件依据</td><td>《国家电网有限公司安全事故调查规程》(2021年版)4.1</td><td>标准依据</td><td colspan="3">《营销现场作业安全工作规程(试行)》6.2.1；RS3201</td></tr>
<tr><td rowspan="2">市级评估</td><td>评估等级</td><td>一般隐患</td><td>评估负责人</td><td>×××</td><td>评估负责人签字日期</td><td colspan="3">2023-03-01</td></tr>
<tr><td>可能导致后果</td><td colspan="7">八级人身事件</td></tr>
<tr><td rowspan="7">治理</td><td>实际治理完成日期</td><td>2023-03-01</td><td>治理责任单位</td><td>国网××公司/国网××县供电公司</td><td>治理责任人</td><td colspan="3">×××</td></tr>
<tr><td>治理方式</td><td>措施</td><td>治理期限</td><td>2023-03-01 至 2023-03-30</td><td>是否纳入项目储备</td><td>否</td><td>项目储备是否审批</td><td>否</td></tr>
<tr><td>治理措施</td><td colspan="7">1. 立即停止作业现场，组织开展“双勘察”，规范履行“双勘察”工作规定流程。
2. 对相关责任人员由管理单位按照相关管理规定进行追责处罚。</td></tr>
<tr><td>防控措施</td><td colspan="7">1. 立即停止现场作业，未规范组织开展“双勘察”并履行“双勘察”工作规定流程前不得许可开展施工作业。
2. 严肃项目计划开工管理，编制现场作业标准化资料清单，具备条件后方可许可开工。</td></tr>
<tr><td>治理完成情况</td><td colspan="7">按照即查即改的工作要求，××年××月××日，××公司立即停止了该现场作业，组织开展了“双勘察”，建立健全本单位相关规章制度。现申请对该隐患治理完成情况进行验收。按照规定进行了追责处罚。××年××月××日，××公司对相关人员进行了安全警示教育，技能培训，并进行了考试。</td></tr>
<tr><td>治理计划资金（万元）</td><td colspan="2">××</td><td>累计投入资金（万元）</td><td colspan="4">××</td></tr>
<tr><td style="display:none"></td></tr>
<tr><td rowspan="3">验收</td><td>验收组织单位</td><td colspan="2">国网××公司/国网××县供电公司</td><td>验收负责人</td><td colspan="4">×××</td></tr>
<tr><td>验收负责人签字日期</td><td colspan="2">2023-03-01</td><td>是否消除</td><td colspan="4">是</td></tr>
<tr><td>验收结论</td><td colspan="7">隐患已治理，治理措施已按要求实施，同意销号。</td></tr>
</table>

8.3.2　建设施工

8.3.2.1　坑口堆土石过高

较大隐患排查治理档案表

××××年度　　　　　　　　　　　　　　　　　　　　　　　　　　　　　　　　　国网××××公司

<table>
<tr><td rowspan="7">发现</td><td>隐患简题</td><td colspan="7">国网××供电公司3月6日新建××线路工程#11铁塔基础开挖坑口堆土石过高的安全隐患。</td></tr>
<tr><td>隐患编号</td><td>国网××公司2023××××</td><td>隐患所在单位</td><td>国网××公司</td><td>隐患来源</td><td colspan="3">日常排查</td></tr>
<tr><td>隐患分类</td><td>人身安全</td><td>专业子类</td><td>建设施工</td><td>隐患性质</td><td colspan="3">人员类</td></tr>
<tr><td>电压等级</td><td>110kV</td><td>归属职能部门</td><td colspan="5">建设部</td></tr>
<tr><td>发现人</td><td>×××</td><td>发现人单位</td><td>国网××公司</td><td>发现日期</td><td colspan="3">2023-03-06</td></tr>
<tr><td>事故隐患内容</td><td colspan="7">在2023年3月6日公司日常排查中发现：新建110kV××线路工程#1 1铁塔基础开挖中，距坑口1.2m处堆土石高约1.8m，若人员坑底作业，若土石掉落致人员意外伤害，可能导致人身事件。不符合《国家电网有限公司电力建设安全工作规程　第2部分：线路》10.1.1.6：“堆土应距坑边1m以外，高度不得超过1.5m。”依据《国家电网有限公司安全事故调查规程》（2021年版）4.1.2.4一般人身事故（四级人身事件）：“一次事故造成3人以下死亡，或者10人以下重伤者。”可能构成一般人身事故（四级人身事件）。</td></tr>
<tr><td>可能导致后果</td><td>四级人身事件</td><td>事件依据</td><td>《国家电网有限公司安全事故调查规程》（2021年版）4.1.2.4</td><td>标准依据</td><td colspan="3">《人身安全隐患排查标准》RS2316</td></tr>
<tr><td rowspan="2">市级评估</td><td>评估等级</td><td>较大隐患</td><td>评估负责人</td><td>×××</td><td>评估负责人签字日期</td><td colspan="3">2023-03-06</td></tr>
<tr><td>可能导致后果</td><td colspan="7">四级人身事件</td></tr>
<tr><td rowspan="6">治理</td><td>实际治理完成日期</td><td>2023-03-06</td><td>治理责任单位</td><td>建设部</td><td>治理责任人</td><td colspan="3">×××</td></tr>
<tr><td>治理方式</td><td>措施</td><td>治理期限</td><td>2023-03-06至2023-03-06</td><td>是否纳入项目储备</td><td>否</td><td>项目储备是否审批</td><td>否</td></tr>
<tr><td>治理措施</td><td colspan="7">向工程项目部下发《安全隐患整改通知单》，立即清除坑口附近超高土石，保证土石高度不得超过1.5m。</td></tr>
<tr><td>防控措施</td><td colspan="7">1. 未落实治理措施前，坑边禁止人员逗留、禁止人员进入坑内休息、作业。
2. 针对类似问题，开展坑洞施工巡查，发现类似问题立即整改。</td></tr>
<tr><td>治理完成情况</td><td colspan="7">2023年3月6日，××公司立即清除了坑口附近超高土石，将土石高度降低至1m以下。现申请对该隐患治理完成情况进行验收。</td></tr>
<tr><td>治理计划资金（万元）</td><td colspan="2">××</td><td>累计投入资金（万元）</td><td colspan="4">××</td></tr>
<tr><td rowspan="3">验收</td><td>验收组织单位</td><td colspan="2">国网××公司</td><td>验收负责人</td><td colspan="4">×××</td></tr>
<tr><td>验收负责人签字日期</td><td colspan="2">2023-03-06</td><td>是否消除</td><td colspan="4">是</td></tr>
<tr><td>验收结论</td><td colspan="7">验收合格，治理措施已按要求实施，同意销号。</td></tr>
</table>

8.3.2.2 施工电源低压配电箱内未装设漏保

较大隐患排查治理档案表

××××年度　　　　　　　　　　　　　　　　　　　　　　　　　　　　国网××××公司

<table>
<tr><td rowspan="8">发现</td><td>隐患简题</td><td colspan="7">国网××供电公司3月6日新建××变电站工程施工电源低压配电箱内未装设剩余电流动作保护器的安全隐患。</td></tr>
<tr><td>隐患编号</td><td>国网××公司2023××××</td><td>隐患所在单位</td><td>国网××公司</td><td>隐患来源</td><td colspan="3">日常排查</td></tr>
<tr><td>隐患分类</td><td>人身安全</td><td>专业子类</td><td>建设施工</td><td>隐患性质</td><td colspan="3">人员类</td></tr>
<tr><td>电压等级</td><td>110kV</td><td>归属职能部门</td><td colspan="5">建设部</td></tr>
<tr><td>发现人</td><td>×××</td><td>发现人单位</td><td>国网××公司</td><td>发现日期</td><td colspan="3">2023-03-06</td></tr>
<tr><td>事故隐患内容</td><td colspan="7">在2023年3月6日公司日常排查中发现：新建110kV××变电站工程施工电源低压配电箱内未装设剩余电流动作保护器，存在人员意外触电的安全隐患。不符合《国家电网有限公司电力建设安全工作规程　第1部分：变电》6.5.1.6：“施工用电工程的380V/220V低压系统，应采用三级配电、二级剩余电流动作保护系统（漏电保护系统）。”依据《国家电网有限公司安全事故调查规程》（2021年版）4.1.2.4一般人身事故（四级人身事件）：“一次事故造成3人以下死亡，或者10人以下重伤者”，可能构成一般人身事故（四级人身事件）。</td></tr>
<tr><td>可能导致后果</td><td>四级人身事件</td><td>事件依据</td><td>《国家电网有限公司安全事故调查规程》（2021年版）4.1.2.4</td><td>标准依据</td><td colspan="3">《人身安全隐患排查标准》RS2103</td></tr>
<tr><td colspan="8"></td></tr>
<tr><td rowspan="2">市级评估</td><td>评估等级</td><td>较大隐患</td><td>评估负责人</td><td>×××</td><td>评估负责人签字日期</td><td colspan="3">2023-03-06</td></tr>
<tr><td>可能导致后果</td><td colspan="7">四级人身事件</td></tr>
<tr><td rowspan="6">治理</td><td>实际治理完成日期</td><td>2023-03-06</td><td>治理责任单位</td><td>建设部</td><td>治理责任人</td><td colspan="3">×××</td></tr>
<tr><td>治理方式</td><td>措施</td><td>治理期限</td><td>2023-03-06至2023-03-06</td><td>是否纳入项目储备</td><td>否</td><td>项目储备是否审批</td><td>否</td></tr>
<tr><td>治理措施</td><td colspan="7">1. 向工程项目部下发《安全隐患整改通知单》，装设前停止对施工电源供电。
2. 同时要求施工用电配电箱内装设剩余电流动作保护器，并定期进行试验。</td></tr>
<tr><td>防控措施</td><td colspan="7">1. 未完成治理措施并经验收合格前，不得对施工电源供电。
2. 开展施工用电安全检查，发现类似问题立即整改。</td></tr>
<tr><td>治理完成情况</td><td colspan="7">2023年3月6日，××公司立即按规定在施工低源配电箱内装设剩余电流动作保护器，治理完成后满足施工电源安全用电要求。现申请对该隐患治理完成情况进行验收。</td></tr>
<tr><td>治理计划资金（万元）</td><td colspan="2">××</td><td>累计投入资金（万元）</td><td colspan="4">××</td></tr>
<tr><td rowspan="3">验收</td><td>验收组织单位</td><td colspan="2">国网××公司</td><td>验收负责人</td><td colspan="4">×××</td></tr>
<tr><td>验收负责人签字日期</td><td colspan="2">2023-03-06</td><td>是否消除</td><td colspan="4">是</td></tr>
<tr><td>验收结论</td><td colspan="7">验收合格，治理措施已按要求实施，同意销号。</td></tr>
</table>

8.3.2.3 钢丝绳套插接长度不足

较大隐患排查治理档案表

××××年度　　　　　　　　　　　　　　　　　　　　　　　　　国网××××公司

<table>
<tr><td rowspan="7">发现</td><td>隐患简题</td><td colspan="7">国网××供电公司3月6日××线路工程项目部#7钢丝绳套插接长度不足的安全隐患。</td></tr>
<tr><td>隐患编号</td><td>国网××公司2023××××</td><td>隐患所在单位</td><td>国网××公司</td><td>隐患来源</td><td colspan="3">日常排查</td></tr>
<tr><td>隐患分类</td><td>人身安全</td><td>专业子类</td><td>通用</td><td>隐患性质</td><td colspan="3">管理类</td></tr>
<tr><td>电压等级</td><td>110kV</td><td>归属职能部门</td><td colspan="5">建设部</td></tr>
<tr><td>发现人</td><td>×××</td><td>发现人单位</td><td>国网××公司</td><td>发现日期</td><td colspan="3">2023-03-06</td></tr>
<tr><td>事故隐患内容</td><td colspan="7">在2023年3月6日公司日常排查中发现：新建110kV××线路工程现场发现暂未使用的#7钢丝绳套插接长度仅250mm，且监理未对其进行进场报审审查的安全隐患。若不及时清理，作业中冒然使用，将存在钢丝绳因承力强度不够而断裂，容易造成人员意外伤害，可能导致人身事件的安全隐患。不符合《国家电网有限公司电力建设安全工作规程　第2部分：线路》8.3.2.6：“插接的环绳或绳套，其插接长度不应小于钢丝绳直径的15倍，且不得小于300mm。”依据《国家电网有限公司安全事故调查规程》（2021年版）4.1.2.4一般人身事故（四级人身事件）：“一次事故造成3人以下死亡，或者10人以下重伤者”，可能构成一般人身事故（四级人身事件）。</td></tr>
<tr><td>可能导致后果</td><td>四级设备事件</td><td>事件依据</td><td>《国家电网有限公司安全事故调查规程》（2021年版）4.1.2.4</td><td>标准依据</td><td colspan="3">《人身安全隐患排查标准》RS2205</td></tr>
<tr><td rowspan="2">市级评估</td><td>评估等级</td><td>较大隐患</td><td>评估负责人</td><td>×××</td><td>评估负责人签字日期</td><td colspan="3">2023-03-06</td></tr>
<tr><td>可能导致后果</td><td colspan="7">四级人身事件</td></tr>
<tr><td rowspan="6">治理</td><td>实际治理完成日期</td><td>2023-03-06</td><td>治理责任单位</td><td>建设部</td><td>治理责任人</td><td colspan="3">×××</td></tr>
<tr><td>治理方式</td><td>措施</td><td>治理期限</td><td>2023-03-06 至 2023-03-06</td><td>是否纳入项目储备</td><td>否</td><td>项目储备是否审批</td><td>否</td></tr>
<tr><td>治理措施</td><td colspan="7">1. 立即按照规定对该#7钢丝绳重新插接，确保插接长度满足规程要求。
2. 监理立即对施工机械、工器具、安全防护用品（用具）进场报审进行审查，并履行检查确认手续。</td></tr>
<tr><td>防控措施</td><td colspan="7">1. 未完成治理措施并经验收合格前，禁止现场使用该#7钢丝绳。
2. 开展工程项目部施工机具的安全检查，对不合格的施工机具及时清理出库。</td></tr>
<tr><td>治理完成情况</td><td colspan="7">2023年3月6日，××公司按规定立即对该#7钢丝绳重新插接，确保插接长度满足规程要求，同时监理立即对施工机械、工器具、安全防护用品（用具）进场报审进行审查，并履行检查确认手续，无类似问题出现。现申请对该隐患治理完成情况进行验收。</td></tr>
<tr><td>治理计划资金（万元）</td><td colspan="2">××</td><td>累计投入资金（万元）</td><td colspan="4">××</td></tr>
<tr><td rowspan="3">验收</td><td>验收组织单位</td><td colspan="2">国网××公司</td><td>验收负责人</td><td colspan="4">×××</td></tr>
<tr><td>验收负责人签字日期</td><td colspan="2">2023-03-06</td><td>是否消除</td><td colspan="4">是</td></tr>
<tr><td>验收结论</td><td colspan="7">验收合格，治理措施已按要求实施，同意销号。</td></tr>
</table>

8.3.2.4 电缆沟道无盖板或安全标识

较大隐患排查治理档案表

××××年度　　　　　　　　　　　　　　　　　　　　　　　　　　　　　国网××××公司

<table>
<tr><td rowspan="8">发现</td><td>隐患简题</td><td colspan="7">国网××供电公司 3 月 6 日新建××变电工程电缆沟道无盖板、未设置安全标识及夜间警示灯的安全隐患。</td></tr>
<tr><td>隐患编号</td><td>国网××公司 2023××××</td><td>隐患所在单位</td><td>国网××公司</td><td>隐患来源</td><td colspan="3">日常排查</td></tr>
<tr><td>隐患分类</td><td>人身安全</td><td>专业子类</td><td>建设施工</td><td>隐患性质</td><td colspan="3">人员类</td></tr>
<tr><td>电压等级</td><td>110kV</td><td>归属职能部门</td><td colspan="5">建设部</td></tr>
<tr><td>发现人</td><td>×××</td><td>发现人单位</td><td>国网××公司</td><td>发现日期</td><td colspan="3">2023-03-06</td></tr>
<tr><td>事故隐患内容</td><td colspan="7">在 2023 年 3 月 6 日公司日常排查中发现：新建 110kV××变电工程出线电缆沟道未用专用盖板覆盖、未设置安全标识，且夜间未设警示灯，如不及时消除，可能导致作业人员跌落受伤。违反了《国家电网有限公司电力建设安全工作规程　第 1 部分：变电》6.1.6：“施工现场及周围的悬崖、陡坎、深坑、高压带电区等危险场所均应设可靠的防护设施及安全标志；坑、沟、孔洞等均应铺设符合安全要求的盖板或设可靠的围栏、挡板及安全标志。危险场所夜间应设警示灯。”依据《国家电网有限公司安全事故调查规程》(2021 年版) 4.1.2.4 一般人身事故（四级人身事件）：“一次事故造成 3 人以下死亡，或者 10 人以下重伤者”，可能构成一般人身事故（四级人身事件）。</td></tr>
<tr><td>可能导致后果</td><td>四级人身事件</td><td>事件依据</td><td>《国家电网有限公司安全事故调查规程》(2021 年版) 4.1.2.4</td><td>标准依据</td><td colspan="3">《人身安全隐患排查标准》RS2316</td></tr>
<tr><td colspan="0" style="display:none"></td></tr>
<tr><td rowspan="2">市级评估</td><td>评估等级</td><td>较大隐患</td><td>评估负责人</td><td>×××</td><td>评估负责人签字日期</td><td colspan="3">2023-03-06</td></tr>
<tr><td>可能导致后果</td><td colspan="7">四级人身事件</td></tr>
<tr><td rowspan="6">治理</td><td>实际治理完成日期</td><td>2023-03-06</td><td>治理责任单位</td><td>建设部</td><td>治理责任人</td><td colspan="3">×××</td></tr>
<tr><td>治理方式</td><td>措施</td><td>治理期限</td><td>2023-03-06 至 2023-03-06</td><td>是否纳入项目储备</td><td>否</td><td>项目储备是否审批</td><td>否</td></tr>
<tr><td>治理措施</td><td colspan="7">向工程项目部下发《安全隐患整改通知单》，立即停工，要求对出线电缆沟道覆盖盖板、设置安全标识，并在夜间设置警示灯。</td></tr>
<tr><td>防控措施</td><td colspan="7">1. 未完成治理措施并经验收合格前，不得开工。
2. 组织开展电缆沟道施工安全检查，发现类似问题立即整改。</td></tr>
<tr><td>治理完成情况</td><td colspan="7">2023 年 3 月 6 日，××公司按规定立即停工，并及时对新建 110kV××变电工程出线电缆沟道覆盖了专用盖板，并设置安全警示标识及夜间警示灯；同时组织开展电缆沟道施工安全检查，无类似问题出现。现申请对该隐患治理完成情况进行验收。</td></tr>
<tr><td>治理计划资金（万元）</td><td colspan="2">××</td><td>累计投入资金（万元）</td><td colspan="4">××</td></tr>
<tr><td rowspan="3">验收</td><td>验收组织单位</td><td colspan="2">国网××公司</td><td>验收负责人</td><td colspan="4">×××</td></tr>
<tr><td>验收负责人签字日期</td><td colspan="2">2023-03-06</td><td>是否消除</td><td colspan="4">是</td></tr>
<tr><td>验收结论</td><td colspan="7">验收合格，治理措施已按要求实施，同意销号。</td></tr>
</table>

8.3.3 生产检修

8.3.3.1 起重作业中未执行“三定一卡一流程”

一般隐患排查治理档案表

××××年度　　　　国网××××公司

<table>
<tr><td rowspan="7">发现</td><td>隐患简题</td><td colspan="7">国网××供电公司 4 月 12 日在 110kV××变电站斗臂车作业中未执行“三定一卡一流程”的安全隐患。</td></tr>
<tr><td>隐患编号</td><td>国网××公司 2023××××</td><td>隐患所在单位</td><td>国网××公司</td><td>隐患来源</td><td colspan="3">安全督查</td></tr>
<tr><td>隐患分类</td><td>人身安全</td><td>专业子类</td><td>生产检修</td><td>隐患性质</td><td colspan="3">人身类</td></tr>
<tr><td>电压等级</td><td>110kV</td><td>归属职能部门</td><td colspan="5">设备部</td></tr>
<tr><td>发现人</td><td>×××</td><td>发现人单位</td><td>国网××公司</td><td>发现日期</td><td colspan="3">2023-02-05</td></tr>
<tr><td>事故隐患内容</td><td colspan="7">在公司安全督查中发现：变电检修中心在开展 110kV××变电站#1 主变停电综检过程中，需要使用斗臂车开展主变设备预试工作，斗臂车车斗距离 110kV I 母（带电）约 6m，现场未按照“三定一卡一流程”要求，确定行驶路线、位置和作业区域，未使用近电起重作业专项检查卡。不满足《国网陕西省电力有限公司关于印发近电起重作业“三定一卡一流程”工作标准的通知》（陕电安监〔2022〕9 号）2. 适用范围：“近电起重作业‘三定一卡一流程’工作标准，适用于在公司运维管理的运行变电站内起重作业，在运行输、配电线路通道内的近电起重作业。高空作业车、混凝土泵车、挖掘机等施工机械作业，参照执行”的规定要求，存在斗臂车触电的安全隐患。依据《国家电网有限公司安全事故调查规程》（2021 年版）4.1.2 相关条款，构成人身事件。</td></tr>
<tr><td>可能导致后果</td><td>人身事件</td><td>事件依据</td><td>《国家电网有限公司安全事故调查规程》（2021 年版）4.1.2</td><td>标准依据</td><td colspan="3">《人身安全隐患排查标准》RS3205：近电起重作业未采取“三定一卡一流程”</td></tr>
<tr><td rowspan="2">市级评估</td><td>评估等级</td><td>一般</td><td>评估负责人</td><td>×××</td><td>评估负责人签字日期</td><td colspan="3">2023-04-12</td></tr>
<tr><td>可能导致后果</td><td colspan="7">人身事件</td></tr>
<tr><td rowspan="7">治理</td><td>实际治理完成日期</td><td>2023-04-13</td><td>治理责任单位</td><td>设备部</td><td>治理责任人</td><td colspan="3">×××</td></tr>
<tr><td>治理方式</td><td>措施</td><td>治理期限</td><td>2023-04-12 至 2023-04-30</td><td>是否纳入项目储备</td><td>否</td><td>项目储备是否审批</td><td>否</td></tr>
<tr><td>治理措施</td><td colspan="7">立即要求现场停工，按照“三定一卡一流程”要求，组织重新开展现场勘察，确定吊车行驶路线、吊车位置和作业区域，并对照近电起重作业专项检查卡开展检查，确定各项安全措施和关键工序无误后方可开展工作。</td></tr>
<tr><td>防控措施</td><td colspan="7">1. 组织相关施工班组重新学习《国网陕西省电力有限公司关于印发近电起重作业“三定一卡一流程”工作标准的通知》（陕电安监〔2022〕9 号），规范作业现场吊车使用，严防人身和电网事故。
2. 加大安全督查力度，尤其对涉及起重作业的现场，采用“远程+现场”的方式开展全流程督查，及时查纠违章问题，确保“管住现场”核心要求落地。</td></tr>
<tr><td>治理完成情况</td><td colspan="7">2023 年 4 月 13 日，国网××公司对 110kV××变电站#1 主变停电综检现场进行重新检查，现场已按照“三定一卡一流程”进行整改，各项安全措施已落实到位，相关违章责任人已按照公司反违章管理办法进行处理。现申请对该隐患治理完成情况进行验收。</td></tr>
<tr><td>治理计划资金（万元）</td><td colspan="2">××</td><td>累计投入资金（万元）</td><td colspan="4">××</td></tr>
<tr><td rowspan="3">验收</td><td>验收组织单位</td><td colspan="2">国网××公司</td><td>验收负责人</td><td colspan="4">×××</td></tr>
<tr><td>验收负责人签字日期</td><td colspan="2">2023-04-13</td><td>是否消除</td><td colspan="4">是</td></tr>
<tr><td>验收结论</td><td colspan="7">隐患已治理，符合安全运行要求，同意销号。</td></tr>
</table>

8.3.3.2 变电站现场规程未修订

一般隐患排查治理档案表

××××年度　　　　　　　　　　　　　　　　　　　　　　　　　　　　　　　　国网××××公司

<table>
<tr><td rowspan="7">发现</td><td>隐患简题</td><td colspan="6">国网××供电公司2月6日330kV××变电站现场规程未修订的安全隐患。</td></tr>
<tr><td>隐患编号</td><td>国网××公司2023××××</td><td>隐患所在单位</td><td>国网××公司</td><td>隐患来源</td><td colspan="2">专项排查</td></tr>
<tr><td>隐患分类</td><td>人身安全</td><td>专业子类</td><td>生产检修</td><td>隐患性质</td><td colspan="2">人身类</td></tr>
<tr><td>电压等级</td><td>330kV</td><td>归属职能部门</td><td colspan="4">设备部</td></tr>
<tr><td>发现人</td><td>×××</td><td>发现人单位</td><td>国网××公司</td><td>发现日期</td><td colspan="2">2023-02-06</td></tr>
<tr><td>事故隐患内容</td><td colspan="6">在公司冬春季安全隐患排查中发现：330kV××变电站于2022年12月完成#3主变扩建工作，其现场运行专用规程及典型倒闸操作票修订完成后，未经专业部门审核，不满足《国家电网公司安全工作规定》第二十八条：“每年应对现场规程进行一次复查、修订，并书面通知有关人员；不需修订的情况下，也应出具经复查人、审核人、批准人签名的‘可以继续执行’的书面文件，并通知有关人员”的规定要求，存在人员误操作的安全隐患。依据《国家电网有限公司安全事故调查规程》（2021年版）4.1.2相关条款，构成人身事件；和4.3.6.18：“3kV以上电气设备，发生下列一般电气误操作，使主设备异常运行或被迫停运：（1）误（漏）拉合断路器（开关）、误（漏）投或停继电保护及安全自动装置（包括连接片）、误设置继电保护及安全自动装置定值”，构成六级设备事件。</td></tr>
<tr><td>可能导致后果</td><td>人身事件</td><td>事件依据</td><td>《国家电网有限公司安全事故调查规程》（2021年版）4.1.2或4.3.6.18</td><td>标准依据</td><td colspan="2">《人身安全隐患排查标准》RS2212：现场规程没有每年进行一次复查、修订并书面通知有关人员；不需修订的情况下，未由复查人、审核人、批准人签署“可以继续执行”的书面文件并通知有关人员</td></tr>
<tr><td rowspan="2">市级评估</td><td>评估等级</td><td>一般</td><td>评估负责人</td><td>×××</td><td>评估负责人签字日期</td><td colspan="2">2023-02-06</td></tr>
<tr><td>可能导致后果</td><td colspan="6">人身事件</td></tr>
<tr><td rowspan="7">治理</td><td>实际治理完成日期</td><td>2023-02-13</td><td>治理责任单位</td><td>设备部</td><td>治理责任人</td><td colspan="2">×××</td></tr>
<tr><td>治理方式</td><td>措施</td><td>治理期限</td><td>2023-02-06至2023-03-30</td><td>是否纳入项目储备</td><td>否</td><td>项目储备是否审批　否</td></tr>
<tr><td>治理措施</td><td colspan="6">运维单位结合现场实际，对现场运行专用规程及典型倒闸操作票进行修订，履行审核程序，经复查人、审核人、批准人签名确认后，方可启用新的现场运行专用规程及典型倒闸操作票。</td></tr>
<tr><td>防控措施</td><td colspan="6">1. 隐患未治理前，禁止在××变电站开展倒闸操作，遇有确需操作的情况，需对操作票提级审核，经专业部门现场确认操作流程无误后方可进行操作。
2. 对所辖变电站专用规程及典型倒闸操作票进行全面检查，确认审核签字流程无误后，方可继续使用。</td></tr>
<tr><td>治理完成情况</td><td colspan="6">2023年2月6～13日，国网××公司对330kV××变电站现场运行专用规程及典型倒闸操作票进行重新修订，并组织相关专业部门进行会审，履行审核签字手续后已启用新版现场规程。现申请对该隐患治理完成情况进行验收。</td></tr>
<tr><td>治理计划资金（万元）</td><td colspan="2">××</td><td colspan="2">累计投入资金（万元）</td><td colspan="2">××</td></tr>
<tr><td rowspan="3">验收</td><td>验收组织单位</td><td colspan="2">国网××公司</td><td colspan="2">验收负责人</td><td colspan="2">×××</td></tr>
<tr><td>验收负责人签字日期</td><td colspan="2">2023-02-14</td><td colspan="2">是否消除</td><td colspan="2">是</td></tr>
<tr><td>验收结论</td><td colspan="6">隐患已治理，符合安全运行要求，同意销号。</td></tr>
</table>

8.3.3.3 高压室内使用钢卷尺测量

一般隐患排查治理档案表

××××年度　　　　　　　　　　　　　　　　　　　　　　　　　　国网××××公司

<table>
<tr><td rowspan="9">发现</td><td>隐患简题</td><td colspan="7">国网××供电公司4月6日作业人员在110kV××变电站高压室内使用钢卷尺进行测量的安全隐患。</td></tr>
<tr><td>隐患编号</td><td>国网××公司2023××××</td><td>隐患所在单位</td><td>国网××公司</td><td>隐患来源</td><td colspan="3">安全督查</td></tr>
<tr><td>隐患分类</td><td>人身安全</td><td>专业子类</td><td>生产检修</td><td>隐患性质</td><td colspan="3">人身类</td></tr>
<tr><td>电压等级</td><td>110kV</td><td>归属职能部门</td><td colspan="5">设备部</td></tr>
<tr><td>发现人</td><td>×××</td><td>发现人单位</td><td>国网××公司</td><td>发现日期</td><td colspan="3">2023-04-06</td></tr>
<tr><td>事故隐患内容</td><td colspan="7">在公司安全督查中发现：变电检修中心作业人员在开展110kV××变电站35kV××隔离开关消缺工作时，使用钢卷尺在带电设备区域进行测量工作，不满足《国家电网公司电力安全工作规程　变电部分》16.1.8：“在带电设备周围禁止使用钢卷尺、皮卷尺和线尺（夹有金属丝）进行测量工作。”的规定要求，存在高压触电的安全隐患。依据《国家电网有限公司安全事故调查规程》（2021年版）4.1.2相关条款，构成人身事故。</td></tr>
<tr><td>可能导致后果</td><td>人身事件</td><td>事件依据</td><td>《国家电网有限公司安全事故调查规程》（2021年版）4.1.2</td><td>标准依据</td><td colspan="3">《人身安全隐患排查标准》RS2327：在带电设备周围使用钢卷尺、金属梯等禁止使用的工器具</td></tr>
<tr><td rowspan="2">市级评估</td><td>评估等级</td><td>一般</td><td>评估负责人</td><td>×××</td><td>评估负责人签字日期</td><td colspan="3">2023-04-06</td></tr>
<tr><td>可能导致后果</td><td colspan="7">人身事故</td></tr>
<tr><td rowspan="7">治理</td><td>实际治理完成日期</td><td>2023-04-09</td><td>治理责任单位</td><td>设备部</td><td>治理责任人</td><td colspan="3">×××</td></tr>
<tr><td>治理方式</td><td>措施</td><td>治理期限</td><td>2023-04-06 至 2023-04-30</td><td>是否纳入项目储备</td><td>否</td><td>项目储备是否审批</td><td>否</td></tr>
<tr><td>治理措施</td><td colspan="7">1. 要求相关施工单位停工整顿，重新学习《国家电网公司电力安全工作规程 变电部分》及相关事故案例。
2. 按照Ⅱ类严重违章，对相关责任人进行违章积分和经济处罚，开展警示约谈，整改到位后，方可继续施工。</td></tr>
<tr><td>防控措施</td><td colspan="7">1. 梳理各班组钢卷尺、皮卷尺和线尺（夹有金属丝）情况，向涉及带电区域工作的班组配发绝缘尺。
2. 加大安全督查力度，对重复发生此类严重违章行为的单位和人员，严格按照公司反违章管理办法进行处理。</td></tr>
<tr><td>治理完成情况</td><td colspan="7">2023年4月6～8日，国网××公司组织对施工单位进行警示约谈，要求停工整顿三天，重新学习相关规程及事故案例，并按照反违章管理办法，对相关责任人进行违章积分和经济处罚。现申请对该隐患治理完成情况进行验收。</td></tr>
<tr><td>治理计划资金（万元）</td><td colspan="2">××</td><td>累计投入资金（万元）</td><td colspan="4">××</td></tr>
<tr><td rowspan="3">验收</td><td>验收组织单位</td><td colspan="2">国网××公司</td><td>验收负责人</td><td colspan="4">×××</td></tr>
<tr><td>验收负责人签字日期</td><td colspan="2">2023-04-09</td><td>是否消除</td><td colspan="4">是</td></tr>
<tr><td>验收结论</td><td colspan="7">隐患已治理，符合安全运行要求，同意销号。</td></tr>
</table>

8.4 网络安全

8.4.1 电力监控

8.4.1.1 系统设备故障

较大隐患排查治理档案表

××××年度　　　　　　　　　　　　　　　　　　　　　　　　　　　　国网××××供电公司

<table>
<tr><td rowspan="7">发现</td><td>隐患简题</td><td colspan="8">国网××供电公司3月6日35kV××变电站电力监控系统横向边界专用隔离设备故障的安全隐患。</td></tr>
<tr><td>隐患编号</td><td>国网××供电公司2023××××</td><td>隐患所在单位</td><td>国网××供电公司</td><td>隐患来源</td><td colspan="4">专项监督</td></tr>
<tr><td>隐患分类</td><td>网络安全</td><td>专业子类</td><td>电力监控</td><td>隐患性质</td><td colspan="4">设备类</td></tr>
<tr><td>电压等级</td><td>—</td><td>归属职能部门</td><td colspan="6">调度控制中心</td></tr>
<tr><td>发现人</td><td>×××</td><td>发现人单位</td><td>国网××供电公司</td><td>发现日期</td><td colspan="4">2023-03-06</td></tr>
<tr><td>事故隐患内容</td><td colspan="8">在2023年公司安全性评价专项监督工作中发现：35kV××变电站电力监控系统横向边界专用隔离设备硬件老化故障，横向边界专用隔离设备退出运行，存在电力监控系统被网络攻击操控的网络安全隐患。不满足《电力监控系统安全防护总体方案》（国能安全〔2015〕36号）2.3.1：“横向隔离是电力二次安全防护体系的横向防线。采用不同强度的安全设备隔离各安全区，在生产控制大区与管理信息大区之间必须设置经国家指定部门检测认证的电力专用横向单向安全隔离装置，隔离强度应当接近或达到物理隔离。”依据《国家电网有限公司安全事故调查规程》（2021年版）4.3.6.15：“安全保护等级为三级的电力监控系统被有害程序或网络攻击操控”，构成六级设备事件。</td></tr>
<tr><td>可能导致后果</td><td>六级设备事件</td><td>事件依据</td><td>《国家电网有限公司安全事故调查规程》（2021年版）4.3.6.15</td><td>标准依据</td><td colspan="4">《电力监控系统安全防护总体方案》（国能安全〔2015〕36号）2.3.1</td></tr>
<tr><td rowspan="2">市级评估</td><td>评估等级</td><td>较大隐患</td><td>评估负责人</td><td>×××</td><td>评估负责人签字日期</td><td colspan="4">2023-03-06</td></tr>
<tr><td>可能导致后果</td><td colspan="8">六级设备事件</td></tr>
<tr><td rowspan="7">治理</td><td>实际治理完成日期</td><td>2023-03-06</td><td>治理责任单位</td><td>调度控制中心</td><td>治理责任人</td><td colspan="4">×××</td></tr>
<tr><td>治理方式</td><td>立项/措施</td><td>治理期限</td><td>2023-03-06至2023-06-30</td><td>是否纳入项目储备</td><td>是/否</td><td colspan="2">项目储备是否审批</td><td>是/否</td></tr>
<tr><td>治理措施</td><td colspan="8">1. 申报更换专用隔离设备项目，部署在生产控制大区横向边界。
2. 严格管控隔离装置的访问、维护权限，访问控制策略按照白名单、最小化原则设置。
3. 对系统架构及部署情况进行检查，确认满足安全分区及二次防护要求。</td></tr>
<tr><td>防控措施</td><td colspan="8">1. 电力监控系统横向边界未完成专用隔离设备部署前，彻底断开35kV××变电站生产控制大区与其他安全分区网络连接。
2. 落实隐患公示，加强电力监控系统日常监测。</td></tr>
<tr><td>治理完成情况</td><td colspan="8">2023年×月×日，国网××公司完成对35kV××变电站电力监控系统横向边界专用隔离设备更换，并按照白名单、最小化原则设置访问控制策略，对其系统架构及部署情况进行检查，确认已满足安全分区及二次防护要求。现申请对该隐患治理完成情况进行验收。</td></tr>
<tr><td>治理计划资金（万元）</td><td colspan="2">××</td><td>累计投入资金（万元）</td><td colspan="5">××</td></tr>
<tr><td colspan="9"></td></tr>
<tr><td rowspan="3">验收</td><td>验收组织单位</td><td colspan="2">国网××供电公司</td><td>验收负责人</td><td colspan="5">×××</td></tr>
<tr><td>验收负责人签字日期</td><td colspan="2">2023-03-07</td><td>是否消除</td><td colspan="5">是</td></tr>
<tr><td>验收结论</td><td colspan="8">隐患已治理，符合安全运行要求，同意销号。</td></tr>
</table>

8.4.1.2 系统高危漏洞

较大隐患排查治理档案表

××××年度　　　　　　　　　　　　　　　　　　　　国网××××供电公司

<table>
<tr><td rowspan="7">发现</td><td>隐患简题</td><td colspan="7">国网××供电公司3月6日电力监控系统高危漏洞未按规定时限修复的安全隐患。</td></tr>
<tr><td>隐患编号</td><td>国网××供电公司2023××××</td><td>隐患所在单位</td><td>国网××供电公司</td><td>隐患来源</td><td colspan="3">日常排查</td></tr>
<tr><td>隐患分类</td><td>网络安全</td><td>专业子类</td><td>电力监控</td><td>隐患性质</td><td colspan="3">设备类</td></tr>
<tr><td>电压等级</td><td>—</td><td>归属职能部门</td><td colspan="5">调度控制中心</td></tr>
<tr><td>发现人</td><td>×××</td><td>发现人单位</td><td>国网××供电公司</td><td>发现日期</td><td colspan="3">2023-03-06</td></tr>
<tr><td>事故隐患内容</td><td colspan="7">在2023年3月日常排查中发现：国网××供电公司存在电力监控系统高危漏洞未按规定时限修复，存在电力监控系统被网络攻击操控的安全隐患。不满足《国家电网有限公司电力监控系统网络安全运行管理规定》第三十五条："运维单位应在规定期限内采用漏洞修补或防范措施等方式漏洞整改。(一）超危、高危漏洞，应在3日内完成整改。"依据《国家电网有限公司安全事故调查规程》(2021年版）4.3.6.15："安全保护等级为三级的电力监控系统被有害程序或网络攻击操控"，构成六级设备事件。</td></tr>
<tr><td>可能导致后果</td><td>六级设备事件</td><td>事件依据</td><td>《国家电网有限公司安全事故调查规程》(2021年版）4.3.6.15</td><td>标准依据</td><td colspan="3">《网络安全隐患排查标准》WL2102</td></tr>
<tr><td rowspan="2">市级评估</td><td>评估等级</td><td>较大隐患</td><td>评估负责人</td><td>×××</td><td>评估负责人签字日期</td><td colspan="3">2023-03-06</td></tr>
<tr><td>可能导致后果</td><td colspan="7">六级设备事件</td></tr>
<tr><td rowspan="6">治理</td><td>实际治理完成日期</td><td>2023-03-07</td><td>治理责任单位</td><td>调度控制中心</td><td>治理责任人</td><td colspan="3">×××</td></tr>
<tr><td>治理方式</td><td>措施</td><td>治理期限</td><td>2023-03-06至2023-03-08</td><td>是否纳入项目储备</td><td>否</td><td>项目储备是否审批</td><td>否</td></tr>
<tr><td>治理措施</td><td colspan="7">1. 针对该高危漏洞及时更新补丁，消除漏洞隐患。
2. 组织开展相关制度、业务技能培训，完善漏洞治理流程，建立有效的漏洞跟踪机制，确保所有漏洞在规定时间内完成整改。</td></tr>
<tr><td>防控措施</td><td colspan="7">1. 在完成高危漏洞补丁更新，消除漏洞隐患前，加强系统网络安全监视，防止漏洞被攻击者利用。
2. 落实隐患公示，做好网络攻击的应急预案措施。</td></tr>
<tr><td>治理完成情况</td><td colspan="7">2023年3月7日，完成电力监控系统高危漏洞补丁更新，高危漏洞已消除，组织开展培训，测评相关工作人员掌握相关制度、业务技能。现申请对该隐患治理完成情况进行验收。</td></tr>
<tr><td>治理计划资金（万元）</td><td colspan="2">××</td><td>累计投入资金（万元）</td><td colspan="4">××</td></tr>
<tr><td rowspan="3">验收</td><td>验收组织单位</td><td colspan="2">国网××供电公司</td><td>验收负责人</td><td colspan="4">×××</td></tr>
<tr><td>验收负责人签字日期</td><td colspan="2">2023-03-07</td><td>是否消除</td><td colspan="4">是</td></tr>
<tr><td>验收结论</td><td colspan="7">隐患已治理，符合安全运行要求，同意销号。</td></tr>
</table>

8.4.1.3 安全防护策略

一般隐患排查治理档案表

××××年度　　　　　　　　　　　　　　　　　　　　　　　　　　　　　　国网××××公司

<table>
<tr><td rowspan="7">发现</td><td>隐患简题</td><td colspan="7">国网××供电公司2月22日电力监控系统安全防护策略白名单未最小化配置的安全隐患。</td></tr>
<tr><td>隐患编号</td><td>国网××供电公司2023××××</td><td>隐患所在单位</td><td>国网××供电公司</td><td>隐患来源</td><td colspan="3">日常排查</td></tr>
<tr><td>隐患分类</td><td>网络安全</td><td>专业子类</td><td>电力监控</td><td>隐患性质</td><td colspan="3">设备类</td></tr>
<tr><td>电压等级</td><td>—</td><td>归属职能部门</td><td colspan="5">调度控制中心</td></tr>
<tr><td>发现人</td><td>×××</td><td>发现人单位</td><td>国网××公司</td><td>发现日期</td><td colspan="3">2023-02-22</td></tr>
<tr><td>事故隐患内容</td><td colspan="7">在自动化运维班日常巡视工作中发现：电力监控系统安全防护策略白名单未最小化配置，可能发生不符合安全防护策略的业务访问，导致电力监控系统运行异常。不符合《国家电网有限公司十八项电网重大反事故措施》（国家电网设备〔2018〕979号）16.2.2.4：“电力监控系统工程建设和管理单位（部门）应按照最小化原则，采取白名单方式对安全防护设备的策略进行合理配置。”若导致电力监控系统运行异常，依据《国家电网有限公司安全事故调查规程》（2021年版）4.3.8.14：“（2）电力监控系统运行异常，影响事故处理或延误送（发）电”，以及4.3.8.14：“（5）电力监控系统感染有害程序或被网络攻击侵入”，构成八级设备事件。</td></tr>
<tr><td>可能导致后果</td><td>八级设备事件</td><td>事件依据</td><td>《国家电网有限公司安全事故调查规程》（2021年版）4.3.8.14</td><td>标准依据</td><td colspan="3">《国家电网有限公司十八项电网重大反事故措施》（国家电网设备〔2018〕979号）16.2.2.4</td></tr>
<tr><td rowspan="2">市级评估</td><td>评估等级</td><td>一般隐患</td><td>评估负责人</td><td>×××</td><td>评估负责人签字日期</td><td colspan="3">2023-02-22</td></tr>
<tr><td>可能导致后果</td><td colspan="7">八级设备事件</td></tr>
<tr><td rowspan="6">治理</td><td>实际治理完成日期</td><td>2023-02-23</td><td>治理责任单位</td><td>调度控制中心</td><td>治理责任人</td><td colspan="3">×××</td></tr>
<tr><td>治理方式</td><td>措施</td><td>治理期限</td><td>2023-02-22至2023-02-25</td><td>是否纳入项目储备</td><td>否</td><td>项目储备是否审批</td><td>否</td></tr>
<tr><td>治理措施</td><td colspan="7">更改电力监控系统安全防护策略，按白名单最小化方式进行合理配置。</td></tr>
<tr><td>防控措施</td><td colspan="7">1. 落实班组隐患公示，在完成电力监控系统安全防护策略白名单最小化配置前，加强设备运维监视。
2. 做好相关岗位人员制度规范、业务技能培训。</td></tr>
<tr><td>治理完成情况</td><td colspan="7">2023年2月23日，国网××公司完成电力监控系统安全防护策略更改，按白名单、最小化配置访问策略，符合安全运行要求。现申请对该隐患治理完成情况进行验收。</td></tr>
<tr><td>治理计划资金（万元）</td><td colspan="2">××</td><td>累计投入资金（万元）</td><td colspan="4">××</td></tr>
<tr><td rowspan="3">验收</td><td>验收组织单位</td><td colspan="2">国网××供电公司</td><td>验收负责人</td><td colspan="4">×××</td></tr>
<tr><td>验收负责人签字日期</td><td colspan="2">2023-02-23</td><td>是否消除</td><td colspan="4">是</td></tr>
<tr><td>验收结论</td><td colspan="7">隐患已治理，符合安全运行要求，同意销号。</td></tr>
</table>

8.4.2 电力通信

8.4.2.1 通信蓄电池未试验

一般隐患排查治理档案表

××××年度　　　　　　　　　　　　　　　　　　　　　　　　　　　　　　　　　国网××××公司

<table>
<tr><td rowspan="8">发现</td><td>隐患简题</td><td colspan="7">国网××供电公司2月5日330kV××变电站通信蓄电池未按周期开展核对性充放电试验的安全隐患。</td></tr>
<tr><td>隐患编号</td><td>国网××公司2023××××</td><td>隐患所在单位</td><td>国网××公司</td><td>隐患来源</td><td colspan="3">全面排查</td></tr>
<tr><td>隐患分类</td><td>网络安全</td><td>专业子类</td><td>电力通信</td><td>隐患性质</td><td colspan="3">设备类</td></tr>
<tr><td>电压等级</td><td>330kV</td><td>归属职能部门</td><td colspan="5">调度控制中心</td></tr>
<tr><td>发现人</td><td>×××</td><td>发现人单位</td><td>国网××公司</td><td>发现日期</td><td colspan="3">2023-02-05</td></tr>
<tr><td>事故隐患内容</td><td colspan="7">在2023年安全隐患全面排查中发现：330kV××变电站通信蓄电池未按周期开展核对性充放电试验，不能及时发现蓄电池容量不足等问题，若站用交流电源停电，仅直流供电时，存在通信中断的安全隐患，不符合《国家电网有限公司十八项电网重大反事故措施》（国家电网设备〔2018〕979号）16.3.3.3：“通信蓄电池组核对性放电试验周期不得超过2年，运行年限超过4年的蓄电池组，应每年进行一次核对性放电试验”的规定要求，不符合《通信电源技术、验收及运行维护规程》（Q/GDW 11442—2020）8.6.2.2：“新安装的阀控式铅酸蓄电池组，应进行容量试验。阀控式铅酸蓄电池组每隔2年进行一次核对性放电试验，运行年限超过4年的阀控式铅酸蓄电池组，应每年进行一次核对性放电试验”的规定要求。依据《国家电网有限公司安全事故调查规程》（2021年版）4.3.7.16（12）：“承载地市骨干通信网业务的厂站或独立通信站的直流通信电源系统或空气调节系统故障，造成机房内承载地市骨干通信网业务的通信设备（设施）停运”，构成七级设备事件。</td></tr>
<tr><td>可能导致后果</td><td>七级设备事件</td><td>事件依据</td><td>《国家电网有限公司安全事故调查规程》（2021年版）4.3.7.16</td><td>标准依据</td><td colspan="3">《网络安全隐患排查标准》WL3108</td></tr>
<tr><td rowspan="2">市级评估</td><td>评估等级</td><td>一般隐患</td><td>评估负责人</td><td>×××</td><td>评估负责人签字日期</td><td colspan="3">2023-02-05</td></tr>
<tr><td>可能导致后果</td><td colspan="7">七级设备事件</td></tr>
<tr><td rowspan="6">治理</td><td>实际治理完成日期</td><td>2023-03-01</td><td>治理责任单位</td><td>互联网部</td><td>治理责任人</td><td colspan="3">×××</td></tr>
<tr><td>治理方式</td><td>措施</td><td>治理期限</td><td>2023-02-05至2023-05-05</td><td>是否纳入项目储备</td><td>否</td><td>项目储备是否审批</td><td>否</td></tr>
<tr><td>治理措施</td><td colspan="7">按照规程要求，对330kV××变电站通信蓄电池开展核对性充放电试验。</td></tr>
<tr><td>防控措施</td><td colspan="7">1. 永久治理前，落实班组隐患公示，加强330kV××变电站通信蓄电池特巡频次。
2. 每日通过动环监控系统，加强330kV××变电站通信蓄电池运行状态实时监测。
3. 协调蓄电池备品备件，做好应急抢修准备工作。</td></tr>
<tr><td>治理完成情况</td><td colspan="7">2023年3月1日，国网××公司完成对330kV××变电站通信蓄电池核对性充放电试验，满足安全运行要求。现申请对该隐患治理完成情况进行验收。</td></tr>
<tr><td>治理计划资金（万元）</td><td colspan="2">××</td><td>累计投入资金（万元）</td><td colspan="4">××</td></tr>
<tr><td rowspan="3">验收</td><td>验收组织单位</td><td colspan="2">国网××公司</td><td>验收负责人</td><td colspan="4">×××</td></tr>
<tr><td>验收负责人签字日期</td><td colspan="2">2023-03-03</td><td>是否消除</td><td colspan="4">是</td></tr>
<tr><td>验收结论</td><td colspan="7">隐患已治理，符合安全运行要求，同意销号。</td></tr>
</table>

8.4.2.2 光缆敷设

较大隐患排查治理档案表

××××年度　　　　　　　　　　　　　　　　　　　　　　　　　　　　　　国网××××公司

<table>
<tr><td rowspan="7">发现</td><td>隐患简题</td><td colspan="7">国网××供电公司 2 月 14 日 330kV××变电站出站光缆未敷设在不同沟道的安全隐患。</td></tr>
<tr><td>隐患编号</td><td>国网××公司 2023××××</td><td>隐患所在单位</td><td>国网××公司</td><td>隐患来源</td><td colspan="3">专项监督</td></tr>
<tr><td>隐患分类</td><td>网络安全</td><td>专业子类</td><td>电力通信</td><td>隐患性质</td><td colspan="3">设备类</td></tr>
<tr><td>电压等级</td><td>330kV</td><td>归属职能部门</td><td colspan="5">调度控制中心</td></tr>
<tr><td>发现人</td><td>×××</td><td>发现人单位</td><td>国网××公司</td><td>发现日期</td><td colspan="3">2023-02-14</td></tr>
<tr><td>事故隐患内容</td><td colspan="7">在 2023 年公司安全性评价专项监督工作中发现：330kV××变电站××方向 2 条出站光缆未敷设在不同沟道，存在一旦电缆沟发生火灾造成该站通信光缆全部中断的安全隐患，不符合《国家电网有限公司十八项电网重大反事故措施》（国家电网设备〔2018〕979 号）16.3.1.4：“县公司本部、县级及以上调度大楼、地市级及以上电网生产运行单位、220kV 及以上电压等级变电站、省级及以上调度管辖范围内的发电厂、通信枢纽站应具备两条及以上完全独立的光缆敷设沟道（竖井）。同一方向的多条光缆或同一传输系统不同方向的多条光缆应避免同路由敷设进入通信机房和主控室”的规定要求。该 330kV××变电站承载省级骨干通信网业务，若全部中断，依据《国家电网有限公司安全事故调查规程》（2021 年版）4.3.6.16（2）：“承载省级骨干通信网业务的厂站或独立通信站的通信业务全部中断”，构成六级设备事件。</td></tr>
<tr><td>可能导致后果</td><td>六级设备事件</td><td>事件依据</td><td>《国家电网有限公司安全事故调查规程》（2021 年版）4.3.6.16</td><td>标准依据</td><td colspan="3">《网络安全隐患排查标准》WL2109</td></tr>
<tr><td rowspan="2">市级评估</td><td>评估等级</td><td>较大隐患</td><td>评估负责人</td><td>×××</td><td>评估负责人签字日期</td><td colspan="3">2023-02-14</td></tr>
<tr><td>可能导致后果</td><td colspan="7">六级设备事件</td></tr>
<tr><td rowspan="6">治理</td><td>实际治理完成日期</td><td>2023-03-22</td><td>治理责任单位</td><td>互联网部</td><td>治理责任人</td><td colspan="3">×××</td></tr>
<tr><td>治理方式</td><td>立项/措施/制度</td><td>治理期限</td><td>2023-02-14 至 2023-08-05</td><td>是否纳入项目储备</td><td>是/否</td><td>项目储备是否审批</td><td>是/否</td></tr>
<tr><td>治理措施</td><td colspan="7">对 330kV××变电站××方向的 2 条光缆分别通过 2 条沟道敷设进入通信机房和主控室，满足通信光缆安全运行要求。</td></tr>
<tr><td>防控措施</td><td colspan="7">1. 永久治理前，落实班组隐患公示。加强 330kV××变电站光缆特巡，重要保电、节假日增加巡视频次。
2. 做好应急处置预案，在电缆沟道敷设备用光缆，并在通信光缆配线屏上预先熔接好，一旦运行光缆发生故障，立即用备用光缆抢通。</td></tr>
<tr><td>治理完成情况</td><td colspan="7">2023 年 3 月 22 日，国网××公司完成对 330kV××变电站××方向的 2 条光缆通过不同路由敷设进入通信机房和主控室，满足安全运行要求。现申请对该隐患治理完成情况进行验收。</td></tr>
<tr><td>治理计划资金（万元）</td><td colspan="2">××</td><td>累计投入资金（万元）</td><td colspan="4">××</td></tr>
<tr><td rowspan="3">验收</td><td>验收组织单位</td><td colspan="2">国网××公司</td><td>验收负责人</td><td colspan="4">×××</td></tr>
<tr><td>验收负责人签字日期</td><td colspan="2">2023-03-22</td><td>是否消除</td><td colspan="4">是</td></tr>
<tr><td>验收结论</td><td colspan="7">隐患已治理，符合安全运行要求，同意销号。</td></tr>
</table>

8.4.2.3　架空未使用 OPGW 光缆

较大隐患排查治理档案表

××××年度　　　　　　　　　　　　　　　　　　　　　　　　　　　　　国网××××公司

<table>
<tr><td rowspan="7">发现</td><td>隐患简题</td><td colspan="7">国网××供电公司 2 月 14 日××线路光缆××杆塔—××杆塔跨越××高速公路区段未使用 OPGW 光缆的安全隐患。</td></tr>
<tr><td>隐患编号</td><td>国网××公司 2022××××</td><td>隐患所在单位</td><td>国网××公司</td><td>隐患来源</td><td colspan="3">专项监督</td></tr>
<tr><td>隐患分类</td><td>网络安全</td><td>专业子类</td><td>电力通信</td><td>隐患性质</td><td colspan="3">设备类</td></tr>
<tr><td>电压等级</td><td>330kV</td><td>归属职能部门</td><td colspan="5">调度控制中心</td></tr>
<tr><td>发现人</td><td>×××</td><td>发现人单位</td><td>国网××公司</td><td>发现日期</td><td colspan="3">2022-02-14</td></tr>
<tr><td>事故隐患内容</td><td colspan="7">在 2022 年公司安全性评价专项监督工作中发现：××线路光缆××杆塔—××杆塔跨越××高速公路区段使用 ADSS 光缆，未使用 OPGW 光缆。使用 ADSS 光缆，存在易发生电腐蚀导致断线的安全隐患，可能造成高速公路受阻。不符合《国家电网有限公司十八项电网重大反事故措施》(国家电网设备〔2018〕979 号)16.3.1.16：“跨越高速铁路、高速公路和重要输电通道（三跨）的架空输电线路区段光缆不应使用全介质自承式光缆（ADSS），宜选用全铝包钢结构的光纤复合架空地线（OPGW）”的规定要求。依据《国家电网有限公司安全事故调查规程》(2021 年版)4.3.5.10：“因下列原因造成高速铁路、高速公路被阻断（受阻）或城市轨道交通停运。(1) 电力线路倒塔、断线、掉线，或者线路弧垂过低等”，构成五级设备事件。</td></tr>
<tr><td>可能导致后果</td><td>五级设备事件</td><td>事件依据</td><td>《国家电网有限公司安全事故调查规程》(2021 年版)4.3.5.10</td><td>标准依据</td><td colspan="3">《网络安全隐患排查标准》WL2109</td></tr>
<tr><td rowspan="2">市级评估</td><td>评估等级</td><td>较大隐患</td><td>评估负责人</td><td>×××</td><td>评估负责人签字日期</td><td colspan="3">2022-02-14</td></tr>
<tr><td>可能导致后果</td><td colspan="7">五级设备事件</td></tr>
<tr><td rowspan="6">治理</td><td>实际治理完成日期</td><td>2023-03-20</td><td>治理责任单位</td><td>互联网部</td><td>治理责任人</td><td colspan="3">×××</td></tr>
<tr><td>治理方式</td><td>立项</td><td>治理期限</td><td>2022-02-14 至 2023-03-30</td><td>是否纳入项目储备</td><td>是</td><td>项目储备是否审批</td><td>是</td></tr>
<tr><td>治理措施</td><td colspan="7">申报项目，结合停电计划，对××线路光缆××杆塔—××杆塔跨越××高速公路区段更换为 2 根 48 芯 OPGW 光缆。</td></tr>
<tr><td>防控措施</td><td colspan="7">1. 永久治理前，落实隐患公示，对××线路光缆××杆塔—××杆塔跨越××高速公路区段加强特巡，重要保电、节假日增加巡视频次。
2. 编制应急处置预案，针对性开展预案演练，畅通高速公路管理单位联系，做好协同应急处置准备。</td></tr>
<tr><td>治理完成情况</td><td colspan="7">2023 年 3 月 20 日，完成××线路××杆塔—××杆塔跨越××高速公路区段 ADSS 光缆更换为 2 根 48 芯 OPGW 光缆工作，满足通信光缆安全运行要求。现申请对该隐患治理完成情况进行验收。</td></tr>
<tr><td>治理计划资金（万元）</td><td colspan="2">××</td><td>累计投入资金（万元）</td><td colspan="4">××</td></tr>
<tr><td rowspan="3">验收</td><td>验收组织单位</td><td colspan="2">国网××公司</td><td>验收负责人</td><td colspan="4">×××</td></tr>
<tr><td>验收负责人签字日期</td><td colspan="2">2023-03-20</td><td>是否消除</td><td colspan="4">是</td></tr>
<tr><td>验收结论</td><td colspan="7">隐患已治理，符合安全运行要求，同意销号。</td></tr>
</table>

8.4.2.4 通信电源整流模块配置

一般隐患排查治理档案表

××××年度 国网××××公司

<table>
<tr><td rowspan="7">发现</td><td>隐患简题</td><td colspan="7">国网××供电公司2月5日330kV××变电站通信电源整流模块配置不足的安全隐患。</td></tr>
<tr><td>隐患编号</td><td>国网××公司2023××××</td><td>隐患所在单位</td><td>国网××公司</td><td>隐患来源</td><td colspan="3">专项监督</td></tr>
<tr><td>隐患分类</td><td>网络安全</td><td>专业子类</td><td>电力通信</td><td>隐患性质</td><td colspan="3">设备类</td></tr>
<tr><td>电压等级</td><td>330kV</td><td>归属职能部门</td><td colspan="5">调度控制中心</td></tr>
<tr><td>发现人</td><td>×××</td><td>发现人单位</td><td>国网××公司</td><td>发现日期</td><td colspan="3">2023-02-05</td></tr>
<tr><td>事故隐患内容</td><td colspan="7">在2023年公司安全性评价专项监督工作中发现：330kV××变电站通信电源整流模块配置不足，存在通信设备断电的安全隐患。不符合《通信电源技术、验收及运行维护规程》（Q/GDW 11442—2020）5.2.4.3条："每套-48V高频开关电源容量应在模块数量为N的情况下，应满足：通信中心站、通信枢纽站等重要通信站点应大于（2×M×I10+I总）；承载省际及以上骨干通信网业务或220kV及以上继电保护、安控业务的通信站点应大于（2×M×I10+I总）；其他类型通信站点应大于（M×I10+I总）"、5.2.4.4.："每套电源的高频开关整流模块配置总数量应不少于3块且符合N+1原则"的规定要求。依据《国家电网有限公司安全事故调查规程》（2021年版）4.3.7.16（12）："承载地市骨干通信网业务的厂站或独立通信站的直流通信电源系统或空气调节系统故障，造成机房内承载地市骨干通信网业务的通信设备（设施）停运"，构成七级设备事件。</td></tr>
<tr><td>可能导致后果</td><td>七级设备事件</td><td>事件依据</td><td>《国家电网有限公司安全事故调查规程》（2021年版）4.3.7.16</td><td>标准依据</td><td colspan="3">《网络安全隐患排查标准》WL3104</td></tr>
<tr><td rowspan="2">市级评估</td><td>评估等级</td><td>一般隐患</td><td>评估负责人</td><td>×××</td><td>评估负责人签字日期</td><td colspan="3">2023-02-05</td></tr>
<tr><td>可能导致后果</td><td colspan="7">七级设备事件</td></tr>
<tr><td rowspan="6">治理</td><td>实际治理完成日期</td><td>2023-03-20</td><td>治理责任单位</td><td>互联网部</td><td>治理责任人</td><td colspan="3">×××</td></tr>
<tr><td>治理方式</td><td>立项/措施/制度</td><td>治理期限</td><td>2023-02-05 至 2023-08-05</td><td>是否纳入项目储备</td><td>是/否</td><td>项目储备是否审批</td><td>是/否</td></tr>
<tr><td>治理措施</td><td colspan="7">对330kV××变电站通信电源进行改造，加装整流模块，以满足容量要求。</td></tr>
<tr><td>防控措施</td><td colspan="7">1. 永久治理前，落实班组隐患公示，加强330kV××变电站通信电源系统特巡频次。
2. 积极协调储备备用电源模块。
3. 编制应急处置预案，做好通信电源系统故障恢复处置准备。</td></tr>
<tr><td>治理完成情况</td><td colspan="7">2023年3月20日，国网××公司完成对330kV××变电站通信电源加装整流模块，满足安全运行要求。现申请对该隐患治理完成情况进行验收。</td></tr>
<tr><td>治理计划资金（万元）</td><td colspan="2">××</td><td>累计投入资金（万元）</td><td colspan="4">××</td></tr>
<tr><td rowspan="3">验收</td><td>验收组织单位</td><td colspan="2">国网××公司</td><td>验收负责人</td><td colspan="4">×××</td></tr>
<tr><td>验收负责人签字日期</td><td colspan="2">2023-03-21</td><td>是否消除</td><td colspan="4">是</td></tr>
<tr><td>验收结论</td><td colspan="7">隐患已治理，符合安全运行要求，同意销号。</td></tr>
</table>

8.4.2.5 熔断器额定电流

一般隐患排查治理档案表

××××年度　　　　　　　　　　　　　　　　　　　　　　　　　　　　　　　　　　国网××××公司

<table>
<tr><td rowspan="7">发现</td><td>隐患简题</td><td colspan="7">国网××供电公司 1 月 5 日 330kV××变电站通信电源直流母线负载熔断器及蓄电池组熔断器额定电流值不满足大于其最大负载电流的安全隐患。</td></tr>
<tr><td>隐患编号</td><td>国网××公司 2023××××</td><td>隐患所在单位</td><td>国网××公司</td><td>隐患来源</td><td colspan="3">专项监督</td></tr>
<tr><td>隐患分类</td><td>网络安全</td><td>专业子类</td><td>电力通信</td><td>隐患性质</td><td colspan="3">设备类</td></tr>
<tr><td>电压等级</td><td>330kV</td><td>归属职能部门</td><td colspan="5">调度控制中心</td></tr>
<tr><td>发现人</td><td>×××</td><td>发现人单位</td><td>国网××公司</td><td>发现日期</td><td colspan="3">2023-01-05</td></tr>
<tr><td>事故隐患内容</td><td colspan="7">在 2023 年公司安全性评价专项监督工作中发现：330kV××变电站通信电源直流母线负载熔断器及蓄电池组熔断器额定电流值不满足大于其最大负载电流，存在通信设备断电的安全隐患，不符合《国家电网有限公司十八项电网重大反事故措施》（国家电网设备〔2018〕979 号）16.3.1.12：“通信电源直流母线负载熔断器及蓄电池组熔断器额定电流值应大于其最大负载电流”的规定要求。依据《国家电网有限公司安全事故调查规程》（2021 年版）4.3.7.16（12）：“承载地市骨干通信网业务的厂站或独立通信站的直流通信电源系统或空气调节系统故障，造成机房内承载地市骨干通信网业务的通信设备（设施）停运”，构成七级设备事件。</td></tr>
<tr><td>可能导致后果</td><td>七级设备事件</td><td>事件依据</td><td>《国家电网有限公司安全事故调查规程》（2021 年版）4.3.7.16</td><td>标准依据</td><td colspan="3">《网络安全隐患排查标准》WL3104</td></tr>
<tr><td rowspan="2">市级评估</td><td>评估等级</td><td>一般隐患</td><td>评估负责人</td><td>×××</td><td>评估负责人签字日期</td><td colspan="3">2023-01-05</td></tr>
<tr><td>可能导致后果</td><td colspan="7">七级设备事件</td></tr>
<tr><td rowspan="6">治理</td><td>实际治理完成日期</td><td>2023-03-01</td><td>治理责任单位</td><td>互联网部</td><td>治理责任人</td><td colspan="3">×××</td></tr>
<tr><td>治理方式</td><td>措施</td><td>治理期限</td><td>2023-01-05 至 2023-08-05</td><td>是否纳入项目储备</td><td>否</td><td>项目储备是否审批</td><td>否</td></tr>
<tr><td>治理措施</td><td colspan="7">对 330kV××变电站通信电源直流母线负载熔断器及蓄电池组熔断器进行更换，满足安全运行要求。</td></tr>
<tr><td>防控措施</td><td colspan="7">1. 永久治理前，落实班组隐患公示；加强 330kV××变电站通信电源蓄电池、直流系统特巡频次。
2. 编制应急处置预案，开展针对性演练，在出现故障时尽快恢复设备供电。</td></tr>
<tr><td>治理完成情况</td><td colspan="7">2023 年 3 月 1 日，国网××公司完成对 330kV××变电站更换通信电源直流母线负载熔断器及蓄电池组熔断器，满足安全运行要求。现申请对该隐患治理完成情况进行验收。</td></tr>
<tr><td>治理计划资金（万元）</td><td colspan="2">××</td><td>累计投入资金（万元）</td><td colspan="4">××</td></tr>
<tr><td rowspan="3">验收</td><td>验收组织单位</td><td colspan="2">国网××公司</td><td>验收负责人</td><td colspan="4">×××</td></tr>
<tr><td>验收负责人签字日期</td><td colspan="2">2023-03-03</td><td>是否消除</td><td colspan="4">是</td></tr>
<tr><td>验收结论</td><td colspan="7">隐患已治理，符合安全运行要求，同意销号。</td></tr>
</table>

8.4.2.6 机房空调配置不足

一般隐患排查治理档案表

××××年度　　　　　　　　　　　　　　　　　　　　　　　　　　　　　　国网××××公司

<table>
<tr><td rowspan="7">发现</td><td>隐患简题</td><td colspan="7">国网××供电公司1月5日330kV××变电站通信机房空调配置数量不足且不具备来电自启动功能的安全隐患。</td></tr>
<tr><td>隐患编号</td><td>国网××公司2023××××</td><td>隐患所在单位</td><td>国网××公司</td><td>隐患来源</td><td colspan="3">专项监督</td></tr>
<tr><td>隐患分类</td><td>网络安全</td><td>专业子类</td><td>电力通信</td><td>隐患性质</td><td colspan="3">设备类</td></tr>
<tr><td>电压等级</td><td>330kV</td><td>归属职能部门</td><td colspan="5">调度控制中心</td></tr>
<tr><td>发现人</td><td>×××</td><td>发现人单位</td><td>国网××公司</td><td>发现日期</td><td colspan="3">2023-01-05</td></tr>
<tr><td>事故隐患内容</td><td colspan="7">在2023年公司安全性评价专项监督工作中发现：330kV××变电站通信机房仅配备1台空调且不具备来电自启动功能，不符合《国家电网有限公司十八项电网重大反事故措施》（国家电网设备〔2018〕979号）16.3.1.14：“县级及以上调度大楼、省级及以上电网生产运行单位、330kV及以上电压等级变电站、省级及以上通信网独立中继站的通信机房，应配置不少于两套具备独立控制和来电自启功能的专用机房空调，在空调‘$N-1$’情况下机房温度、湿度应满足设备运行要求，且空调电源不应取自同一路交流母线”的规定要求，依据《国家电网有限公司安全事故调查规程》（2021年版）4.3.7.16（12）：“承载地市骨干通信网业务的厂站或独立通信站的直流通信电源系统或空气调节系统故障，造成机房内承载地市骨干通信网业务的通信设备（设施）停运”，构成七级设备事件。</td></tr>
<tr><td>可能导致后果</td><td>七级设备事件</td><td>事件依据</td><td>《国家电网有限公司安全事故调查规程》（2021年版）4.3.7.16</td><td>标准依据</td><td colspan="3">《网络安全隐患排查标准》WL3105</td></tr>
<tr><td rowspan="2">市级评估</td><td>评估等级</td><td>一般隐患</td><td>评估负责人</td><td>×××</td><td>评估负责人签字日期</td><td colspan="3">2023-01-05</td></tr>
<tr><td>可能导致后果</td><td colspan="7">七级设备事件</td></tr>
<tr><td rowspan="7">治理</td><td>实际治理完成日期</td><td>2023-04-03</td><td>治理责任单位</td><td>互联网部</td><td>治理责任人</td><td colspan="3">×××</td></tr>
<tr><td>治理方式</td><td>立项/措施/制度</td><td>治理期限</td><td>2023-01-05至2023-08-05</td><td>是否纳入项目储备</td><td>是/否</td><td>项目储备是否审批</td><td>是/否</td></tr>
<tr><td>治理措施</td><td colspan="7">将330kV××变电站通信机房空调更换为2台具有来电自启动功能的专用机房空调，且2台空调电源分别取自不同的交流电源。</td></tr>
<tr><td>防控措施</td><td colspan="7">1. 永久治理前，落实班组隐患公示。
2. 增加巡视频次，做好机房温度、湿度监测，超出设备运行要求时，落实临时通风降温措施。</td></tr>
<tr><td>治理完成情况</td><td colspan="7">2023年4月3日，完成330kV ××变电站通信机房2台专用机房空调更换，且2台空调电源分别取自不同的交流电源，符合安全运行要求。现申请对该隐患治理完成情况进行验收。</td></tr>
<tr><td>治理计划资金（万元）</td><td colspan="2">××</td><td>累计投入资金（万元）</td><td colspan="4">××</td></tr>
<tr><td rowspan="3">验收</td><td>验收组织单位</td><td colspan="2">国网××公司</td><td>验收负责人</td><td colspan="4">×××</td></tr>
<tr><td>验收负责人签字日期</td><td colspan="2">2023-04-03</td><td>是否消除</td><td colspan="4">是</td></tr>
<tr><td>验收结论</td><td colspan="7">隐患已治理，符合安全运行要求，同意销号。</td></tr>
</table>

8.4.2.7　光缆封堵

一般隐患排查治理档案表

××××年度　　　　　　　　　　　　　　　　　　　　　　　　　　　　　　国网××××公司

<table>
<tr><td rowspan="7">发现</td><td>隐患简题</td><td colspan="7">国网××供电公司 11 月 5 日 330kV××变电站引入光缆保护管封堵不严、接续盒安装不正确的安全隐患。</td></tr>
<tr><td>隐患编号</td><td>国网××公司 2023××××</td><td>隐患所在单位</td><td>国网××公司</td><td>隐患来源</td><td colspan="3">日常排查</td></tr>
<tr><td>隐患分类</td><td>网络安全</td><td>专业子类</td><td>电力通信</td><td>隐患性质</td><td colspan="3">设备类</td></tr>
<tr><td>电压等级</td><td>330kV</td><td>归属职能部门</td><td colspan="5">调度控制中心</td></tr>
<tr><td>发现人</td><td>×××</td><td>发现人单位</td><td>国网××公司</td><td>发现日期</td><td colspan="3">2022-11-05</td></tr>
<tr><td>事故隐患内容</td><td colspan="7">在 2022 年 11 月巡视中发现：330kV××变电站引入光缆保护管封堵不严、接续盒安装不正确，存在造成光缆保护管内或接续盒内进水、结冰，导致光纤受力引起断纤故障的安全隐患，不符合《国家电网有限公司十八项电网重大反事故措施》（国家电网设备〔2018〕979 号）16.3.2.8：“应防止引入光缆保护管封堵不严或接续盒安装不正确，造成光缆保护管内或接续盒内进水结冰，导致光纤受力引起断纤故障的发生。引入光缆应使用防火阻燃光缆，并在沟道内全程穿防护子管或使用防火槽盒”的规定要求。依据《国家电网有限公司安全事故调查规程》（2021 年版）4.3.7.16（2）：“承载地市骨干通信网业务的厂站或独立通信站的通信业务全部中断”，构成七级设备事件。</td></tr>
<tr><td>可能导致后果</td><td>七级设备事件</td><td>事件依据</td><td>《国家电网有限公司安全事故调查规程》（2021 年版）4.3.7.16</td><td>标准依据</td><td colspan="3">《网络安全隐患排查标准》WL3106</td></tr>
<tr><td rowspan="2">市级评估</td><td>评估等级</td><td>一般隐患</td><td>评估负责人</td><td>×××</td><td>评估负责人签字日期</td><td colspan="3">2022-11-05</td></tr>
<tr><td>可能导致后果</td><td colspan="7">七级设备事件</td></tr>
<tr><td rowspan="6">治理</td><td>实际治理完成日期</td><td>2023-01-10</td><td>治理责任单位</td><td>互联网部</td><td>治理责任人</td><td colspan="3">×××</td></tr>
<tr><td>治理方式</td><td>立项/措施/制度</td><td>治理期限</td><td>2022-11-05 至 2023-02-05</td><td>是否纳入项目储备</td><td>是/否</td><td>项目储备是否审批</td><td>是/否</td></tr>
<tr><td>治理措施</td><td colspan="7">对 330kV××变电站引入光缆保护管进行封堵，正确安装接续盒。</td></tr>
<tr><td>防控措施</td><td colspan="7">1. 治理前，落实班组隐患公示，对 330kV××变电站光缆进行特巡，重要保电、节假日增加巡视频次。
2. 编制应急处置预案，做好应急抢修准备。</td></tr>
<tr><td>治理完成情况</td><td colspan="7">2023 年 1 月 10 日，国网××公司完成对 330kV××变电站光缆保护管进行封堵、正确安装接续盒，满足安全运行要求。现申请对该隐患治理完成情况进行验收。</td></tr>
<tr><td>治理计划资金（万元）</td><td colspan="2">××</td><td>累计投入资金（万元）</td><td colspan="4">××</td></tr>
<tr><td rowspan="3">验收</td><td>验收组织单位</td><td colspan="2">国网××公司</td><td>验收负责人</td><td colspan="4">×××</td></tr>
<tr><td>验收负责人签字日期</td><td colspan="2">2023-01-10</td><td>是否消除</td><td colspan="4">是</td></tr>
<tr><td>验收结论</td><td colspan="7">隐患已治理，符合安全运行要求，同意销号。</td></tr>
</table>

8.4.2.8 通信电源未接入监控

一般隐患排查治理档案表

××××年度　　　　　　　　　　　　　　　　　　　　　　　　　　　　　　　　　　　国网××××公司

<table>
<tr><td rowspan="7">发现</td><td>隐患简题</td><td colspan="7">国网××供电公司1月5日110kV ××变电站通信电源未接入实时监控的安全隐患。</td></tr>
<tr><td>隐患编号</td><td>国网××公司2023××××</td><td>隐患所在单位</td><td>国网××公司</td><td>隐患来源</td><td colspan="3">全面排查</td></tr>
<tr><td>隐患分类</td><td>网络安全</td><td>专业子类</td><td>电力通信</td><td>隐患性质</td><td colspan="3">设备类</td></tr>
<tr><td>电压等级</td><td>110kV</td><td>归属职能部门</td><td colspan="5">调度控制中心</td></tr>
<tr><td>发现人</td><td>×××</td><td>发现人单位</td><td>国网××公司</td><td>发现日期</td><td colspan="3">2023-01-05</td></tr>
<tr><td>事故隐患内容</td><td colspan="7">在2023年安全隐患全面排查中发现：110kV××变电站通信电源未接入实时监控，存在无法及时发现电源故障的安全隐患，不符合《国家电网有限公司十八项电网重大反事故措施》（国家电网设备〔2018〕979号）16.3.3.2："通信站内主要设备及机房动力环境的告警信息应上传至24h有人值班的场所。通信电源系统及一体化电源-48V 通信部分的状态及告警信息应纳入实时监控，满足通信运行要求"的规定要求，依据《国家电网有限公司安全事故调查规程》（2021年版）4.3.7.16（12）："承载地市骨干通信网业务的厂站或独立通信站的直流通信电源系统或空气调节系统故障，造成机房内承载地市骨干通信网业务的通信设备（设施）停运"，构成七级设备事件。</td></tr>
<tr><td>可能导致后果</td><td>七级设备事件</td><td>事件依据</td><td>《国家电网有限公司安全事故调查规程》（2021年版）4.3.7.16</td><td>标准依据</td><td colspan="3">《网络安全隐患排查标准》WL3107</td></tr>
<tr><td rowspan="2">市级评估</td><td>评估等级</td><td>一般隐患</td><td>评估负责人</td><td>×××</td><td>评估负责人签字日期</td><td colspan="3">2023-01-05</td></tr>
<tr><td>可能导致后果</td><td colspan="7">七级设备事件</td></tr>
<tr><td rowspan="7">治理</td><td>实际治理完成日期</td><td>2023-03-20</td><td>治理责任单位</td><td>互联网部</td><td>治理责任人</td><td colspan="3">×××</td></tr>
<tr><td>治理方式</td><td>措施</td><td>治理期限</td><td>2023-01-05至2023-08-05</td><td>是否纳入项目储备</td><td>否</td><td>项目储备是否审批</td><td>否</td></tr>
<tr><td>治理措施</td><td colspan="7">将110kV××变电站通信电源系统及一体化电源-48V 通信部分的状态及告警信息纳入实时监控。</td></tr>
<tr><td>防控措施</td><td colspan="7">1. 永久治理前，落实班组隐患公示，加强对××变电站通信电源系统巡视频次。
2. 制定应急处置预案，做好变电站通信电源故障应急抢修准备。</td></tr>
<tr><td>治理完成情况</td><td colspan="7">2023年3月20日，完成110kV××变电站通信电源系统及一体化电源-48V 通信部分的状态及告警信息应纳入实时监控，满足通信运行要求。现申请对该隐患治理完成情况进行验收。</td></tr>
<tr><td>治理计划资金（万元）</td><td colspan="2">××</td><td>累计投入资金（万元）</td><td colspan="4">××</td></tr>
<tr><td rowspan="3">验收</td><td>验收组织单位</td><td colspan="2">国网××公司</td><td>验收负责人</td><td colspan="4">×××</td></tr>
<tr><td>验收负责人签字日期</td><td colspan="2">2023-03-22</td><td>是否消除</td><td colspan="4">是</td></tr>
<tr><td>验收结论</td><td colspan="7">隐患已治理，符合安全运行要求，同意销号。</td></tr>
</table>

8.4.2.9 光缆进站门型架处未接地

一般隐患排查治理档案表

××××年度　　　　　　　　　　　　　　　　　　　　　　　　　　　　　　国网××××公司

<table>
<tr><td rowspan="7">发现</td><td>隐患简题</td><td colspan="7">国网××供电公司 2 月 5 日 330kV××变电站 110kV××线 OPGW 光缆进站门型架处未接地的安全隐患。</td></tr>
<tr><td>隐患编号</td><td>国网××公司 2023××××</td><td>隐患所在单位</td><td>国网××公司</td><td>隐患来源</td><td colspan="3">全面排查</td></tr>
<tr><td>隐患分类</td><td>网络安全</td><td>专业子类</td><td>电力通信</td><td>隐患性质</td><td colspan="3">设备类</td></tr>
<tr><td>电压等级</td><td>110kV</td><td>归属职能部门</td><td colspan="5">调度控制中心</td></tr>
<tr><td>发现人</td><td>×××</td><td>发现人单位</td><td>国网××公司</td><td>发现日期</td><td colspan="3">2023-02-05</td></tr>
<tr><td>事故隐患内容</td><td colspan="7">在 2023 年 2 月安全隐患全面排查中发现：330kV××变电站 110kV××线 OPGW 光缆进站门型架处未接地，不满足“三点接地”，不符合《国家电网有限公司十八项电网重大反事故措施》（国家电网设备〔2018〕979 号）16.3.2.7：“OPGW 应在进站门型架顶端、最下端固定点（余缆前）和光缆末端分别通过匹配的专用接地线可靠接地，其余部分应与构架绝缘”的规定要求。OPGW 在站内门型架顶端未接地，长期感应电流作用下，可能造成 OPGW 股线熔断或光缆灼伤光纤通道中断等后果，依据《国家电网有限公司安全事故调查规程》（2021 年版）4.3.7.16（2）：“承载地市骨干通信网业务的厂站或独立通信站的通信业务全部中断”，构成七级设备事件。</td></tr>
<tr><td>可能导致后果</td><td>七级设备事件</td><td>事件依据</td><td>《国家电网有限公司安全事故调查规程》（2021 年版）4.3.7.16</td><td>标准依据</td><td colspan="3">《网络安全隐患排查标准》WL3109</td></tr>
<tr><td rowspan="2">市级评估</td><td>评估等级</td><td>一般隐患</td><td>评估负责人</td><td>×××</td><td>评估负责人签字日期</td><td colspan="3">2023-02-05</td></tr>
<tr><td>可能导致后果</td><td colspan="7">七级设备事件</td></tr>
<tr><td rowspan="6">治理</td><td>实际治理完成日期</td><td>2023-04-03</td><td>治理责任单位</td><td>互联网部</td><td>治理责任人</td><td colspan="3">×××</td></tr>
<tr><td>治理方式</td><td>措施</td><td>治理期限</td><td>2023-02-05 至 2023-08-05</td><td>是否纳入项目储备</td><td>否</td><td>项目储备是否审批</td><td>否</td></tr>
<tr><td>治理措施</td><td colspan="7">申报工作计划，对 330kV××变电站 110kV××线 OPGW 光缆在进站门型架顶端、最下端固定点（余缆前）和光缆末端分别通过匹配的专用接地线可靠接地，满足“三点接地”要求。</td></tr>
<tr><td>防控措施</td><td colspan="7">1. 落实隐患公示，永久治理前，对××变电站 OPGW 光缆加强特巡，重要保电、节假日增加巡视频次，密切注意光缆运行参数的变化。
2. 编制光缆故障应急处置预案，做好抢修准备。</td></tr>
<tr><td>治理完成情况</td><td colspan="7">2023 年 4 月 3 日，结合设备停电计划，完成 330kV××变电站 110kV××线 OPGW 光缆在进站门型架顶端、最下端固定点（余缆前）和光缆末端分别通过匹配的专用接地线可靠接地，满足“三点接地”要求。现申请对该隐患治理完成情况进行验收。</td></tr>
<tr><td>治理计划资金（万元）</td><td colspan="2">××</td><td>累计投入资金（万元）</td><td colspan="4">××</td></tr>
<tr><td rowspan="3">验收</td><td>验收组织单位</td><td colspan="2">国网××公司</td><td>验收负责人</td><td colspan="4">×××</td></tr>
<tr><td>验收负责人签字日期</td><td colspan="2">2023-04-03</td><td>是否消除</td><td colspan="4">是</td></tr>
<tr><td>验收结论</td><td colspan="7">隐患已治理，符合安全运行要求，同意销号。</td></tr>
</table>

8.4.2.10　系统运行数据备份

一般隐患排查治理档案表

××××年度　　　　国网××××公司

<table>
<tr><td rowspan="7">发现</td><td>隐患简题</td><td colspan="7">国网××供电公司2月5日调度交换系统运行数据没有定期备份的安全隐患。</td></tr>
<tr><td>隐患编号</td><td>国网××公司2023××××</td><td>隐患所在单位</td><td>国网××公司</td><td>隐患来源</td><td colspan="3">日常排查</td></tr>
<tr><td>隐患分类</td><td>网络安全</td><td>专业子类</td><td>电力通信</td><td>隐患性质</td><td colspan="3">设备类</td></tr>
<tr><td>电压等级</td><td>—</td><td>归属职能部门</td><td colspan="5">调度控制中心</td></tr>
<tr><td>发现人</td><td>×××</td><td>发现人单位</td><td>国网××公司</td><td>发现日期</td><td colspan="3">2023-02-05</td></tr>
<tr><td>事故隐患内容</td><td colspan="7">在2023年2月日常巡视排查中发现：国网××供电公司调度交换系统运行数据没有定期备份，一旦系统发生故障，存在无法恢复运行数据的安全隐患，不符合《国家电网有限公司十八项电网重大反事故措施》（国家电网设备〔2018〕979号）16.3.3.17：“调度交换系统运行数据应每月进行备份，当系统数据变动时，应及时备份。调度录音系统应每周进行检查，确保运行可靠、录音效果良好、录音数据准确无误、存储容量充足。调度录音系统服务器应保持时间同步”的规定要求，依据《国家电网有限公司安全事故调查规程》（2021年版）4.3.8.15（5）：“地市电力调度控制中心通信中心站的调度台全停；或各级调度交换网汇接中心单台调度交换机故障全停，且持续时间30min以上”，构成八级设备事件。</td></tr>
<tr><td>可能导致后果</td><td>八级设备事件</td><td>事件依据</td><td>《国家电网有限公司安全事故调查规程》（2021年版）4.3.8.15</td><td>标准依据</td><td colspan="3">《网络安全隐患排查标准》WL3110</td></tr>
<tr><td rowspan="2">市级评估</td><td>评估等级</td><td>一般隐患</td><td>评估负责人</td><td>×××</td><td>评估负责人签字日期</td><td colspan="3">2023-02-05</td></tr>
<tr><td>可能导致后果</td><td colspan="7">八级设备事件</td></tr>
<tr><td rowspan="7">治理</td><td>实际治理完成日期</td><td>2023-02-09</td><td>治理责任单位</td><td>互联网部</td><td>治理责任人</td><td colspan="3">×××</td></tr>
<tr><td>治理方式</td><td>措施</td><td>治理期限</td><td>2023-02-05至2023-03-05</td><td>是否纳入项目储备</td><td>否</td><td>项目储备是否审批</td><td>否</td></tr>
<tr><td>治理措施</td><td colspan="7">1. 及时安排进行调度交换系统运行数据备份，做好工作记录。
2. 组织制度要求学习培训，按月对调度交换系统运行数据进行备份，当系统数据变动时及时备份，并由专人保管、定期检查，满足设备管理要求。</td></tr>
<tr><td>防控措施</td><td colspan="7">1. 落实班组隐患公示，实施备份治理措施前，加强对调度交换系统运行数据监控。制定应急处置预案，做好应急处置措施准备。
2. 每周检查调度交换系统，确保运行可靠、录音效果良好、录音数据准确无误、存储容量充足。</td></tr>
<tr><td>治理完成情况</td><td colspan="7">2023年2月9日对调度交换系统运行数据进行备份，并由专人保管，满足设备管理要求。同时，组织开展了制度要求学习培训，严格执行设备运行管理规定，确保数据运行可靠性。现申请对该隐患治理完成情况进行验收。</td></tr>
<tr><td>治理计划资金（万元）</td><td colspan="2">××</td><td>累计投入资金（万元）</td><td colspan="4">××</td></tr>
<tr><td colspan="8"></td></tr>
<tr><td rowspan="3">验收</td><td>验收组织单位</td><td colspan="2">国网××公司</td><td>验收负责人</td><td colspan="4">×××</td></tr>
<tr><td>验收负责人签字日期</td><td colspan="2">2023-02-10</td><td>是否消除</td><td colspan="4">是</td></tr>
<tr><td>验收结论</td><td colspan="7">隐患已治理，符合安全运行要求，同意销号。</td></tr>
</table>

8.4.3 网络信息

8.4.3.1 账号弱口令

一般隐患排查治理档案表

××××年度　　　　　　　　　　　　　　　　　　　　　　　　　　　　国网××××公司

<table>
<tr><td rowspan="8">发现</td><td>隐患简题</td><td colspan="8">国网××供电公司2月14日公司企业门户系统9个用户账号弱口令的安全隐患。</td></tr>
<tr><td>隐患编号</td><td>国网××公司2023××××</td><td>隐患所在单位</td><td>国网××公司</td><td>隐患来源</td><td colspan="4">日常排查</td></tr>
<tr><td>隐患分类</td><td>网络安全</td><td>专业子类</td><td>网络信息</td><td>隐患性质</td><td colspan="4">管理类</td></tr>
<tr><td>电压等级</td><td>—</td><td>归属职能部门</td><td colspan="6">互联网部</td></tr>
<tr><td>发现人</td><td>×××</td><td>发现人单位</td><td>互联网部信息运检班</td><td>发现日期</td><td colspan="4">2023-02-14</td></tr>
<tr><td>事故隐患内容</td><td colspan="8">2023年2月14日排查发现：××供电公司企业门户网站有9个账号存在用户弱口令的安全隐患，对信息数据的安全产生威胁，可能造成业务系统数据泄露的风险。不符合《国家电网有限公司网络与信息系统安全管理办法》[国网（信息/2）401—2020]第二十五条："运维安全管理要求如下：（三）账号与口令管理方面。所有口令长度应大于等于8位，且包含字母、数字和特殊字符；所有信息系统应具备自动检测弱口令并强制用户设置强口令的功能，不符合该项的禁止上线；所有信息系统、基础平台、设备（终端）上线前必须按照公司口令要求修改默认口令后方可投运；系统上线试运行前，信息系统建设单位应向运维单位（部门）移交所掌握的账号与权限"的规定要求。依据《国家电网有限公司安全事故调查规程》（2021年版）4.4.4.1："信息系统出现下列情况之一，对公司安全生产、经营活动或社会形象造成一定影响者：（1）10万条业务数据或用户信息泄露、丢失或被窃取、篡改。（2）公司网站被篡改"，构成八级信息系统事件。</td></tr>
<tr><td>可能导致后果</td><td>八级信息系统事件</td><td>事件依据</td><td>《国家电网有限公司安全事故调查规程》（2021年版）4.4.4.1</td><td>标准依据</td><td colspan="4">《网络安全隐患排查标准》WL3205</td></tr>
<tr><td colspan="9"></td></tr>
<tr><td rowspan="2">市级评估</td><td>评估等级</td><td>一般隐患</td><td>评估负责人</td><td>×××</td><td>评估负责人签字日期</td><td colspan="4">2023-02-14</td></tr>
<tr><td>可能导致后果</td><td colspan="8">八级信息系统事件</td></tr>
<tr><td rowspan="7">治理</td><td>实际治理完成日期</td><td>2023-02-16</td><td>治理责任单位</td><td>互联网部信息运检班</td><td>治理责任人</td><td colspan="4">×××</td></tr>
<tr><td>治理方式</td><td>措施</td><td>治理期限</td><td>2023-02-14至2023-02-28</td><td>是否纳入项目储备</td><td>否</td><td colspan="2">项目储备是否审批</td><td>否</td></tr>
<tr><td>治理措施</td><td colspan="8">运维人员通知用户进行登录口令修改，设置的账户密码必须符合国网公司规定的口令长度应大于等于8位，且包含字母、数字和特殊字符的要求，满足国网公司终端计算机安全管控要求。</td></tr>
<tr><td>防控措施</td><td colspan="8">1. 联系系统运维管理人员，开启业务系统口令强度检验及强制每6个月修改密码的安全策略。
2. 严禁用户使用弱口令，对弱口令账户进行冻结处理。
3. 对使用弱口令的用户下发问题整改通知单，并限期进行问题整改。</td></tr>
<tr><td>治理完成情况</td><td colspan="8">2月16日，用户完成登录口令修改，设置符合要求。完成企业门户系统问题账户口令检验工作，并开展企业门户系统所有账户的排查清理工作，满足网络安全防护要求。现申请对该隐患治理完成情况进行验收。</td></tr>
<tr><td>治理计划资金（万元）</td><td colspan="2">0</td><td>累计投入资金（万元）</td><td colspan="5">0</td></tr>
<tr><td colspan="9"></td></tr>
<tr><td rowspan="3">验收</td><td>验收组织单位</td><td colspan="2">互联网部</td><td>验收负责人</td><td colspan="5">×××</td></tr>
<tr><td>验收负责人签字日期</td><td colspan="2">2023-02-16</td><td>是否消除</td><td colspan="5">是</td></tr>
<tr><td>验收结论</td><td colspan="8">隐患已治理，符合安全运行要求，同意销号。</td></tr>
</table>

8.4.3.2 路由器单设备运行

一般隐患排查治理档案表

××××年度　　　　　　　　　　　　　　　　　　　　　　　　　　　　　　国网××××公司

<table>
<tr><td rowspan="8">发现</td><td>隐患简题</td><td colspan="7">国网××供电公司 3 月 14 日 330kV××变电站骨干节点路由器单设备运行的安全隐患。</td></tr>
<tr><td>隐患编号</td><td>国网××公司 2023××××</td><td>隐患所在单位</td><td>国网××公司</td><td>隐患来源</td><td colspan="3">全面排查</td></tr>
<tr><td>隐患分类</td><td>网络安全</td><td>专业子类</td><td>网络信息</td><td>隐患性质</td><td colspan="3">设备类</td></tr>
<tr><td>电压等级</td><td>330kV</td><td>归属职能部门</td><td colspan="5">互联网部</td></tr>
<tr><td>发现人</td><td>×××</td><td>发现人单位</td><td>互联网部信息运检班</td><td>发现日期</td><td colspan="3">2023-03-14</td></tr>
<tr><td>事故隐患内容</td><td colspan="7">在 2023 年春检春查工作中发现：330kV××变电站路由器单设备运行，未冗余配置，存在骨干节点网络单设备故障造成信息网络中断的安全隐患。不符合《信息通信及电力监控安全性评价规范》：“A.2 建设管理 2.1.2 采用冗余技术设计网络拓扑结构，包括主要网络设备、通信线路和数据处理系统，避免关键节点存在单点故障”的要求。依据《国家电网有限公司安全事故调查规程》（2021 年版）4.4.4.2：“（1）信息网络出现地市供电公司级单位本地信息网络不可用，且持续时间 1h 以上；（2）县供电公司级单位本地信息网络不可用，且持续时间 2h 以上”，可能造成八级信息系统事件。</td></tr>
<tr><td>可能导致后果</td><td>八级信息系统事件</td><td>事件依据</td><td>《国家电网有限公司安全事故调查规程》（2021 年版）4.4.4.2</td><td>标准依据</td><td colspan="3">《信息通信及电力监控安全性评价规范》A. 2</td></tr>
<tr><td rowspan="2">市级评估</td><td>评估等级</td><td>一般隐患</td><td>评估负责人</td><td>×××</td><td>评估负责人签字日期</td><td colspan="3">2023-03-14</td></tr>
<tr><td>可能导致后果</td><td colspan="7">八级信息系统事件</td></tr>
<tr><td rowspan="6">治理</td><td>实际治理完成日期</td><td>2023-12-01</td><td>治理责任单位</td><td>互联网部信息运检班</td><td>治理责任人</td><td colspan="3">×××</td></tr>
<tr><td>治理方式</td><td>立项</td><td>治理期限</td><td>2023-03-14 至 2023-12-30</td><td>是否纳入项目储备</td><td>是</td><td>项目储备是否审批</td><td>是</td></tr>
<tr><td>治理措施</td><td colspan="7">申报项目，在 330kV××变电站新增 1 台路由器，实现骨干节点双设备冗余配置。</td></tr>
<tr><td>防控措施</td><td colspan="7">1. 永久治理前，落实班组隐患公示，加强对 330kV××变电站骨干节点信息网络的巡视。
2. 制定应急处置预案，抢修人员做到电话 24h 畅通，做好网络中断抢修处理准备。</td></tr>
<tr><td>治理完成情况</td><td colspan="7">2023 年 12 月 1 日，完成 330kV××变电站骨干节点路由器增设安装调试工作，治理完成后实现骨干节点双设备冗余配置，满足信息网络安全运行要求。现申请对该隐患治理完成情况进行验收。</td></tr>
<tr><td>治理计划资金（万元）</td><td colspan="2">××</td><td>累计投入资金（万元）</td><td colspan="4">××</td></tr>
<tr><td rowspan="3">验收</td><td>验收组织单位</td><td colspan="2">互联网部</td><td>验收负责人</td><td colspan="4">×××</td></tr>
<tr><td>验收负责人签字日期</td><td colspan="2">2023-12-01</td><td>是否消除</td><td colspan="4">是</td></tr>
<tr><td>验收结论</td><td colspan="7">隐患已治理，符合安全运行要求，同意销号。</td></tr>
</table>

8.4.3.3 计算机补丁未安装

一般隐患排查治理档案表

××××年度

国网××××公司

<table>
<tr><td rowspan="7">发现</td><td>隐患简题</td><td colspan="7">国网××供电公司2月14日内、外网15台计算机未安装补丁存在感染病毒的安全隐患。</td></tr>
<tr><td>隐患编号</td><td>国网××公司2023××××</td><td>隐患所在单位</td><td>国网××公司</td><td>隐患来源</td><td colspan="3">全面排查</td></tr>
<tr><td>隐患分类</td><td>网络安全</td><td>专业子类</td><td>网络信息</td><td>隐患性质</td><td colspan="3">管理类</td></tr>
<tr><td>电压等级</td><td>—</td><td>归属职能部门</td><td colspan="5">互联网部</td></tr>
<tr><td>发现人</td><td>×××</td><td>发现人单位</td><td>互联网部信息运检班</td><td>发现日期</td><td colspan="3">2023-02-14</td></tr>
<tr><td>事故隐患内容</td><td colspan="7">2月14日，经后台检测发现公司内外网15台计算机补丁未安装，存在内、外网计算机感染病毒的安全隐患。违反《国家电网有限公司办公终端网络安全管理办法》第十一条：“加强办公终端运行安全管理：（五）定期对办公终端补丁更新情况进行检查，确保补丁更新及时”的规定要求。对照国网陕西电力安委办《较大、一般安全隐患排查标准》网络安全隐患排查清单：“各类办公计算机未按照要求安装桌面终端管理系统、防病毒等客户端软件；未定期对办公计算机防病毒软件、木马防范软件的升级和使用情况进行检查，随意卸载统一安装的防病毒（木马）软件”，构成一般隐患。依据《国家电网有限公司安全事故调查规程》（2021年版）4.4.4.6：“信息系统感染有害程序或被网络攻击侵入”，可能造成八级信息系统事件。</td></tr>
<tr><td>可能导致后果</td><td>八级信息系统事件</td><td>事件依据</td><td>《国家电网有限公司安全事故调查规程》（2021年版）4.4.4.6</td><td>标准依据</td><td colspan="3">《网络安全隐患排查标准》WL3203</td></tr>
<tr><td rowspan="2">市级评估</td><td>评估等级</td><td>一般隐患</td><td>评估负责人</td><td>×××</td><td>评估负责人签字日期</td><td colspan="3">2023-02-14</td></tr>
<tr><td>可能导致后果</td><td colspan="7">八级信息系统事件</td></tr>
<tr><td rowspan="6">治理</td><td>实际治理完成日期</td><td>2023-02-27</td><td>治理责任单位</td><td>互联网部信息运检班</td><td>治理责任人</td><td colspan="3">×××</td></tr>
<tr><td>治理方式</td><td>措施</td><td>治理期限</td><td>2023-02-14 至 2023-03-28</td><td>是否纳入项目储备</td><td>否</td><td>项目储备是否审批</td><td>否</td></tr>
<tr><td>治理措施</td><td colspan="7">运维人员使用漏扫工具对终端设备进行漏洞扫描，对发现的漏洞及时使用官方补丁进行修复。</td></tr>
<tr><td>防控措施</td><td colspan="7">1. 落实隐患公示，运用扫描工具排查未安装补丁的计算机终端；同时加强对公司办公电脑内、外网设备端口的巡视检查及违规外联的考核力度，电脑上按要求张贴内、外网区分标签，防止出现信息系统泄密或受到外部意外攻击。
2. 下发问题整改通知单要求限期完成内、外网计算机补丁安装工作。</td></tr>
<tr><td>治理完成情况</td><td colspan="7">2023年2月27日，完成所有计算机终端补丁安装工作，满足网络安全防护要求。现申请对该隐患治理完成情况进行验收。</td></tr>
<tr><td>治理计划资金（万元）</td><td colspan="2">0</td><td colspan="2">累计投入资金（万元）</td><td colspan="3">0</td></tr>
<tr><td rowspan="3">验收</td><td>验收组织单位</td><td colspan="2">互联网部</td><td colspan="2">验收负责人</td><td colspan="3">×××</td></tr>
<tr><td>验收负责人签字日期</td><td colspan="2">2023-02-28</td><td colspan="2">是否消除</td><td colspan="3">是</td></tr>
<tr><td>验收结论</td><td colspan="7">隐患已治理，符合安全运行要求，同意销号。</td></tr>
</table>

8.4.3.4 信息机房环境

一般隐患排查治理档案表

××××年度　　　　　　　　　　　　　　　　　　　　　　　　　　　　　　　　　国网××××公司

<table>
<tr><td rowspan="8">发现</td><td>隐患简题</td><td colspan="7">国网××供电公司 2 月 14 日信息机房运行环境差、无防小动物措施的安全隐患。</td></tr>
<tr><td>隐患编号</td><td>国网××公司 2023××××</td><td>隐患所在单位</td><td>国网××公司</td><td>隐患来源</td><td colspan="3">日常排查</td></tr>
<tr><td>隐患分类</td><td>网络安全</td><td>专业子类</td><td>网络信息</td><td>隐患性质</td><td colspan="3">设备类</td></tr>
<tr><td>电压等级</td><td></td><td>归属职能部门</td><td colspan="5">互联网部</td></tr>
<tr><td>发现人</td><td>×××</td><td>发现人单位</td><td>互联网部信息运检班</td><td>发现日期</td><td colspan="3">2023-02-14</td></tr>
<tr><td>事故隐患内容</td><td colspan="7">在日常巡视巡检工作中，发现公司附楼南侧信息机房地面杂物堆积，机房运行环境差，无防小动物安全措施，存在线缆受损等影响信息网络稳定运行的安全隐患。不符合《国家电网有限公司十八项电网重大反事故措施》（国家电网设备〔2018〕979 号）16.4.2.1：“信息机房线缆部署应实现强弱电分离，并完善防火阻燃、阻火分隔、防潮、防水及防小动物等各项安全措施”、《国家电网公司电力安全工作规程　信息部分》第 2.2.5 条：“机房及相关设施宜配备防盗、防小动物等安全措施”的规定要求。对照国网陕西电力安委办《较大、一般安全隐患排查标准》网络安全隐患排查清单 WL3101：“信息机房不具备防震、防风、防雨等能力，未采取防火、防水、防潮、防静电、防雷击、防盗窃和破坏、防尘、防小动物及温湿度控制等安全措施，未定期检查相关措施的有效性”，属于一般隐患。依据《国家电网有限公司安全事故调查规程》（2021 年版）4.4.4.2：“（1）信息网络出现地市供电公司级单位本地信息网络不可用，且持续时间 1h 以上；（2）县供电公司级单位本地信息网络不可用，且持续时间 2h 以上”，4.4.4.7：“信息机房的不间断电源系统或空气调节系统故障，造成机房内设备停运”，可能造成八级信息系统事件。</td></tr>
<tr><td>可能导致后果</td><td>八级信息系统事件</td><td>事件依据</td><td>《国家电网有限公司安全事故调查规程》（2021 年版）4.4.4.2 或 4.4.4.7</td><td>标准依据</td><td colspan="3">《网络安全隐患排查标准》WL3101</td></tr>
<tr><td rowspan="2">市级评估</td><td>评估等级</td><td>一般隐患</td><td>评估负责人</td><td>×××</td><td>评估负责人签字日期</td><td colspan="3">2023-02-14</td></tr>
<tr><td>可能导致后果</td><td colspan="7">八级信息系统事件</td></tr>
<tr><td rowspan="7">治理</td><td>实际治理完成日期</td><td>2023-03-15</td><td>治理责任单位</td><td>互联网部信息运检班</td><td>治理责任人</td><td colspan="3">×××</td></tr>
<tr><td>治理方式</td><td>措施</td><td>治理期限</td><td>2023-02-14 至 2023-03-28</td><td>是否纳入项目储备</td><td>否</td><td>项目储备是否审批</td><td>否</td></tr>
<tr><td>治理措施</td><td colspan="7">对公司附楼南侧信息机房进行综合治理，清理机房内杂物，完善防小动物安全措施。</td></tr>
<tr><td>防控措施</td><td colspan="7">1. 治理前，落实班组隐患公示，加强对公司附楼南侧信息机房信息网络设备的巡视和运行监控。
2. 制定应急处置方案，做好信息机房信息网络设备故障的应急处置准备。</td></tr>
<tr><td>治理完成情况</td><td colspan="7">2023 年 3 月 15 日，完成公司附楼南侧信息机房综合治理工作，完成机房清理；设置防鼠挡板，放置粘鼠板，对机柜裸露的孔洞进行封堵，满足信息网络安全防护要求。现申请对该隐患治理完成情况进行验收。</td></tr>
<tr><td>治理计划资金（万元）</td><td colspan="2">0</td><td>累计投入资金（万元）</td><td colspan="4">0</td></tr>
<tr><td colspan="8" style="display:none"></td></tr>
<tr><td rowspan="3">验收</td><td>验收组织单位</td><td colspan="2">互联网部</td><td>验收负责人</td><td colspan="4">×××</td></tr>
<tr><td>验收负责人签字日期</td><td colspan="2">2023-03-16</td><td>是否消除</td><td colspan="4">是</td></tr>
<tr><td>验收结论</td><td colspan="7">隐患已治理，符合安全运行要求，同意销号。</td></tr>
</table>

8.4.3.5 违规外联

一般隐患排查治理档案表

××××年度

国网××××公司

<table>
<tr><td rowspan="7">发现</td><td>隐患简题</td><td colspan="7">国网××供电公司2月14日具备互联网连通性的设备误接入内网的安全隐患。</td></tr>
<tr><td>隐患编号</td><td>国网××公司2023××××</td><td>隐患所在单位</td><td>国网××公司</td><td>隐患来源</td><td colspan="3">日常排查</td></tr>
<tr><td>隐患分类</td><td>网络安全</td><td>专业子类</td><td>网络信息</td><td>隐患性质</td><td colspan="3">管理类</td></tr>
<tr><td>电压等级</td><td>—</td><td>归属职能部门</td><td colspan="5">互联网部</td></tr>
<tr><td>发现人</td><td>×××</td><td>发现人单位</td><td>互联网部信息运检班</td><td>发现日期</td><td colspan="3">2023-02-14</td></tr>
<tr><td>事故隐患内容</td><td colspan="7">2月14日，信息运维人员在日常排查中发现××部门1名员工使用的内网计算机主机未张贴内网标识，USB数据线长期连接在计算机USB接口，可能因误将手机等具备互联网连通性的设备接入，造成违规外联。不符合《国家电网有限公司办公终端网络安全管理办法》［国网（信息/3）255—2022］第十条："加强办公终端使用规范管理：（三）管理信息大区、互联网大区办公终端应明显标识，相关的账号、口令等敏感信息需保密，不得擅自泄露给他人使用"的规定要求，可能造成违规外联，违反《国家电网有限公司十八项电网重大反事故措施》（国家电网〔2018〕979号）16.5.3.4："严禁将涉及国家秘密的计算机、存储设备与信息内外网和其他公共信息网络连接，严禁在信息内网计算机存储、处理国家秘密信息，严禁在连接互联网的计算机上处理、存储涉及国家秘密和企业秘密信息；严禁内网计算机违规使用无线上网卡、智能手机、平板电脑等上网手段连接互联网的行为，严禁内网笔记本电脑打开无线功能，严禁信息内网和信息外网计算机交叉使用，严禁普通移动存储介质和扫描仪、打印机等计算机外设在信息内网和信息外网上交叉使用"。依据《国家电网有限公司安全事故调查规程》（2021年版）4.4.4.2（3）："信息网络出现下列情况之一者：管理信息大区与互联网直连"，构成八级信息系统事件。</td></tr>
<tr><td>可能导致后果</td><td>八级信息系统事件</td><td>事件依据</td><td>《国家电网有限公司安全事故调查规程》（2021年版）4.4.4.2</td><td>标准依据</td><td colspan="3">《网络安全隐患排查标准》WL3202</td></tr>
<tr><td rowspan="2">市级评估</td><td>评估等级</td><td>一般隐患</td><td>评估负责人</td><td>×××</td><td>评估负责人签字日期</td><td colspan="3">2023-02-14</td></tr>
<tr><td>可能导致后果</td><td colspan="7">八级信息系统事件</td></tr>
<tr><td rowspan="7">治理</td><td>实际治理完成日期</td><td>2023-02-15</td><td>治理责任单位</td><td>互联网部信息运检班</td><td>治理责任人</td><td colspan="3">×××</td></tr>
<tr><td>治理方式</td><td>措施</td><td>治理期限</td><td>2023-02-14 至 2023-02-28</td><td>是否纳入项目储备</td><td>否</td><td>项目储备是否审批</td><td>否</td></tr>
<tr><td>治理措施</td><td colspan="7">1. 立即关闭该计算机接入端口，对该内网计算机进行检测，无异常方可重新接入内网。
2. 核查并完善该内网计算机标签标识，并避免计算机USB接口长期连接数据线。</td></tr>
<tr><td>防控措施</td><td colspan="7">1. 做好员工网络安全培训教育，提升网络安全意识，防止发生违规外联。
2. 加强对违规外联考核力度，针对此类问题，组织开展内网计算机端口安全标识排查工作。</td></tr>
<tr><td>治理完成情况</td><td colspan="7">2023年2月15日，完善该内网计算机标签标识，完成合规性检测，计算机重新接入内网，符合网络安全要求。现申请对该隐患治理完成情况进行验收。</td></tr>
<tr><td>治理计划资金（万元）</td><td colspan="2">0</td><td>累计投入资金（万元）</td><td colspan="4">0</td></tr>
<tr><td colspan="1" style="display:none"></td></tr>
<tr><td rowspan="3">验收</td><td>验收组织单位</td><td colspan="2">互联网部</td><td>验收负责人</td><td colspan="4">×××</td></tr>
<tr><td>验收负责人签字日期</td><td colspan="2">2023-02-21</td><td>是否消除</td><td colspan="4">是</td></tr>
<tr><td>验收结论</td><td colspan="7">隐患已治理，符合安全运行要求，同意销号。</td></tr>
</table>

8.4.3.6 交换机老旧

一般隐患排查治理档案表

××××年度　　　　　　　　　　　　　　　　　　　　　　　　　　　　　　国网××××公司

<table>
<tr><td rowspan="8">发现</td><td>隐患简题</td><td colspan="7">国网××供电公司 2 月 14 日 110kV××变电站信息交换机老旧的安全隐患。</td></tr>
<tr><td>隐患编号</td><td>国网××公司 2023××××</td><td>隐患所在单位</td><td>国网××公司</td><td>隐患来源</td><td colspan="3">日常排查</td></tr>
<tr><td>隐患分类</td><td>网络安全</td><td>专业子类</td><td>网络信息</td><td>隐患性质</td><td colspan="3">设备类</td></tr>
<tr><td>电压等级</td><td>110kV</td><td>归属职能部门</td><td colspan="5">互联网部</td></tr>
<tr><td>发现人</td><td>×××</td><td>发现人单位</td><td>互联网部信息运检班</td><td>发现日期</td><td colspan="3">2023-02-14</td></tr>
<tr><td>事故隐患内容</td><td colspan="7">在 2023 年 2 月日常巡检中发现：110kV××变电站信息内网交换机老旧，运行达××年，如果该交换机发生故障，可能导致该站及下联县公司及站所信息网络中断。不符合《国家电网有限公司十八项电网重大反事故措施》（国家电网设备〔2018〕979 号）16.4.3.6："定期开展信息系统及设备运行状态评估，对于在运信息系统中存在隐患的设备，应及时更换；对于老旧信息系统和设备，应及时整合业务应用并进行腾退处置"的规定。根据《国家电网有限公司安全事故调查规程》（2021 年版）4.4.4.2："（2）县供电公司级单位本地信息网络不可用，且持续时间 2h 以上"，可能造成八级信息系统事件。</td></tr>
<tr><td>可能导致后果</td><td>八级信息系统事件</td><td>事件依据</td><td>《国家电网有限公司安全事故调查规程》（2021 年版）4.4.4.2</td><td>标准依据</td><td colspan="3">《国家电网有限公司十八项电网重大反事故措施》（国家电网设备〔2018〕979 号）16.4.3.6</td></tr>
<tr><td rowspan="2">市级评估</td><td>评估等级</td><td>一般隐患</td><td>评估负责人</td><td>×××</td><td>评估负责人签字日期</td><td colspan="3">2023-02-14</td></tr>
<tr><td>可能导致后果</td><td colspan="7">八级信息系统事件</td></tr>
<tr><td rowspan="6">治理</td><td>实际治理完成日期</td><td>2023-08-10</td><td>治理责任单位</td><td>互联网部信息运检班</td><td>治理责任人</td><td colspan="3">×××</td></tr>
<tr><td>治理方式</td><td>措施/立项</td><td>治理期限</td><td>2023-02-14 至 2023-08-30</td><td>是否纳入项目储备</td><td>是/否</td><td>项目储备是否审批</td><td>是/否</td></tr>
<tr><td>治理措施</td><td colspan="7">更换 110kV××变电站老旧信息交换机，信息交换机更换完成后进行业务验证。</td></tr>
<tr><td>防控措施</td><td colspan="7">1. 落实隐患公示，加强对该变电站信息网络设备的巡视。
2. 制定应急处置方案，做好交换机数据备份、故障更换抢修处理准备。</td></tr>
<tr><td>治理完成情况</td><td colspan="7">2023 年 8 月 10 日，完成 110kV××变电站信息内网交换机更换工作，治理完成后进行业务验证，信息网络交换机正常运行，满足信息网络安全运行要求。现申请对该隐患治理完成情况进行验收。</td></tr>
<tr><td>治理计划资金（万元）</td><td colspan="2">××</td><td>累计投入资金（万元）</td><td colspan="4">××</td></tr>
<tr><td rowspan="3">验收</td><td>验收组织单位</td><td colspan="2">互联网部</td><td>验收负责人</td><td colspan="4">×××</td></tr>
<tr><td>验收负责人签字日期</td><td colspan="2">2023-08-11</td><td>是否消除</td><td colspan="4">是</td></tr>
<tr><td>验收结论</td><td colspan="7">隐患已治理，符合安全运行要求，同意销号。</td></tr>
</table>

8.4.3.7 未知网络攻击

一般隐患排查治理档案表

××××年度　　　　国网××××公司

<table>
<tr><td rowspan="8">发现</td><td>隐患简题</td><td colspan="7">国网××供电公司 2 月 14 日信息系统网络边界可能遭受未知网络攻击的安全隐患。</td></tr>
<tr><td>隐患编号</td><td>国网××公司 2023××××</td><td>隐患所在单位</td><td>国网××公司</td><td>隐患来源</td><td colspan="3">全面排查</td></tr>
<tr><td>隐患分类</td><td>网络安全</td><td>专业子类</td><td>网络信息</td><td>隐患性质</td><td colspan="3">管理类</td></tr>
<tr><td>电压等级</td><td>—</td><td>归属职能部门</td><td colspan="5">互联网部</td></tr>
<tr><td>发现人</td><td>×××</td><td>发现人单位</td><td>互联网部信息运检班</td><td>发现日期</td><td colspan="3">2023-02-14</td></tr>
<tr><td>事故隐患内容</td><td colspan="7">2 月 14 日，经后台检测发现信息系统网络边界收到未知 IP 地址的数据包，网络出现堵塞，可能存在遭受恶意程序入侵的安全隐患。不符合《国家电网有限公司十八项电网重大反事故措施》(国家电网设备〔2018〕979 号) 16.5.3.5:“服务器及终端类设备应全面安装防病毒软件，定期进行病毒木马查杀并及时更新病毒库，加强对恶意代码及病毒木马的监测、预警和分析。应定期对在运信息系统进行漏洞扫描，对重要的操作系统、数据库、中间件等平台类软件漏洞要及时进行补丁升级，按时完成漏洞及隐患闭环整改。”的规定要求。依据《国家电网有限公司安全事故调查规程》(2021 年版) 4.4.4.6:“信息系统感染有害程序或被网络攻击侵入”，构成八级信息系统事件。</td></tr>
<tr><td>可能导致后果</td><td>八级信息系统事件</td><td>事件依据</td><td>《国家电网有限公司安全事故调查规程》(2021 年版) 4.4.4.6</td><td>标准依据</td><td colspan="3">《网络安全隐患排查标准》WL3201</td></tr>
<tr><td colspan="8"></td></tr>
<tr><td rowspan="2">市级评估</td><td>评估等级</td><td>一般隐患</td><td>评估负责人</td><td>×××</td><td>评估负责人签字日期</td><td colspan="3">2023-02-14</td></tr>
<tr><td>可能导致后果</td><td colspan="7">八级信息系统事件</td></tr>
<tr><td rowspan="6">治理</td><td>实际治理完成日期</td><td>2023-02-27</td><td>治理责任单位</td><td>互联网部信息运检班</td><td>治理责任人</td><td colspan="3">×××</td></tr>
<tr><td>治理方式</td><td>措施</td><td>治理期限</td><td>2023-02-14 至 2023-03-28</td><td>是否纳入项目储备</td><td>否</td><td>项目储备是否审批</td><td>否</td></tr>
<tr><td>治理措施</td><td colspan="7">运维人员对异常数据包进行分析，将有可能造成网络堵塞，以及目的未知的源 IP 进行封禁。排查受到影响的终端设备，对相关设备进行病毒查杀。对封禁的源 IP 进行溯源，将非恶意的 IP 移出黑名单。</td></tr>
<tr><td>防控措施</td><td colspan="7">1. 梳理融合网关、防火墙配置的安全策略，梳理网络设备 ACL 访问控制表策略，在网络设备上限制高危端口的双向流量。
2. 落实隐患公示，做好网络攻击应急处置准备。</td></tr>
<tr><td>治理完成情况</td><td colspan="7">2023 年 2 月 27 日，完成信息系统网络边界遭受未知网络攻击整治工作，满足网络安全防护要求。现申请对该隐患治理完成情况进行验收。</td></tr>
<tr><td>治理计划资金（万元）</td><td colspan="2">0</td><td>累计投入资金（万元）</td><td colspan="4">0</td></tr>
<tr><td rowspan="3">验收</td><td>验收组织单位</td><td colspan="2">互联网部</td><td>验收负责人</td><td colspan="4">×××</td></tr>
<tr><td>验收负责人签字日期</td><td colspan="2">2023-02-28</td><td>是否消除</td><td colspan="4">是</td></tr>
<tr><td>验收结论</td><td colspan="7">隐患已治理，符合安全运行要求，同意销号。</td></tr>
</table>

8.5 消防安全

8.5.1 消防重点场所

8.5.1.1 保护区内私自丢弃医用酒精

较大隐患排查治理档案表

××××年度　　　　　　　　　　　　　　　　　　　　　　　　　　　　　　　　国网××××公司

<table>
<tr><td rowspan="7">发现</td><td>隐患简题</td><td colspan="7">国网××供电公司 3 月 6 日新建 110kV××输电线路工程现场作业人员×××在森林草原防火期内进入重要保护林地时私自丢弃医用酒精的安全隐患。</td></tr>
<tr><td>隐患编号</td><td>国网××公司 2023××××</td><td>隐患所在单位</td><td>国网××公司</td><td>隐患来源</td><td colspan="3">日常排查</td></tr>
<tr><td>隐患分类</td><td>消防安全</td><td>专业子类</td><td>消防重点场所（特殊要求）</td><td>隐患性质</td><td colspan="3">管理类</td></tr>
<tr><td>电压等级</td><td>—</td><td>归属职能部门</td><td colspan="5">建设部</td></tr>
<tr><td>发现人</td><td>×××</td><td>发现人单位</td><td>国网××公司</td><td>发现日期</td><td colspan="3">2023-03-06</td></tr>
<tr><td>事故隐患内容</td><td colspan="7">在 2023 年 3 月 6 日公司日常排查中发现：新建 110kV××输电线路工程现场作业人员×××在森林草原防火期内，进入自然保护区的核心区域和缓冲区、国家级公益林地、国家森林公园等重要保护林地时私自丢弃医用酒精的安全隐患。若不加强对野外私自丢弃火种的安全管理，由于丢弃的医院酒精遇到阳光暴晒后容易发生自燃，将可能出现突发火险、火情蔓延造成火灾事故。不符合《森林防火条例》（国务院令第 541 号）第二十五条、第二十六条、第二十八条（GB 25201—2010）：“必要时，县级以上地方人民政府可以根据需要发布命令，严禁一切野外用火；对可能引起森林火灾的居民生活用火应当严格管理”。依据《国家电网有限公司安全隐患排查治理管理办法》[国网（安监/3）481—2022] 第十一条（二）4：“一般火灾事故”，可能构成较大隐患。</td></tr>
<tr><td>可能导致后果</td><td>一般火灾事故</td><td>事件依据</td><td>《国家电网有限公司安全隐患排查治理管理办法》（国网（安监/3）481—2022）第十一条（二）4</td><td>标准依据</td><td colspan="3">《消防安全隐患排查标准》XF2205</td></tr>
<tr><td rowspan="2">市级评估</td><td>评估等级</td><td>较大隐患</td><td>评估负责人</td><td>×××</td><td>评估负责人签字日期</td><td colspan="3">2023-03-06</td></tr>
<tr><td>可能导致后果</td><td colspan="7">一般火灾事故</td></tr>
<tr><td rowspan="5">治理</td><td>实际治理完成日期</td><td>2023-03-06</td><td>治理责任单位</td><td>建设部</td><td>治理责任人</td><td colspan="3">×××</td></tr>
<tr><td>治理方式</td><td>措施</td><td>治理期限</td><td>2023-03-06 至 2023-03-06</td><td>是否纳入项目储备</td><td>否</td><td>项目储备是否审批</td><td>否</td></tr>
<tr><td>治理措施</td><td colspan="7">立即停工，及时规范保管私自丢弃的医用酒精。</td></tr>
<tr><td>防控措施</td><td colspan="7">1. 未完成治理措施并经验收合格前，不得开工。
2. 及时组织开展火种安全管理检查，发现类似问题立即整改。
3. 对现场作业人员进行安全教育培训，严禁私自丢弃火种。</td></tr>
<tr><td>治理完成情况</td><td colspan="7">2023 年 3 月 6 日，××公司按规定立即停工，及时规范保管好私自丢弃的医用酒精，同时组织开展火种安全管理检查，无类似问题出现。现申请对该隐患治理完成情况进行验收。</td></tr>
<tr><td>治理</td><td>治理计划资金（万元）</td><td colspan="2">××</td><td>累计投入资金（万元）</td><td colspan="4">××</td></tr>
<tr><td rowspan="3">验收</td><td>验收组织单位</td><td colspan="2">国网××公司</td><td>验收负责人</td><td colspan="4">×××</td></tr>
<tr><td>验收负责人签字日期</td><td colspan="2">2023-03-06</td><td>是否消除</td><td colspan="4">是</td></tr>
<tr><td>验收结论</td><td colspan="7">验收合格，治理措施已按要求实施，同意销号。</td></tr>
</table>

8.5.1.2　消防控制室值班人员无资格证

一般隐患排查治理档案表

××××年度　　　　　　　　　　　　　　　　　　　　　　　　　　国网××××公司

<table>
<tr><td rowspan="7">发现</td><td>隐患简题</td><td colspan="7">国网××公司10月3日消防控制室值班人员不具备消防设施操作员资格证书以及《消防值班记录表》内容缺失的安全隐患。</td></tr>
<tr><td>隐患编号</td><td>国网××公司2022××××</td><td>隐患所在单位</td><td>国网××公司</td><td>隐患来源</td><td colspan="3">安全检查</td></tr>
<tr><td>隐患分类</td><td>消防安全</td><td>专业子类</td><td>消防重点场所</td><td>隐患性质</td><td colspan="3">人员类</td></tr>
<tr><td>电压等级</td><td>—</td><td>归属职能部门</td><td colspan="5">后勤部</td></tr>
<tr><td>发现人</td><td>×××</td><td>发现人单位</td><td>国网××公司</td><td>发现日期</td><td colspan="3">2022-10-03</td></tr>
<tr><td>事故隐患内容</td><td colspan="7">在2022年10月3日公司国庆保电值守巡查中发现：国网××公司消防控制室仅有1名值班人员且不具备消防设施操作员资格证书，查阅《消防值班记录表》中交、接班记录及值班人员签字内容缺失。违反了《建筑消防设施的维护管理》（GB 25201—2010）第5.2条：“消防控制室值班时间和人员应符合以下要求：a）实行每日24h值班制度，值班人员应通过消防行业特有工种职业技能鉴定，持有初级技能以上等级的职业资格证书。b）每班工作时间应不大于8h，每班人员应不少于2人。值班人员对火灾报警控制器进行日检查、接班、交班时，应填写《消防控制室值班记录表》的相关内容。”的规定要求。若不加强消防值班人员管理，开展消防技能培训鉴定，在出现火险时，有可能因值班人员消防技能不足而无法有效控制和防范火险，而导致火险蔓延扩大。依据《国家电网有限公司安全事故调查规程》（2021年版）4.1相关条款，构成人员事故（事件），构成一般隐患。</td></tr>
<tr><td>可能导致后果</td><td>人身事故（事件）</td><td>事件依据</td><td>《国家电网有限公司安全事故调查规程》（2021年版）4.1</td><td>标准依据</td><td colspan="3">《消防安全隐患排查标准》XF3302</td></tr>
<tr><td rowspan="2">评估</td><td>评估等级</td><td>重大隐患</td><td>评估负责人</td><td>×××</td><td>评估负责人签字日期</td><td colspan="3">2022-10-03</td></tr>
<tr><td>可能导致后果</td><td colspan="7">人身事故（事件）</td></tr>
<tr><td rowspan="4">治理</td><td>实际治理完成日期</td><td>2022-10-13</td><td>治理责任单位</td><td>后勤部</td><td>治理责任人</td><td colspan="3">×××</td></tr>
<tr><td>治理方式</td><td>措施</td><td>治理期限</td><td>2022-10-03至2022-10-15</td><td>是否纳入项目储备</td><td>否</td><td>项目储备是否审批</td><td>否</td></tr>
<tr><td>治理措施</td><td colspan="7">1. 现场对消防控制室未取得职业技能资格证书的1名消防值班人员实施换岗，由具备消防技能资格证书人员进行值守。
2. 消防控制室实行24h值班制度，每班不少于2人，按照要求持证上岗，并严格执行消防控制室工作制度和操作规程，明确值班责任，规范交、接班记录。
3. 联系地方消防管理部门对公司消防值班人员进行消防安全技能培训、取证，待考核取证合格后方可上岗。</td></tr>
<tr><td>防控措施</td><td colspan="7">1. 签订《消防安全责任书》，明确消防第一责任人安全职责，确定各级、各部门、各岗位消防安全负责人。对以上存在的消防管理隐患，落实消防安全责任制。
2. 建立健全并落实消防控制室工作制度和操作规程，对消防控制室应明确专人负责。
3. 制订并完善灭火和应急疏散预案以及开展预案演练工作，建立消防技能培训及演练记录档案。
4. 组织开展义务消防员培训以及消防演练。</td></tr>
<tr><td rowspan="2">治理</td><td>治理完成情况</td><td colspan="7">按照即查即改的工作要求，2022年10月3日，公司现场对消防控制室未取得职业技能资格证书的值班人员实施换岗，由2名具备消防技能资格证书人员进行值守，并明确值班责任，规范交、接班记录，落实24h值班制度，同时对相关责任人按一类违章进行了处罚。2022年10月13日，公司后勤部联系消防管理部门对消防控制室未取得职业技能资格证书的值班人员进行了消防安全技能培训、取证，考试均合格。现申请对该隐患治理完成情况进行验收。</td></tr>
<tr><td>治理计划资金（万元）</td><td colspan="2">××</td><td colspan="2">累计投入资金（万元）</td><td colspan="3">××</td></tr>
<tr><td rowspan="3">验收</td><td>验收组织单位</td><td colspan="2">国网××公司</td><td colspan="2">验收负责人</td><td colspan="3">×××</td></tr>
<tr><td>验收负责人签字日期</td><td colspan="2">2022-10-13</td><td colspan="2">是否消除</td><td colspan="3">是</td></tr>
<tr><td>验收结论</td><td colspan="7">隐患已治理，符合消防安全管理要求，同意销号。</td></tr>
</table>

8.5.1.3 门禁系统未与火灾自动报警联动

一般隐患排查治理档案表

××××年度　　　　　　　　　　　　　　　　　　　　国网××××公司

<table>
<tr><td rowspan="7">发现</td><td>隐患简题</td><td colspan="7">国网××公司4月3日调度大厅门禁系统未与火灾自动报警联动（强切）的安全隐患。</td></tr>
<tr><td>隐患编号</td><td>国网××公司2022××××</td><td>隐患所在单位</td><td>国网××公司</td><td>隐患来源</td><td colspan="3">安全检查</td></tr>
<tr><td>隐患分类</td><td>消防安全</td><td>专业子类</td><td>消防重点场所</td><td>隐患性质</td><td colspan="3">设备类</td></tr>
<tr><td>电压等级</td><td>—</td><td>归属职能部门</td><td colspan="5">后勤部</td></tr>
<tr><td>发现人</td><td>×××</td><td>发现人单位</td><td>国网××公司</td><td>发现日期</td><td colspan="3">2022-04-03</td></tr>
<tr><td>事故隐患内容</td><td colspan="7">在公司春季消防安全检查工作中发现：国网××公司调度大厅门禁系统出入口控制装置未接入火灾自动报警系统，在遭遇火灾或紧急疏散状态下，当消防报警信号被一直触发后，由于门禁系统无法实时联动，有可能出现人员逃生紧急疏散不及时的人身安全风险。不符合《民用建筑电气设计标准》（GB 51348—2019）第14.4.3："疏散通道上设置的出入口控制装置必须与火灾自动报警系统联动，在火灾或紧急疏散状态下，出入口控制装置应处于开启状态。"的规定要求。以上问题隐患在遭遇火灾或其他灾害时，由于门禁系统不参与火灾自动报警联动，从而造成无法及时疏散人员逃生。依据《国家电网有限公司安全事故调查规程》（2021年版）4.1相关条款，构成人身事故（事件）。</td></tr>
<tr><td>可能导致后果</td><td>人身事故（事件）</td><td>事件依据</td><td>《国家电网有限公司安全事故调查规程》（2021年版）4.1</td><td>标准依据</td><td colspan="3">《消防安全隐患排查标准》XF3104</td></tr>
<tr><td rowspan="2">市级评估</td><td>评估等级</td><td>一般隐患</td><td>评估负责人</td><td>×××</td><td>评估负责人签字日期</td><td colspan="3">2022-04-03</td></tr>
<tr><td>可能导致后果</td><td colspan="7">人身事故（事件）</td></tr>
<tr><td rowspan="6">治理</td><td>实际治理完成日期</td><td>2022-05-16</td><td>治理责任单位</td><td>后勤部</td><td>治理责任人</td><td colspan="3">×××</td></tr>
<tr><td>治理方式</td><td>立项</td><td>治理期限</td><td>2022-04-03至2022-06-20</td><td>是否纳入项目储备</td><td>是</td><td>项目储备是否审批</td><td>是</td></tr>
<tr><td>治理措施</td><td colspan="7">申报项目，将调度大厅门禁系统出入口控制装置接入火灾自动报警系统，确保在火灾或紧急疏散状态下，出入口控制装置一直处于开启状态。</td></tr>
<tr><td>防控措施</td><td colspan="7">1. 签订《消防安全责任书》，明确消防第一责任人安全职责，确定各级、各部门、各岗位消防安全负责人。对以上存在消防安全隐患，落实消防安全责任制。
2. 实行每日防火巡查，并建立巡查记录；每月对消防器材、设施进行检查，及时更换不合格消防器材，并动态更新完善消防档案台账。
3. 定期对门禁系统出入口控制装置、火灾自动报警系统联动通道进行检测，确保在火灾或紧急疏散状态下，出入口控制装置一直处于开启状态。
4. 制定完善灭火和应急疏散预案并进行报审，结合预案针对性地组织开展灭火和应急疏散演练工作，提高员工逃生技能和消防安全意识。</td></tr>
<tr><td>治理完成情况</td><td colspan="7">2022年5月16日，通过将消防报警信号的硬件接口接入到门禁系统出入口控制装置，实现了门禁系统与火灾自动报警联动功能，确保在火灾或紧急疏散状态下，出入口控制装置一直处于开启状态。现申请对该隐患治理完成情况进行验收。</td></tr>
<tr><td>治理计划资金（万元）</td><td colspan="2">××</td><td>累计投入资金（万元）</td><td colspan="4">××</td></tr>
<tr><td rowspan="3">验收</td><td>验收组织单位</td><td colspan="2">国网××公司</td><td>验收负责人</td><td colspan="4">×××</td></tr>
<tr><td>验收负责人签字日期</td><td colspan="2">2022-05-18</td><td>是否消除</td><td colspan="4">是</td></tr>
<tr><td>验收结论</td><td colspan="7">隐患已治理，符合消防安全要求，同意销号。</td></tr>
</table>

8.5.1.4 消防通道不畅

一般隐患排查治理档案表

××××年度　　　　　　　　　　　　　　　　　　　　　　　　　　　　　　国网××××公司

<table>
<tr><td rowspan="7">发现</td><td>隐患简题</td><td colspan="7">国网××公司10月3日办公大楼消防疏散钢制楼梯五楼拐角处摆放废弃的文件柜等杂物，存在占用堵塞消防疏散通道的安全隐患。</td></tr>
<tr><td>隐患编号</td><td>国网××公司2022××××</td><td>隐患所在单位</td><td>国网××公司</td><td colspan="2">隐患来源</td><td colspan="2">安全检查</td></tr>
<tr><td>隐患分类</td><td>消防安全</td><td>专业子类</td><td>消防重点场所</td><td colspan="2">隐患性质</td><td colspan="2">管理类</td></tr>
<tr><td>电压等级</td><td>—</td><td>归属职能部门</td><td colspan="5">后勤部</td></tr>
<tr><td>发现人</td><td>×××</td><td>发现人单位</td><td>国网××公司</td><td colspan="2">发现日期</td><td colspan="2">2022-10-03</td></tr>
<tr><td>事故隐患内容</td><td colspan="7">在2022年消防安全专项检查中发现：国网××公司办公大楼消防疏散钢制楼梯五楼拐角处摆放废弃的文件柜等杂物，存在占用堵塞消防疏散通道的安全隐患。违反了《中华人民共和国消防法》第十六条：“（四）保障疏散通道、安全出口、消防车通道畅通。”和第二十八条：“任何单位、个人不得占用、堵塞、封闭疏散通道、安全出口。”的规定要求，若不及时清理消防疏散通道障碍物，在遭遇火灾或其他灾害时，有可能因通道障碍而无法及时引导疏散人员逃生，造成人身伤害事件。依据《国家电网有限公司安全事故调查规程》（2021年版）4.1相关条款，构成人身事故（事件）。</td></tr>
<tr><td>可能导致后果</td><td>人身事故（事件）</td><td>事件依据</td><td>《国家电网有限公司安全事故调查规程》（2021年版）4.1</td><td colspan="2">标准依据</td><td colspan="2">《中华人民共和国消防法》第十六条</td></tr>
<tr><td rowspan="2">市级评估</td><td>评估等级</td><td>一般隐患</td><td>评估负责人</td><td>×××</td><td colspan="2">评估负责人签字日期</td><td colspan="2">2022-10-03</td></tr>
<tr><td>可能导致后果</td><td colspan="7">人身事故（事件）</td></tr>
<tr><td rowspan="6">治理</td><td>实际治理完成日期</td><td>2022-10-16</td><td>治理责任单位</td><td>后勤部</td><td colspan="2">治理责任人</td><td colspan="2">×××</td></tr>
<tr><td>治理方式</td><td>措施</td><td>治理期限</td><td>2022-10-03至2022-10-10</td><td>是否纳入项目储备</td><td>否</td><td>项目储备是否审批</td><td>否</td></tr>
<tr><td>治理措施</td><td colspan="7">按照即查即改的工作要求，立即对办公大楼消防疏散钢制楼梯五楼拐角处摆放的废弃文件柜等杂物进行清理，确保消防疏散通道通畅。</td></tr>
<tr><td>防控措施</td><td colspan="7">1. 签订《消防安全责任书》，明确消防第一责任人安全职责，确定各级、各部门、各岗位消防安全负责人，落实消防安全责任制。
2. 在办公楼每个楼层处设置消防应急疏散指示图。
3. 制订并完善灭火和应急疏散预案并报审，结合预案针对性地组织开展灭火和应急疏散演练工作，提高员工逃生技能和消防安全意识，同时完善消防应急演练记录档案。</td></tr>
<tr><td>治理完成情况</td><td colspan="7">按照即查即改的工作要求，2022年10月8日，公司现场对办公大楼消防疏散钢制楼梯五楼拐角处摆放的废弃文件柜等杂物进行清理，确保消防疏散通道通畅。2022年10月16日，针对性地组织开展灭火和应急疏散演练工作，提高员工逃生技能和消防安全意识。现申请对该隐患治理完成情况进行验收。</td></tr>
<tr><td>治理计划资金（万元）</td><td colspan="2">××</td><td>累计投入资金（万元）</td><td colspan="4">××</td></tr>
<tr><td rowspan="3">验收</td><td>验收组织单位</td><td colspan="2">国网××公司</td><td>验收负责人</td><td colspan="4">×××</td></tr>
<tr><td>验收负责人签字日期</td><td colspan="2">2022-10-16</td><td>是否消除</td><td colspan="4">是</td></tr>
<tr><td>验收结论</td><td colspan="7">隐患已治理，符合消防安全管理要求，同意销号。</td></tr>
</table>

8.5.2 消防管理

8.5.2.1 灭火器未定期检验维修

一般隐患排查治理档案表

××××年度　　　　　　　　　　　　　　　　　　　　　　　　　　国网××××公司

<table>
<tr><td rowspan="7">发现</td><td>隐患简题</td><td colspan="7">国网××供电公司3月6日10kV××线××配电室2具干粉灭火器未定期组织检验维修的安全隐患。</td></tr>
<tr><td>隐患编号</td><td>国网××公司2023××××</td><td>隐患所在单位</td><td>国网××公司</td><td>隐患来源</td><td colspan="3">日常排查</td></tr>
<tr><td>隐患分类</td><td>消防安全</td><td>专业子类</td><td>消防管理</td><td>隐患性质</td><td colspan="3">管理类</td></tr>
<tr><td>电压等级</td><td>—</td><td>归属职能部门</td><td colspan="5">配网部</td></tr>
<tr><td>发现人</td><td>×××</td><td>发现人单位</td><td>国网××公司</td><td>发现日期</td><td colspan="3">2023-03-06</td></tr>
<tr><td>事故隐患内容</td><td colspan="7">在2023年3月6日公司日常排查中发现：国网××供电公司××月××日10kV××线××配电室2具干粉灭火器，上次检验维修日期为2022年3月2日，下次试验维修周期至2023年3月1日，维修记录和现场维修标签均已超期。若不加强消防安全管理，定期组织检验维修，可能出现灭火器因干粉固化无法使用，火警发生时无法扑灭初期火灾。不符合《中华人民共和国消防法》第十六条（二）："按照国家标准、行业标准配置消防设施、器材，设置消防安全标志，并定期组织检验、维修，确保完好有效。"依据《国家电网有限公司安全事故调查规程》(2021年版）4.3.8.13："10kV以上变电站（换流站、配电房等）以及发电厂的消防设施、器材，在发生火灾火警时无法正常使用。"可能构成八级设备事件。</td></tr>
<tr><td>可能导致后果</td><td>八级设备事件</td><td>事件依据</td><td>《国家电网有限公司安全事故调查规程》(2021年版）4.3.8.13</td><td>标准依据</td><td colspan="3">《消防安全隐患排查标准》XF3203</td></tr>
<tr><td rowspan="2">市级评估</td><td>评估等级</td><td>一般隐患</td><td>评估负责人</td><td>×××</td><td>评估负责人签字日期</td><td colspan="3">2023-03-06</td></tr>
<tr><td>可能导致后果</td><td colspan="7">八级设备事件</td></tr>
<tr><td rowspan="7">治理</td><td>实际治理完成日期</td><td>2023-03-06</td><td>治理责任单位</td><td>配网部</td><td>治理责任人</td><td colspan="3">×××</td></tr>
<tr><td>治理方式</td><td>措施</td><td>治理期限</td><td>2023-03-06至2023-03-06</td><td>是否纳入项目储备</td><td>否</td><td>项目储备是否审批</td><td>否</td></tr>
<tr><td>治理措施</td><td colspan="7">1. 立即报废不合格的消防器材，配备合格的消防器材，更新消防台账。
2. 对配电室消防器材进行全面检查，完善检查记录。</td></tr>
<tr><td>防控措施</td><td colspan="7">1. 在消防器材未配置齐全前，不得在该配电室进行动火及其他涉及消防安全的作业，减少火灾发生概率。
2. 永久治理前，做好班组安全隐患公示，针对可能导致的后果制定现场处置方案。</td></tr>
<tr><td>治理完成情况</td><td colspan="7">2023年3月6日，××公司当日报废了不合格的消防器材，及时配备了合格的消防器材，更新了消防台账，同时对配电室消防器材进行全面检查，完善检查记录，无类似问题出现。现申请对该隐患治理完成情况进行验收。</td></tr>
<tr><td>治理计划资金（万元）</td><td colspan="2">××</td><td>累计投入资金（万元）</td><td colspan="4">××</td></tr>
<tr><td rowspan="3">验收</td><td>验收组织单位</td><td colspan="2">国网××公司</td><td>验收负责人</td><td colspan="4">×××</td></tr>
<tr><td>验收负责人签字日期</td><td colspan="2">2023-03-06</td><td>是否消除</td><td colspan="4">是</td></tr>
<tr><td>验收结论</td><td colspan="7">验收合格，治理措施已按要求实施，同意销号。</td></tr>
</table>

8.5.2.2 灭火器检查记录未更新

一般隐患排查治理档案表

××××年度 国网××××公司

<table>
<tr><td rowspan="7">发现</td><td>隐患简题</td><td colspan="7">国网××供电公司 1 月 26 日 110kV××变电站灭火器检查记录未更新的隐患。</td></tr>
<tr><td>隐患编号</td><td>国网××公司 2023××××</td><td>隐患所在单位</td><td>国网××公司</td><td>隐患来源</td><td colspan="3">专项检查</td></tr>
<tr><td>隐患分类</td><td>消防安全</td><td>专业子类</td><td>消防管理</td><td>隐患性质</td><td colspan="3">设备类</td></tr>
<tr><td>电压等级</td><td>110kV</td><td>归属职能部门</td><td colspan="5">设备部</td></tr>
<tr><td>发现人</td><td>×××</td><td>发现人单位</td><td>国网××公司</td><td>发现日期</td><td colspan="3">2023-01-26</td></tr>
<tr><td>事故隐患内容</td><td colspan="7">在公司春季消防安全检查工作中发现：110kV××变电站×× 2 具干粉灭火器和 2 具二氧化碳灭火器超期使用，检查记录簿中录入的数量和类别不同，存在灭火器档案资料更新不及时，消防管理责任落实不到位。违反《国家电网有限公司十八项电网重大反事故措施》（国家电网设备〔2018〕979 号）18.1.2.2：“火灾自动报警、固定灭火、防烟排烟等各类消防系统及灭火器等消防器材，应根据相关规范定期进行巡查、检测、检修、保养，并做好检查维护保养记录，确保消防设施正常运行。”的规定要求。若不能及时更换损坏的消防器材，火警发生时无法扑灭初期火灾，造成火灾事件。依据《国家电网有限公司安全事故调查规程》（2021 年版）4.3.8.13：“10kV 以上变电站（换流站、配电房等）以及发电厂的消防设施、器材，在发生火灾报警时无法正常使用”构成八级设备事件。</td></tr>
<tr><td>可能导致后果</td><td>八级设备事件</td><td>事件依据</td><td>《国家电网有限公司安全事故调查规程》（2021 年版）4.3.8.13</td><td>标准依据</td><td colspan="3"></td></tr>
<tr><td rowspan="2">市级评估</td><td>评估等级</td><td>一般隐患</td><td>评估负责人</td><td>×××</td><td>评估负责人签字日期</td><td colspan="3">2023-01-26</td></tr>
<tr><td>可能导致后果</td><td colspan="7">八级设备事件</td></tr>
<tr><td rowspan="6">治理</td><td>实际治理完成日期</td><td>2023-02-10</td><td>治理责任单位</td><td>设备部</td><td>治理责任人</td><td colspan="3">×××</td></tr>
<tr><td>治理方式</td><td>措施</td><td>治理期限</td><td>2023-01-26 至 2023-02-28</td><td>是否纳入项目储备</td><td>否</td><td>项目储备是否审批</td><td>否</td></tr>
<tr><td>治理措施</td><td colspan="7">1. 对站内所有未更新检查记录的灭火器进行重新检查，更新检查记录。
2. 定期对变电站内消防器材进行全面检查、维护保养，并做好检查维护记录，报废不合格的消防器材，及时更新消防台账。</td></tr>
<tr><td>防控措施</td><td colspan="7">1. 签订《消防安全责任书》，明确消防第一责任人安全职责，对以上存在消防安全隐患，落实消防安全责任制。
2. 在消防器材未配置齐全前，在设备区内不得使用电（气）焊等明火作业，严禁烟火，减少火灾发生几率。
3. 加强变电站视频监控，发现火情立即进行处置。
4. 结合本站实际制定消防预案，消防预案内应有本站变压器类设备灭火装置、烟感报警装置和消防器材的使用说明并定期开展演练。</td></tr>
<tr><td>治理完成情况</td><td colspan="7">2023 年 2 月 10 日，国网××公司对 110kV××变电站未更新的灭火器进行了全面检查，更换 4 具不合格的 4kg 灭火器（2 具干粉灭火器和 2 具二氧化碳灭火器），并更新消防检查记录和消防器材台账。现申请对该隐患治理完成情况进行验收。</td></tr>
<tr><td>治理计划资金（万元）</td><td colspan="2">××</td><td>累计投入资金（万元）</td><td colspan="4">××</td></tr>
<tr><td rowspan="3">验收</td><td>验收组织单位</td><td colspan="2">国网××公司</td><td>验收负责人</td><td colspan="4">×××</td></tr>
<tr><td>验收负责人签字日期</td><td colspan="2">2023-02-10</td><td>是否消除</td><td colspan="4">是</td></tr>
<tr><td>验收结论</td><td colspan="7">隐患已治理，符合安全运行要求，同意销号。</td></tr>
</table>

8.5.2.3 无消防验收手续

一般隐患排查治理档案表

××××年度　　　　国网××××公司

<table>
<tr><td rowspan="7">发现</td><td>隐患简题</td><td colspan="7">国网××供电公司8月2日110kV××变电站未取得消防验收手续的安全隐患。</td></tr>
<tr><td>隐患编号</td><td>国网××公司2023××××</td><td>隐患所在单位</td><td>国网××公司</td><td>隐患来源</td><td colspan="3">专项检查</td></tr>
<tr><td>隐患分类</td><td>消防安全</td><td>专业子类</td><td>消防管理</td><td>隐患性质</td><td colspan="3">管理类</td></tr>
<tr><td>电压等级</td><td>110kV</td><td>归属职能部门</td><td colspan="5">设备部</td></tr>
<tr><td>发现人</td><td>×××</td><td>发现人单位</td><td>国网××公司</td><td>发现日期</td><td colspan="3">2023-08-02</td></tr>
<tr><td>事故隐患内容</td><td colspan="7">在变电站专项检查中发现：110kV ××变电站于2023年7月底完成扩建工程，扩建后未取得消防验收手续，违反《国家电网有限公司十八项电网重大反事故措施》（国家电网设备〔2018〕979号）18.1.2.7：“在建设工程中，消防系统设计文件应报公安机关消防机构审核或备案，工程竣工后应报公安消防机关申请消防验收或备案”。依据《国家电网有限公司安全事故调查规程》（2021年版）4.3.8.12：“生产经营场所发生火灾”，构成八级设备事件。</td></tr>
<tr><td>可能导致后果</td><td>八级设备事件</td><td>事件依据</td><td>《国家电网有限公司安全事故调查规程》（2021年版）4.3.8.12</td><td>标准依据</td><td colspan="3">国网《消防安全隐患排查清单》XF2201：新建（改、扩建）的依法需要进行消防竣工验收备案的建筑物未取得消防备案合格的文件，或场所的消防系统与主体设备未同时设计、同时施工、同时投运，场所的使用功能、用途，与竣工验收消防备案时确定的用途不一致</td></tr>
<tr><td rowspan="2">市级评估</td><td>评估等级</td><td>一般隐患</td><td>评估负责人</td><td>×××</td><td>评估负责人签字日期</td><td colspan="3">2023-08-02</td></tr>
<tr><td>可能导致后果</td><td colspan="7">八级设备事件</td></tr>
<tr><td rowspan="6">治理</td><td>实际治理完成日期</td><td>2023-09-11</td><td>治理责任单位</td><td>设备部</td><td>治理责任人</td><td colspan="3">×××</td></tr>
<tr><td>治理方式</td><td>措施</td><td>治理期限</td><td>2023-08-02至2023-09-30</td><td>是否纳入项目储备</td><td>否</td><td>项目储备是否审批</td><td>否</td></tr>
<tr><td>治理措施</td><td colspan="7">指派专人对站内消防设施进行检查，收集变电站消防设计图纸、消防设施检测等资料，并联系地方消防管理部门对××变电站进行消防验收。</td></tr>
<tr><td>防控措施</td><td colspan="7">1. 签订《消防安全责任书》，明确消防第一责任人安全职责，对以上存在消防安全隐患，落实消防安全责任制。
2. 对110kV××变电站内未取得职业资格证书的值班人员实施换岗，由具备消防资格证书人员进行值守。
3. 组织开展义务消防员培训以及消防演练，对消防验收方面明确专人负责，完善消防技能培训记录。
4. 对站内消防设施、器材进行全面检查，确保其安全可靠运行。</td></tr>
<tr><td>治理完成情况</td><td colspan="7">2023年9月6～11日，国网××公司联系地方消防管理部门对110kV××变电站进行消防验收，取得消防验收手续。现申请对该隐患治理完成情况进行验收。</td></tr>
<tr><td>治理计划资金（万元）</td><td colspan="2">××</td><td>累计投入资金（万元）</td><td colspan="4">××</td></tr>
<tr><td rowspan="3">验收</td><td>验收组织单位</td><td colspan="2">国网××公司</td><td>验收负责人</td><td colspan="4">×××</td></tr>
<tr><td>验收负责人签字日期</td><td colspan="2">2023-09-11</td><td>是否消除</td><td colspan="4">是</td></tr>
<tr><td>验收结论</td><td colspan="7">隐患已治理，符合安全运行要求，同意销号。</td></tr>
</table>

8.5.2.4 未设置消防应急疏散楼梯

一般隐患排查治理档案表

××××年度　　　　　　　　　　　　　　　　　　　　　　　　　　　　　　　　　　国网××××公司

<table>
<tr><td rowspan="7">发现</td><td>隐患简题</td><td colspan="7">国网××公司4月3日××办公楼（生产辅助性房屋）未设置消防应急疏散楼梯，且未制定灭火和应急疏散预案的安全隐患。</td></tr>
<tr><td>隐患编号</td><td>国网××公司2022××××</td><td>隐患所在单位</td><td>国网××公司</td><td>隐患来源</td><td colspan="3">安全检查</td></tr>
<tr><td>隐患分类</td><td>消防安全</td><td>专业子类</td><td>消防管理</td><td>隐患性质</td><td colspan="3">管理类</td></tr>
<tr><td>电压等级</td><td>—</td><td>归属职能部门</td><td colspan="5">后勤部</td></tr>
<tr><td>发现人</td><td>×××</td><td>发现人单位</td><td>国网××公司</td><td>发现日期</td><td colspan="3">2022-04-03</td></tr>
<tr><td>事故隐患内容</td><td colspan="7">在公司春季消防安全检查工作中发现：××办公楼（生产辅助性房屋）于1992年修建，早期修建时只有一个安全出口，未设置消防应急疏散楼梯，且未制定灭火和应急疏散预案。不符合《建筑设计防火规范》（2018年版）（GB 50016—2014）第5.5.8条：“公共建筑内每个防火分区或一个防火分区的每个楼层，其安全出口的数量应经计算确定，且不应少于2个。”和《中华人民共和国消防法》第十六条：“（一）落实消防责任制，制定本单位的消防安全制度、消防安全操作规程，制定灭火和应急疏散预案。（四）保障疏散通道、安全出口、消防车通道畅通。”的规定要求。以上问题隐患在遭遇火灾或其他灾害时，可能因无法及时疏散人员逃生，造成人身伤害事件。依据《国家电网有限公司安全事故调查规程》（2021年版）4.1相关条款，构成人身事故（事件）。</td></tr>
<tr><td>可能导致后果</td><td>人身事故（事件）</td><td>事件依据</td><td>《国家电网有限公司安全事故调查规程》（2021年版）4.1</td><td>标准依据</td><td colspan="3">《消防安全隐患排查标准》XF3207、XF3208</td></tr>
<tr><td rowspan="2">市级评估</td><td>评估等级</td><td>一般隐患</td><td>评估负责人</td><td>×××</td><td>评估负责人签字日期</td><td colspan="3">2022-04-03</td></tr>
<tr><td>可能导致后果</td><td colspan="7">人身事故（事件）</td></tr>
<tr><td rowspan="6">治理</td><td>实际治理完成日期</td><td>2022-10-13</td><td>治理责任单位</td><td>后勤部</td><td>治理责任人</td><td colspan="3">×××</td></tr>
<tr><td>治理方式</td><td>措施</td><td>治理期限</td><td>2022-04-03至2022-10-15</td><td>是否纳入项目储备</td><td>否</td><td>项目储备是否审批</td><td>否</td></tr>
<tr><td>治理措施</td><td colspan="7">1. 编写××办公楼（生产辅助性房屋）灭火和应急疏散预案，并进行报审。
2. 申报项目，对××办公楼（生产辅助性房屋）进行现场勘察，选择安装合适的钢制消防应急疏散楼梯，确保实现两个安全出口。</td></tr>
<tr><td>防控措施</td><td colspan="7">1. 签订《消防安全责任书》，明确消防第一责任人安全职责，确定各级、各部门、各岗位消防安全负责人。对以上存在消防安全隐患，落实消防安全责任制。
2. 在××办公楼（生产辅助性房屋）每个楼层设置消防应急疏散指示图，结合预案针对性地组织开展灭火和应急疏散演练工作，提高员工逃生技能和消防安全意识。
3. 划分消防安全重点部位，设置防火标识，实行每日防火巡查，并建立巡查记录。
4. 定期对××办公楼（生产辅助性房屋）内消防灭火设施进行安全性检查，更换不合格的消防器材，并及时更新消防档案台账。</td></tr>
<tr><td>治理完成情况</td><td colspan="7">针对××办公楼（生产辅助性房屋）消防应急疏散通道存在的安全隐患，2022年4月10日，完成××供电所五层办公楼灭火和应急疏散预案的编写报审工作，在每个楼层设置消防应急疏散指示图，并针对性地组织开展了灭火和应急疏散演练工作。2022年10月13日，完成对××供电所办公大楼钢制消防应急疏散楼梯安装工作，实现两个安全出口。现申请对该隐患治理完成情况进行验收。</td></tr>
<tr><td>治理计划资金（万元）</td><td colspan="2">××</td><td>累计投入资金（万元）</td><td colspan="4">××</td></tr>
<tr><td rowspan="3">验收</td><td>验收组织单位</td><td colspan="2">国网××公司</td><td>验收负责人</td><td colspan="4">×××</td></tr>
<tr><td>验收负责人签字日期</td><td colspan="2">2022-10-13</td><td>是否消除</td><td colspan="4">是</td></tr>
<tr><td>验收结论</td><td colspan="7">隐患已治理，符合消防安全要求，同意销号。</td></tr>
</table>

8.5.2.5 未确定消防安全管理人

一般隐患排查治理档案表

××××年度　　　　国网××××公司

<table>
<tr><td rowspan="7">发现</td><td>隐患简题</td><td colspan="7">国网××公司 4 月 3 日办公大楼建成入驻后未确定消防安全管理人、划分消防安全重点部位、设置防火标识以及消防档案不完善的安全隐患。</td></tr>
<tr><td>隐患编号</td><td>国网××公司 2022××××</td><td>隐患所在单位</td><td>国网××公司</td><td>隐患来源</td><td colspan="3">安全检查</td></tr>
<tr><td>隐患分类</td><td>消防安全</td><td>专业子类</td><td>消防管理</td><td>隐患性质</td><td colspan="3">管理类</td></tr>
<tr><td>电压等级</td><td>—</td><td>归属职能部门</td><td colspan="5">后勤部</td></tr>
<tr><td>发现人</td><td>×××</td><td>发现人单位</td><td>国网××公司</td><td>发现日期</td><td colspan="3">2022-04-03</td></tr>
<tr><td>事故隐患内容</td><td colspan="7">在公司春季消防安全检查工作中发现：国网××公司办公大楼于 2022 年 3 月建成入驻办公，尚未确定消防安全管理人、划分消防安全重点部位、设置防火标识以及消防档案不完善。违反了《中华人民共和国消防法》第十七条：“（一）确定消防安全管理人，组织实施本单位的消防安全管理工作；（二）建立消防档案，确定消防安全重点部位，设置防火标识，实行严格管理；（三）未实行每日防火巡查，并建立巡查记录；（四）对职工进行岗前消防安全培训，定期组织消防安全培训和消防演练。”规定要求。对新建入驻的办公楼若不及时确定消防安全管理人、划分消防重点部门、设置防火标识以及更新完善消防档案，在发生火警时，极有可能无法有效控制和防范火警蔓延扩大。依据《国家电网有限公司安全事故调查规程》（2021 年版）4.1：“相关条款，构成人身事故（事件）”，构成一般隐患。</td></tr>
<tr><td>可能导致后果</td><td>人身事故（事件）</td><td>事件依据</td><td>《国家电网有限公司安全事故调查规程》（2021 年版）4.1</td><td>标准依据</td><td colspan="3">《消防安全隐患排查标准》XF3208</td></tr>
<tr><td rowspan="2">市级评估</td><td>评估等级</td><td>重大隐患</td><td>评估负责人</td><td>×××</td><td>评估负责人签字日期</td><td colspan="3">2022-04-03</td></tr>
<tr><td>可能导致后果</td><td colspan="7">人身事故（事件）</td></tr>
<tr><td rowspan="7">治理</td><td>实际治理完成日期</td><td>2022-04-05</td><td>治理责任单位</td><td>后勤部</td><td>治理责任人</td><td colspan="3">×××</td></tr>
<tr><td>治理方式</td><td>措施/制度</td><td>治理期限</td><td>2022-04-03 至 2022-04-10</td><td>是否纳入项目储备</td><td>否/是</td><td>项目储备是否审批</td><td>否/是</td></tr>
<tr><td>治理措施</td><td colspan="7">1. 对新建入驻的办公大楼确定消防安全管理人，组织实施本单位的消防安全管理工作。
2. 对新建入驻的办公大楼划分消防安全重点部位、设置防火标识以及完善消防档案。</td></tr>
<tr><td>防控措施</td><td colspan="7">1. 签订《消防安全责任书》，明确消防第一责任人安全职责，确定各级、各部门、各岗位消防安全负责人。对以上存在消防安全隐患，落实消防安全责任制。
2. 实行每日防火巡查，并建立巡查记录。及时更换不合格的消防器材，并动态更新完善消防档案台账。
3. 制订完善灭火和应急疏散预案并进行报审，对员工进行岗前消防安全培训，定期组织消防安全培训和消防演练。提升员工火险、火灾扑救技能以及逃生技能。</td></tr>
<tr><td>治理完成情况</td><td colspan="7">2022 年 4 月 5 日，对新建入驻的办公大楼确定了消防安全管理人，明确了消防管理安全职责。结合大楼布局及使用功能，划分了消防安全重点部位、设置防火标识并完善了消防档案。现申请对该隐患治理完成情况进行验收。</td></tr>
<tr><td>治理计划资金（万元）</td><td colspan="2">××</td><td>累计投入资金（万元）</td><td colspan="4">××</td></tr>
<tr><td rowspan="3">验收</td><td>验收组织单位</td><td colspan="2">国网××公司</td><td>验收负责人</td><td colspan="4">×××</td></tr>
<tr><td>验收负责人签字日期</td><td colspan="2">2022-04-06</td><td>是否消除</td><td colspan="4">是</td></tr>
<tr><td>验收结论</td><td colspan="7">隐患已治理，符合消防安全要求，同意销号。</td></tr>
</table>

8.5.2.6 消火栓开关法兰锈蚀失灵

一般隐患排查治理档案表

××××年度　　　　　　　　　　　　　　　　　　　　　　　　　　　　国网××××公司

<table>
<tr><td rowspan="7">发现</td><td>隐患简题</td><td colspan="7">国网××公司4月3日办公大楼5、7层楼梯间消火栓开关法兰锈蚀失灵，4～6层防火门破损的安全隐患。</td></tr>
<tr><td>隐患编号</td><td>国网××公司2022××××</td><td>隐患所在单位</td><td>国网××公司</td><td>隐患来源</td><td colspan="3">安全检查</td></tr>
<tr><td>隐患分类</td><td>消防安全</td><td>专业子类</td><td>消防管理</td><td>隐患性质</td><td colspan="3">设备类</td></tr>
<tr><td>电压等级</td><td>—</td><td>归属职能部门</td><td colspan="5">后勤部</td></tr>
<tr><td>发现人</td><td>×××</td><td>发现人单位</td><td>国网××公司</td><td>发现日期</td><td colspan="3">2022-04-03</td></tr>
<tr><td>事故隐患内容</td><td colspan="7">在公司春季消防安全检查工作中发现：国网××公司9层办公大楼存在5、7层楼梯间消火栓开关法兰锈蚀失灵，4～6层防火门破损的安全隐患，不符合《高层建筑消防管理规则》第六章第三十三条：“建筑内的自动报警和灭火系统，防、排烟设备，防火门、防火卷帘和消火栓等，要定期进行检查测试，凡失灵破损的，要及时维修或更换，确保完整好用。”的规定要求。若不及时修复消火栓和防火门，在发生火警时，极有可能无法有效控制和防范火警蔓延扩大。依据《国家电网有限公司安全事故调查规程》（2021年版）4.3.8.12：“生产经营场所发生火灾”，构成八级设备事件。</td></tr>
<tr><td>可能导致后果</td><td>八级设备事件</td><td>事件依据</td><td>《国家电网有限公司安全事故调查规程》（2021年版）4.3.8.12</td><td>标准依据</td><td colspan="3">《消防安全隐患排查标准》XF3105</td></tr>
<tr><td rowspan="2">市级评估</td><td>评估等级</td><td>一般隐患</td><td>评估负责人</td><td>×××</td><td>评估负责人签字日期</td><td colspan="3">2022-04-03</td></tr>
<tr><td>可能导致后果</td><td colspan="7">八级设备事件</td></tr>
<tr><td rowspan="6">治理</td><td>实际治理完成日期</td><td>2022-04-06</td><td>治理责任单位</td><td>后勤部</td><td>治理责任人</td><td colspan="3">×××</td></tr>
<tr><td>治理方式</td><td>措施</td><td>治理期限</td><td>2022-04-03 至 2022-04-15</td><td>是否纳入项目储备</td><td>否</td><td>项目储备是否审批</td><td>否</td></tr>
<tr><td>治理措施</td><td colspan="7">1. 联系消防设备厂家对办公大楼5、7层楼梯间消火栓开关法兰进行更换，并完善检查记录等消防台账。
2. 对办公大楼4～6层破损的防火门进行维修、更换。</td></tr>
<tr><td>防控措施</td><td colspan="7">1. 签订《消防安全责任书》，明确消防第一责任人安全职责，确定各级、各部门、各岗位消防安全负责人。对以上存在消防安全隐患，落实消防安全责任制。
2. 实行每日防火巡查，并建立巡查记录。对办公大楼所有消防灭火器材、设施进行全面安全性检查，及时更换不合格消防器材，并动态更新完善消防档案台账。
3. 制订完善灭火和应急疏散预案并进行报审，对员工进行岗前消防安全培训，定期组织消防安全培训和消防演练。提升员工火险、火灾扑救技能以及逃生技能。</td></tr>
<tr><td>治理完成情况</td><td colspan="7">2022年4月6日，完成对办公大楼5～7层楼梯间消火栓开关法兰以及4～6层破损防火门的更换工作，同时对办公大楼所有消防灭火器材、设施进行了全面安全性检查并完善检查记录、更新消防设施台账。现申请对该隐患治理完成情况进行验收。</td></tr>
<tr><td>治理计划资金（万元）</td><td colspan="2">××</td><td>累计投入资金（万元）</td><td colspan="4">××</td></tr>
<tr><td rowspan="3">验收</td><td>验收组织单位</td><td colspan="2">国网××公司</td><td>验收负责人</td><td colspan="4">×××</td></tr>
<tr><td>验收负责人签字日期</td><td colspan="2">2022-04-06</td><td>是否消除</td><td colspan="4">是</td></tr>
<tr><td>验收结论</td><td colspan="7">隐患已治理，符合消防安全要求，同意销号。</td></tr>
</table>

8.5.2.7 气瓶压力告警

一般隐患排查治理档案表

××××年度　　　　　　　　　　　　　　　　　　　　　　　　　　　　　　国网××××公司

<table>
<tr><td rowspan="9">发现</td><td>隐患简题</td><td colspan="7">国网××公司4月3日地市调控大厅内配置的七氟丙烷气瓶存在压力告警的安全隐患。</td></tr>
<tr><td>隐患编号</td><td>国网××公司2022××××</td><td>隐患所在单位</td><td>国网××公司</td><td>隐患来源</td><td colspan="3">安全检查</td></tr>
<tr><td>隐患分类</td><td>消防安全</td><td>专业子类</td><td>消防管理</td><td>隐患性质</td><td colspan="3">设备类</td></tr>
<tr><td>电压等级</td><td>—</td><td>归属职能部门</td><td colspan="5">后勤部</td></tr>
<tr><td>发现人</td><td>×××</td><td>发现人单位</td><td>国网××公司</td><td>发现日期</td><td colspan="3">2022-04-03</td></tr>
<tr><td>事故隐患内容</td><td colspan="7">在公司春季消防安全检查工作中发现：××地市公司调控大厅配置的七氟丙烷自动灭火系统，存在一组七氟丙烷气瓶压力表指针接近零、两组气瓶压力表指针低于正常范围以及三组设备启动瓶内无驱动气体，压力表指针显示为零，不符合《电力设备典型消防规程》（DL 5027—2015）3.3.5：“组织实施对本单位消防设施、灭火器材和消防安全标志维护保养，确保其完好有效，确保疏散通道和安全出口通畅。”和《建筑消防设施维护管理》（GB 25201—2010）附表C.1：“调度通信办公楼、科研实验、教育培训等各类生产辅助性房屋消防灭火器材未按规定配置、未落实检查机制，未按期进行检测维护充装；消防应急装备未进行维护检查，未按要求进行检测。”的规定要求。若发生火警，配置的七氟丙烷灭火设备无法根据烟雾密度及时启动气体灭火，造成火情蔓延扩大。依据《国家电网有限公司安全事故调查规程》（2021年版）4.3.8.12：“生产经营场所发生火灾”，构成八级设备事件。</td></tr>
<tr><td>可能导致后果</td><td>八级设备事件</td><td>事件依据</td><td>《国家电网有限公司安全事故调查规程》（2021年版）4.3.8.12</td><td>标准依据</td><td colspan="3">《消防安全隐患排查标准》XF3105、XF3106</td></tr>
<tr><td rowspan="2">市级评估</td><td>评估等级</td><td>一般隐患</td><td>评估负责人</td><td>×××</td><td>评估负责人签字日期</td><td colspan="3">2022-04-03</td></tr>
<tr><td>可能导致后果</td><td colspan="7">八级设备事件</td></tr>
<tr><td rowspan="7">治理</td><td>实际治理完成日期</td><td>2022-04-16</td><td>治理责任单位</td><td>后勤部</td><td>治理责任人</td><td colspan="3">×××</td></tr>
<tr><td>治理方式</td><td>措施</td><td>治理期限</td><td>2022-04-03至2022-04-20</td><td>是否纳入项目储备</td><td>否</td><td>项目储备是否审批</td><td>否</td></tr>
<tr><td>治理措施</td><td colspan="7">联系消防设备维保单位对地市调控大厅配置的七氟丙烷自动灭火系统进行检测维护，更换不合格的消防设施，并更新消防设备台账。</td></tr>
<tr><td>防控措施</td><td colspan="7">1. 签订《消防安全责任书》，明确消防第一责任人安全职责，确定各级、各部门、各岗位消防安全负责人。对以上存在消防安全隐患，落实消防安全责任制。
2. 实行每日防火巡查，并建立巡查记录；每月对消防器材、设施进行检查，及时更换不合格消防器材，并动态更新完善消防档案台账。
3. 按期对地市调控大厅七氟丙烷自动灭火系统进行年检维护，确保设备稳定运行。
4. 制订完善灭火和应急疏散预案并进行报审，对员工进行岗前消防安全培训，定期组织消防安全培训和消防演练。提升员工火险、火灾扑救技能以及逃生技能。</td></tr>
<tr><td>治理完成情况</td><td colspan="7">2022年4月16日，消防设备维保单位对地市调控大厅配置的七氟丙烷自动灭火系统进行了全面检测维护，更换了不合格消防设施。在七氟丙烷自动灭火设备运行24h后检查无泄压现象，系统运行正常，同时更新了消防设备台账。现申请对该隐患治理完成情况进行验收。</td></tr>
<tr><td>治理计划资金（万元）</td><td colspan="2">××</td><td>累计投入资金（万元）</td><td colspan="4">××</td></tr>
<tr><td colspan="8"></td></tr>
<tr><td colspan="8"></td></tr>
<tr><td rowspan="3">验收</td><td>验收组织单位</td><td colspan="2">国网××公司</td><td>验收负责人</td><td colspan="4">×××</td></tr>
<tr><td>验收负责人签字日期</td><td colspan="2">2022-04-18</td><td>是否消除</td><td colspan="4">是</td></tr>
<tr><td>验收结论</td><td colspan="7">隐患已治理，符合消防安全要求，同意销号。</td></tr>
</table>

8.5.2.8 消防通道安全标识不全

一般隐患排查治理档案表

××××年度　　　　　　　　　　　　　　　　　　　　　　　　　　　　　　　　　　　　　国网××××公司

<table>
<tr><td rowspan="8">发现</td><td>隐患简题</td><td colspan="7">国网××公司4月3日调度大楼存在消防通道安全标识不全、未设立逃生指示标识以及主要通道无应急照明的安全隐患。</td></tr>
<tr><td>隐患编号</td><td>国网××公司2022××××</td><td>隐患所在单位</td><td>国网××公司</td><td>隐患来源</td><td colspan="3">安全检查</td></tr>
<tr><td>隐患分类</td><td>消防安全</td><td>专业子类</td><td>消防管理</td><td>隐患性质</td><td colspan="3">管理类</td></tr>
<tr><td>电压等级</td><td>—</td><td>归属职能部门</td><td colspan="5">后勤部</td></tr>
<tr><td>发现人</td><td>×××</td><td>发现人单位</td><td>国网××公司</td><td>发现日期</td><td colspan="3">2022-04-03</td></tr>
<tr><td>事故隐患内容</td><td colspan="7">在公司春季消防安全检查工作中发现：国网××公司调度办公大楼存在消防通道安全标识不全、未设立逃生指示标识以及主要通道无应急照明的安全隐患，违反《电力设备典型消防规程》（DL 5027—2015）4.2.3：“消防安全重点部位应当建立岗位防火职责、设置明显的防火标志，并在出入口位置悬挂防火警标识牌。标识牌的内容应包括消防安全重点部位的名称、消防管理措施、灭火和应急疏散方案及防火责任人”的规定要求。以上问题隐患在遭遇火灾或其他灾害时，可能因无法及时指导疏散人员逃生，造成人身伤害事件。依据《国家电网有限公司安全事故调查规程》（2021年版）4.1相关条款，构成人身事故（事件）。</td></tr>
<tr><td>可能导致后果</td><td>人身事故（事件）</td><td>事件依据</td><td>《国家电网有限公司安全事故调查规程》（2021年版）4.1</td><td>标准依据</td><td colspan="3">《消防安全隐患排查标准》XF3208</td></tr>
<tr><td colspan="7"></td></tr>
<tr><td rowspan="2">市级评估</td><td>评估等级</td><td>一般隐患</td><td>评估负责人</td><td>×××</td><td>评估负责人签字日期</td><td colspan="3">2022-04-03</td></tr>
<tr><td>可能导致后果</td><td colspan="7">人身事故（事件）</td></tr>
<tr><td rowspan="6">治理</td><td>实际治理完成日期</td><td>2022-04-28</td><td>治理责任单位</td><td>后勤部</td><td>治理责任人</td><td colspan="3">×××</td></tr>
<tr><td>治理方式</td><td>措施</td><td>治理期限</td><td>2022-04-03至2022-04-30</td><td>是否纳入项目储备</td><td>否</td><td>项目储备是否审批</td><td>否</td></tr>
<tr><td>治理措施</td><td colspan="7">1. 对调度办公大楼消防通道安全标识、警示牌和消防器材进行全面排查；绘制调度大楼消防疏散图，主要疏散通道明确应急照明走径。
2. 配合消防安装厂家对调度大楼消防疏散图、标识牌等消防标识进行安装以及主要疏散通道敷设应急照明。</td></tr>
<tr><td>防控措施</td><td colspan="7">1. 签订《消防安全责任书》，明确消防第一责任人安全职责，确定各级、各部门、各岗位消防安全负责人。对以上存在消防安全隐患，落实消防安全责任制。
2. 结合疏散图路径指示，编制火灾逃生应急疏散处置方案并报审，针对性地组织开展灭火和应急疏散演练工作，提高员工逃生技能和消防安全意识。
3. 划分消防安全重点部位，设置防火标识，实行每日防火巡查，并建立巡查记录。
4. 定期对大楼内所有消防灭火设施进行安全性检查，更换不合格的消防器材，并及时更新消防档案台账。</td></tr>
<tr><td>治理完成情况</td><td colspan="7">2022年4月10日，完成调度办公大楼消防疏散图和各类标识牌等消防标识的安装，并对主要疏散通道装设了应急照明。2022年4月28日，组织开展了火灾应急疏散及处置演练，并完善演练培训记录，提升员工逃生技能和消防安全意识。现申请对该隐患治理完成情况进行验收。</td></tr>
<tr><td>治理计划资金（万元）</td><td colspan="2">××</td><td>累计投入资金（万元）</td><td colspan="4">××</td></tr>
<tr><td rowspan="3">验收</td><td>验收组织单位</td><td colspan="2">国网××公司</td><td>验收负责人</td><td colspan="4">×××</td></tr>
<tr><td>验收负责人签字日期</td><td colspan="2">2022-04-29</td><td>是否消除</td><td colspan="4">是</td></tr>
<tr><td>验收结论</td><td colspan="7">隐患已治理，符合消防安全要求，同意销号。</td></tr>
</table>

8.5.2.9 消防宣传教育未纳入消防安全培训计划

一般隐患排查治理档案表

××××年度　　　　国网××××公司

<table>
<tr><td rowspan="7">发现</td><td>隐患简题</td><td colspan="7">国网××公司 12 月 3 日消防宣传教育活动未纳入年度消防安全培训计划，调度大厅等消防安全重点部位的职工未 100%达到“四懂四会”的安全隐患。</td></tr>
<tr><td>隐患编号</td><td>国网××公司 2022××××</td><td>隐患所在单位</td><td>国网××公司</td><td>隐患来源</td><td colspan="3">安全检查</td></tr>
<tr><td>隐患分类</td><td>消防安全</td><td>专业子类</td><td>人员类</td><td>隐患性质</td><td colspan="3">管理类</td></tr>
<tr><td>电压等级</td><td>—</td><td>归属职能部门</td><td colspan="5">后勤部</td></tr>
<tr><td>发现人</td><td>×××</td><td>发现人单位</td><td>国网××公司</td><td>发现日期</td><td colspan="3">2022-12-03</td></tr>
<tr><td>事故隐患内容</td><td colspan="7">在 2022 年冬季消防安全检查中发现：国网××公司 2022 年全国消防安全宣传月资料档案不全，消防宣传教育活动未纳入年度消防安全培训计划，调度大厅等消防安全重点部位的职工未 100%达到“四懂四会”。违反了《中华人民共和国消防法》第六条：“机关、团体、企业、事业等单位，应当加强对本单位人员的消防宣传教育。教育、人力资源行政主管部门和学校、有关职业培训机构应当将消防知识纳入教育、教学、培训的内容。”和《陕西省电力公司消防安全管理办法》第 20 项：“办公区定期开展消防宣传教育活动，普及消防知识，不断增强消防安全‘四个能力’，消防安全重点部位的职工 100%达到‘四懂四会’，一般岗位职工达到 80%以上。”的规定要求。若不加强消防安全管理、定期有计划开展消防宣传教育活动、全员普及消防知识。在出现火警时，有可能因人员消防安全教育不到位而无法有效控制和防范火警蔓延扩大。依据《国家电网有限公司安全事故调查规程》（2021 年版）4.1 相关条款，构成人身事故（事件），构成一般隐患。</td></tr>
<tr><td>可能导致后果</td><td>人身事故（事件）</td><td>事件依据</td><td>《国家电网有限公司安全事故调查规程》（2021 年版）4.1</td><td>标准依据</td><td colspan="3">《中华人民共和国消防法》第六条；《消防安全隐患排查标准》XF3301</td></tr>
<tr><td rowspan="2">市级评估</td><td>评估等级</td><td>重大隐患</td><td>评估负责人</td><td>×××</td><td>评估负责人签字日期</td><td colspan="3">2022-12-03</td></tr>
<tr><td>可能导致后果</td><td colspan="7">人身事故（事件）</td></tr>
<tr><td rowspan="5">治理</td><td>实际治理完成日期</td><td>2022-12-28</td><td>治理责任单位</td><td>后勤部</td><td>治理责任人</td><td colspan="3">×××</td></tr>
<tr><td>治理方式</td><td>措施/制度</td><td>治理期限</td><td>2022-12-03 至 2022-12-31</td><td>是否纳入项目储备</td><td>否/是</td><td>项目储备是否审批</td><td>否/是</td></tr>
<tr><td>治理措施</td><td colspan="7">1. 将消防宣传教育活动纳入年度消防安全培训计划；积极参与全国消防安全宣传月活动，并完善宣传活动资料档案。
2. 定期组织开展义务消防员培训以及消防演练；对消防安全重点部位的职工实行全员消防安全教育培训考核，确保 100%达到“四懂四会”，建立消防技能培训及演练记录档案。</td></tr>
<tr><td>防控措施</td><td colspan="7">1. 签订《消防安全责任书》，明确消防第一责任人安全职责，确定各级、各部门、各岗位消防安全负责人。对以上存在的消防管理隐患，落实消防安全责任制。
2. 制订并完善灭火和应急疏散预案并报审，结合预案针对性地组织开展预案培训演练工作，建立消防技能培训及演练记录档案。</td></tr>
<tr><td>治理完成情况</td><td colspan="7">2022 年 12 月 15 日，完成 2023 年度消防安全教育培训计划的编制上报工作，并结合当前消防安全形势，在计划中明确了责任人及培训时段。2022 年 12 月 28 日联系消防培训机构对公司消防安全重点部位的所有职工进行了消防安全教育培训考核，成绩均合格，并完善了消防培训教育档案。现申请对该隐患治理完成情况进行验收。</td></tr>
<tr><td>治理</td><td>治理计划资金（万元）</td><td colspan="2">××</td><td>累计投入资金（万元）</td><td colspan="4">××</td></tr>
<tr><td rowspan="3">验收</td><td>验收组织单位</td><td colspan="2">国网××公司</td><td>验收负责人</td><td colspan="4">×××</td></tr>
<tr><td>验收负责人签字日期</td><td colspan="2">2022-12-29</td><td>是否消除</td><td colspan="4">是</td></tr>
<tr><td>验收结论</td><td colspan="7">隐患已治理，符合消防安全管理要求，同意销号。</td></tr>
</table>

8.5.2.10 使用明火电炉

一般隐患排查治理档案表

××××年度　　　　　　　　　　　　　　　　　　　　　　　　国网××××公司

<table>
<tr><td rowspan="7">发现</td><td>隐患简题</td><td colspan="8">国网××公司12月3日公司职工餐厅食材操作间及下属××供电所档案室均存在使用明火电炉的安全隐患。</td></tr>
<tr><td>隐患编号</td><td>国网××公司2022××××</td><td>隐患所在单位</td><td>国网××公司</td><td>隐患来源</td><td colspan="3">安全检查</td></tr>
<tr><td>隐患分类</td><td>消防安全</td><td>专业子类</td><td>消防管理</td><td>隐患性质</td><td colspan="3">管理类</td></tr>
<tr><td>电压等级</td><td>—</td><td>归属职能部门</td><td colspan="5">后勤部</td></tr>
<tr><td>发现人</td><td>×××</td><td>发现人单位</td><td>国网××公司</td><td>发现日期</td><td colspan="3">2022-12-03</td></tr>
<tr><td>事故隐患内容</td><td colspan="8">在公司冬季消防安全检查工作中发现：国网××公司职工餐厅食材操作间及下属××供电所档案室均存在使用明火电炉的安全隐患，违反了《中华人民共和国消防法》第二十一条：“禁止在具有火灾、爆炸危险的场所吸烟、使用明火。”和《电力设备典型消防规程》（DL 5027—2015）11.0.4：“各室（房）严禁吸烟，禁止明火取暖”的规定要求，依据《国家电网有限公司安全事故调查规程》（2021年版）4.3.8.12：“生产经营场所发生火灾”，构成八级设备事件。</td></tr>
<tr><td>可能导致后果</td><td>八级设备事件</td><td>事件依据</td><td>《国家电网有限公司安全事故调查规程》（2021年版）4.3.8.12</td><td>标准依据</td><td colspan="3">《中华人民共和国消防法》第二十一条；《电力设备典型消防规程》11.0.4</td></tr>
<tr><td rowspan="2">市级评估</td><td>评估等级</td><td>一般隐患</td><td>评估负责人</td><td>×××</td><td>评估负责人签字日期</td><td colspan="3">2022-12-03</td></tr>
<tr><td>可能导致后果</td><td colspan="8">八级设备事件</td></tr>
<tr><td rowspan="7">治理</td><td>实际治理完成日期</td><td>2022-12-03</td><td>治理责任单位</td><td>后勤部</td><td>治理责任人</td><td colspan="3">×××</td></tr>
<tr><td>治理方式</td><td>措施/制度</td><td>治理期限</td><td>2022-12-03至2022-12-10</td><td>是否纳入项目储备</td><td>否/是</td><td>项目储备是否审批</td><td>否/是</td></tr>
<tr><td>治理措施</td><td colspan="8">按照即查即改工作要求，现场对公司职工餐厅食材操作间及下属××供电所档案室内的电炉进行收缴处理，并对相关责任人按一类违章处罚。</td></tr>
<tr><td>防控措施</td><td colspan="8">1. 签订《消防安全责任书》，明确消防第一责任人安全职责，确定各级、各部门、各岗位消防安全负责人，落实消防安全责任制。
2. 加强冬季消防安全知识的宣传，提高职工的消防安全意识。
3. 划分消防安全重点部位，设置防火标识。实行每日防火巡查，并建立巡查记录；每月对消防器材、设施进行检查，及时更换不合格消防器材，并动态更新完善消防档案台账。
4. 制订完善灭火和应急疏散预案并报审，对员工进行岗前消防安全培训，定期组织消防安全培训和消防演练。提升员工火险、火灾扑救技能以及逃生技能。</td></tr>
<tr><td>治理完成情况</td><td colspan="8">2022年12月3日，按照即查即改工作要求，现场对公司职工餐厅食材操作间及下属××供电所档案室内的电炉进行收缴处理，并对相关责任人按一类违章处罚。现申请对该隐患治理完成情况进行验收。</td></tr>
<tr><td>治理计划资金（万元）</td><td colspan="2">××</td><td>累计投入资金（万元）</td><td colspan="4">××</td></tr>
<tr><td rowspan="3">验收</td><td>验收组织单位</td><td colspan="2">国网××公司</td><td>验收负责人</td><td colspan="4">×××</td></tr>
<tr><td>验收负责人签字日期</td><td colspan="2">2022-12-03</td><td>是否消除</td><td colspan="4">是</td></tr>
<tr><td>验收结论</td><td colspan="7">隐患已治理，符合消防安全要求，同意销号。</td></tr>
</table>

8.5.2.11 未能建立健全消防档案

一般隐患排查治理档案表

××××年度　　　　国网××××公司

<table>
<tr><td rowspan="8">发现</td><td>隐患简题</td><td colspan="6">国网××供电公司××供电所消防演练情况记录缺失，未能建立健全消防档案，存在消防管理未落实的安全隐患。</td></tr>
<tr><td>隐患编号</td><td>国网××公司2023××××</td><td>隐患所在单位</td><td>国网××供电公司/国网××县供电公司</td><td>隐患来源</td><td colspan="2">日常排查</td></tr>
<tr><td>隐患分类</td><td>消防安全</td><td>专业子类</td><td>消防管理</td><td>隐患性质</td><td colspan="2">管理类</td></tr>
<tr><td>电压等级</td><td>—</td><td>归属职能部门</td><td colspan="4">国网××供电公司/国网××县供电公司/××所</td></tr>
<tr><td>发现人</td><td>×××</td><td>发现人单位</td><td>国网××公司/国网××县供电公司</td><td>发现日期</td><td colspan="2">2023-03-01</td></tr>
<tr><td>事故隐患内容</td><td colspan="6">在公司隐患日常排查工作中发现：在对××供电所进行消防设施检查时，发现消防演练情况记录缺失，未能建立健全消防档案，存在消防管理未落实的安全隐患。不符合《国家电网有限公司消防安全监督管理办法》第二十条：“消防档案方面重点监督检查内容应包含管理制度、组织机构及责任人、政府消防机构填发的法律文书、消防安全重点部位情况、消防设计审核、消防验收、消防设施情况、火灾隐患及整改情况、防火检查和巡查记录、应急预案和演练情况记录等方面内容。”构成一般事故隐患。</td></tr>
<tr><td>可能导致后果</td><td>八级人身事件</td><td>事件依据</td><td>《国家电网有限公司安全事故调查规程》（2021年版）4.1</td><td>标准依据</td><td colspan="2">《国家电网有限公司消防安全监督管理办法》第二十条；XF3206</td></tr>
<tr><td rowspan="2">市级评估</td><td>评估等级</td><td>一般隐患</td><td>评估负责人</td><td>×××</td><td>评估负责人签字日期</td><td colspan="2">2023-03-01</td></tr>
<tr><td>可能导致后果</td><td colspan="6">八级人身事件</td></tr>
<tr><td rowspan="7">治理</td><td>实际治理完成日期</td><td>2023-03-01</td><td>治理责任单位</td><td>国网××公司/国网××县供电公司</td><td>治理责任人</td><td colspan="2">×××</td></tr>
<tr><td>治理方式</td><td>措施</td><td>治理期限</td><td>2023-03-01至2023-03-30</td><td>是否纳入项目储备</td><td>否</td><td>项目储备是否审批　否</td></tr>
<tr><td>治理措施</td><td colspan="6">1. 完善公司的消防安全管理制度、组织机构及责任人。
2. 对基层班组组织开展消防员培训以及消防演练，完善消防演练情况记录整理并归档。
3. 对××供电公司内所有基层班组进行消防安全档案检查。</td></tr>
<tr><td>防控措施</td><td colspan="6">1. 建立健全消防安全监督管理体系。
2. 加强消防安全培训，要求专人专管、责任到位。
3. 定期对消防档案进行检查。</td></tr>
<tr><td>治理完成情况</td><td colspan="6">针对××供电所×月×日对××供电所进行消防检查时，消防演练情况记录缺失，发现未能建立健全消防档案，存在消防管理未落实的安全隐患。×月×日，在国网××县供电公司××班所安全日活动中，对消防档案的填用进行学习，加大消防安全培训和宣传力度，从思想上落实员工消防安全观念。××公司立即建立健全消防档案，完善消防安全管理机构，建立统一的消防安全标准和监督考核体系，立即对基本班组进行消防档案排查，发现同类问题立即完善，杜绝安全隐患。现申请对该隐患治理完成情况进行验收。</td></tr>
<tr><td>治理计划资金（万元）</td><td colspan="2">××</td><td colspan="2">累计投入资金（万元）</td><td colspan="2">××</td></tr>
<tr><td rowspan="3">验收</td><td>验收组织单位</td><td colspan="2">国网××公司/国网××县供电公司</td><td colspan="2">验收负责人</td><td colspan="2">×××</td></tr>
<tr><td>验收负责人签字日期</td><td colspan="2">2023-03-01</td><td colspan="2">是否消除</td><td colspan="2">是</td></tr>
<tr><td>验收结论</td><td colspan="6">隐患已治理，治理措施已按要求实施，同意销号。</td></tr>
</table>

8.5.3 消防设施

8.5.3.1 消防报警主机无法启动

一般隐患排查治理档案表

××××年度

国网××××公司

<table>
<tr><td rowspan="7">发现</td><td>隐患简题</td><td colspan="7">国网××供电公司 2 月 8 日 110kV××变电站火灾消防报警主机及 6 个烟感探头无法启动。</td></tr>
<tr><td>隐患编号</td><td>国网××公司 2023××××</td><td>隐患所在单位</td><td>国网××公司</td><td>隐患来源</td><td colspan="3">日常排查</td></tr>
<tr><td>隐患分类</td><td>消防安全</td><td>专业子类</td><td>消防设施</td><td>隐患性质</td><td colspan="3">设备类</td></tr>
<tr><td>电压等级</td><td>110kV</td><td>归属职能部门</td><td colspan="5">设备部</td></tr>
<tr><td>发现人</td><td>×××</td><td>发现人单位</td><td>国网××公司</td><td>发现日期</td><td colspan="3">2023-02-08</td></tr>
<tr><td>事故隐患内容</td><td colspan="7">在公司春季消防安全检查工作中发现：110kV××变电站火灾消防报警系统主机及 6 个烟感探头无法启动，不符合《国家电网有限公司十八项电网重大反事故措施》（国家电网设备〔2018〕979 号）18.1.2.2：“火灾自动报警、固定灭火、防烟排烟等各类消防系统及灭火器等消防器材，应根据相关规范定期进行巡查、检测、检修、保养，并做好检查维护保养记录，确保消防设施正常运行。”依据《国家电网有限公司安全事故调查规程》（2021 年版）4.3.7.12：“220kV 以下变电站（换流站）以及发电厂的火灾自动报警系统、固定自动灭火系统、消防给水系统等，在发生火灾火警时无法正常使用”，构成七级设备事件。</td></tr>
<tr><td>可能导致后果</td><td>七级设备事件</td><td>事件依据</td><td>《国家电网有限公司安全事故调查规程》（2021 年版）4.3.7.12</td><td>标准依据</td><td colspan="3"></td></tr>
<tr><td rowspan="2">市级评估</td><td>评估等级</td><td>一般隐患</td><td>评估负责人</td><td>×××</td><td>评估负责人签字日期</td><td colspan="3">2023-02-08</td></tr>
<tr><td>可能导致后果</td><td colspan="7">七级设备事件</td></tr>
<tr><td rowspan="7">治理</td><td>实际治理完成日期</td><td>2023-03-01</td><td>治理责任单位</td><td>设备部</td><td>治理责任人</td><td colspan="3">×××</td></tr>
<tr><td>治理方式</td><td>措施</td><td>治理期限</td><td>2023-02-08 至 2023-03-30</td><td>是否纳入项目储备</td><td>否</td><td>项目储备是否审批</td><td>否</td></tr>
<tr><td>治理措施</td><td colspan="7">1. 联系消防设备厂家对 110kV××变火灾消防报警系统主机进行检修调试、更换烟感探头。
2. ××变电运维班负责办理工作票，履行安全交底，全过程监护消防厂家规范作业。</td></tr>
<tr><td>防控措施</td><td colspan="7">1. 签订《消防安全责任书》，明确消防第一责任人安全职责，对以上存在消防安全隐患，落实消防安全责任制。
2. 每月对变电站内消防灭火器材进行安全检查，及时更换不合格的消防器材。
3. 加强变电站视频监控，发现火情立即进行处置。
4. 结合本站实际制定消防预案，消防预案内应有本站变压器类设备灭火装置、烟感报警装置和消防器材的使用说明并定期开展演练。</td></tr>
<tr><td>治理完成情况</td><td colspan="7">2023 年 3 月 1 日，国网××公司完成 110kV××变消防报警系统主机板件及 6 个烟感探头更换及调试工作。消防系统设备接入 24h 后运行无异常。现申请对该隐患治理完成情况进行验收。</td></tr>
<tr><td>治理计划资金（万元）</td><td colspan="2">××</td><td>累计投入资金（万元）</td><td colspan="4">××</td></tr>
<tr><td rowspan="3">验收</td><td>验收组织单位</td><td colspan="2">国网××公司</td><td>验收负责人</td><td colspan="4">×××</td></tr>
<tr><td>验收负责人签字日期</td><td colspan="2">2023-03-02</td><td>是否消除</td><td colspan="4">是</td></tr>
<tr><td>验收结论</td><td colspan="7">隐患已治理，符合安全运行要求，同意销号。</td></tr>
</table>

8.5.3.2 干粉灭火器过期

一般隐患排查治理档案表

××××年度　　　　　　　　　　　　　　　　　　　　　　　　　　　　国网××××公司

<table>
<tr><td rowspan="9">发现</td><td>隐患简题</td><td colspan="7">国网××供电公司 2 月 5 日 110kV××变电站电缆竖井处设置的干粉灭火器存在过期失效的隐患。</td></tr>
<tr><td>隐患编号</td><td>国网××公司 2023××××</td><td>隐患所在单位</td><td>国网××公司</td><td>隐患来源</td><td colspan="3">日常排查</td></tr>
<tr><td>隐患分类</td><td>消防安全</td><td>专业子类</td><td>消防设施</td><td>隐患性质</td><td colspan="3">设备类</td></tr>
<tr><td>电压等级</td><td>110kV</td><td>归属职能部门</td><td colspan="5">设备部</td></tr>
<tr><td>发现人</td><td>×××</td><td>发现人单位</td><td>国网××公司</td><td>发现日期</td><td colspan="3">2023-02-05</td></tr>
<tr><td>事故隐患内容</td><td colspan="7">在公司春季消防安全检查工作中发现：110kV××变电站电缆竖井处设置的干粉灭火器 2 具 4kg 干粉灭火器过期，检查记录标签漏填。违反了《电力设备典型消防规程》（DL 5027—2015）6.3.1：“建筑物、电力设备或场所应按照国家、行业有关规定标准及根据实际需要配置必要的、符合要求的消防设施、消防器材，并做好日常管理，确保完好、有效”的规定要求。若电缆竖井发生火警，无法有效控制火情，可能出现火情蔓延造成火灾事故。依据《国家电网有限公司安全事故调查规程》（2021 年版）4.3.8.13：“10kV 以上变电站（换流站、配电房等）以及发电厂的消防设施、器材，在发生火灾报警时无法正常使用”，构成八级设备事件。</td></tr>
<tr><td>可能导致后果</td><td>八级设备事件</td><td>事件依据</td><td>《国家电网有限公司安全事故调查规程》（2021 年版）4.3.8.13</td><td>标准依据</td><td colspan="3"></td></tr>
<tr><td rowspan="2">市级评估</td><td>评估等级</td><td>一般隐患</td><td>评估负责人</td><td>×××</td><td>评估负责人签字日期</td><td colspan="3">2023-02-05</td></tr>
<tr><td>可能导致后果</td><td colspan="7">八级设备事件</td></tr>
<tr><td rowspan="7">治理</td><td>实际治理完成日期</td><td>2023-02-11</td><td>治理责任单位</td><td>设备部</td><td>治理责任人</td><td colspan="3">×××</td></tr>
<tr><td>治理方式</td><td>措施</td><td>治理期限</td><td>2023-02-05 至 2023-03-31</td><td>是否纳入项目储备</td><td>否</td><td>项目储备是否审批</td><td>否</td></tr>
<tr><td>治理措施</td><td colspan="7">1. 对站内超期失效的灭火器进行报废并更换新的灭火器，及时更新消防台账。
2. 对变电站内所有灭火器进行规范的全面检查，并做好检查记录。</td></tr>
<tr><td>防控措施</td><td colspan="7">1. 签订《消防安全责任书》，明确消防第一责任人安全职责，对以上存在消防安全隐患，落实消防安全责任制。
2. 在消防器材未配置齐全前，电缆竖井作业区内不得许可动火作业票，减少火灾发生几率。
3. 加强变电站视频监控，发现火情立即进行处置。</td></tr>
<tr><td>治理完成情况</td><td colspan="7">2023 年 2 月 10 日，国网××公司新购 4 具合格 4kg 干粉灭火器并于当日配发到电缆竖井处，2 月 11 日完成消防器材记录标签检查，更新消防台账，符合消防规程相关管理要求。现申请对该隐患治理完成情况进行验收。</td></tr>
<tr><td>治理计划资金（万元）</td><td colspan="2">××</td><td colspan="2">累计投入资金（万元）</td><td colspan="3">××</td></tr>
<tr><td colspan="7" style="display:none"></td></tr>
<tr><td rowspan="3">验收</td><td>验收组织单位</td><td colspan="2">国网××公司</td><td colspan="2">验收负责人</td><td colspan="3">×××</td></tr>
<tr><td>验收负责人签字日期</td><td colspan="2">2023-02-11</td><td colspan="2">是否消除</td><td colspan="3">是</td></tr>
<tr><td>验收结论</td><td colspan="7">隐患已治理，符合安全运行要求，同意销号。</td></tr>
</table>

8.5.3.3　主变压器排油注氮系统启动电流和功率不足

较大隐患排查治理档案表

××××年度

国网××××公司

<table>
<tr><td rowspan="7">发现</td><td>隐患简题</td><td colspan="7">国网××供电公司2月10日330kV××变电站#1主变压器排油注氮系统启动电流和功率不足的安全隐患。</td></tr>
<tr><td>隐患编号</td><td>国网××公司2023××××</td><td>隐患所在单位</td><td>国网××公司</td><td>隐患来源</td><td colspan="3">专项检查</td></tr>
<tr><td>隐患分类</td><td>消防安全</td><td>专业子类</td><td>消防设施</td><td>隐患性质</td><td colspan="3">设备类</td></tr>
<tr><td>电压等级</td><td>110kV</td><td>归属职能部门</td><td colspan="5">设备部</td></tr>
<tr><td>发现人</td><td>×××</td><td>发现人单位</td><td>国网××公司</td><td>发现日期</td><td colspan="3">2023-02-10</td></tr>
<tr><td>事故隐患内容</td><td colspan="7">在公司春季消防安全检查工作中发现：330kV××变电站#1主变压器排油注氮系统中装置排油重锤为单舌扣支撑，舌扣伸出部分机械公差较大，重锤未全部支撑，外界振动易引起重锤掉落，且启动电流和功率不足，注氮管路及排油管路无信号反馈装置。违反《油浸变压器排油注氮灭火装置质量评价细则》4.3.14："对于重锤结构，现场采用排油和注氮线圈两端分别并联电阻的方法以提高启动功率；4.3.10 注氮管路及排油管路应有信号反馈装置，来准确判断装置是否发生排油及注氮，主变压器排油注氮存在缺陷易造成排油注氮系统不动作或误动作。"依据《国家电网有限公司安全事故调查规程》（2021年版）4.3.6.13："220kV 及以上变电站（换流站）以及发电厂的火灾自动报警系统、固定自动灭火系统［如水（泡沫）喷雾灭火系统、排油注氮灭火系统等］、消防给水系统等，在发生火灾自动报警时无法正常使用"，构成六级设备事件。</td></tr>
<tr><td>可能导致后果</td><td>六级设备事件</td><td>事件依据</td><td>《国家电网有限公司安全事故调查规程》（2021年版）4.3.6.13</td><td>标准依据</td><td colspan="3"></td></tr>
<tr><td rowspan="2">市级评估</td><td>评估等级</td><td>较大隐患</td><td>评估负责人</td><td>×××</td><td>评估负责人签字日期</td><td colspan="3">2023-02-10</td></tr>
<tr><td>可能导致后果</td><td colspan="7">六级设备事件</td></tr>
<tr><td rowspan="6">治理</td><td>实际治理完成日期</td><td>2023-03-01</td><td>治理责任单位</td><td>设备部</td><td>治理责任人</td><td colspan="3">×××</td></tr>
<tr><td>治理方式</td><td>立项</td><td>治理期限</td><td>2023-02-10至2023-03-31</td><td>是否纳入项目储备</td><td>是</td><td>项目储备是否审批</td><td>是</td></tr>
<tr><td>治理措施</td><td colspan="7">对330kV××变电站#1主变压器排油注氮系统进行改造，加装双舌扣和反馈装置以及并联电阻来提高启动功率。</td></tr>
<tr><td>防控措施</td><td colspan="7">1. 签订《消防安全责任书》，明确消防第一责任人安全职责，对以上存在消防安全隐患，落实消防安全责任制。
2. 隐患未治理前，落实班组隐患公示要求，运维人员加强排油注氮系统巡视，定期检查单重锤连接部件是否紧固。
3. 检查排油充氮灭火装置氮气瓶压力、氮气输出压力是否合格。
4. 加强变电站视频监控，发现火情立即进行处置。</td></tr>
<tr><td>治理完成情况</td><td colspan="7">2023年3月1日，国网××公司联系厂家技术人员对330kV××变电站#1主变压器排油注氮系统进行改造，将单舌扣改造为双舌扣，在注氮管路及排油管路加装信号反馈装置，在排油和注氮线圈两端分别并联电阻提高启动功率。现申请对该隐患治理完成情况进行验收。</td></tr>
<tr><td>治理计划资金（万元）</td><td colspan="2">××</td><td>累计投入资金（万元）</td><td colspan="4">××</td></tr>
<tr><td rowspan="3">验收</td><td>验收组织单位</td><td colspan="2">国网××公司</td><td>验收负责人</td><td colspan="4">×××</td></tr>
<tr><td>验收负责人签字日期</td><td colspan="2">2023-03-02</td><td>是否消除</td><td colspan="4">是</td></tr>
<tr><td>验收结论</td><td colspan="7">隐患已治理，符合安全运行要求，同意销号。</td></tr>
</table>

8.5.4 特高压变电站（换流站）

8.5.4.1 换流站阀厅未进行防火封堵或封堵不严

重大隐患排查治理档案表

××××年度　　　　　　　　　　　　　　　　国网××××公司

<table>
<tr><td rowspan="7">发现</td><td>隐患简题</td><td colspan="7">国网××换流站阀厅未进行防火封堵或封堵不严的安全隐患。</td></tr>
<tr><td>隐患编号</td><td>国网××超高压公司 2023××××</td><td>隐患所在单位</td><td>国网××超高压公司</td><td>隐患来源</td><td colspan="3">资料查核、现场检查</td></tr>
<tr><td>隐患分类</td><td>消防安全</td><td>专业子类</td><td>特高压变电站（换流站）</td><td>隐患性质</td><td colspan="3">设备类</td></tr>
<tr><td>电压等级</td><td>—</td><td>归属职能部门</td><td colspan="5">设备部</td></tr>
<tr><td>发现人</td><td>×××</td><td>发现人单位</td><td>国网××超高压公司</td><td>发现日期</td><td colspan="3">2023-02-05</td></tr>
<tr><td>事故隐患内容</td><td colspan="7">在消防专项检查工作中发现：国网××换流站阀厅进行未防火封堵或封堵不严的安全隐患。若发生火灾会引起阀厅内部设备着火，烧毁设备，不满足不符合《国家电网有限公司防止换流站事故措施及释义（修订版）》（国家电网设备〔2021〕227 号）15、1、10 阀厅换流变压器侧混凝土防火墙开孔洞口封堵应采取经过试验验证的抗爆措施和封堵方案）。依据《国家电网有限公司安全事故调查规程》（2021 年版）4.3.1：“造成 1 亿元以上直接经济损失”，构成一级设备事件。</td></tr>
<tr><td>可能导致后果</td><td>一级设备事件</td><td>事件依据</td><td>《国家电网有限公司安全事故调查规程》（2021 年版）4.3.1</td><td>标准依据</td><td colspan="3">《消防安全隐患排查标准》XF1104</td></tr>
<tr><td rowspan="2">市级评估</td><td>评估等级</td><td>重大隐患</td><td>评估负责人</td><td>×××</td><td>评估负责人签字日期</td><td colspan="3">2023-02-05</td></tr>
<tr><td>可能导致后果</td><td colspan="7">一级设备事件</td></tr>
<tr><td rowspan="3">省级评估</td><td>评估等级</td><td>重大隐患</td><td>评估负责人</td><td>×××</td><td>评估负责人签字日期</td><td colspan="3">2023-××-××</td></tr>
<tr><td>可能导致后果</td><td colspan="7">一级设备事件</td></tr>
<tr><td>省评估意见</td><td colspan="7">同意</td></tr>
<tr><td rowspan="6">治理</td><td>实际治理完成日期</td><td>2023-02-12</td><td>治理责任单位</td><td>设备部</td><td>治理责任人</td><td colspan="3">×××</td></tr>
<tr><td>治理方式</td><td>立项/措施/制度</td><td>治理期限</td><td>2023-02-05 至 2023-03-05</td><td>是否纳入项目储备</td><td>是/否</td><td>项目储备是否审批</td><td>是/否</td></tr>
<tr><td>治理措施</td><td colspan="7">对密封不严处进行处理。</td></tr>
<tr><td>防控措施</td><td colspan="7">1. 落实班组隐患公示。
2. 结合换流站年底检修工作，在保证阀厅微正压数值，检查分析阀厅密封状况，发现密封不良处，及时进行处理。
3. 制订好异常事故处置方案。</td></tr>
<tr><td>治理完成情况</td><td colspan="7">2023 年 2 月 12 日，国网××换流站对密封不严处进行处理。现申请对该隐患治理完成情况进行验收。</td></tr>
<tr><td>治理计划资金（万元）</td><td colspan="2">××</td><td>累计投入资金（万元）</td><td colspan="4">××</td></tr>
<tr><td rowspan="3">验收</td><td>验收组织单位</td><td colspan="2">国网××公司</td><td>验收负责人</td><td colspan="4">×××</td></tr>
<tr><td>验收负责人签字日期</td><td colspan="2">2023-02-12</td><td>是否消除</td><td colspan="4">是</td></tr>
<tr><td>验收结论</td><td colspan="7">隐患已治理，符合安全运行要求，同意销号。</td></tr>
</table>

8.5.4.2　泡沫灭火剂剂型配比等不满足规范要求

重大隐患排查治理档案表

××××年度　　　　　　　　　　　　　　　　　　　　　　　　　　　　　　国网××××公司

<table>
<tr><td rowspan="7">发现</td><td>隐患简题</td><td colspan="7">国网××变电站（换流站）泡沫灭火系统的泡沫灭火剂剂型配比等不满足规范要求或过期失效的安全隐患。</td></tr>
<tr><td>隐患编号</td><td>国网××超高压公司 2023××××</td><td>隐患所在单位</td><td>国网××超高压公司</td><td>隐患来源</td><td colspan="3">现场查看，查阅灭火剂检测报告</td></tr>
<tr><td>隐患分类</td><td>消防安全</td><td>专业子类</td><td>特高压变电站（换流站）</td><td>隐患性质</td><td colspan="3">设备类</td></tr>
<tr><td>电压等级</td><td>—</td><td>归属职能部门</td><td colspan="5">设备部</td></tr>
<tr><td>发现人</td><td>×××</td><td>发现人单位</td><td>国网××超高压公司</td><td>发现日期</td><td colspan="3">2023-02-05</td></tr>
<tr><td>事故隐患内容</td><td colspan="7">在 2023 年公司安全性评价专项监督工作中发现：国网××变电站（换流站）泡沫灭火系统的泡沫灭火剂剂型配比等不满足规范要求或过期失效的安全隐患。当发生火灾时，泡沫灭火装置不能及时进行灭火，将造成设备损坏。不满足《泡沫灭火剂》（GB 15308—2006）4.“要求”章节。并满足《重大火灾隐患判定方法》（GB 35181—2017）7.4.1 未按国家工程建设消防技术标准的规定设置消防水源、储存泡沫液等灭火剂。依据《国家电网有限公司安全事故调查规程》（2021 年版）4.3.3：“造成 1000 万元以上 5000 万元以下直接经济损失”，构成三级设备事件。</td></tr>
<tr><td>可能导致后果</td><td>三级设备事件</td><td>事件依据</td><td>《国家电网有限公司安全事故调查规程》（2021 年版）4.3.3</td><td>标准依据</td><td colspan="3">《消防安全隐患排查标准》XF1105</td></tr>
<tr><td rowspan="2">市级评估</td><td>评估等级</td><td>重大隐患</td><td>评估负责人</td><td>×××</td><td>评估负责人签字日期</td><td colspan="3">2023-02-05</td></tr>
<tr><td>可能导致后果</td><td colspan="7">三级设备事件</td></tr>
<tr><td rowspan="3">省级评估</td><td>评估等级</td><td>重大隐患</td><td>评估负责人</td><td>×××</td><td>评估负责人签字日期</td><td colspan="3">2023-××-××</td></tr>
<tr><td>可能导致后果</td><td colspan="7">三级设备事件</td></tr>
<tr><td>省评估意见</td><td colspan="7">同意</td></tr>
<tr><td rowspan="7">治理</td><td>实际治理完成日期</td><td>2023-02-12</td><td>治理责任单位</td><td>设备部</td><td>治理责任人</td><td colspan="3">×××</td></tr>
<tr><td>治理方式</td><td>立项</td><td>治理期限</td><td>2023-02-05 至 2023-03-05</td><td>是否纳入项目储备</td><td>是</td><td>项目储备是否审批</td><td>是</td></tr>
<tr><td>治理措施</td><td colspan="7">利用停电对固定消防设施内泡沫灭火剂进行更换。</td></tr>
<tr><td>防控措施</td><td colspan="7">1. 落实班组隐患公示。
2. 积极协调，调运周边灭火力量驻站值班，直至灭火剂更换完毕。
3. 制订好异常事故处置方案。</td></tr>
<tr><td>治理完成情况</td><td colspan="7">2023 年 2 月 12 日，国网××换流站对固定消防设施内泡沫灭火剂进行更换。现申请对该隐患治理完成情况进行验收。</td></tr>
<tr><td>治理计划资金（万元）</td><td colspan="2">××</td><td>累计投入资金（万元）</td><td colspan="4">××</td></tr>
<tr><td colspan="1" style="display:none"></td></tr>
<tr><td rowspan="3">验收</td><td>验收组织单位</td><td colspan="2">国网××公司</td><td>验收负责人</td><td colspan="4">×××</td></tr>
<tr><td>验收负责人签字日期</td><td colspan="2">2023-02-12</td><td>是否消除</td><td colspan="4">是</td></tr>
<tr><td>验收结论</td><td colspan="7">隐患已治理，符合安全运行要求，同意销号。</td></tr>
</table>

8.5.4.3 泡沫原液储存不满足要求

较大隐患排查治理档案表

××××年度　　　　　　　　　　　　　　　　国网××××公司

<table>
<tr><td rowspan="8">发现</td><td>隐患简题</td><td colspan="6">国网××特高压变电站（换流站）未落实消防灭火物资保障，泡沫原液储存未达 30t 的安全隐患。</td></tr>
<tr><td>隐患编号</td><td>国网××超高压公司 2023××××</td><td>隐患所在单位</td><td>国网××超高压公司</td><td>隐患来源</td><td colspan="2">现场查看，咨询当地消防救援队</td></tr>
<tr><td>隐患分类</td><td>消防安全</td><td>专业子类</td><td>特高压变电站（换流站）</td><td>隐患性质</td><td colspan="2">设备类</td></tr>
<tr><td>电压等级</td><td>—</td><td>归属职能部门</td><td colspan="4">设备部</td></tr>
<tr><td>发现人</td><td>×××</td><td>发现人单位</td><td>国网××公司</td><td>发现日期</td><td colspan="2">2023-02-05</td></tr>
<tr><td>事故隐患内容</td><td colspan="6">在消防专项检查工作中发现：国网××特高压变电站（换流站）未落实消防灭火物资保障，泡沫原液储存未达 30t 的安全隐患。当发生火灾时，泡沫灭火装置不能确保完全扑灭火情，将造成设备损坏。不满足《国网设备部关于进一步落实特高压变电站（换流站）消防应急能力提升措施的紧急通知》（设备监控〔2021〕83 号）：“3. 落实消防灭火物资保障。各单位要摸清特高压变电站（换流站）周边泡沫原液、消防砂等物资配置，建档备案，每季度开展一次取用演练，确保灭火救援时消防灭火资源供给充足。”原则上换流站内要储备至少 30t 泡沫原液，特高压变电站周边要落实至少 80t 泡沫原液、80t 消防砂等消防资源。依据《国家电网有限公司安全事故调查规程》（2021 年版）4.3.4：“造成 100 万元以上 1000 万元以下直接经济损失”，构成四级设备事件。</td></tr>
<tr><td>可能导致后果</td><td>四级设备事件</td><td>事件依据</td><td>《国家电网有限公司安全事故调查规程》（2021 年版）4.3.4</td><td>标准依据</td><td colspan="2">《消防安全隐患排查标准》XF2109</td></tr>
<tr><td colspan="7"></td></tr>
<tr><td rowspan="2">市级评估</td><td>评估等级</td><td>较大隐患</td><td>评估负责人</td><td>×××</td><td>评估负责人签字日期</td><td colspan="2">2023-02-05</td></tr>
<tr><td>可能导致后果</td><td colspan="6">四级设备事件</td></tr>
<tr><td rowspan="7">治理</td><td>实际治理完成日期</td><td>2023-02-12</td><td>治理责任单位</td><td>设备部</td><td>治理责任人</td><td colspan="2">×××</td></tr>
<tr><td>治理方式</td><td>立项</td><td>治理期限</td><td>2023-02-05 至 2023-03-05</td><td>是否纳入项目储备</td><td>是</td><td>项目储备是否审批　是</td></tr>
<tr><td>治理措施</td><td colspan="6">对固定消防设施内泡沫灭火剂进行增补。</td></tr>
<tr><td>防控措施</td><td colspan="6">1. 落实班组隐患公示。
2. 积极协调，调运周边灭火力量驻站值班，直至灭火剂增补至 30t。
3. 制订好异常事故处置方案。</td></tr>
<tr><td>治理完成情况</td><td colspan="6">2023 年 2 月 12 日，国网××换流站对固定消防设施内泡沫灭火剂进行增补。现申请对该隐患治理完成情况进行验收。</td></tr>
<tr><td>治理计划资金（万元）</td><td colspan="2">××</td><td colspan="2">累计投入资金（万元）</td><td colspan="2">××</td></tr>
<tr><td colspan="7"></td></tr>
<tr><td rowspan="3">验收</td><td>验收组织单位</td><td colspan="2">国网××公司</td><td colspan="2">验收负责人</td><td colspan="2">×××</td></tr>
<tr><td>验收负责人签字日期</td><td colspan="2">2023-02-12</td><td colspan="2">是否消除</td><td colspan="2">是</td></tr>
<tr><td>验收结论</td><td colspan="6">隐患已治理，符合安全运行要求，同意销号。</td></tr>
</table>

8.5.4.4 储水容量不满足要求

较大隐患排查治理档案表

××××年度　　　　国网××××公司

<table>
<tr><td rowspan="7">发现</td><td>隐患简题</td><td colspan="7">国网××特高压变电站（换流站）储水容量低于 4000m³，特高压变电站储水容量低于 1500m³ 的安全隐患。</td></tr>
<tr><td>隐患编号</td><td>国网××超高压公司 2023××××</td><td>隐患所在单位</td><td>国网××超高压公司</td><td>隐患来源</td><td colspan="3">现场查看，查阅资料</td></tr>
<tr><td>隐患分类</td><td>消防安全</td><td>专业子类</td><td>特高压变电站（换流站）</td><td>隐患性质</td><td colspan="3">设备类</td></tr>
<tr><td>电压等级</td><td>—</td><td>归属职能部门</td><td colspan="5">设备部</td></tr>
<tr><td>发现人</td><td>×××</td><td>发现人单位</td><td>国网××超高压公司</td><td>发现日期</td><td colspan="3">2023-02-05</td></tr>
<tr><td>事故隐患内容</td><td colspan="7">在消防专项排查工作中发现：国网××特高压变电站（换流站）储水容量低于 4000m³，特高压变电站储水容量低于 1500m³ 的安全隐患。不满足《国网设备部关于进一步落实特高压变电站（换流站）消防应急能力提升措施的紧急通知》（设备监控〔2021〕83 号）2 落实消防水源保障措施。换流站储水容量应不低于 4000m³，特高压变电站储水容量应不低于 1500m³。定期开展站内消防给水及消火栓系统检查维护，实时监测站内消防水池水位，确保水量充足，制定消防水池补水方案。结合站周边情况，明确站外消防水源，设置消防车取水口，并定期开展消防车取水车道、水源巡视维护。依据《国家电网有限公司安全事故调查规程》（2021 年版）4.3.4：“造成 100 万元以上 1000 万元以下直接经济损失”，构成四级设备事件。</td></tr>
<tr><td>可能导致后果</td><td>四级设备事件</td><td>事件依据</td><td>《国家电网有限公司安全事故调查规程》（2021 年版）4.3.4</td><td>标准依据</td><td colspan="3">《消防安全隐患排查标准》XF2112</td></tr>
<tr><td rowspan="2">市级评估</td><td>评估等级</td><td>较大隐患</td><td>评估负责人</td><td>×××</td><td>评估负责人签字日期</td><td colspan="3">2023-02-05</td></tr>
<tr><td>可能导致后果</td><td colspan="7">四级设备事件</td></tr>
<tr><td rowspan="6">治理</td><td>实际治理完成日期</td><td>2023-02-12</td><td>治理责任单位</td><td>设备部</td><td>治理责任人</td><td colspan="3">×××</td></tr>
<tr><td>治理方式</td><td>立项</td><td>治理期限</td><td>2023-02-05 至 2023-03-05</td><td>是否纳入项目储备</td><td>是</td><td>项目储备是否审批</td><td>是</td></tr>
<tr><td>治理措施</td><td colspan="7">扩建消防水池，增加储水容量。</td></tr>
<tr><td>防控措施</td><td colspan="7">1. 落实班组隐患公示。
2. 完善消防预案，明确站外临时水源位置，做好临时补水措施。
3. 制订好异常事故处置方案。
4. 积极协调，调运周边灭火力量驻站值班，直至改造完毕。</td></tr>
<tr><td>治理完成情况</td><td colspan="7">2023 年 2 月 12 日，国网××换流站（变电站）完成消防水池扩建。现申请对该隐患治理完成情况进行验收。</td></tr>
<tr><td>治理计划资金（万元）</td><td colspan="2">××</td><td>累计投入资金（万元）</td><td colspan="4">××</td></tr>
<tr><td rowspan="3">验收</td><td>验收组织单位</td><td colspan="2">国网××公司</td><td>验收负责人</td><td colspan="4">×××</td></tr>
<tr><td>验收负责人签字日期</td><td colspan="2">2023-02-12</td><td>是否消除</td><td colspan="4">是</td></tr>
<tr><td>验收结论</td><td colspan="7">隐患已治理，符合安全运行要求，同意销号。</td></tr>
</table>

8.5.4.5 应急排油系统未实现远方手动开启

较大隐患排查治理档案表

××××年度　　　　　　　　　　　　　　　　　　　　　　　　　　　　国网××××公司

<table>
<tr><td rowspan="7">发现</td><td>隐患简题</td><td colspan="7">国网××变电站（换流站）应急排油系统未实现远方手动开启电动排油阀功能的安全隐患。</td></tr>
<tr><td>隐患编号</td><td>国网××超高压公司 2023××××</td><td>隐患所在单位</td><td>国网××超高压公司</td><td>隐患来源</td><td colspan="3">现场查看，查阅资料</td></tr>
<tr><td>隐患分类</td><td>消防安全</td><td>专业子类</td><td>特高压变电站（换流站）</td><td>隐患性质</td><td colspan="3">设备类</td></tr>
<tr><td>电压等级</td><td>—</td><td>归属职能部门</td><td colspan="5">设备部</td></tr>
<tr><td>发现人</td><td>×××</td><td>发现人单位</td><td>国网××超高压公司</td><td>发现日期</td><td colspan="3">2023-02-05</td></tr>
<tr><td>事故隐患内容</td><td colspan="7">在消防专项督查检查中发现：国网××变电站（换流站）应急排油系统未实现远方手动开启电动排油阀功能的安全隐患。换流变（变压器）发生火情时，当远方自动排油失灵时，不能及时将变压器油排除，造成事故扩大。不满足《特高压站消防设计规范》（Q/GDW 12385—2024）特高压换流站消防设计技术规范编制说明中“同时，考虑目前应急排油系统一般为‘手动’启动方式，发生火灾时需人员手动合上相应电源，为保障应急处置状态下人员安全，应急排油系统电动阀门不宜采用就地汇控柜交叉供电，避免人员需要前往换流变区域的情况。”的要求，依据《国家电网有限公司安全事故调查规程》（2021 年版）4.3.4：“造成 100 万元以上 1000 万元以下直接经济损失”，构成四级设备事件。</td></tr>
<tr><td>可能导致后果</td><td>四级设备事件</td><td>事件依据</td><td>《国家电网有限公司安全事故调查规程》（2021 年版）4.3.4</td><td>标准依据</td><td colspan="3">《消防安全隐患排查标准》XF2113</td></tr>
<tr><td rowspan="2">评估</td><td>评估等级</td><td>较大隐患</td><td>评估负责人</td><td>×××</td><td>评估负责人签字日期</td><td colspan="3">2023-02-05</td></tr>
<tr><td>可能导致后果</td><td colspan="7">四级设备事件</td></tr>
<tr><td rowspan="7">治理</td><td>实际治理完成日期</td><td>2023-02-12</td><td>治理责任单位</td><td>设备部</td><td>治理责任人</td><td colspan="3">×××</td></tr>
<tr><td>治理方式</td><td>立项</td><td>治理期限</td><td>2023-02-05 至 2023-03-05</td><td>是否纳入项目储备</td><td>是</td><td>项目储备是否审批</td><td>是</td></tr>
<tr><td>治理措施</td><td colspan="7">应急排油系统加装远方手动启动功能。</td></tr>
<tr><td>防控措施</td><td colspan="7">1. 落实班组隐患公示。
2. 严禁就地手动启动，结合检修定期开展排油装置逻辑校验。
3. 制订好异常事故处置方案。</td></tr>
<tr><td>治理完成情况</td><td colspan="7">2023 年 2 月 12 日，国网××换流站（变电站）完成应急排油系统加装远方手动启动功能。现申请对该隐患治理完成情况进行验收。</td></tr>
<tr><td>治理计划资金（万元）</td><td colspan="2">××</td><td>累计投入资金（万元）</td><td colspan="4">××</td></tr>
<tr><td>验收组织单位</td><td colspan="2">国网××公司</td><td>验收负责人</td><td colspan="4">×××</td></tr>
<tr><td rowspan="2">验收</td><td>验收负责人签字日期</td><td colspan="2">2023-02-12</td><td>是否消除</td><td colspan="4">是</td></tr>
<tr><td>验收结论</td><td colspan="7">隐患已治理，符合安全运行要求，同意销号。</td></tr>
</table>

8.6 水电及新能源

8.6.1 高压机三级气缸出气管接头漏气

一般隐患排查治理档案表

××××年度　　　　　　　　　　　　　　　　　　　　国网××发电公司

<table>
<tr><td rowspan="7">发现</td><td>隐患简题</td><td colspan="7">国网××发电公司××月××日#2 高压机三级气缸出气管接头漏气的安全隐患。</td></tr>
<tr><td>隐患编号</td><td>国网××发电公司 2022××××</td><td>隐患所在单位</td><td>国网××发电公司</td><td>隐患来源</td><td colspan="3">日常排查</td></tr>
<tr><td>隐患分类</td><td>水电及新能源</td><td>专业子类</td><td>水电</td><td>隐患性质</td><td colspan="3">设备类</td></tr>
<tr><td>电压等级</td><td>—</td><td>归属职能部门</td><td colspan="5">运检部</td></tr>
<tr><td>发现人</td><td>×××</td><td>发现人单位</td><td>国网××发电公司××分场××班</td><td>发现日期</td><td colspan="3">2022-02-05</td></tr>
<tr><td>事故隐患内容</td><td colspan="7">国网××发电公司××分场××班在巡回中发现：#2 高压机三级气缸出气管接头漏气，造成#2 高压机频繁启动，气缸过热，影响水轮发电机组的安全运行，不符合《阀门的检验和试验》（GB/T 26480—2011）6.2.1：“对于低压密封试验和高压密封试验，不允许有可见的泄漏通过密封垫、阀瓣、阀座背面与阀体接触面等处。”依据《国家电网有限公司安全事故调查规程》（2021 年版）4.3.7.5：“发电机组非计划停止运行或停止备用 24h 以上”，构成七级设备事件。</td></tr>
<tr><td>可能导致后果</td><td>七级设备事件</td><td>事件依据</td><td>《国家电网有限公司安全事故调查规程》（2021 年版）4.3.7.5</td><td>标准依据</td><td colspan="3">《阀门的检验和试验》（GB/T 26480—2011）6.2.1</td></tr>
<tr><td rowspan="2">市级评估</td><td>评估等级</td><td>一般隐患</td><td>评估负责人</td><td>×××</td><td>评估负责人签字日期</td><td colspan="3">2022-02-05</td></tr>
<tr><td>可能导致后果</td><td colspan="7">七级设备事件</td></tr>
<tr><td rowspan="7">治理</td><td>实际治理完成日期</td><td>2022-02-12</td><td>治理责任单位</td><td>××分场</td><td>治理责任人</td><td colspan="3">×××</td></tr>
<tr><td>治理方式</td><td>措施</td><td>治理期限</td><td>2022-02-05 至 2022-03-05</td><td>是否纳入项目储备</td><td>否</td><td>项目储备是否审批</td><td>否</td></tr>
<tr><td>治理措施</td><td colspan="7">1. 拉开#2 高压机控制开关和动力电源开关。
2. #2 高压机三级气缸出气管排压。
3. 更换#2 高压机三级气缸出气管接头密封垫。
4. 投入#2 高压机运行，检查无漏气。</td></tr>
<tr><td>防控措施</td><td colspan="7">1. 加强巡回监测，停用#2 高压机。启用备用高压机。
2. 做好#2 高压机三级气缸出气管接头漏气处理前的现场勘察工作。
3. 编制《#2 高压机三级气缸出气管接头漏气隐患治理方案》。
4. 做好#2 高压机三级气缸出气管接头漏气隐患治理材料、工器具的准备工作。</td></tr>
<tr><td>治理完成情况</td><td colspan="7">2022 年××月××日，经××班对#2 高压机三级气缸出气管接头密封更换后，试验合格，满足设备安全运行要求，现申请运检部对该隐患治理完成情况进行现场验收。</td></tr>
<tr><td>治理计划资金（万元）</td><td colspan="2">××</td><td>累计投入资金（万元）</td><td colspan="4">××</td></tr>
<tr><td rowspan="3">验收</td><td>验收组织单位</td><td colspan="2">国网××发电公司运检部</td><td colspan="2">验收负责人</td><td colspan="3">×××</td></tr>
<tr><td>验收负责人签字日期</td><td colspan="2">2022-02-12</td><td colspan="2">是否消除</td><td colspan="3">是</td></tr>
<tr><td>验收结论</td><td colspan="7">隐患已治理，符合设备安全管理要求，同意销号。</td></tr>
</table>

8.6.2 主管路法兰渗油

一般隐患排查治理档案表

××××年度　　　　　　　　　　　　　　　　　　　　　　　　　　　国网××发电公司

<table>
<tr><td rowspan="7">发现</td><td>隐患简题</td><td colspan="7">国网××发电公司××月××日#1 机组调速柜下方主管路法兰渗油，可能导致该机组非计划停运的安全隐患。</td></tr>
<tr><td>隐患编号</td><td>国网××发电公司 2022××××</td><td>隐患所在单位</td><td>国网××发电公司</td><td>隐患来源</td><td colspan="3">日常排查</td></tr>
<tr><td>隐患分类</td><td>水电及新能源</td><td>专业子类</td><td>水电</td><td>隐患性质</td><td colspan="3">设备类</td></tr>
<tr><td>电压等级</td><td>—</td><td>归属职能部门</td><td colspan="5">运检部</td></tr>
<tr><td>发现人</td><td>×××</td><td>发现人单位</td><td>国网××发电公司××分场××班</td><td>发现日期</td><td colspan="3">2022-02-05</td></tr>
<tr><td>事故隐患内容</td><td colspan="7">国网××发电公司××分场××班在巡回中发现：#1 机组调速柜下方主管路法兰渗油，若不及时处理会危及水轮发电机组的安全运行，导致该机组非计划停运。不符合《水轮机调节系统及装置运行与检修规程》（DL/T 792—2013）6.2.1 调速器巡检规定：“g）调速器各阀件、管路无渗漏，阀件、限位螺杆及锁紧螺母位置正确”。依据《国家电网有限公司安全事故调查规程》（2021 年版）4.3.7.5：“发电机组非计划停止运行或停止备用 24h 以上”，构成七级设备事件。</td></tr>
<tr><td>可能导致后果</td><td>七级设备事件</td><td>事件依据</td><td>《国家电网有限公司安全事故调查规程》（2021 年版）4.3.7.5</td><td>标准依据</td><td colspan="3">《水轮机调节系统及装置运行与检修规程》（DL/T 792—2013）6.2.1</td></tr>
<tr><td rowspan="2">市级评估</td><td>评估等级</td><td>一般隐患</td><td>评估负责人</td><td>×××</td><td>评估负责人签字日期</td><td colspan="3">2022-02-05</td></tr>
<tr><td>可能导致后果</td><td colspan="7">七级设备事件</td></tr>
<tr><td rowspan="7">治理</td><td>实际治理完成日期</td><td>2022-02-12</td><td>治理责任单位</td><td>××分场</td><td>治理责任人</td><td colspan="3">×××</td></tr>
<tr><td>治理方式</td><td>措施</td><td>治理期限</td><td>2022-02-05 至 2022-03-05</td><td>是否纳入项目储备</td><td>否</td><td>项目储备是否审批</td><td>否</td></tr>
<tr><td>治理措施</td><td colspan="7">1. #1 机组停机。
2. #1 机组引水钢管排水排压至零。
3. #1 机组调速系统排压排油。
4. 更换#1 机组调速系统油管路渗油处法兰密封垫。</td></tr>
<tr><td>防控措施</td><td colspan="7">1. 加强巡回监测，密切关注法兰渗油情况，及时汇报分场、运检部。
2. 做好漏油收集工作。
3. 做好#1 机组调速柜下方主管路多处法兰渗油处理前的现场勘察工作。
4. 编制《#1 机组调速柜下方主管路多处法兰渗油隐患治理方案》。
5. 做好#1 机组调速柜下方主管路多处法兰渗油隐患治理材料、工器具的准备工作。</td></tr>
<tr><td>治理完成情况</td><td colspan="7">2022 年××月××日，由××班负责实施治理#1 机组调速柜下方主管路法兰渗油安全隐患，经更换密封垫后不再渗油，符合设备运行安全要求。现申请运检部对该隐患治理完成情况进行现场验收。</td></tr>
<tr><td>治理计划资金（万元）</td><td colspan="2">××</td><td>累计投入资金（万元）</td><td colspan="4">××</td></tr>
<tr><td colspan="8" style="display:none"></td></tr>
<tr><td colspan="8" style="display:none"></td></tr>
<tr><td rowspan="3">验收</td><td>验收组织单位</td><td colspan="2">国网××发电公司运检部</td><td>验收负责人</td><td colspan="4">×××</td></tr>
<tr><td>验收负责人签字日期</td><td colspan="2">2022-02-12</td><td>是否消除</td><td colspan="4">是</td></tr>
<tr><td>验收结论</td><td colspan="7">隐患已治理，符合设备安全管理要求，同意销号。</td></tr>
</table>

8.6.3 制动器金属连接软管破损

一般隐患排查治理档案表

××××年度

国网××发电公司

<table>
<tr><td rowspan="7">发现</td><td>隐患简题</td><td colspan="7">国网××发电公司××月××日#4 机#12 制动器金属连接软管破损漏气，可能导致该机组制动不良的安全隐患。</td></tr>
<tr><td>隐患编号</td><td>国网××发电公司 2022××××</td><td>隐患所在单位</td><td>国网××发电公司</td><td>隐患来源</td><td colspan="3">日常巡视</td></tr>
<tr><td>隐患分类</td><td>水电及新能源</td><td>专业子类</td><td>水电</td><td>隐患性质</td><td colspan="3">设备类</td></tr>
<tr><td>电压等级</td><td>—</td><td>归属职能部门</td><td colspan="5">运检部</td></tr>
<tr><td>发现人</td><td>×××</td><td>发现人单位</td><td>国网××发电公司××分场××班</td><td>发现日期</td><td colspan="3">2022-02-05</td></tr>
<tr><td>事故隐患内容</td><td colspan="7">国网××发电公司××分场××班×××在风洞特巡过程中发现：#4 机#12 制动器金属连接软管破损漏气，不符合《立式水轮发电机检修技术规程》（DL/T 817—2014）10.4：“机组制动系统应符合以下要求：i）制动系统管路应按设计要求进行严密性耐压试验”，管路完好、无漏气现象。若不及时处理，存在着#4 机制动系统在开、停机时无法可靠工作的风险。依据《国家电网有限公司安全事故调查规程》（2021 年版）4.3.7.5：“发电机组（含调相机组）非计划停止运行或停止备用 24h 以上”，构成七级设备事件。</td></tr>
<tr><td>可能导致后果</td><td>七级设备事件</td><td>事件依据</td><td>《国家电网有限公司安全事故调查规程》4.3.7.5</td><td>标准依据</td><td colspan="3">《立式水轮发电机检修技术规程》（DL/T 817—2014）10.4</td></tr>
<tr><td rowspan="2">市级评估</td><td>评估等级</td><td>一般隐患</td><td>评估负责人</td><td>×××</td><td>评估负责人签字日期</td><td colspan="3">2022-02-05</td></tr>
<tr><td>可能导致后果</td><td colspan="7">七级设备事件</td></tr>
<tr><td rowspan="6">治理</td><td>实际治理完成日期</td><td>2022-02-12</td><td>治理责任单位</td><td>××分场</td><td>治理责任人</td><td colspan="3">×××</td></tr>
<tr><td>治理方式</td><td>措施</td><td>治理期限</td><td>2022-02-05 至 2022-03-05</td><td>是否纳入项目储备</td><td>否</td><td>项目储备是否审批</td><td>否</td></tr>
<tr><td>治理措施</td><td colspan="7">1. #4 机组停机，接力器锁定投入。
2. 关闭#4 机组制动供气总阀 4401。
3. 更换#4 机#12 制动器用气金属软管。</td></tr>
<tr><td>防控措施</td><td colspan="7">1. 加强对#4 机发电机制动器金属连接软管检查。
2. 将#4 发电机#12 制动器金属连接软管破损漏气缺陷汇报机械分场和运检部。
3. 制定《#4 发电机#12 制动器金属连接软管破损漏气隐患治理方案》。
4. 准备#4 机#12 制动器金属连接软管破损漏气治理需要的工具和材料。</td></tr>
<tr><td>治理完成情况</td><td colspan="7">2022 年××月××日，××分场××班更换了#4 发电机#12 制动器的金属连接软管，该制动器气管路不再漏气，满足设备安全运行要求。现申请运检部对该隐患治理完成情况进行现场验收。</td></tr>
<tr><td>治理计划资金（万元）</td><td colspan="2">××</td><td>累计投入资金（万元）</td><td colspan="4">××</td></tr>
<tr><td rowspan="3">验收</td><td>验收组织单位</td><td colspan="2">国网××发电公司运检部</td><td>验收负责人</td><td colspan="4">×××</td></tr>
<tr><td>验收负责人签字日期</td><td colspan="2">2022-02-12</td><td>是否消除</td><td colspan="4">是</td></tr>
<tr><td>验收结论</td><td colspan="7">隐患已治理，符合设备安全管理要求，同意销号。</td></tr>
</table>

8.6.4 接力器排油方块管路接头焊缝渗油

一般隐患排查治理档案表

××××年度　　　　　　　　　　　　　　　　　　　　　　　　国网××发电公司

<table>
<tr><td rowspan="7">发现</td><td>隐患简题</td><td colspan="6">国网××发电公司××月××日#4 机副接力器排油方块管路接头焊缝渗油可能导致调速系统运行不稳定的安全隐患。</td></tr>
<tr><td>隐患编号</td><td>国网××发电公司 2022××××</td><td>隐患所在单位</td><td>国网××发电公司</td><td>隐患来源</td><td colspan="2">日常排查</td></tr>
<tr><td>隐患分类</td><td>水电及新能源</td><td>专业子类</td><td>水电</td><td>隐患性质</td><td colspan="2">设备类</td></tr>
<tr><td>电压等级</td><td>—</td><td>归属职能部门</td><td colspan="4">运检部</td></tr>
<tr><td>发现人</td><td>×××</td><td>发现人单位</td><td>国网××发电公司××分场××班</td><td>发现日期</td><td colspan="2">2022-02-05</td></tr>
<tr><td>事故隐患内容</td><td colspan="6">国网××发电公司××分场××班在巡回中发现：#4 机副接力器排油方块管路接头焊缝渗油安全隐患，不符合《水轮机调节系统及装置运行与检修规程》（DL/T 792—2013）6.2.1　调速器巡检规定：“g）调速器各阀件、管路无渗漏，阀件、限位螺杆及锁紧螺母位置正确。”若不及时处理会危及调速器的安全稳定运行。依据《国家电网有限公司安全事故调查规程》（2021 年版）4.3.7.5：“发电机组非计划停止运行或停止备用 24h 以上”，构成七级设备事件。</td></tr>
<tr><td>可能导致后果</td><td>七级设备事件</td><td>事件依据</td><td>《国家电网有限公司安全事故调查规程》（2021 年版）4.3.7.5</td><td>标准依据</td><td colspan="2">《水轮机调节系统及装置运行与检修规程》（DL/T 792—2013）6.2.1</td></tr>
<tr><td rowspan="2">市级评估</td><td>评估等级</td><td>一般隐患</td><td>评估负责人</td><td>×××</td><td>评估负责人签字日期</td><td colspan="2">2022-02-05</td></tr>
<tr><td>可能导致后果</td><td colspan="6">七级设备事件</td></tr>
<tr><td rowspan="7">治理</td><td>实际治理完成日期</td><td>2022-02-12</td><td>治理责任单位</td><td>××分场</td><td>治理责任人</td><td colspan="3">×××</td></tr>
<tr><td>治理方式</td><td>措施</td><td>治理期限</td><td>2022-02-05 至 2022-03-05</td><td>是否纳入项目储备</td><td>否</td><td>项目储备是否审批</td><td>否</td></tr>
<tr><td>治理措施</td><td colspan="7">1. #4 机组停机，引水钢管排水排压。
2. #4 机组调速系统排压排油。
3. 补焊#4 机副接力器前腔排油方块接头焊缝。
4. 给#4 机组调速系统充油充压检查无渗漏。</td></tr>
<tr><td>防控措施</td><td colspan="7">1. 加强巡回监测，及时联系调度停#4 机。
2. 做好漏油收集工作，防止污染环境。
3. 做好#4 机副接力器前腔排油方块管路接头焊缝渗油处理前的现场勘察工作。
4. 编制《#4 机副接力器前腔排油方块管路接头焊缝渗油隐患治理方案》。
5. 做好#4 机副接力器前腔排油方块管路接头焊缝渗油隐患治理材料、工器具的准备工作。</td></tr>
<tr><td>治理完成情况</td><td colspan="7">2022 年××月××日，由××班负责实施治理#4 机副接力器前腔排油方块接头焊缝渗油部位已补焊，经试验不渗油，满足设备安全运行要求，现申请对该隐患治理完成情况进行现场验收。</td></tr>
<tr><td>治理计划资金（万元）</td><td colspan="2">××</td><td colspan="2">累计投入资金（万元）</td><td colspan="3">××</td></tr>
<tr><td rowspan="3">验收</td><td>验收组织单位</td><td colspan="2">国网××发电公司运检部</td><td colspan="2">验收负责人</td><td colspan="3">×××</td></tr>
<tr><td>验收负责人签字日期</td><td colspan="2">2022-02-12</td><td colspan="2">是否消除</td><td colspan="3">是</td></tr>
<tr><td>验收结论</td><td colspan="7">隐患已治理，符合设备安全管理要求，同意销号。</td></tr>
</table>

8.6.5 消防雨淋阀

一般隐患排查治理档案表

××××年度　　　　国网××发电公司

发现	隐患简题	国网××发电公司××月××日#3 主变压器消防水压力降低至 0.3MPa（正常值 0.5MPa），消防雨淋阀 3YLF1 可能存在内漏的安全隐患。						
	隐患编号	国网××发电公司 2022××××	隐患所在单位	国网××发电公司	隐患来源	日常排查		
	隐患分类	水电及新能源	专业子类	水电	隐患性质	设备类		
	电压等级	—	归属职能部门	运检部				
	发现人	×××	发现人单位	国网××发电公司××分场××班	发现日期	2022-02-05		
	事故隐患内容	**国网××发电公司××分场××班在巡回时发现：**#3 主变压器消防水压力降低（0.3MPa），正常压力值应为 0.5MPa。经分析认为#3 主变压器消防雨淋阀 3YLF1 可能存在内漏，当主变压器着火时，可能导致灭火效率降低的安全隐患，违反《电力设备典型消防规程》（DL 5027—2015）13.2.2：“消防水系统应符合必须在任何情况下保证消防供水且压力符合消防灭火要求。”依据《国家电网有限公司安全事故调查规程》（2021 年版）4.3.7.12“220kV 以下变电站（换流站）以及发电厂的火灾自动报警系统、固定自动灭火系统［如水（泡沫）喷雾灭火系统、排油注氮灭火系统等］、消防供水系统等，在发生火灾火警时无法正常使用”，构成七级设备事件。						
	可能导致后果	七级设备事件	事件依据	《国家电网有限公司安全事故调查规程》（2021 年版）4.3.7.12	标准依据	《电力设备典型消防规程》（DL 5027—2015）13.2.2		
市级评估	评估等级	一般隐患	评估负责人	×××	评估负责人签字日期	2022-02-05		
	可能导致后果	七级设备事件						
治理	实际治理完成日期	2022-02-12	治理责任单位	××分场	治理责任人	×××		
	治理方式	措施	治理期限	2022-02-05 至 2022-03-05	是否纳入项目储备	否	项目储备是否审批	否
	治理措施	1. 关闭#3 主变压器消防雨淋阀前供水阀。 2. 打开#3 主变压器消防雨淋阀处排水排压。 3. 分解校正#3 主变压器消防雨淋阀 3YLF1 内部挡板。 4. 校正后通水试验正常，消防水压力恢复至 0.5MPa。经多次检查压力符合要求（无内漏）。						
	防控措施	1. 加强滤水器室#3 主变压器消防雨淋阀 3YLF1 巡回检查，#3 主变压器消防雨淋阀 3YLF1 内漏隐患及时汇报机械分场和运检部。 2. 做好#3 主变压器消防雨淋阀 3YLF1 内漏处理前的现场勘察工作。 3. 编写《#3 主变压器消防雨淋阀 3YLF1 内漏安全隐患治理方案》。 4. 做好#3 主变压器消防雨淋阀 3YLF1 内漏隐患处理的工具及材料准备。						
	治理完成情况	2022 年××月××日，由××班对#3 主变压器消防雨淋阀 3YLF1 内部挡板部件校正，经通水试验不再内漏，压力恢复至正常值：0.5MPa。满足消防安全运行要求。现申请运检部对该隐患治理完成情况进行现场验收。						
	治理计划资金（万元）	××		累计投入资金（万元）	××			
验收	验收组织单位	国网××发电公司运检部		验收负责人	×××			
	验收负责人签字日期	2022-02-12		是否消除	是			
	验收结论	隐患已治理，符合消防设备安全管理要求，同意销号。						

8.6.6 拐臂叉头销锁紧螺母松动

一般隐患排查治理档案表

××××年度　　　　　　　　　　　　　　　　　　　　　　　　　　　　　　　　国网××发电公司

<table>
<tr><td rowspan="7">发现</td><td>隐患简题</td><td colspan="8">国网××发电公司××月××日#3 水轮机#1 拐臂叉头销锁紧螺母松动，可能造成机组非计划停运的安全隐患。</td></tr>
<tr><td>隐患编号</td><td>国网××发电公司 2022××××</td><td>隐患所在单位</td><td>国网××发电公司</td><td>隐患来源</td><td colspan="4">日常排查</td></tr>
<tr><td>隐患分类</td><td>水电及新能源</td><td>专业子类</td><td>水电</td><td>隐患性质</td><td colspan="4">设备类</td></tr>
<tr><td>电压等级</td><td>—</td><td>归属职能部门</td><td colspan="6">运检部</td></tr>
<tr><td>发现人</td><td>×××</td><td>发现人单位</td><td>国网××发电公司××分场××班</td><td>发现日期</td><td colspan="4">2022-02-05</td></tr>
<tr><td>事故隐患内容</td><td colspan="8">国网××发电公司××分场××班在巡回中发现：#3 水轮机#1 拐臂叉头销锁紧螺母松动，可能造成机组非计划停运。不符合《国家电网公司水电厂重大反事故措施》（2021 年版）5.4.5：“应定期检查导水机构和进水阀操作机构等活动部件连接螺栓或传动销钉，防止松脱。应定期检查水轮机高振动区域管路连接部位，水轮机高振动区域避免使用卡套接头。”依照《国家电网有限公司安全事故调查规程》（2021 年版）4.3.7.5：“发电机组非计划停止运行或停止备用超过 24h 以上”，构成七级设备事件。</td></tr>
<tr><td>可能导致后果</td><td>七级设备事件</td><td>事件依据</td><td>《国家电网有限公司安全事故调查规程》（2021 年版）4.3.7.5</td><td>标准依据</td><td colspan="4">《国家电网公司水电厂重大反事故措施》（2021 年版）5.4.5</td></tr>
<tr><td rowspan="2">市级评估</td><td>评估等级</td><td>一般隐患</td><td>评估负责人</td><td>×××</td><td>评估负责人签字日期</td><td colspan="4">2022-02-05</td></tr>
<tr><td>可能导致后果</td><td colspan="8">七级设备事件</td></tr>
<tr><td rowspan="7">治理</td><td>实际治理完成日期</td><td>2022-02-12</td><td>治理责任单位</td><td>××分场</td><td>治理责任人</td><td colspan="4">×××</td></tr>
<tr><td>治理方式</td><td>措施</td><td>治理期限</td><td>2022-02-05 至 2022-03-05</td><td>是否纳入项目储备</td><td>否</td><td colspan="2">项目储备是否审批</td><td>否</td></tr>
<tr><td>治理措施</td><td colspan="8">1. #3 机组停机，接力器锁定投入。
2. 对#3 水轮机#1 拐臂叉头销锁紧螺母用扳手紧固，并使用铁丝对所有 24 个锁紧螺母捆绑限位。</td></tr>
<tr><td>防控措施</td><td colspan="8">1. 加强巡回检查，监视#3 水轮机#1 拐臂叉头销锁紧螺母情况，及时将该隐患汇报机械分场和运检部。
2. 对#3 水轮机其他拐臂叉头销锁紧螺母进行检查，防止类似隐患发生。
3. 编制《#3 水轮机#1 拐臂叉头销锁紧螺母松动的安全隐患治理方案》。
4. 做好#3 水轮机#1 拐臂叉头销锁紧螺母松动检查处理的工器具准备。</td></tr>
<tr><td>治理完成情况</td><td colspan="8">2022 年××月××日，由××班对#3 水轮机#1 拐臂叉头销锁紧螺母紧固，对 24 个锁紧螺母绑定限位，经检查无松动，满足设备安全运行要求。现申请运检部对该隐患治理完成情况进行现场验收。</td></tr>
<tr><td>治理计划资金（万元）</td><td colspan="2">××</td><td>累计投入资金（万元）</td><td colspan="5">××</td></tr>
<tr><td rowspan="3">验收</td><td>验收组织单位</td><td colspan="2">国网××发电公司运检部</td><td>验收负责人</td><td colspan="5">×××</td></tr>
<tr><td>验收负责人签字日期</td><td colspan="2">2022-02-12</td><td>是否消除</td><td colspan="5">是</td></tr>
<tr><td>验收结论</td><td colspan="8">隐患已治理，符合设备安全管理要求，同意销号。</td></tr>
</table>

8.6.7 阀门弯头锈蚀严重

一般隐患排查治理档案表

×××年度　　　　　　　　　　　　　　　　　　　　　　　　国网××发电公司

<table>
<tr><td rowspan="8">发现</td><td>隐患简题</td><td colspan="7">国网××发电公司××月××日#2 机水机层技术供水系统上游侧阀门弯头锈蚀严重，有沙孔和渗漏水的安全隐患。</td></tr>
<tr><td>隐患编号</td><td>国网××发电公司 2022××××</td><td>隐患所在单位</td><td>国网××发电公司</td><td>隐患来源</td><td colspan="3">日常排查</td></tr>
<tr><td>隐患分类</td><td>水电及新能源</td><td>专业子类</td><td>水电</td><td>隐患性质</td><td colspan="3">设备类</td></tr>
<tr><td>电压等级</td><td>—</td><td>归属职能部门</td><td colspan="5">运检部</td></tr>
<tr><td>发现人</td><td>×××</td><td>发现人单位</td><td>国网××发电公司××分场××班</td><td>发现日期</td><td colspan="3">2022-02-05</td></tr>
<tr><td>事故隐患内容</td><td colspan="7">2022 年××月××日××班×××发现：#2 机水机层技术供水系统上游侧阀门弯头锈蚀严重有渗漏水，经除锈检查有沙孔。不符合《阀门的检验和试验》（GB/T 26480—2011）6.1.1：“在阀门壳体和任何固定的阀体连接等处，均不允许有可见渗漏。”如果不及时处理，漏水量有可能进一步增大，危及下层电气设备安全运行。依据《国家电网有限公司安全事故调查规程》（2021 年版）4.3.7.1：“造成 10 万元以上 20 万元以下直接经济损失者”，为七级设备事件。</td></tr>
<tr><td>可能导致后果</td><td>七级设备事件</td><td>事件依据</td><td>《国家电网有限公司安全事故调查规程》（2021 年版）4.3.7.1</td><td>标准依据</td><td colspan="3">《阀门的检验和试验》（GB/T 26480—2011）6.1.1</td></tr>
<tr><td rowspan="2">市级评估</td><td>评估等级</td><td>一般隐患</td><td>评估负责人</td><td>×××</td><td>评估负责人签字日期</td><td colspan="3">2022-02-05</td></tr>
<tr><td>可能导致后果</td><td colspan="7">七级设备事件</td></tr>
<tr><td rowspan="7">治理</td><td>实际治理完成日期</td><td>2022-02-12</td><td>治理责任单位</td><td>××分场</td><td>治理责任人</td><td colspan="3">×××</td></tr>
<tr><td>治理方式</td><td>措施</td><td>治理期限</td><td>2022-02-05 至 2022-03-05</td><td>是否纳入项目储备</td><td>否</td><td>项目储备是否审批</td><td>否</td></tr>
<tr><td>治理措施</td><td colspan="7">1. 停#2 机组，关闭技术供水总阀。
2. 更换#2 机水机层技术供水系统上游侧阀门弯头。
3. #2 机组水机层技术供水管路通水试验，观察无渗漏。</td></tr>
<tr><td>防控措施</td><td colspan="7">1. 将#2 机水机层技术供水系统上游侧阀门弯头锈蚀严重情况向机械分场、运维检修部汇报。
2. 做好#2 机水机层技术供水系统上游侧阀门弯头锈蚀情况持续检查。
3. 编写《#2 机水机层技术供水系统上游侧阀门弯头锈蚀严重安全隐患治理方案》。
4. 做好#2 机水机层技术供水系统上游侧阀门弯头锈蚀严重安全隐患治理的前期工具材料准备。</td></tr>
<tr><td>治理完成情况</td><td colspan="7">2022 年××月××日，××分场××班对#2 机水机层技术供水系统上游侧阀门弯头进行更换，经试验阀门无渗漏，满足设备安全运行要求。现申请运检部对该隐患治理完成情况进行验收。</td></tr>
<tr><td>治理计划资金（万元）</td><td colspan="2">××</td><td>累计投入资金（万元）</td><td colspan="4">××</td></tr>
<tr style="display:none"></tr>
<tr><td rowspan="3">验收</td><td>验收组织单位</td><td colspan="2">国网××发电公司运检部</td><td>验收负责人</td><td colspan="4">×××</td></tr>
<tr><td>验收负责人签字日期</td><td colspan="2">2022-02-12</td><td>是否消除</td><td colspan="4">是</td></tr>
<tr><td>验收结论</td><td colspan="7">隐患已治理，符合设备安全管理要求，同意销号。</td></tr>
</table>

8.6.8 泄洪道溢流面气蚀严重

一般隐患排查治理档案表

××××年度　　　　　　　　　　　　　　　　　　　　　　　　　　　　　国网××发电公司

<table>
<tr><td rowspan="7">发现</td><td>隐患简题</td><td colspan="7">国网××发电公司××月××日#4 表孔泄洪道溢流面气蚀严重的安全隐患。</td></tr>
<tr><td>隐患编号</td><td>国网××发电公司 2022××××</td><td>隐患所在单位</td><td>国网××发电公司</td><td>隐患来源</td><td colspan="3">日常排查</td></tr>
<tr><td>隐患分类</td><td>水电及新能源</td><td>专业子类</td><td>水电</td><td>隐患性质</td><td colspan="3">设备类</td></tr>
<tr><td>电压等级</td><td>—</td><td>归属职能部门</td><td colspan="5">运检部</td></tr>
<tr><td>发现人</td><td>×××</td><td>发现人单位</td><td>国网××发电公司××分场××班</td><td>发现日期</td><td colspan="3">2022-02-05</td></tr>
<tr><td>事故隐患内容</td><td colspan="7">国网××发电公司××分场××班在大坝设施巡查过程中发现：#4 表孔泄洪道溢流面气蚀严重安全隐患。不符合《水电厂水工建筑物评级标准》四、泄洪及排沙建筑物（2）“泄洪排沙建筑物衬砌和溢流面平整光滑，并能满足强度、抗冲、耐磨、抗冻、抗渗等要求。流态平整、无严重气蚀。”如果得不到及时修补处理，气蚀面积将进一步加大，危及坝体安全。依据《国家电网有限公司安全事故调查规程》（2021 年版）4.3.7.1：“造成 10 万元以上 20 万元以下直接经济损失者”，为七级设备事件。</td></tr>
<tr><td>可能导致后果</td><td>七级设备事件</td><td>事件依据</td><td>《国家电网有限公司安全事故调查规程》（2021 年版）4.3.7.1</td><td>标准依据</td><td colspan="3">《水电厂水工建筑物评级标准》四</td></tr>
<tr><td rowspan="2">市级评估</td><td>评估等级</td><td>一般隐患</td><td>评估负责人</td><td>×××</td><td>评估负责人签字日期</td><td colspan="3">2022-02-05</td></tr>
<tr><td>可能导致后果</td><td colspan="7">七级设备事件</td></tr>
<tr><td rowspan="7">治理</td><td>实际治理完成日期</td><td>2022-02-12</td><td>治理责任单位</td><td>××分场</td><td>治理责任人</td><td colspan="3">×××</td></tr>
<tr><td>治理方式</td><td>措施</td><td>治理期限</td><td>2022-02-05 至 2022-03-05</td><td>是否纳入项目储备</td><td>否</td><td>项目储备是否审批</td><td>否</td></tr>
<tr><td>治理措施</td><td colspan="7">1. 在溢流面搭设钢架子。
2. 用环氧砂浆对气蚀面进行修补。</td></tr>
<tr><td>防控措施</td><td colspan="7">1. #4 表孔孔启闭机动力电源关闭。
2. 做好预防高空坠落措施。
3. 做好防止机械伤害防护措施。
4. 设立安全防护网和围栏。
5. 制定隐患治理方案，及时处理气蚀。</td></tr>
<tr><td>治理完成情况</td><td colspan="7">2022 年××月××日，由××班负责实施治理安全隐患#4 表孔泄洪道溢流面气蚀隐患已修补处理完毕。经现场检查验收，满足安全运行要求。现申请运检部对该隐患治理完成情况进行验收。</td></tr>
<tr><td>治理计划资金（万元）</td><td colspan="2">××</td><td>累计投入资金（万元）</td><td colspan="4">××</td></tr>
<tr><td rowspan="3">验收</td><td>验收组织单位</td><td colspan="2">国网××发电公司运检部</td><td>验收负责人</td><td colspan="4">×××</td></tr>
<tr><td>验收负责人签字日期</td><td colspan="2">2022-02-12</td><td>是否消除</td><td colspan="4">是</td></tr>
<tr><td>验收结论</td><td colspan="7">隐患已治理，符合设备设施安全管理要求，同意销号。</td></tr>
</table>

8.6.9 电站大坝下游边坡滑塌

一般隐患排查治理档案表

××××年度

国网××发电公司

<table>
<tr><td rowspan="7">发现</td><td>隐患简题</td><td colspan="7">国网××发电公司××月××日电站大坝下游左岸边坡滑塌，危及行人和过往车辆的安全隐患。</td></tr>
<tr><td>隐患编号</td><td>国网××发电公司 2022××××</td><td>隐患所在单位</td><td>国网××发电公司</td><td>隐患来源</td><td colspan="3">日常排查</td></tr>
<tr><td>隐患分类</td><td>水电及新能源</td><td>专业子类</td><td>水电</td><td>隐患性质</td><td colspan="3">设施类</td></tr>
<tr><td>电压等级</td><td>—</td><td>归属职能部门</td><td colspan="5">运检部</td></tr>
<tr><td>发现人</td><td>×××</td><td>发现人单位</td><td>国网××发电公司××分场××班</td><td>发现日期</td><td colspan="3">2022-02-05</td></tr>
<tr><td>事故隐患内容</td><td colspan="7">国网××发电公司××分场××班在岸坡巡查检查过程中发现：电站左岸边坡滑塌，危及行人和过往车辆安全。此隐患不符合《国网水电站水工设施运行维护导则》第一部分 7.5.2：“边坡有坍塌或滑动危险时，应进行危岩体清除、削坡或设挡墙或锚固阻滑等防护措施。”依据《国家电网有限公司安全事故调查规程》（2021 年版）4.1.2.7：“无人员死亡和重伤，但造成 3 人以上 5 人以下轻伤者”构成七级人身事件。</td></tr>
<tr><td>可能导致后果</td><td>七级人身事件</td><td>事件依据</td><td>《国家电网有限公司安全事故调查规程》（2021 年版）4.1.2.7</td><td>标准依据</td><td colspan="3">《国网水电站水工设施运行维护导则》第一部分 7.5.2</td></tr>
<tr><td rowspan="2">市级评估</td><td>评估等级</td><td>一般隐患</td><td>评估负责人</td><td>×××</td><td>评估负责人签字日期</td><td colspan="3">2022-02-05</td></tr>
<tr><td>可能导致后果</td><td colspan="7">七级人身事件</td></tr>
<tr><td rowspan="7">治理</td><td>实际治理完成日期</td><td>2022-02-15</td><td>治理责任单位</td><td>××分场</td><td>治理责任人</td><td colspan="3">×××</td></tr>
<tr><td>治理方式</td><td>措施</td><td>治理期限</td><td>2022-02-05 至 2022-03-05</td><td>是否纳入项目储备</td><td>否</td><td>项目储备是否审批</td><td>否</td></tr>
<tr><td>治理措施</td><td colspan="7">1. 现场设立防护栏，在防护栏醒目处挂“行人和车辆禁止通行”警示牌。
2. 采用水泥锚桩对滑坡体进行加固。</td></tr>
<tr><td>防控措施</td><td colspan="7">1. 现场搭建隔离护栏。
2. 悬挂护网。
3. 设置安全警示牌。
4. 做好危险点分析预控措施。
5. 制定治理方案，及时对滑坡进行处理。</td></tr>
<tr><td>治理完成情况</td><td colspan="7">2022 年××月××日，由××班负责实施治理安全隐患电站大坝下游左岸边坡滑塌，经水泥锚桩加固处理后，满足高边坡安全要求。现申请验收组对该隐患治理完成情况进行现场验收。</td></tr>
<tr><td>治理计划资金（万元）</td><td colspan="2">××</td><td>累计投入资金（万元）</td><td colspan="4">××</td></tr>
<tr><td rowspan="3">验收</td><td>验收组织单位</td><td colspan="2">国网××发电公司运检部</td><td>验收负责人</td><td colspan="4">×××</td></tr>
<tr><td>验收负责人签字日期</td><td colspan="2">2022-02-15</td><td>是否消除</td><td colspan="4">是</td></tr>
<tr><td>验收结论</td><td colspan="7">隐患已治理，符合设备设施安全管理要求，同意销号。</td></tr>
</table>

8.6.10　尾水管裂纹

一般隐患排查治理档案表

××××年度　　　　　　　　　　　　　　　　　　　　　　　　　　　　　　国网××发电公司

<table>
<tr><td rowspan="7">发现</td><td>隐患简题</td><td colspan="7">国网××发电公司××月××日#2 机组尾水管裂纹的安全隐患。</td></tr>
<tr><td>隐患编号</td><td>国网××发电公司 2022××××</td><td>隐患所在单位</td><td>国网××发电公司</td><td>隐患来源</td><td colspan="3">定检</td></tr>
<tr><td>隐患分类</td><td>水电及新能源</td><td>专业子类</td><td>水电</td><td>隐患性质</td><td colspan="3">设备类</td></tr>
<tr><td>电压等级</td><td>—</td><td>归属职能部门</td><td colspan="5">运检部</td></tr>
<tr><td>发现人</td><td>×××</td><td>发现人单位</td><td>国网××发电公司××分场××班</td><td>发现日期</td><td colspan="3">2022-02-05</td></tr>
<tr><td>事故隐患内容</td><td colspan="7">国网××发电公司××分场××班在#2 机组大修中发现：#2 机组尾水管裂纹安全隐患。不符合《水轮机运行规程》（DL/T 710—2018）8.2.3.3：“压力钢管、蜗壳（配水环管）、尾水管的排水阀全关且无漏水。”若不及时处理，可能造成#2 机尾水管漏水，引起#2 机组非计划停止运行或备用。依照《国家电网有限公司安全事故调查规程》（2021 年版）4.3.7.5：“发电机组（含调相机组）非计划停止运行或停止备用 24h 以上”，为七级设备事件。</td></tr>
<tr><td>可能导致后果</td><td>七级设备事件</td><td>事件依据</td><td>《国家电网有限公司安全事故调查规程》（2021 年版）4.3.7.5</td><td>标准依据</td><td colspan="3">《水轮机运行规程》（DL/T 710—2018）8.2.3.3</td></tr>
<tr><td rowspan="2">市级评估</td><td>评估等级</td><td>一般隐患</td><td>评估负责人</td><td>×××</td><td>评估负责人签字日期</td><td colspan="3">2022-02-05</td></tr>
<tr><td>可能导致后果</td><td colspan="7">七级设备事件</td></tr>
<tr><td rowspan="6">治理</td><td>实际治理完成日期</td><td>2022-02-15</td><td>治理责任单位</td><td>××分场</td><td>治理责任人</td><td colspan="3">×××</td></tr>
<tr><td>治理方式</td><td>措施</td><td>治理期限</td><td>2022-02-05 至 2022-03-05</td><td>是否纳入项目储备</td><td>否</td><td>项目储备是否审批</td><td>否</td></tr>
<tr><td>治理措施</td><td colspan="7">1. 联系调度停#2 机。
2. 落#2 机快速门、检修门、尾水门。
3. 引水钢管、尾水管排水排压。
4. 顶起引水钢管、尾水管盘型阀排水。
5. 打开尾水管进人孔。
6. 打磨补焊裂纹（进入前照明充分、通风良好、检测无有毒、有害气体）。</td></tr>
<tr><td>防控措施</td><td colspan="7">1. 将#2 机尾水管裂纹情况及时汇报分场和运检部。
2. 做好处理#2 机尾水管裂纹的现场勘察工作。
3. 编制《#2 机尾水管裂纹安全隐患治理方案》。
4. 对#2 机尾水管裂纹进行处理。</td></tr>
<tr><td>治理完成情况</td><td colspan="7">2022 年××月××日，由××班对#2 机组尾水管裂纹进行打磨、补焊。经现场检查验收合格，满足设备安全运行要求。现申请运检部对该隐患治理完成情况进行验收。</td></tr>
<tr><td>治理计划资金（万元）</td><td colspan="2">××</td><td>累计投入资金（万元）</td><td colspan="4">××</td></tr>
<tr><td rowspan="3">验收</td><td>验收组织单位</td><td colspan="2">国网××发电公司运检部</td><td>验收负责人</td><td colspan="4">×××</td></tr>
<tr><td>验收负责人签字日期</td><td colspan="2">2022-02-15</td><td>是否消除</td><td colspan="4">是</td></tr>
<tr><td>验收结论</td><td colspan="7">隐患已治理，符合设备安全管理要求，同意销号。</td></tr>
</table>

8.6.11 尾水门机主钩制动抱闸抱不紧

一般隐患排查治理档案表

××××年度　　　　　　　　　　　　　　　　　　　　　　　　　　　　　　国网××发电公司

<table>
<tr><td rowspan="7">发现</td><td>隐患简题</td><td colspan="7">国网××发电公司××月××日尾水门机主钩制动抱闸抱不紧，危及设备、设施安全的安全隐患。</td></tr>
<tr><td>隐患编号</td><td>国网××发电公司 2022××××</td><td>隐患所在单位</td><td>国网××发电公司</td><td>隐患来源</td><td colspan="3">日常排查</td></tr>
<tr><td>隐患分类</td><td>特种设备</td><td>专业子类</td><td>发电</td><td>隐患性质</td><td colspan="3">特种设备类</td></tr>
<tr><td>电压等级</td><td>—</td><td>归属职能部门</td><td colspan="5">运检部</td></tr>
<tr><td>发现人</td><td>×××</td><td>发现人单位</td><td>国网××发电公司××分场××班</td><td>发现日期</td><td colspan="3">2022-02-05</td></tr>
<tr><td>事故隐患内容</td><td colspan="7">国网××发电公司××分场××班在巡回中发现：尾水门机主钩制动抱闸抱不紧，危及设备、设施安全。不符合《国家电网公司水电厂重大反事故措施》1.5.2.4：“使用行车、卷扬机、手拉葫芦等起重机械前，应检查传动、刹车装置及安全防护装置是否正常。禁止作业人员在手拉葫芦正下方操作。吊物需长时间停空时，下面需设垫物支撑。”依据《国家电网有限公司安全事故调查规程》（2021 年版）4.3.7.6（1）：“起重机械、运输机械、牵张机械、大型基础施工机械严重故障。”构成七级设备事件。</td></tr>
<tr><td>可能导致后果</td><td>七级设备事件</td><td>事件依据</td><td>《国家电网有限公司安全事故调查规程》（2021 年版）4.3.7.6</td><td>标准依据</td><td colspan="3">《国家电网公司水电厂重大反事故措施》1.5.2.4</td></tr>
<tr><td rowspan="2">市级评估</td><td>评估等级</td><td>一般隐患</td><td>评估负责人</td><td>×××</td><td>评估负责人签字日期</td><td colspan="3">2022-02-05</td></tr>
<tr><td>可能导致后果</td><td colspan="7">七级设备事件</td></tr>
<tr><td rowspan="7">治理</td><td>实际治理完成日期</td><td>2022-02-12</td><td>治理责任单位</td><td>××分场</td><td>治理责任人</td><td colspan="3">×××</td></tr>
<tr><td>治理方式</td><td>措施</td><td>治理期限</td><td>2022-02-05 至 2022-03-05</td><td>是否纳入项目储备</td><td>否</td><td>项目储备是否审批</td><td>否</td></tr>
<tr><td>治理措施</td><td colspan="7">1. 拆除旧制动抱闸。
2. 安装新制动抱闸。
3. 新制动抱闸经调试制动可靠。</td></tr>
<tr><td>防控措施</td><td colspan="7">1. 断开尾水门机动力电源。
2. 门机操作把手放“切”位。
3. 悬挂“有人工作、禁止操作”标识牌。
4. 对尾水门机主钩制动抱闸治理现场进行现场勘察。
5. 制定治理实施方案进行治理。</td></tr>
<tr><td>治理完成情况</td><td colspan="7">2022 年××月××日，由××班负责实施治理安全隐患尾水门机主钩制动抱闸抱不紧已完成制动器整体更换，经调试合格，满足设备安全运行要求。现申请运检部对该隐患治理完成情况进行现场验收。</td></tr>
<tr><td>治理计划资金（万元）</td><td colspan="2">××</td><td colspan="2">累计投入资金（万元）</td><td colspan="3">××</td></tr>
<tr><td rowspan="3">验收</td><td>验收组织单位</td><td colspan="2">国网××发电公司运检部</td><td colspan="2">验收负责人</td><td colspan="3">×××</td></tr>
<tr><td>验收负责人签字日期</td><td colspan="2">2022-02-12</td><td colspan="2">是否消除</td><td colspan="3">是</td></tr>
<tr><td>验收结论</td><td colspan="7">隐患已治理，符合特种设备安全管理要求，同意销号。</td></tr>
</table>

8.6.12 电源未设置独立开关

一般隐患排查治理档案表

××××年度　　　　国网××发电公司

<table>
<tr><td rowspan="8">发现</td><td>隐患简题</td><td colspan="7">国网××发电公司××月××日 110kV 1101 开关间隔隔刀（地刀）电机电源未设置独立开关的安全隐患。</td></tr>
<tr><td>隐患编号</td><td>国网××发电公司 2023××××</td><td>隐患所在单位</td><td>国网××发电公司</td><td>隐患来源</td><td colspan="3">日常排查</td></tr>
<tr><td>隐患分类</td><td>设备设施</td><td>专业子类</td><td>发电</td><td>隐患性质</td><td colspan="3">设备类</td></tr>
<tr><td>电压等级</td><td>110kV</td><td>归属职能部门</td><td colspan="5">运检部</td></tr>
<tr><td>发现人</td><td>×××</td><td>发现人单位</td><td>国网××发电公司××分场××班</td><td>发现日期</td><td colspan="3">2023-02-05</td></tr>
<tr><td>事故隐患内容</td><td colspan="7">××分场××班××同志巡回发现：110kV 1101 开关间隔隔刀（地刀）电机电源未设置独立开关，可能引起误操作。此隐患不符合《国家电网公司水电厂重大反事故措施》12.3.2：“同一间隔内的多台隔离开关的电机电源，在端子箱内应分别设置独立的开断设备”。依据《国家电网有限公司安全事故调查规程》（2021 年版）4.3.7.5：“发电机组非计划停止运行或停止备用 24h 以上”，构成七级设备事件。</td></tr>
<tr><td>可能导致后果</td><td>七级设备事件</td><td>事件依据</td><td>《国家电网有限公司安全事故调查规程》（2021 年版）4.3.7.5</td><td>标准依据</td><td colspan="3">《国家电网公司水电厂重大反事故措施》12.3.2</td></tr>
<tr><td colspan="8"></td></tr>
<tr><td rowspan="2">市级评估</td><td>评估等级</td><td>一般隐患</td><td>评估负责人</td><td>×××</td><td>评估负责人签字日期</td><td colspan="3">2023-02-05</td></tr>
<tr><td>可能导致后果</td><td colspan="7">七级设备事件</td></tr>
<tr><td rowspan="7">治理</td><td>实际治理完成日期</td><td>2022-02-12</td><td>治理责任单位</td><td>××分场</td><td>治理责任人</td><td colspan="3">×××</td></tr>
<tr><td>治理方式</td><td>措施</td><td>治理期限</td><td>2023-02-05 至 2023-03-05</td><td>是否纳入项目储备</td><td>否</td><td>项目储备是否审批</td><td>否</td></tr>
<tr><td>治理措施</td><td colspan="7">1. 查阅图纸资料并现场勘测，做好电源开关选型。
2. 及时联系订购备品，结合#2 机小修期间加装。
3. 完成电源独立性试验。</td></tr>
<tr><td>防控措施</td><td colspan="7">1. 及时向运维检修部汇报并编制处理方案。
2. 及时上报二级库购买开关备品，待#2 机组检修时加装独立开关、试验。
3. 运行人员操作 1101 间隔的隔刀（地刀）时要加强监护。</td></tr>
<tr><td>治理完成情况</td><td colspan="7">××月××日，××班对 110kV 1101 开关间隔隔刀（地刀）电机电源已加装独立的开断设备，电源独立性试验正常，满足系统设备安全运行（生产）要求。</td></tr>
<tr><td>治理计划资金（万元）</td><td colspan="2">××</td><td>累计投入资金（万元）</td><td colspan="4">××</td></tr>
<tr><td colspan="8"></td></tr>
<tr><td rowspan="3">验收</td><td>验收组织单位</td><td colspan="2">国网××发电公司运检部</td><td>验收负责人</td><td colspan="4">×××</td></tr>
<tr><td>验收负责人签字日期</td><td colspan="2">2023-02-12</td><td>是否消除</td><td colspan="4">是</td></tr>
<tr><td>验收结论</td><td colspan="7">隐患已治理，符合设备安全管理要求，同意销号。</td></tr>
</table>

8.6.13　主变压器强迫排水泵未配备两套非同原理水位控制仪

一般隐患排查治理档案表

××××年度　　　　国网××发电公司

<table>
<tr><td rowspan="8">发现</td><td>隐患简题</td><td colspan="7">国网××发电公司 2 月 5 日主变压器强迫排水泵未配备两套非同原理水位控制仪的安全隐患。</td></tr>
<tr><td>隐患编号</td><td>国网××发电公司 2019××××</td><td>隐患所在单位</td><td>国网××发电公司</td><td>隐患来源</td><td colspan="3">安全性评价</td></tr>
<tr><td>隐患分类</td><td>水电及新能源</td><td>专业子类</td><td>水电</td><td>隐患性质</td><td colspan="3">设备类</td></tr>
<tr><td>电压等级</td><td>400V</td><td>归属职能部门</td><td colspan="5">运检部</td></tr>
<tr><td>发现人</td><td>×××</td><td>发现人单位</td><td>国网××发电公司××分场××班</td><td>发现日期</td><td colspan="3">2019-02-05</td></tr>
<tr><td>事故隐患内容</td><td colspan="7">××班组在防汛设备设施检查中发现：主变压器强迫排水泵房控制系统水位装置未配备两套非同原理水位控制仪，排水泵启动抽水可靠性较差，不符合《国家电网公司水电厂重大反事故措施》3.2.1.2：“应配置两套不同原理的厂房集水井水位监测装置及水位过高报警装置信号。”依据《国家电网有限公司安全事故调查规程》（2021 年版）4.3.8.8（4）：“主要辅机和公用系统被迫停止运行或停止备用”，构成八级设备事件。</td></tr>
<tr><td>可能导致后果</td><td>八级设备事件</td><td>事件依据</td><td>《国家电网有限公司安全事故调查规程》（2021 年版）4.3.8.8</td><td>标准依据</td><td colspan="3">《国家电网公司水电厂重大反事故措施》3.2.1.2</td></tr>
<tr><td colspan="8"></td></tr>
<tr><td rowspan="2">市级评估</td><td>评估等级</td><td>一般隐患</td><td>评估负责人</td><td>×××</td><td>评估负责人签字日期</td><td colspan="3">2019-02-05</td></tr>
<tr><td>可能导致后果</td><td colspan="7">八级设备事件</td></tr>
<tr><td rowspan="6">治理</td><td>实际治理完成日期</td><td>2019-02-12</td><td>治理责任单位</td><td>××分场</td><td>治理责任人</td><td colspan="3">×××</td></tr>
<tr><td>治理方式</td><td>措施</td><td>治理期限</td><td>2019-02-05 至 2019-03-05</td><td>是否纳入项目储备</td><td>否</td><td>项目储备是否审批</td><td>否</td></tr>
<tr><td>治理措施</td><td colspan="7">1. 查阅图纸资料并现场勘测，做好水位仪选型。
2. 及时加装了一套浮球式水位控制仪并完成相关试验，彻底消除了隐患，满足主变压器泵房两套非同原理的水位控制仪的安全要求。</td></tr>
<tr><td>防控措施</td><td colspan="7">1. 加强主变压器强迫排水泵控制系统巡检、监视及维护检查工作，防止主变压器强迫排水控制系统水位控制仪不动作或水位显示故障。
2. 做好主变压器强迫排水泵系统故障的事故应急预案。
3. 制定《加装一套浮球式水位控制仪》实施方案。
4. 尽快加装一套浮子式水位控制仪，提高主变压器强迫排水泵水位仪的可靠性。</td></tr>
<tr><td>治理完成情况</td><td colspan="7">××分场××班于 2019 年××月××日已加装一套浮球式水位控制仪，经试验两套非同原理水位控制仪互为备用、主变压器强迫排水泵启动可靠，满足设备安全运行要求。现申请运检部对该隐患治理完成情况进行现场验收。</td></tr>
<tr><td>治理计划资金（万元）</td><td colspan="2">××</td><td>累计投入资金（万元）</td><td colspan="4">××</td></tr>
<tr><td rowspan="3">验收</td><td>验收组织单位</td><td colspan="2">国网××发电公司运检部</td><td>验收负责人</td><td colspan="4">×××</td></tr>
<tr><td>验收负责人签字日期</td><td colspan="2">2019-02-12</td><td>是否消除</td><td colspan="4">是</td></tr>
<tr><td>验收结论</td><td colspan="7">隐患已治理，符合设备安全管理要求，同意销号。</td></tr>
</table>

8.7 危险化学品

8.7.1 未制定应急处置方案

较大隐患排查治理档案表

××××年度　　　　　　　　　　　　　　　　　　　　　　　　　　　　　　国网××××公司

<table>
<tr><td rowspan="7">发现</td><td>隐患简题</td><td colspan="7">国网××供电公司3月6日新建110kV××变电站施工现场存在SF_6危化品但未制定现场应急处置方案的安全隐患。</td></tr>
<tr><td>隐患编号</td><td>国网××公司2023××××</td><td>隐患所在单位</td><td>国网××公司</td><td>隐患来源</td><td colspan="3">日常排查</td></tr>
<tr><td>隐患分类</td><td>危险化学品</td><td>专业子类</td><td>危险化学品</td><td>隐患性质</td><td colspan="3">管理类</td></tr>
<tr><td>电压等级</td><td>—</td><td>归属职能部门</td><td colspan="5">建设部</td></tr>
<tr><td>发现人</td><td>×××</td><td>发现人单位</td><td>国网××公司</td><td>发现日期</td><td colspan="3">2023-03-06</td></tr>
<tr><td>事故隐患内容</td><td colspan="7">在2023年3月6日公司日常排查中发现：新建110kV××变电站施工现场存在SF_6危化品但未制定现场处置方案的安全隐患。若不制定现场处置方案，现场有可能在发生危险化学品事故后，无法有效控制和防范蔓延扩大，造成人身事件。违反了《危险化学品重大危险源监督管理暂行规定》（国家安全生产监督管理总局令）第二十条：“配合地方人民政府安全生产监督管理部门制定所在地区涉及本单位的危险化学品事故应急预案”；《国家电网有限公司危险化学品安全管理办法》国网（安监/4）1104—2022（指导）第八条（七）：“组织编制危险化学品专项应急预案和现场处置方案，并定期开展演练，负责危险化学品安全事故应急处置工作”。依据《国家电网公司安全事故调查规程》（2021年版）4.1.2.4 一般人身事故（四级人身事件）：“一次事故造成3人以下死亡，或者10人以下重伤者”，可能构成一般人身事故（四级人身事件）。</td></tr>
<tr><td>可能导致后果</td><td>四级人身事件</td><td>事件依据</td><td>《国家电网有限公司安全事故调查规程》（2021年版）4.1.2.4</td><td>标准依据</td><td colspan="3">《危险化学品安全隐患排查标准》WH2211</td></tr>
<tr><td rowspan="2">市级评估</td><td>评估等级</td><td>较大隐患</td><td>评估负责人</td><td>×××</td><td>评估负责人签字日期</td><td colspan="3">2023-03-06</td></tr>
<tr><td>可能导致后果</td><td colspan="7">四级人身事件</td></tr>
<tr><td rowspan="6">治理</td><td>实际治理完成日期</td><td>2023-03-06</td><td>治理责任单位</td><td>建设部</td><td>治理责任人</td><td colspan="3">×××</td></tr>
<tr><td>治理方式</td><td>措施</td><td>治理期限</td><td>2023-03-06至2023-03-06</td><td>是否纳入项目储备</td><td>否</td><td>项目储备是否审批</td><td>否</td></tr>
<tr><td>治理措施</td><td colspan="7">向工程项目部下发《安全隐患整改通知单》，立即停工，立即组织制定危险化学品现场应急处置方案并经审批，同时开展演练，切实提高从业人员应急处置能力。</td></tr>
<tr><td>防控措施</td><td colspan="7">1. 未完成治理措施并经验收合格前，不得开工。
2. 及时组织开展危险化学品安全管理检查，发现类似问题立即整改。</td></tr>
<tr><td>治理完成情况</td><td colspan="7">2023年3月6日，××公司按规定立即停工并组织制定了危险化学品现场应急处置方案并履行了审批手续，同时组织开展了演练和危险化学品安全管理检查，无类似问题出现。现申请对该隐患治理完成情况进行验收。</td></tr>
<tr><td>治理计划资金（万元）</td><td colspan="2">××</td><td>累计投入资金（万元）</td><td colspan="4">××</td></tr>
<tr><td rowspan="3">验收</td><td>验收组织单位</td><td colspan="2">国网××公司</td><td>验收负责人</td><td colspan="4">×××</td></tr>
<tr><td>验收负责人签字日期</td><td colspan="2">2023-03-06</td><td>是否消除</td><td colspan="4">是</td></tr>
<tr><td>验收结论</td><td colspan="7">验收合格，治理措施已按要求实施，同意销号。</td></tr>
</table>

8.7.2　未张贴危化品告知牌

一般隐患排查治理档案表

××××年度　　　　　　　　　　　　　　　　　　　　　　　　　　　　　　　　　　　　　　国网××××公司

<table>
<tr><td rowspan="7">发现</td><td>隐患简题</td><td colspan="7">国网××供电公司变电检修中心××油气试验班存放氢氧化钠、氢氧化钾等危化品未张贴危化品告知牌的安全隐患。</td></tr>
<tr><td>隐患编号</td><td>国网××公司 2023××××</td><td>隐患所在单位</td><td>国网××公司</td><td>隐患来源</td><td colspan="3">专项排查</td></tr>
<tr><td>隐患分类</td><td>设备设施</td><td>专业子类</td><td>危险化学品</td><td>隐患性质</td><td colspan="3">管理类</td></tr>
<tr><td>电压等级</td><td>—</td><td>归属职能部门</td><td colspan="5">设备部</td></tr>
<tr><td>发现人</td><td>×××</td><td>发现人单位</td><td>国网××公司</td><td>发现日期</td><td colspan="3">2023-02-10</td></tr>
<tr><td>事故隐患内容</td><td colspan="7">在 2023 年公司冬春季安全隐患集中排查中发现：变电检修中心××油气试验班因电气试验需要，存放有氢氧化钠、氢氧化钾等危化品，但未在工作场所醒目位置张贴危险化学品作业岗位职业病危害告知牌，也未制定现场应急处置方案。不满足《国网安监部关于印发危险化学品安全告知卡的通知》（安监三〔2023〕3 号）中“依法履行职业病危害告知责任，在工作场所醒目位置张贴危险化学品作业岗位职业病危害告知牌。”存在人员误触危险化学品的安全风险，依据《国家电网有限公司安全事故调查规程》（2021 年版）4.1.2.8：“无人员死亡或重伤，但造成 1～2 人轻伤者”，构成八级人身事件。</td></tr>
<tr><td>可能导致后果</td><td>八级人身事件</td><td>事件依据</td><td>《国家电网有限公司安全事故调查规程》（2021 年版）4.1.2.8</td><td>标准依据</td><td colspan="3">《危险化学品安全隐患排查标准》WH2207：涉及危化品的单位未制定危化品事故应急预案和现场处置方案；涉及重大危险源单位，未制定专项应急预案和现场处置方案</td></tr>
<tr><td rowspan="2">市级评估</td><td>评估等级</td><td>一般隐患</td><td>评估负责人</td><td>×××</td><td>评估负责人签字日期</td><td colspan="3">2023-02-10</td></tr>
<tr><td>可能导致后果</td><td colspan="7">八级人身事件</td></tr>
<tr><td rowspan="6">治理</td><td>实际治理完成日期</td><td>2023-02-25</td><td>治理责任单位</td><td>设备部</td><td>治理责任人</td><td colspan="3">×××</td></tr>
<tr><td>治理方式</td><td>措施</td><td>治理期限</td><td>2023-02-10 至 2023-03-01</td><td>是否纳入项目储备</td><td>否</td><td>项目储备是否审批</td><td>否</td></tr>
<tr><td>治理措施</td><td colspan="7">1. 根据危险化学品种类制作危化品告知牌，在工作场所醒目位置张贴危险化学品作业岗位职业病危害告知牌。
2. 按照“实际、实用、实效”的原则，制定现场应急处置方案，开展应急演练，切实提高从业人员应急处置能力。</td></tr>
<tr><td>防控措施</td><td colspan="7">1. 开展从业人员培训，确保其掌握工作领域危险化学品危险特性、防护要求及应急处置措施。
2. 对危化品包装（或容器）上的安全标签、标识和安全技术说明书进行检查，对于安全标签、标识不正确、不清楚、脱落的和不能提供安全技术说明书的，应停止使用。
3. 加强危化品存放管理，使用完后放入柜中并加锁，严禁无关人员进入存放危化品的场所。</td></tr>
<tr><td>治理完成情况</td><td colspan="7">2023 年 2 月 25 日，国网××供电公司变电检修中心已按要求在××油气试验班张贴危险化学品告知牌，制定现场应急处置方案，并组织相关班组人员开展一次应急演练。现申请对该隐患治理完成情况进行验收。</td></tr>
<tr><td>治理计划资金（万元）</td><td colspan="2">××</td><td>累计投入资金（万元）</td><td colspan="4">××</td></tr>
<tr><td rowspan="3">验收</td><td>验收组织单位</td><td colspan="2">国网××公司</td><td>验收负责人</td><td colspan="4">×××</td></tr>
<tr><td>验收负责人签字日期</td><td colspan="2">2023-02-25</td><td>是否消除</td><td colspan="4">是</td></tr>
<tr><td>验收结论</td><td colspan="7">隐患已治理，符合安全运行要求，同意销号。</td></tr>
</table>

8.7.3 无危化品专用库房

一般隐患排查治理档案表

××××年度　　　　　　　　　　　　　　　　　　　　　　　　　　　　国网××××公司

<table>
<tr><td rowspan="7">发现</td><td>隐患简题</td><td colspan="7">国网××供电公司4月20日变电检修室 SF_6 压力气瓶无专用库房，存在与检修物资同室存放的安全隐患。</td></tr>
<tr><td>隐患编号</td><td>国网××公司2023××××</td><td>隐患所在单位</td><td>国网××公司</td><td colspan="2">隐患来源</td><td colspan="2">专业巡视</td></tr>
<tr><td>隐患分类</td><td>设备设施</td><td>专业子类</td><td>变电</td><td colspan="2">隐患性质</td><td colspan="2">设备类</td></tr>
<tr><td>电压等级</td><td>110kV</td><td>归属职能部门</td><td colspan="5">设备部</td></tr>
<tr><td>发现人</td><td>×××</td><td>发现人单位</td><td>国网××公司</td><td colspan="2">发现日期</td><td colspan="2">2023-04-20</td></tr>
<tr><td>事故隐患内容</td><td colspan="7">在公司春季安全大检查中发现：变电检修中心 SF_6 压力气瓶无专用库房，目前存放在检修试验车间，并与其他检修物资设备同室存放，该处紧挨生产办公场所，存在钢瓶爆裂或气体泄漏致人员意外伤害的安全隐患。不符合《SF_6 气体管理标准》5.1.4 a)：“经验收合格的新气，应储存在阴凉干燥的专用场所，存放时要有防晒、防潮、防倾倒措施，不准靠近热源及有油污的地方，钢瓶保护帽、防震圈齐全，竖立存放、标志清楚醒目。”依据《国家电网有限公司安全事故调查规程》（2021年版）4.1相关条款，构成人身事故。</td></tr>
<tr><td>可能导致后果</td><td>人身事故</td><td>事件依据</td><td>《国家电网有限公司安全事故调查规程》（2021年版）4.1</td><td colspan="2">标准依据</td><td colspan="2">《电力行业危险化学品安全风险集中治理实施方案》；WH3208</td></tr>
<tr><td rowspan="2">市级评估</td><td>评估等级</td><td>一般</td><td>评估负责人</td><td>×××</td><td colspan="2">评估负责人签字日期</td><td colspan="2">2023-04-20</td></tr>
<tr><td>可能导致后果</td><td colspan="7">人身事故</td></tr>
<tr><td rowspan="7">治理</td><td>实际治理完成日期</td><td>2023-06-20</td><td>治理责任单位</td><td>设备部</td><td colspan="2">治理责任人</td><td colspan="2">×××</td></tr>
<tr><td>治理方式</td><td>措施</td><td>治理期限</td><td>2023-04-20至2023-06-30</td><td>是否纳入项目储备</td><td>否</td><td>项目储备是否审批</td><td>否</td></tr>
<tr><td>治理措施</td><td colspan="7">1. 建立 SF_6 气体存放独立库房，库房必须通风良好，并远离热源和油污地方，防潮、防阳光暴晒。
2. 库房内按要求配置安装 SF_6 气体泄漏报警器和通风装置。
3. 已使用完的 SF_6 气瓶和未使用的 SF_6 气瓶应分开存放，不得混淆。</td></tr>
<tr><td>防控措施</td><td colspan="7">1. 永久治理前，在检修试验车间划分专用存放区域，不准靠近热源及有油污的地方，并设置警示围栏，严禁其他检修物资随意堆放在该区域；日常使用过的 SF_6 气体钢瓶应关紧阀门、带上钢帽，防止剩余气体泄漏。
2. 存放时 SF_6 气瓶采取防晒措施，并用支架固定防止倾倒，钢瓶保护帽、防震圈齐全，竖立存放、标识清晰醒目。
3. 定期对 SF_6 气体进行检漏，在进行气体采样操作及处理渗漏时，工作人员要穿戴安全防护用品，并在通风条件下，采取有效的安全防护措施。</td></tr>
<tr><td>治理完成情况</td><td colspan="7">2023年6月20日，国网××公司完成 SF_6 专用库房的修建工作，该房屋距生产办公场所50m处，并在 SF_6 专用库房装设 SF_6 泄漏报警仪及机械通风装置，配备了安全防护用具、自来水、消防器械、急救药箱、酸（碱）伤害急救中和用药、毛巾、肥皂等。现申请对该隐患治理完成情况进行验收。</td></tr>
<tr><td>治理计划资金（万元）</td><td colspan="2">××</td><td>累计投入资金（万元）</td><td colspan="4">××</td></tr>
<tr><td rowspan="3">验收</td><td>验收组织单位</td><td colspan="2">国网××公司</td><td>验收负责人</td><td colspan="4">×××</td></tr>
<tr><td>验收负责人签字日期</td><td colspan="2">2023-06-20</td><td>是否消除</td><td colspan="4">是</td></tr>
<tr><td>验收结论</td><td colspan="7">隐患已治理，符合安全运行要求，同意销号。</td></tr>
</table>

8.7.4 处置措施不清楚

一般隐患排查治理档案表

××××年度　　　　　　　　　　　　　　　　　　　　　　　　　　国网××××公司

<table>
<tr><td rowspan="7">发现</td><td>隐患简题</td><td colspan="7">国网××公司4月8日在110kV××变电站#2主变压器油池改造焊接期间，动火作业人员对现场使用的乙炔的特性及处置措施不清楚的安全隐患。</td></tr>
<tr><td>隐患编号</td><td>国网××公司2022××××</td><td>隐患所在单位</td><td>国网××公司</td><td>隐患来源</td><td colspan="3">日常排查</td></tr>
<tr><td>隐患分类</td><td>危险化学品</td><td>专业子类</td><td>危险化学品</td><td>隐患性质</td><td colspan="3">人员类</td></tr>
<tr><td>电压等级</td><td>—</td><td>归属职能部门</td><td colspan="5">产业办</td></tr>
<tr><td>发现人</td><td>×××</td><td>发现人单位</td><td>国网××公司</td><td>发现日期</td><td colspan="3">2022-04-08</td></tr>
<tr><td>事故隐患内容</td><td colspan="7">在2022年4月8日作业现场安全督查中发现：110kV××变电站#2主变压器油池改造焊接期间动火作业人员对现场使用的乙炔特性及处置措施不清楚，安全防护措施不到位，如发生气体泄漏，无法及时有效处置，存在人身安全隐患。不符合《国家电网有限公司危险化学品安全管理办法》（安监三〔2021〕29号）第二十四条：“危险化学品使用单位，其使用条件（包括工艺）应符合国家法律法规和有关行业标准要求；应根据所使用的危险化学品种类、危险特性以及使用量、使用方式，建立健全使用危险化学品的安全管理规章制度和操作规程，保证危险化学品安全使用；应制定符合国家规定的危险化学品事故应急预案，配备必要的应急救援器材、设备。”依据《国家电网有限公司安全事故调查规程》（2021年版）4.1.2.8：“无人员死亡和重伤，但造成1～2人轻伤者”，构成八级人身事件。</td></tr>
<tr><td>可能导致后果</td><td>八级人身事件</td><td>事件依据</td><td>《国家电网有限公司安全事故调查规程》（2021年版）4.1.2.8</td><td>标准依据</td><td colspan="3">《危险化学品隐患排查标准》WH3301</td></tr>
<tr><td rowspan="2">市级评估</td><td>评估等级</td><td>一般隐患</td><td>评估负责人</td><td>×××</td><td>评估负责人签字日期</td><td colspan="3">2022-04-08</td></tr>
<tr><td>可能导致后果</td><td colspan="7">八级人身事件</td></tr>
<tr><td rowspan="7">治理</td><td>实际治理完成日期</td><td>2022-04-09</td><td>治理责任单位</td><td>产业办</td><td>治理责任人</td><td colspan="3">×××</td></tr>
<tr><td>治理方式</td><td>措施</td><td>治理期限</td><td>2022-04-08至2022-04-30</td><td>是否纳入项目储备</td><td>否</td><td>项目储备是否审批</td><td>否</td></tr>
<tr><td>治理措施</td><td colspan="7">1. 立即安排对现场使用乙炔特性及处置措施清楚人员进行作业。
2. 在工作场所醒目位置张贴危险化学品作业岗位职业病危害告知牌。</td></tr>
<tr><td>防控措施</td><td colspan="7">1. 加强作业人员危化品使用方法及操作流程安全培训。
2. 加强危险化学品安全告知卡学习应用。
3. 制定现场应急处置方案，开展应急演练，提升作业人员应急处置能力。</td></tr>
<tr><td>治理完成情况</td><td colspan="7">2022年4月9日，立即安排现场的乙炔特性及处置措施的人员进行作业，张贴危险化学品作业岗位职业病危害告知牌，并对现场使用人员进行询问，操作使用人员流程规范，处置措施清楚，符合安全使用要求。现申请对该隐患治理完成情况进行验收。</td></tr>
<tr><td>治理计划资金（万元）</td><td colspan="2">××</td><td>累计投入资金（万元）</td><td colspan="4">××</td></tr>
<tr><td rowspan="3">验收</td><td>验收组织单位</td><td colspan="2">国网××公司</td><td>验收负责人</td><td colspan="4">×××</td></tr>
<tr><td>验收负责人签字日期</td><td colspan="2">2022-04-09</td><td>是否消除</td><td colspan="4">是</td></tr>
<tr><td>验收结论</td><td colspan="7">验收合格，符合安全规程制度要求，同意销号。</td></tr>
</table>

8.7.5 安全标签缺失

一般隐患排查治理档案表

××××年度　　　　　　　　　　　　　　　　　　　　　　　　　　　　　　　国网××××公司

<table>
<tr><td rowspan="8">发现</td><td>隐患简题</td><td colspan="6">国网××供电公司7月19日110kV××变电站#2主变压器油池改造焊接期间动火作业现场使用的乙炔气瓶安全标签缺失的安全隐患。</td></tr>
<tr><td>隐患编号</td><td>国网××公司2022××××</td><td>隐患所在单位</td><td>国网××公司</td><td>隐患来源</td><td colspan="2">日常排查</td></tr>
<tr><td>隐患分类</td><td>危险化学品</td><td>专业子类</td><td>危险化学品</td><td>隐患性质</td><td colspan="2">管理类</td></tr>
<tr><td>电压等级</td><td>—</td><td>归属职能部门</td><td colspan="4">产业办</td></tr>
<tr><td>发现人</td><td>×××</td><td>发现人单位</td><td>国网××公司</td><td>发现日期</td><td colspan="2">2022-07-19</td></tr>
<tr><td>事故隐患内容</td><td colspan="6">在2022年7月19日公司作业现场安全督查中发现：110kV××变电站#2主变压器油池改造焊接期间动火作业现场使用的乙炔气瓶无安全标签，易造成现场安全防范措施到位，导致人身事件发生。不符合《国家电网有限公司危险化学品安全管理办法》（安监三〔2021〕29号）第二十九条：“危险化学品使用单位在购进、使用危险化学品时，应首先核对包装（或容器）上的安全标签、标识和安全技术说明书是否正确、齐全。对于安全标签、标识不正确、不清楚、脱落的和不能提供安全技术说明书的，应拒绝入库和使用。”依据《国家电网有限公司安全事故调查规程》（2021年版）4.1.2.8：“无人员死亡和重伤，但造成1～2人轻伤者”，构成八级人身事件。</td></tr>
<tr><td>可能导致后果</td><td>八级人身事件</td><td>事件依据</td><td>《国家电网有限公司安全事故调查规程》（2021年版）4.1.2.8</td><td>标准依据</td><td colspan="2">《危险化学品隐患排查标准》WH3202</td></tr>
<tr><td colspan="7"></td></tr>
<tr><td rowspan="2">市级评估</td><td>评估等级</td><td>一般隐患</td><td>评估负责人</td><td>×××</td><td>评估负责人签字日期</td><td colspan="2">2022-07-19</td></tr>
<tr><td>可能导致后果</td><td colspan="6">八级人身事件</td></tr>
<tr><td rowspan="7">治理</td><td>实际治理完成日期</td><td>2022-07-19</td><td>治理责任单位</td><td>产业办</td><td>治理责任人</td><td colspan="2">×××</td></tr>
<tr><td>治理方式</td><td>措施</td><td>治理期限</td><td>2022-07-19至2022-08-10</td><td>是否纳入项目储备</td><td>否</td><td>项目储备是否审批　否</td></tr>
<tr><td>治理措施</td><td colspan="6">安排专人对现场使用的危化品安全标签、标识、安全技术说明书进行核查，张贴安全标签后方可使用。</td></tr>
<tr><td>防控措施</td><td colspan="6">1. 危险化学品使用单位在购进、使用危险化学品时，应首先核对包装（或容器）上的安全标签、标识和安全技术说明书是否正确、齐全。对于安全标签、标识不正确、不清楚、脱落的和不能提供安全技术说明书的，应拒绝入库和使用。
2. 定期组织对已购置、储存的危险化学品进行排查，对不符合规程要求的危险化学品进行清理，防止不合格危险化学品入场使用。</td></tr>
<tr><td>治理完成情况</td><td colspan="6">按照即查即改的工作要求，2022年7月19日，由作业施工单位按照危化品管理规范要求，对现场使用的不合格按照废弃处置流程进行了处理，配置了符合规程及现场作业需求的危险化学品，并对违规使用人员按照相关规定进行处罚。2022年7月20日，公司产业办对现场涉及使用的危化品应安全标签、标识正确、清楚、安全技术说明书进行检查，均符合规程使用要求。现申请对该隐患治理完成情况进行验收。</td></tr>
<tr><td>治理计划资金（万元）</td><td colspan="2">××</td><td>累计投入资金（万元）</td><td colspan="3">××</td></tr>
<tr><td colspan="7"></td></tr>
<tr><td rowspan="3">验收</td><td>验收组织单位</td><td colspan="2">国网××公司</td><td>验收负责人</td><td colspan="3">×××</td></tr>
<tr><td>验收负责人签字日期</td><td colspan="2">2022-07-20</td><td>是否消除</td><td colspan="3">是</td></tr>
<tr><td>验收结论</td><td colspan="6">验收合格，符合安全规程制度要求，同意销号。</td></tr>
</table>

8.8 特种设备

8.8.1 未配备专职安全管理人员

一般隐患排查治理档案表

××××年度　　　　　　　　　　　　　　　　　　　　　　　　　　　　　　　　　　　　　　国网××××公司

<table>
<tr><td rowspan="7">发现</td><td>隐患简题</td><td colspan="7">国网××公司4月3日办公大楼电梯及用于办公供热取暖的电承压热水锅炉（特种设备）未配备专职安全管理员，且未制定特种设备事故应急专项预案的安全隐患。</td></tr>
<tr><td>隐患编号</td><td>国网××公司2022××××</td><td>隐患所在单位</td><td>国网××公司</td><td>隐患来源</td><td colspan="3">安全检查</td></tr>
<tr><td>隐患分类</td><td>特种设备管理</td><td>专业子类</td><td>特种设备</td><td>隐患性质</td><td colspan="3">管理类</td></tr>
<tr><td>电压等级</td><td>—</td><td>归属职能部门</td><td colspan="5">后勤部</td></tr>
<tr><td>发现人</td><td>×××</td><td>发现人单位</td><td>国网××公司</td><td>发现日期</td><td colspan="3">2022-04-03</td></tr>
<tr><td>事故隐患内容</td><td colspan="7">在公司春季安全检查工作中发现：国网××公司办公大楼电梯及用于办公大楼供热取暖的2160kW电承压热水锅炉（特种设备）未配备专职安全管理员，其特种设备兼职安全管理员无质量技术监督机构颁发的电梯安全管理A4证和锅炉压力容器压力管道安全管理A3证，且该公司未制定特种设备事故应急专项预案。违反了《特种设备管理规则》（TSG08—2017）2.12.1：“调度通信办公室、科研实验、教育培训等各类生产辅助性房屋附属的电梯、压力锅炉、压力管道等特种设备未设置特种设备安全管理机构和配备专职安全管理员，未制定特种设备事故应急专项预案，未开展每年至少演练一次，并且作出记录”，构成一般隐患。</td></tr>
<tr><td>可能导致后果</td><td>人身事故（事件）</td><td>事件依据</td><td>《国家电网有限公司安全隐患排查治理管理办法》[国网（安监/3）481—2022]第十一条（一）6</td><td>标准依据</td><td colspan="3">《特种设备管理隐患排查标准》TZ3206</td></tr>
<tr><td rowspan="2">市级评估</td><td>评估等级</td><td>一般隐患</td><td>评估负责人</td><td>×××</td><td>评估负责人签字日期</td><td colspan="3">2022-04-03</td></tr>
<tr><td>可能导致后果</td><td colspan="7">人身事故（事件）</td></tr>
<tr><td rowspan="5">治理</td><td>实际治理完成日期</td><td>2022-04-22</td><td>治理责任单位</td><td>后勤部</td><td>治理责任人</td><td colspan="3">×××</td></tr>
<tr><td>治理方式</td><td>制度</td><td>治理期限</td><td>2022-04-03 至 2022-04-30</td><td>是否纳入项目储备</td><td>是</td><td>项目储备是否审批</td><td>是</td></tr>
<tr><td>治理措施</td><td colspan="7">1. 对公司各类生产辅助性房屋附属的电梯、压力锅炉等特种设备配备专职安全管理员。联系质量技术监督机构，开展电梯安全管理A4证和锅炉压力容器压力管道安全管理A3资质取证工作，确保特种设备管理人员持证上岗。
2. 制定特种设备事故应急专项预案，并对特种设备管理人员及操作人员每年至少开展应急演练一次，并且作出记录。</td></tr>
<tr><td>防控措施</td><td colspan="7">1. 建立特种设备安全生产责任制，健全特种设备安全生产管理体系，明确相关部门和岗位安全职责，并列入安全责任清单。
2. 对特种设备管理严格落实定期巡视、检验、检测制度。
3. 应用特种设备安全管理信息系统，动态完善本专业特种设备台账、特种设备作业人员台账。</td></tr>
<tr><td>治理完成情况</td><td colspan="7">2022年4月10日，完成公司特种设备事故应急专项预案的编写报审工作，为检验预案的适用性及针对性，4月15日针对性地组织开展了应急演练工作并完善演练记录。2022年4月18～22日，当地质量技术监督机构对公司5名兼职特种设备安全管理人员进行了安全资质培训、取证，考试均合格。现申请对该隐患治理完成情况进行验收。</td></tr>
<tr><td>治理</td><td>治理计划资金（万元）</td><td colspan="2">××</td><td colspan="2">累计投入资金（万元）</td><td colspan="3">××</td></tr>
<tr><td rowspan="3">验收</td><td>验收组织单位</td><td colspan="2">国网××公司</td><td colspan="2">验收负责人</td><td colspan="3">×××</td></tr>
<tr><td>验收负责人签字日期</td><td colspan="2">2022-04-23</td><td colspan="2">是否消除</td><td colspan="3">是</td></tr>
<tr><td>验收结论</td><td colspan="7">隐患已治理，符合特种设备安全管理要求，同意销号。</td></tr>
</table>

8.8.2 安全使用说明或警示标识脱落

一般隐患排查治理档案表

××××年度　　　　　　　　　　　　　　　　　　　　　　　　　　　　　国网××××公司

<table>
<tr><td rowspan="8">发现</td><td>隐患简题</td><td colspan="7">国网××公司4月3日办公大楼日立#1客梯轿厢内张贴的安全使用说明、安全注意事项存在字迹模糊以及警示标识脱落的安全隐患。</td></tr>
<tr><td>隐患编号</td><td>国网××公司2022××××</td><td>隐患所在单位</td><td>国网××公司</td><td>隐患来源</td><td colspan="3">安全检查</td></tr>
<tr><td>隐患分类</td><td>特种设备管理</td><td>专业子类</td><td>特种设备</td><td>隐患性质</td><td colspan="3">管理类</td></tr>
<tr><td>电压等级</td><td>—</td><td>归属职能部门</td><td colspan="5">后勤部</td></tr>
<tr><td>发现人</td><td>×××</td><td>发现人单位</td><td>国网××公司</td><td>发现日期</td><td colspan="3">2022-04-03</td></tr>
<tr><td>事故隐患内容</td><td colspan="7">在公司春季安全检查工作中发现：国网××公司办公大楼日立#1客梯轿厢内张贴的安全使用说明、安全注意事项存在字迹模糊以及警示标识脱落。违反了《特种设备管理规则》（TSG08—2017）2.9：“电梯使用单位应当将安全使用说明、安全注意事项和警示标识置于易于引起乘客注意的位置。”若不强化对特种设备的使用管理，规范并完善特种设备安全使用说明、注意事项及相关警示标识，在突发特种设备故障时有可能因人员自救处置不当，发生人身意外伤害，依据《国家电网有限公司安全事故调查规程》（2021年版）4.1相关条款，构成人身事故（事件）。</td></tr>
<tr><td>可能导致后果</td><td>人身事故（事件）</td><td>事件依据</td><td>《国家电网有限公司安全事故调查规程》（2021年版）4.1</td><td>标准依据</td><td colspan="3">《特种设备管理隐患排查标准》TZ3207</td></tr>
<tr style="display:none"><td></td></tr>
<tr><td rowspan="2">市级评估</td><td>评估等级</td><td>一般隐患</td><td>评估负责人</td><td>×××</td><td>评估负责人签字日期</td><td colspan="3">2022-04-03</td></tr>
<tr><td>可能导致后果</td><td colspan="7">人身事故（事件）</td></tr>
<tr><td rowspan="6">治理</td><td>实际治理完成日期</td><td>2022-04-09</td><td>治理责任单位</td><td>后勤部</td><td>治理责任人</td><td colspan="3">×××</td></tr>
<tr><td>治理方式</td><td>措施</td><td>治理期限</td><td>2022-04-03至2022-04-10</td><td>是否纳入项目储备</td><td>否</td><td>项目储备是否审批</td><td>否</td></tr>
<tr><td>治理措施</td><td colspan="7">在办公大楼日立#1客梯轿厢内重新张贴安全使用说明、安全注意事项以及警示标识。并置于乘客醒目位置。</td></tr>
<tr><td>防控措施</td><td colspan="7">1. 建立特种设备安全生产责任制，健全特种设备安全生产管理体系，明确相关部门和岗位安全职责，并列入安全责任清单。
2. 对特种设备管理严格落实定期巡视、检验、检测制度，应用特种设备安全管理信息系统，动态完善本专业特种设备台账、特种设备管理及作业人员台账。
3. 制定特种设备事故应急专项预案，并对电梯乘坐人员组织开展应急自救培训及演练工作，并且作出记录。</td></tr>
<tr><td>治理完成情况</td><td colspan="7">2022年4月9日，在办公大楼日立#1客梯轿厢内重新张贴安全使用说明、安全注意事项以及警示标识。并置于乘客醒目位置。同日，公司后勤部组织对电梯乘坐人员组织开展应急自救培训及演练工作，并且作出记录。现申请对该隐患治理完成情况进行验收。</td></tr>
<tr><td>治理计划资金（万元）</td><td colspan="2">××</td><td>累计投入资金（万元）</td><td colspan="4">××</td></tr>
<tr><td rowspan="3">验收</td><td>验收组织单位</td><td colspan="2">国网××公司</td><td>验收负责人</td><td colspan="4">×××</td></tr>
<tr><td>验收负责人签字日期</td><td colspan="2">2022-04-09</td><td>是否消除</td><td colspan="4">是</td></tr>
<tr><td>验收结论</td><td colspan="7">隐患已治理，符合特种设备安全管理要求，同意销号。</td></tr>
</table>

8.8.3 电梯检查记录内容缺失

一般隐患排查治理档案表

××××年度　　　　　　　　　　　　　　　　　　　　　　　　　　　　　国网××××公司

<table>
<tr><td rowspan="7">发现</td><td>隐患简题</td><td colspan="7">国网××公司4月3日办公大楼#1日立电梯检查记录内容缺失，且电梯轿厢内应急告警功能按键失效的安全隐患。</td></tr>
<tr><td>隐患编号</td><td>国网××公司2022××××</td><td>隐患所在单位</td><td>国网××公司</td><td>隐患来源</td><td colspan="3">安全检查</td></tr>
<tr><td>隐患分类</td><td>特种设备管理</td><td>专业子类</td><td>特种设备</td><td>隐患性质</td><td colspan="3">管理类</td></tr>
<tr><td>电压等级</td><td>—</td><td>归属职能部门</td><td colspan="5">后勤部</td></tr>
<tr><td>发现人</td><td>×××</td><td>发现人单位</td><td>国网××公司</td><td>发现日期</td><td colspan="3">2022-04-03</td></tr>
<tr><td>事故隐患内容</td><td colspan="7">在公司春季安全检查工作中发现：国网××公司办公大楼#1日立电梯使用状况检查记录内容缺失，且电梯轿厢内应急告警功能按键失效。违反了《中华人民共和国特种设备安全法》第四十一条：“特种设备安全管理人员应当对特种设备使用状况进行经常性检查，发现问题应当立即处理；情况紧急时，可以决定停止使用特种设备并及时报告本单位有关负责人。”和第四十二条：“特种设备出现故障或者发生异常情况，特种设备使用单位应当对其进行全面检查，消除事故隐患，方可继续使用。”若不强化对特种设备的使用管理，落实定期巡检制度、及时消除缺陷隐患，在电梯突发故障时，有可能因电梯轿厢内应急告警功能按键失灵，造成被困人员自救处置不当或应急救援滞后，而发生人身意外伤害，依据《国家电网有限公司安全事故调查规程》（2021年版）4.1相关条款，构成人身事故（事件）。</td></tr>
<tr><td>可能导致后果</td><td>人身事故（事件）</td><td>事件依据</td><td>《国家电网有限公司安全事故调查规程》（2021年版）4.1</td><td>标准依据</td><td colspan="3">《特种设备管理隐患排查标准》TZ3209</td></tr>
<tr><td rowspan="2">市级评估</td><td>评估等级</td><td>一般隐患</td><td>评估负责人</td><td>×××</td><td>评估负责人签字日期</td><td colspan="3">2022-04-03</td></tr>
<tr><td>可能导致后果</td><td colspan="7">人身事故（事件）</td></tr>
<tr><td rowspan="6">治理</td><td>实际治理完成日期</td><td>2022-04-15</td><td>治理责任单位</td><td>后勤部</td><td>治理责任人</td><td colspan="3">×××</td></tr>
<tr><td>治理方式</td><td>措施</td><td>治理期限</td><td>2022-04-03 至 2022-04-20</td><td>是否纳入项目储备</td><td>否</td><td>项目储备是否审批</td><td>否</td></tr>
<tr><td>治理措施</td><td colspan="7">1. 联系电梯维保单位对办公大楼#1日立电梯轿厢内应急告警功能按键进行维修。
2. 对电梯的使用状况进行经常性检查，并做好检查记录。定期做好电梯的维护、保养及年检，确保电梯处于良好的运行状态。</td></tr>
<tr><td>防控措施</td><td colspan="7">1. 在对电梯轿厢内应急告警功能按键修复前，暂停该部电梯的使用。
2. 建立特种设备安全生产责任制，健全特种设备安全生产管理体系，明确相关部门和岗位安全职责，并列入安全责任清单。
3. 对特种设备管理严格落实定期巡视、检验、检测制度，应用特种设备安全管理信息系统，动态完善本专业特种设备台账、特种设备管理及作业人员台账。
4. 制定特种设备事故应急专项预案，并对电梯乘坐人员组织开展应急自救培训及演练工作，并且作出记录。</td></tr>
<tr><td>治理完成情况</td><td colspan="7">2022年4月15日，经电梯维保单位对办公大楼#1日立电梯轿厢内应急告警功能按键进行了维修，并对电梯进行全面维护、保养，现电梯运行状态良好。现申请对该隐患治理完成情况进行验收。</td></tr>
<tr><td>治理计划资金（万元）</td><td colspan="2">××</td><td>累计投入资金（万元）</td><td colspan="4">××</td></tr>
<tr><td rowspan="3">验收</td><td>验收组织单位</td><td colspan="2">国网××公司</td><td>验收负责人</td><td colspan="4">×××</td></tr>
<tr><td>验收负责人签字日期</td><td colspan="2">2022-04-15</td><td>是否消除</td><td colspan="4">是</td></tr>
<tr><td>验收结论</td><td colspan="7">隐患已治理，符合特种设备安全管理要求，同意销号。</td></tr>
</table>

8.9 安全管理

8.9.1 承发包管理

8.9.1.1 劳务分包安全协议超期

较大隐患排查治理档案表

××××年度　　　　　　　　　　　　　　　　　　　　　　　　　国网××××公司

<table>
<tr><td rowspan="8">发现</td><td>隐患简题</td><td colspan="7">国网××供电公司3月6日110kV××变土建工程存在施工合同劳务分包安全协议超期的安全隐患。</td></tr>
<tr><td>隐患编号</td><td>国网××公司2023××××</td><td>隐患所在单位</td><td>国网××公司</td><td>隐患来源</td><td colspan="3">日常排查</td></tr>
<tr><td>隐患分类</td><td>安全管理</td><td>专业子类</td><td>承发包管理</td><td>隐患性质</td><td colspan="3">管理类</td></tr>
<tr><td>电压等级</td><td>—</td><td>归属职能部门</td><td colspan="5">建设部</td></tr>
<tr><td>发现人</td><td>×××</td><td>发现人单位</td><td>国网××公司</td><td>发现日期</td><td colspan="3">2023-03-06</td></tr>
<tr><td>事故隐患内容</td><td colspan="7">在2023年3月6日公司日常排查中发现：××变电工程公司负责的110kV××变电站土建工程项目，存在施工合同劳务分包安全协议超期的安全隐患。有可能因企业主体责任、安全责任落实不到位而出现劳务分包纠纷问题。违反了《国家电网有限公司电力建设安全工作规程　第1部分：变电》（Q/GDW 11957.1—2020）5.1.4：“有施工分包的，施工承包单位应与分包单位签订合同和安全协议。”依据《国家电网有限公司安全隐患排查治理管理办法》［国网（安监/3）481—2022］第十一条（二）5：“其他对社会及公司造成较大影响的事件”，可能构成较大隐患。</td></tr>
<tr><td>可能导致后果</td><td>违反省级地方性安全生产法规和公司安全生产管理规定的管理问题</td><td>事件依据</td><td>依据《国家电网有限公司安全隐患排查治理管理办法》［国网（安监/3）481—2022］第十一条（二）6</td><td>标准依据</td><td colspan="3">《国家电网有限公司关于印发重大、较大安全隐患排查清单（试行）的通知》（国家电网安监〔2022〕273号）《安全管理隐患排查清单》AG2206</td></tr>
<tr style="display:none"></tr>
<tr><td rowspan="2">市级评估</td><td>评估等级</td><td>较大隐患</td><td>评估负责人</td><td>×××</td><td>评估负责人签字日期</td><td colspan="3">2023-03-06</td></tr>
<tr><td>可能导致后果</td><td colspan="7">违反省级地方性安全生产法规和公司安全生产管理规定的管理问题</td></tr>
<tr><td rowspan="6">治理</td><td>实际治理完成日期</td><td>2022-03-06</td><td>治理责任单位</td><td>建设部</td><td>治理责任人</td><td colspan="3">×××</td></tr>
<tr><td>治理方式</td><td>措施</td><td>治理期限</td><td>2023-03-06至2023-03-06</td><td>是否纳入项目储备</td><td>否</td><td>项目储备是否审批</td><td>否</td></tr>
<tr><td>治理措施</td><td colspan="7">向施工承包单位和分包单位下发《安全隐患整改通知单》，落实企业法律主体责任，依据施工承包合同的约定，签订劳务分包安全协议。</td></tr>
<tr><td>防控措施</td><td colspan="7">1. 未完成治理措施并经验收合格前，不得开工。
2. 对涉及劳务分包的项目单位全面排查，发现类似问题立即整改。</td></tr>
<tr><td>治理完成情况</td><td colspan="7">2023年3月6日，××变电工程公司按规定及时和××分包单位签订了安全协议，满足劳务分包相关规定要求，同时对涉及劳务分包的项目单位全面排查，无类似问题出现。现申请对该隐患治理完成情况进行验收。</td></tr>
<tr><td>治理计划资金（万元）</td><td colspan="2">××</td><td>累计投入资金（万元）</td><td colspan="4">××</td></tr>
<tr><td rowspan="3">验收</td><td>验收组织单位</td><td colspan="2">国网××公司</td><td>验收负责人</td><td colspan="4">×××</td></tr>
<tr><td>验收负责人签字日期</td><td colspan="2">2023-03-06</td><td>是否消除</td><td colspan="4">是</td></tr>
<tr><td>验收结论</td><td colspan="7">验收合格，治理措施已按要求实施，同意销号。</td></tr>
</table>

8.9.2 “四个管住”落实

8.9.2.1 临时计划未录入系统

一般隐患排查治理档案表

××××年度　　　　　　　　　　　　　　　　　　　　　　　　　　　　　　　　国网××××公司

<table>
<tr><td rowspan="7">发现</td><td>隐患简题</td><td colspan="7">国网××供电公司××月××日督查发现××现场作业，未在标准化作业平台录入临时工作计划的安全隐患。</td></tr>
<tr><td>隐患编号</td><td>国网××公司 2023××××</td><td>隐患所在单位</td><td>国网××供电公司/国网××县供电公司</td><td>隐患来源</td><td colspan="3">日常排查</td></tr>
<tr><td>隐患分类</td><td>安全管理</td><td>专业子类</td><td>“四个管住”落实</td><td>隐患性质</td><td colspan="3">管理类</td></tr>
<tr><td>电压等级</td><td>—</td><td>归属职能部门</td><td colspan="5">国网××供电公司/国网××县供电公司/××所</td></tr>
<tr><td>发现人</td><td>×××</td><td>发现人单位</td><td>国网××公司/国网××县供电公司</td><td>发现日期</td><td colspan="3">2023-03-01</td></tr>
<tr><td>事故隐患内容</td><td colspan="7">在公司隐患日常排查工作中发现：×月×日在对××供电所现场巡视过程中发现在平台中无作业现场计划，未规范在标准化作业平台录入临时工作计划，新增或变更的工作任务未及时完成相应作业计划变更手续，违反《营销现场作业安全工作规程（试行）》4.6.1：“严肃作业计划管控，健全计划管理组织体系和工作机制，严格执行作业风险公示要求，按照‘无计划、不作业’和‘全覆盖、无死角’原则，在承载力范围内制定作业计划，将全部作业内容纳入计划管理。”不符合《生产作业安全管控标准化工作规范》第二条“作业计划”中的相关规定，构成一般事故隐患。</td></tr>
<tr><td>可能导致后果</td><td>七级设备事件</td><td>事件依据</td><td>《国家电网有限公司安全事故调查规程》（2021 年版）4.1</td><td>标准依据</td><td colspan="3">《营销现场作业安全工作规程（试行）》4.6.1；AG3201</td></tr>
<tr><td rowspan="2">市级评估</td><td>评估等级</td><td>一般隐患</td><td>评估负责人</td><td>×××</td><td>评估负责人签字日期</td><td colspan="3">2023-03-01</td></tr>
<tr><td>可能导致后果</td><td colspan="7">七级设备事件</td></tr>
<tr><td rowspan="6">治理</td><td>实际治理完成日期</td><td>2023-03-03</td><td>治理责任单位</td><td>国网××公司/国网××县供电公司</td><td>治理责任人</td><td colspan="3">×××</td></tr>
<tr><td>治理方式</td><td>措施</td><td>治理期限</td><td>2023-03-01 至 2023-03-30</td><td>是否纳入项目储备</td><td>否</td><td>项目储备是否审批</td><td>否</td></tr>
<tr><td>治理措施</td><td colspan="7">1. 补录完善平台计划及手续，停工整顿并对该作业工作负责人及工作票签发人考核通报。
2. 在国网××县供电公司××班组×月×日安全日学习活动中，全员学习相关制度规程。
3. 要求工作负责人、工作票签发人重新学习本规范，并严格按照规范执行。</td></tr>
<tr><td>防控措施</td><td colspan="7">1. 加强对计划性作业的管控，按照规范完成标准化作业平台的工作计划录入。
2. 建立健全的标准化作业平台管理措施，要做到两人同管，共同监督。
3. 要履行“无计划、不工作”的原则，不论新增、变更的工作任务，需完成标准化平台手续后，方可进行工作。
4. 强化计划管理督查，严查在风控平台新增或变更的工作任务未及时完成相应作业计划变更手续，坚决杜绝该类隐患。</td></tr>
<tr><td>治理完成情况</td><td colspan="7">当日停工整顿，补录完善平台计划及手续，针对××供电所×月×日督查发现未规范在标准化作业平台录入临时工作计划，新增或变更的工作任务未及时完成相应作业计划变更手续的安全隐患。2023 年 3 月 3 日，对该作业工作负责人及工作票签发人考核通报，并在××班组的安全日活动中，对生产作业安全管控标准化工作规范中的工作计划规定进行了学习，规范计划管理工作。现申请对该隐患治理完成情况进行验收。</td></tr>
<tr><td>治理计划资金（万元）</td><td colspan="2">××</td><td colspan="2">累计投入资金（万元）</td><td colspan="3">××</td></tr>
<tr><td rowspan="3">验收</td><td>验收组织单位</td><td colspan="2">国网××公司/国网××县供电公司</td><td colspan="2">验收负责人</td><td colspan="3">×××</td></tr>
<tr><td>验收负责人签字日期</td><td colspan="2">2023-03-20</td><td colspan="2">是否消除</td><td colspan="3">是</td></tr>
<tr><td>验收结论</td><td colspan="7">隐患已治理，治理措施已按要求实施，同意销号。</td></tr>
</table>

8.9.2.2 现场作业人员与票不符

一般隐患排查治理档案表

××××年度　　　　　　　　　　　　　　　　　　　　国网××××公司

<table>
<tr><td rowspan="7">发现</td><td>隐患简题</td><td colspan="7">国网××供电公司××供电所×月×日，在现场巡视发现当日低压工作票填写存在工作班成员与现场不符的问题。</td></tr>
<tr><td>隐患编号</td><td>国网××公司 2023××××</td><td>隐患所在单位</td><td>国网××供电公司/国网××县供电公司</td><td>隐患来源</td><td colspan="3">日常排查</td></tr>
<tr><td>隐患分类</td><td>安全管理</td><td>专业子类</td><td>“四个管住”落实</td><td>隐患性质</td><td colspan="3">管理类</td></tr>
<tr><td>电压等级</td><td>10kV 及以下</td><td>归属职能部门</td><td colspan="5">国网××供电公司/国网××县供电公司/××所</td></tr>
<tr><td>发现人</td><td>×××</td><td>发现人单位</td><td>国网××公司/国网××县供电公司</td><td>发现日期</td><td colspan="3">2023-03-01</td></tr>
<tr><td>事故隐患内容</td><td colspan="7">在公司隐患日常排查工作中发现：在对××供电所×月×日，在现场巡视中发现当日低压工作票填写的工作班成员为 6 人，实际工作班成员票面签字为 5 人，××未在票面签字，该成员存在不熟悉工作内容、工作流程，未掌握安全措施，不明确工作中的危险点的安全隐患。不符合《营销现场作业安全工作规程（试行）》6.3.13.5：“工作班成员：（1）熟悉工作内容、工作流程，掌握安全措施，明确工作中的危险点。”构成一般事故隐患。</td></tr>
<tr><td>可能导致后果</td><td>八级人身事件</td><td>事件依据</td><td>《国家电网有限公司安全事故调查规程》（2021 年版）4.1</td><td>标准依据</td><td colspan="3">《营销现场作业安全工作规程（试行）》6.3；AG3202</td></tr>
<tr><td rowspan="2">市级评估</td><td>评估等级</td><td>一般隐患</td><td>评估负责人</td><td>×××</td><td>评估负责人签字日期</td><td colspan="3">2023-03-01</td></tr>
<tr><td>可能导致后果</td><td colspan="7">八级人身事件</td></tr>
<tr><td rowspan="7">治理</td><td>实际治理完成日期</td><td>2023-03-03</td><td>治理责任单位</td><td>国网××公司/国网××县供电公司</td><td>治理责任人</td><td colspan="3">×××</td></tr>
<tr><td>治理方式</td><td>措施</td><td>治理期限</td><td>2023-03-01 至 2023-03-30</td><td>是否纳入项目储备</td><td>否</td><td>项目储备是否审批</td><td>否</td></tr>
<tr><td>治理措施</td><td colspan="7">1. 重新修改完善低压工作票，上传风控平台自查违章，并对该作业工作负责人考核通报。
2. 在国网××县供电公司××班组×月×日安全日学习活动中，全员学习相关制度规程。
3. 组织班所长、工作负责人、工作票签发人重新学习本规范，并严格按照规范执行。</td></tr>
<tr><td>防控措施</td><td colspan="7">1. 定期组织安全学习培训，并进行拍照留存。
2. 加强全员对《安规》的培训学习，严格工作票填写信息应与作业现场保持一致。
3. 定期在安全日活动中加强安全规程的贯宣，提高员工的安全意识。
4. 对××公司所有供电所开展低压工作票的梳理检查，发现同类问题，立即通报并要求整改，坚决杜绝该类隐患。</td></tr>
<tr><td>治理完成情况</td><td colspan="7">针对××供电所×月×日，在现场巡视中发现当日低压工作票填写存在工作班成员与现场不符的安全隐患。当日重新修改完善低压工作票，上传风控平台自查违章，并对该作业工作负责人考核通报。2023 年 3 月 3 日，在国网××县供电公司××班组安全日活动中，对《安规》进行了透彻的学习，提升员工安全意识，并对××公司全部供电所开展低压工作票的梳理检查。2023 年 3 月 3 日，该所规定每周五组织学习安全规程，并制定了学习计划；所有需进场人员已进行了教育培训并通过考试。现申请对该隐患治理完成情况进行验收。</td></tr>
<tr><td>治理计划资金（万元）</td><td colspan="2">××</td><td>累计投入资金（万元）</td><td colspan="4">××</td></tr>
<tr><td colspan="8" style="display:none"></td></tr>
<tr><td colspan="8" style="display:none"></td></tr>
<tr><td rowspan="3">验收</td><td>验收组织单位</td><td colspan="2">国网××公司/国网××县供电公司</td><td>验收负责人</td><td colspan="4">×××</td></tr>
<tr><td>验收负责人签字日期</td><td colspan="2">2023-03-20</td><td>是否消除</td><td colspan="4">是</td></tr>
<tr><td>验收结论</td><td colspan="7">隐患已治理，治理措施已按要求实施，同意销号。</td></tr>
</table>

9 隐患（缺陷）工作评价考核机制

9.1 工作评价机制。

9.1.1 各级单位应建立隐患排查治理工作评价制，对所属单位隐患标准针对性、排查全面性、立项及时性、治理有效性进行评价，定期发布通报，结果纳入安全工作考核。

9.1.2 各级单位应综合利用安全生产巡查、专家抽查、现场实地检查和远程视频督查等手段，对所属单位隐患排查开展情况进行监督检查。

9.1.3 分级评价原则。按照分层分级原则开展安全隐患排查治理过程评价考核，公司对本部专业管理部门及各直属单位进行评价考核，各直属单位对本级专业管理部门及所属各县公司、工区、班组进行评价考核。

9.1.4 全面覆盖原则。各部门、各单位按照职责分工，组织开展系统运行、设备设施、人身安全、网络安全、消防安全、水电及新能源、危险化学品、电化学储能、特种设备、通用航空、安全管理和其他共十一大类隐患排查治理工作。评价考核对象应覆盖隐患排查治理工作涉及的所有单位、部门、班组、岗位，包含设备、物资等供应商以及施工、调试、监理等服务商。

9.1.5 一体化管理原则。按照“谁主管、谁负责”的原则，公司实行隐患、缺陷一体化管理，建立“一患一档”，做到缺陷与隐患“一本账”，全部录入隐患管理系统，确保缺陷（隐患）横向管理实现互联互通、纵向管理延伸到底，促进隐患排查治理工作良性开展。

9.2 工作奖惩机制。

各级单位应建立隐患排查治理奖惩机制，对在隐患排查治理工作中作出突出贡献的个人、单位给予通报表扬或奖励，相关费用从各单位安全生产专项奖中列支，各级安委办组织对所属单位奖励事项进行审查。对隐患的产生以及排查治理工作不到位且负有责任的，进行处罚。对隐患排查工作组织开展不到位而导致安全事故发生的，从严处罚。

9.2.1 考核重点。

9.2.1.1 对以下情况作出突出贡献的，予以奖励。

（1）及时排查发现隐患排查标准之外的安全隐患。

（2）及时发现和消除重大事故隐患或带有普遍性难点、重点的安全隐患并有效避免事故发生。

（3）及时排查治理典型性、家族性隐患，或隐患排查治理技术方法取得创新突破得到上级认可推广。

（4）及时排查发现常规方法（手段）不易发现的隐蔽性安全隐患。

（5）及时排查治理制度、规程、标准缺失或存在错误、流程不畅等管理性隐患。

（6）在专项隐患排查治理工作中表现突出，获得上级通报表扬。

（7）配合上级单位完成隐患标准制定、隐患专项督查等相关工作，并取得一定工作成效。

（8）对于年度评价排名在前三位且达标的单位。

9.2.1.2 对被上级单位或本单位安全监察部门组织的安全检查、抽查、督查发现的以下情况负有责任的，予以考核。

（1）未建立隐患排查治理工作体系，未明确专业部门及基层单位隐患排查治理职责。

（2）未建立本级隐患排查标准，未明确隐患排查内容、排查方法和判定依据。

（3）有排查标准但未有效发现安全隐患。

（4）专业部门未按隐患等级进行专业审查和评估认定（一般隐患由县公司级单位评估认定，较大隐患由市公司级单位评估认定，重大隐患由省公司级单位评估认定）。

（5）重大隐患未执行即时报告制度，未执行“两单一表”管控，未向政府负有安全生产监督管理职责的部门和本单位职工大会或职工代表大会报告。

（6）经多次专项排查后仍重复出现的同类隐患（不含外部不可控环境因素造成的隐患）。

（7）多次治理仍未根治的同一隐患（不含外部不可控环境因素造成的隐患）。

（8）因管控原因导致隐患级别升级或引发安全事件的隐患。

（9）上级单位或专业部门要求排查的专项隐患、家族性隐患，本单位或专业部门存在但没有排查出的隐患。

（10）没有及时落实相关技术标准、反事故措施等要求而形成的隐患。

（11）无故不安排项目（不落实资金）治理的隐患，或未建立隐患治理绿色通道，应纳入而未纳入绿色通道治理的隐患，造成隐患扩大升级。

（12）日常巡视维护、运行方式分析、安全性评价、监理活动等应发现而未发现的隐患。

（13）未落实隐患公示要求，相关人员对应掌握的隐患不熟悉、不了解。

（14）未按计划完成治理的隐患，未按要求办理延期手续。

（15）每年6月底前，组织开展一次涵盖安全生产各领域、各专业、各环节的安全隐患全面排查，而未做到专业全覆盖。

（16）已排查的隐患未落实“一患一档”要求，未纳入安监管理平台隐患系统闭环管理。

（17）安监管理平台隐患系统中记录的隐患排查治理闭环管控情况与实际情况严重不符的隐患。

（18）对排后三名且未达标的单位。

9.3 考核指标。

9.3.1 评价考核周期：实行“月评价、季考核、年兑现”，以上月26日至当月25日为一个评价周期，每季初10日前对上季度隐患排查治理工作提出考核意见，次年1月份对上年度隐患排查治理工作进行考核兑现。

9.3.2 评价考核依据：以安监管理平台隐患排查治理系统数据、各类专项隐患排查治理工作情况（含报告、报表）、上级督导检查情况和事故事件通报等为评价考核依据。涉及评价加分、安全生产突出贡献奖励的隐患，应及时、规范录入安监管理平台隐患排查治理系统并落实闭环管理要求。

9.3.3 指标组成内容。

依据国家电网有限公司现行安全隐患排查治理管理办法监督考核相关条款，结合公司隐患排查治理工作实际，制定安全隐患排查治理成效指标。

（1）指标定义：安全隐患排查治理成效指标采用定量和定性相结合的方式，对隐患排查治理工作的排查覆盖率、排查频率、排查完成率、整改完成率、有效率、档案质量六个方面进行评价。其中：各项系数名称和权重分别为：覆盖率（10%），排查频率（10%），排查完成率（10%），治理完成率（10%）、档案质量评价

（40%）、有效率（20%）。

（2）计算公式：安全隐患排查治理成效=排查覆盖率（10%）+排查频率（10%）+排查完成率（10%）+治理完成率（10%）+档案质量评价（40%）+有效性（20%）。

1）隐患排查覆盖率：各地市级单位及县级单位应全覆盖开展隐患排查治理，隐患排查治理工作应涉及到各专业，每月对该项指标进行评价；10 分为该项标准分。

2）隐患排查频率：各地市级单位及县级单位应在每年 6 月底前，组织开展一次涵盖安全生产各领域、各专业、各环节的安全隐患全面排查，同时应按上级要求开展各类专项隐患排查治理工作。每月对该项指标进行评价；10 分为该项标准分。

3）隐患排查完成率：当月隐患系统数量以隐患系统录入数据为准；年度隐患指标以公司发布的地市级单位、县级单位隐患指标为准；10 分为该项标准分。

4）隐患治理完成率：实际隐患治理数量为隐患系统内已完成治理、验收销号的隐患；应治理数量为计划整改日期在统计周期前的隐患；该项指标重点考核隐患治理超期问题，10 分为该项标准分。

5）隐患档案质量评价：公司每月组织专班对隐患系统数据进行抽查，对隐患描述规范性、评估准确性、立项及时性、治理有效性进行重点检查，发布档案质量问题评审汇总表，并对地市级单位、县级单位隐患档案质量进行评价；40 分为该项标准分。

6）隐患有效性：根据各地市级单位、县级单位当月安全生产整体情况和隐患管理工作进行评价，20 分为该项标准分。发生人身事件或 6 级及以上电网、设备、网络事件的，该项评价为末段位；发生 7 级电网、设备、网络事件的，扣 10 分。其他加、减分情况参照本《手册》9.2.1 条“考核重点”所列条项。

附件 1

安全隐患排查治理工作流程图

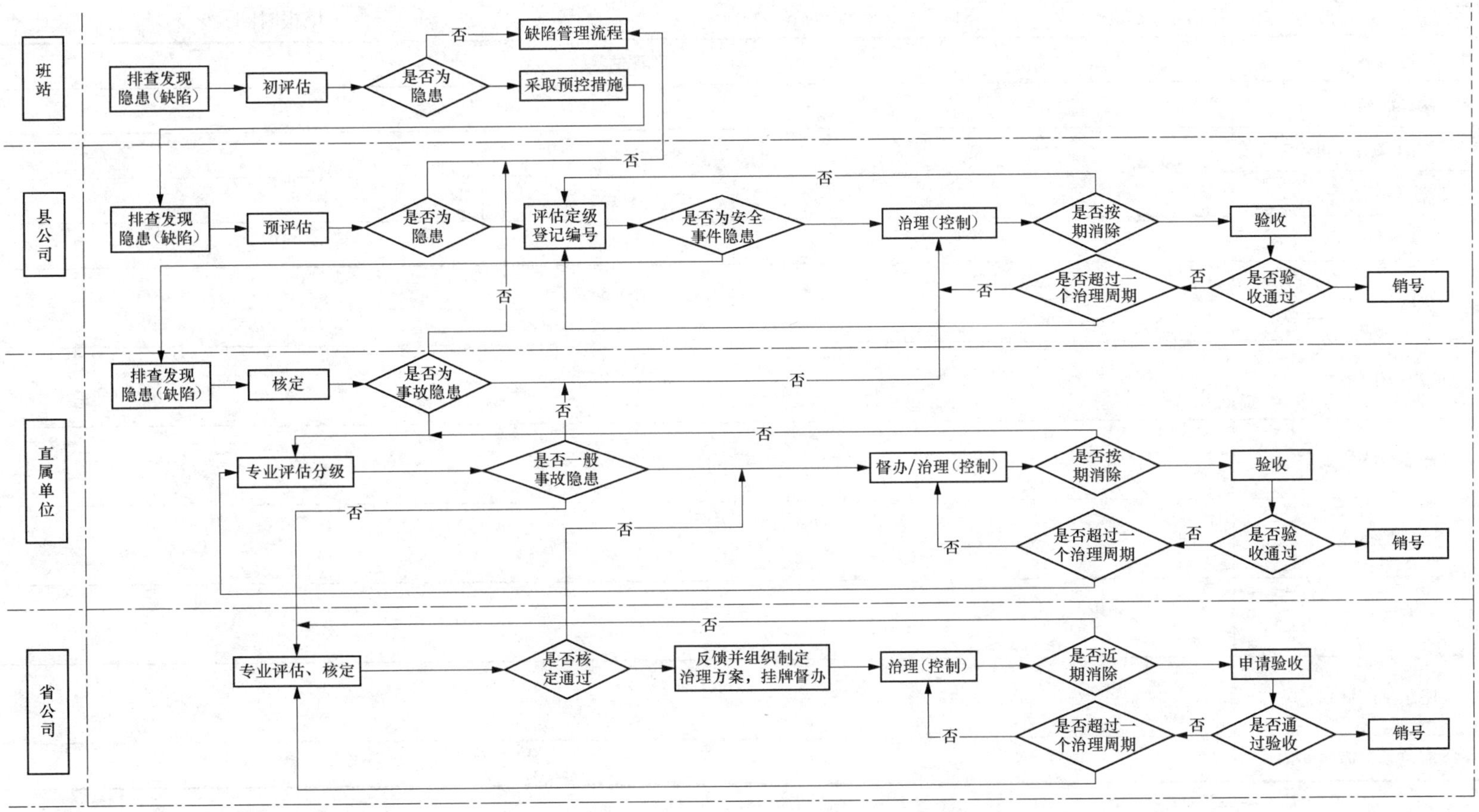

附件 2

重大电力安全隐患信息报告单

填报单位（签章）：　　　　　　　　　　　　　　　　　　　　　　　　　　填报时间：××××年××月××日

隐患名称		评估等级	
隐患所属单位			
隐患评估时间	××××年××月××日		
安全第一责任人		电话	
整改负责人		电话	
隐患现状			
隐患产生的原因			
隐患危害程度			
防控措施			
整改措施			
隐患整改计划			
应急预案简述			

附件 3

安全督办单

（国网××公司 20　　年第　　号）

签发人：　　　　　　　　　　　　时间：　年　　月　　日

××××：

你单位存在以下重大隐患：

请立即组织整改。　　　　年　　月　　日前（15 个工作日内）将安全整改管控表报本督办单发出单位（部门）备案；整改过程中，要落实风险管控措施；整改完成后，要向督办单发出单位（部门）报告销号。

联系人：　　　　　　　　联系电话：

（章）

年　　月　　日

附件 4

安全整改过程管控表

重大隐患	主要整改措施	责任部门（单位）	计划完成时间	备注
	1.			
	2.			
	3.			
	4.			
	5.			

签发：　　　　审核：　　　　编制：　　　　联系人：　　　　联系电话：

附件 5

安全整改反馈单

签发人：　　　　　　　　　　时间：　年　月　日

××××：

年　月　日，我单位已对　　（单位或部门）（20　年第　号）督办的重大隐患完成了整改工作。反馈如下：

现申请销号。

联系人：　　　　　　联系电话：

（章）

年　月　日

附件 6

安全隐患公示表

班组（名称）：

序号	隐患编号	隐患简题	隐患后果等级	隐患所在位置	归属职能部门	隐患治理期限	防控措施和治理措施

修订格式说明：① 格式来源：隐患排查治理系统导出原隐患档案列表 23 列内容。② 修订原因：一是更符合《国家电网有限公司安全隐患排查治理管理办法》要求和新一代隐患排查治理系统隐患档案格式。二是提升数字化转型应用为基层班组减负，避免重复填写安全隐患公示表信息数据。

附件 7

重大隐患排查治理档案表

20××年度　　　　　　　　　　　　　　　　　　　　　　　　　　　　　　　　国网××供电公司

<table>
<tr><td rowspan="7">发现</td><td>隐患简题</td><td colspan="5"></td></tr>
<tr><td>隐患编号</td><td>国网××供电公司××××××××××××</td><td>隐患所在单位</td><td>国网××供电公司</td><td>隐患来源</td><td></td></tr>
<tr><td>隐患分类</td><td></td><td>专业子类</td><td></td><td>归属职能部门</td><td>国网××供电公司</td></tr>
<tr><td>电压等级</td><td></td><td>隐患所在位置</td><td colspan="3"></td></tr>
<tr><td>发现人</td><td></td><td>发现人单位</td><td>国网××供电公司</td><td>发现日期</td><td>20××-××-××</td></tr>
<tr><td>事故隐患内容</td><td colspan="5"></td></tr>
<tr><td>可能导致后果</td><td colspan="5"></td></tr>
<tr><td rowspan="2">市级
评估</td><td>评估等级</td><td>重大隐患</td><td>评估负责人</td><td></td><td>评估负责人签字日期</td><td>20××-××-××</td></tr>
<tr><td>可能导致后果</td><td colspan="5"></td></tr>
<tr><td rowspan="3">省级
评估</td><td>评估等级</td><td>重大隐患</td><td>评估负责人</td><td></td><td>评估负责人签字日期</td><td>20××-××-××</td></tr>
<tr><td>可能导致后果</td><td colspan="5"></td></tr>
<tr><td>省评估意见</td><td colspan="5"></td></tr>
<tr><td rowspan="7">治理</td><td>实际治理完成日期</td><td>20××-××-××</td><td>治理责任单位</td><td>国网××供电公司</td><td>治理责任人</td><td></td></tr>
<tr><td>治理方式</td><td></td><td colspan="2">治理期限</td><td colspan="2">20××-××-××至20××-××-××</td></tr>
<tr><td>是否纳入项目储备</td><td></td><td colspan="2">项目储备是否审批</td><td colspan="2"></td></tr>
<tr><td>治理措施</td><td colspan="5"></td></tr>
<tr><td>防控措施</td><td colspan="5"></td></tr>
<tr><td>治理完成情况</td><td colspan="5"></td></tr>
<tr><td colspan="2">治理计划资金（万元）</td><td></td><td colspan="2">累计投入资金（万元）</td><td></td></tr>
<tr><td rowspan="3">验收</td><td>操作日期</td><td>20××-××-××</td><td>验收组织单位</td><td>国网××供电公司</td><td>验收负责人</td><td></td></tr>
<tr><td>验收负责人签字日期</td><td colspan="3">20××-××-××</td><td>是否消除</td><td></td></tr>
<tr><td>验收结论</td><td colspan="5"></td></tr>
</table>

附件 8

较大隐患排查治理档案表

20××年度　　　　　　　　　　　　　　　　　　　　　　　　　　国网××供电公司

<table>
<tr><td rowspan="7">发现</td><td>隐患简题</td><td colspan="5"></td></tr>
<tr><td>隐患编号</td><td>国网××供电公司×××××××××××</td><td>隐患所在单位</td><td>国网××供电公司</td><td>隐患来源</td><td></td></tr>
<tr><td>隐患分类</td><td></td><td>专业子类</td><td></td><td>归属职能部门</td><td>国网××供电公司</td></tr>
<tr><td>电压等级</td><td></td><td>隐患所在位置</td><td colspan="3"></td></tr>
<tr><td>发现人</td><td></td><td>发现人单位</td><td>国网××供电公司</td><td>发现日期</td><td>20××-××-××</td></tr>
<tr><td>事故隐患内容</td><td colspan="5"></td></tr>
<tr><td>可能导致后果</td><td colspan="5"></td></tr>
<tr><td rowspan="2">市级评估</td><td>评估等级</td><td>较大隐患</td><td>评估负责人</td><td></td><td>评估负责人签字日期</td><td>20××-××-××</td></tr>
<tr><td>可能导致后果</td><td colspan="5"></td></tr>
<tr><td rowspan="7">治理</td><td>实际治理完成日期</td><td>20××-××-××</td><td>治理责任单位</td><td></td><td>治理责任人</td><td></td></tr>
<tr><td>治理方式</td><td></td><td colspan="2">治理期限</td><td colspan="2">20××-××-××至20××-××-××</td></tr>
<tr><td>是否纳入项目储备</td><td></td><td colspan="2">项目储备是否审批</td><td colspan="2"></td></tr>
<tr><td>治理措施</td><td colspan="5"></td></tr>
<tr><td>防控措施</td><td colspan="5"></td></tr>
<tr><td>治理完成情况</td><td colspan="5"></td></tr>
<tr><td colspan="2">治理计划资金（万元）</td><td></td><td colspan="2">累计投入资金（万元）</td><td></td></tr>
<tr><td rowspan="3">验收</td><td>操作日期</td><td>20××-××-××</td><td>验收组织单位</td><td>国网××供电公司</td><td>验收负责人</td><td></td></tr>
<tr><td>验收负责人签字日期</td><td colspan="3">20××-××-××</td><td>是否消除</td><td></td></tr>
<tr><td>验收结论</td><td colspan="5"></td></tr>
</table>

附件 9

一般隐患排查治理档案表

20××年度 国网××供电公司

<table>
<tr><td rowspan="7">发现</td><td>隐患简题</td><td colspan="5"></td></tr>
<tr><td>隐患编号</td><td>国网××供电公司×××××××××××</td><td>隐患所在单位</td><td>国网××供电公司</td><td>隐患来源</td><td></td></tr>
<tr><td>隐患分类</td><td></td><td>专业子类</td><td></td><td>归属职能部门</td><td>国网××供电公司</td></tr>
<tr><td>电压等级</td><td></td><td>隐患所在位置</td><td colspan="3"></td></tr>
<tr><td>发现人</td><td></td><td>发现人单位</td><td>国网××供电公司</td><td>发现日期</td><td>20××-××-××</td></tr>
<tr><td>事故隐患内容</td><td colspan="5"></td></tr>
<tr><td>可能导致后果</td><td colspan="5"></td></tr>
<tr><td rowspan="2">市级评估</td><td>评估等级</td><td>一般隐患</td><td>评估负责人</td><td></td><td>评估负责人签字日期</td><td>20××-××-××</td></tr>
<tr><td>可能导致后果</td><td colspan="5"></td></tr>
<tr><td rowspan="7">治理</td><td>实际治理完成日期</td><td>20××-××-××</td><td>治理责任单位</td><td>国网××供电公司</td><td>治理责任人</td><td></td></tr>
<tr><td>治理方式</td><td></td><td colspan="2">治理期限</td><td colspan="2">20××-××-××至20××-××-××</td></tr>
<tr><td>是否纳入项目储备</td><td></td><td colspan="2">项目储备是否审批</td><td colspan="2"></td></tr>
<tr><td>治理措施</td><td colspan="5"></td></tr>
<tr><td>防控措施</td><td colspan="5"></td></tr>
<tr><td>治理完成情况</td><td colspan="5"></td></tr>
<tr><td colspan="2">治理计划资金（万元）</td><td></td><td colspan="2">累计投入资金（万元）</td><td></td></tr>
<tr><td rowspan="3">验收</td><td>操作日期</td><td>20××-××-××</td><td>验收组织单位</td><td>国网××供电公司</td><td>验收负责人</td><td></td></tr>
<tr><td>验收负责人签字日期</td><td colspan="3">20××-××-××</td><td>是否消除</td><td></td></tr>
<tr><td>验收结论</td><td colspan="5"></td></tr>
</table>

附件 10

安全隐患档案质量评价细则

评价流程	标准分	评价字段	评价标准	评价方法及考核分值	涉及附件支撑（照片、方案、验收申请及报告、重大隐患“两单一表”等）
发现	6	隐患简题（1）	隐患简题中发现单位、发现时间、隐患简况三要素描述应完整、清晰，存在电压等级关系应填写	1）发现单位、发现时间、隐患简况三项要素描述不完整的，每缺一项扣 0.1 分。 2）存在电压等级关系或设备名称等必要因素而未填写的，扣 0.2 分。 3）简题内容与事故隐患内容不一致，扣 0.5 分	
		隐患分类及专业子类（0.5）	1）隐患分类按照《国家电网有限公司安全隐患排查治理管理办法》第十二条规定的隐患分类填写。 2）对照事故隐患内容，结合整体隐患档案填报情况，检查隐患分类及专业子类	1）对照事故隐患内容检查隐患分类，隐患分类错误的，扣 0.1 分。 2）隐患分类正确、专业子类错误的，扣 0.1 分	
		电压等级（0.3）	若涉及电压等级应填写无误	电压等级填写应与隐患简题、事故隐患内容中电压等级保持一致，错误扣 0.1 分。	
		事故隐患内容（3）	1）应具备隐患现状描述、后果分析、引用标准及定性依据等要素。 2）后果分析及定性依据应引用最新条款且定性正确	1）隐患现状描述、引用标准、定性依据等要素描述不完整或引用标准、定性依据错误的，每项扣 0.5 分。 2）存在电压等级关系等必要因素而未填写的，扣 0.5 分。 3）上传隐患现状照片与隐患描述内容不相符的，扣 0.5 分	1）设备隐患现状照片。 2）巡视记录、检验/检测数据或试验报告。 3）制度文件
		可能导致的后果（1）	1）应按照国家最新有关规定和《国家电网有限公司安全事故调查规程》的事故（事件）等级分类填写。 2）可能导致后果中应写明安全事件级别和分类（人身事故除外），且与隐患内容阐述的“可能导致后果”相一致	1）按照事故隐患内容描述，不能阐述其“可能导致后果”的，扣 0.5 分。 2）可能导致后果中应写明安全事件级别和分类（人身事故除外），每缺一项扣 0.2 分	
		时效性（0.2）	发现日期与隐患简题中的发现日期应一致	不一致扣 0.1 分	

续表

评价流程	标准分	评价字段	评价标准	评价方法及考核分值	涉及附件支撑（照片、方案、验收申请及报告、重大隐患“两单一表”等）
评估及核定	4	评估等级（3）	1）按照《国家电网有限公司安全隐患排查治理管理办法》第二十一条，专业部门对本专业隐患进行专业审查，评估认定隐患等级。一般隐患由县公司级单位评估认定，较大隐患由市公司级单位评估认定，重大隐患由省公司级单位评估认定。 2）结合事故隐患内容描述的后果，依据《国家电网有限公司安全事故调查规程》及《国家电网有限公司安全隐患排查治理管理办法》评价其隐患等级的正确性	1）一般隐患未经县公司专业部门评估认定，扣 0.3 分；较大隐患未经地市公司专业部门评估认定，扣 0.5 分；重大隐患未经省公司专业部门评估认定，扣 2 分。 2）评估等级错误扣 1 分。 以上问题扣完为止	
		时效性（1）	1）评估时限应符合《国家电网有限公司安全隐患排查治理管理办法》要求。 2）评估为重大隐患应执行即时报告制度，各单位评估为重大隐患的，应于 2 个工作日内报总部核查	1）评估期限不符合国网总部要求的，扣 0.5 分。 2）对重大隐患未执行即时报告制度要求的，扣 1 分。 以上问题扣完为止	
治理	26	防控措施（5）	1）采取的防控措施应完备、具有针对性，能够有效防止隐患进一步发展，且与隐患简题、隐患内容相呼应。 2）班组隐患公示情况；对电网设备类重大隐患必须具备电网方式及负荷安排情况、现场运维监控要求。 3）涉及重大隐患应上传《安全隐患督办单》《安全隐患整改过程管控表》	1）对照事故隐患内容，其所采取的防控措施明显不能起到效果、不能有效防止隐患进一步发展的或者有缺失的，视情况扣 1～3 分。 2）对涉及电网设备类重大隐患防控措施未描述电网方式及负荷安排情况、现场运维监控要求的，视情况扣 1～2 分。 3）重大隐患未上传《安全隐患督办单》《安全隐患整改过程管控表》的，每缺一项扣 0.5 分。 以上问题扣完为止	1）涉及重大隐患《安全隐患督办单》《安全隐患整改过程管控表》。 2）重大隐患若影响电网安全运行，结合电网运行风险程度发布的《电网运行风险预警通知单》。 3）应急预案/现场处置方案、班组隐患公示表、巡视记录、监测记录等
		治理措施及治理方案（13）	1）按照《国家电网有限公司安全隐患排查治理管理办法》第二十八条要求，各级专业部门负责组织制定本专业隐患治理方案或措施，重大隐患由省公司级单位制定治理方案，较大隐患由市公司级单位制定治理方案或治理措施，一般隐患由县公司级单位制定治理措施。 2）治理方案中应包括：隐患的现状及其产生原因、隐患的危害程度和整改难易程度分析、治理的目标和任务、采取的方法和措施、经费和物资的落实、负责治理的机构和人员、治理的时限和要求、防止隐患进一步发展的安全措施和应急预案。 3）治理措施及治理方案内容应能达到彻底消除隐患	1）一般隐患由县公司级专业职能部门制定治理措施；较大隐患由市公司级专业职能部门制定治理方案或治理措施；重大隐患由省公司级专业职能部门制定治理方案。未按专业职能层级制定治理方案或治理措施者，视情况扣 1～5 分。 2）治理措施及治理方案内容不能够达到彻底消除隐患的；扣 6 分。 3）本栏未填写治理措施的，不得分。 4）较大隐患未上传《安全隐患治理方案》，扣 1 分；未上传《重大隐患治理方案》扣 3 分。 以上问题扣完为止	1）《安全隐患治理方案》或“三措”。 2）现场应急处置预案、隐患评估会议纪要或彻底治理隐患的相关资料

续表

评价流程	标准分	评价字段	评价标准	评价方法及考核分值	涉及附件支撑（照片、方案、验收申请及报告、重大隐患“两单一表”等）
治理	26	治理完成情况（5）	1）治理完成情况中应简要描述隐患治理完成时间、采取的治理措施以及治理措施效果。 2）治理完成情况填写内容，应与治理措施及治理方案内容相呼应。所填写的治理整改措施，应能彻底消除隐患。 3）涉及重大隐患应上传《安全隐患整改反馈单》	1）治理完成情况未简要写明隐患治理时间、治理所采取的措施。其中治理时间未填写扣0.5分；治理完成情况措施未填写或描述不清，以及与治理方案内容不一致，视情况扣1～5分。 2）对照隐患内容，其所采取的治理措施不能够彻底消除隐患的，扣5分。 3）对重大隐患若涉及项目支撑的，是否立项栏未填写的，扣1分。 4）未上传《安全隐患治理验收申请》，扣1分；涉及重大隐患未上传《安全隐患整改反馈单》，扣3分。 以上问题扣完为止	1）《安全隐患治理验收申请》。 2）涉及重大隐患《安全隐患整改反馈单》。 3）与隐患治理完成内容相符的治理后照片、检测/检验/试验报告或制度文件等相关佐证材料
		时效性（3）	1）隐患一经发现立即采取控制，治理起始日期与发现日期应一致；终结日期不早于最后一个评估日期。 2）若涉及计划项目的隐患，治理期限应与计划项目时间一致	1）治理起始日期与发现日期不一致；终结日期早于最后一个评估日期，每错一处扣1分。 2）涉及治理期限与治理计划项目不符（如治理期限为春季，治理计划项目填写的迎峰过冬计划），扣0.5分。 3）隐患存在超期治理的，扣2分	
验收	4	验收结论（3）	1）重大隐患治理结果由省公司级单位组织验收；较大隐患治理结果由地市公司级单位组织验收；一般隐患治理结果由县公司级单位组织验收。 2）验收结论内容应简要体现五个要素［即验收时间、验收单位、隐患编号、治理完成情况是否属实及满足的安全（生产）运行要求］，并上传《安全隐患治理验收报告》或隐患治理会议纪要等相关支撑资料。 ［（例：××××年×月×日，经国网××公司××专业部门对国网××公司 2023××××号隐患进行现场/远程视频验收，治理完成情况属实，满足安全（生产）运行要求，该隐患已消除，同意销号。］	1）治理完成情况未简要写明隐患治理时间、治理所采取的措施。其中治理时间未填写，每处扣 0.2 分，上限 2 分，扣完为止。 2）治理完成情况措施未填写或描述不清，如“写的已完成或已治理以及已完成隐患治理等”，该字段直接扣2分。 3）治理完成情况及治理方案内容不能达到彻底消除隐患的；该字段直接扣4分。 4）治理完成情况字段内容与治理措施字段内容或与治理方案内容不一致，该字段直接扣2分。 5）涉及重大隐患未上传《安全隐患整改反馈单》，扣3分	1）《安全隐患治理验收报告》。 2）与验收相关的会议纪要或照片，如验投会、隐患治理会议纪要等相关支撑资料
		时效性（1）	1）隐患治理完成后，隐患治理单位在自验合格的基础上提出验收申请，相关专业部门应在申请提出后一周内完成验收，验收合格予以销号，不合格重新组织治理。 2）检查验收日期是否在验收申请负责人签字日期之后	1）未按照《国家电网有限公司安全隐患管理办法》第三十五条要求而延期验收，视情况 0.2～0.5 分。（因天气或道路封堵等其他原因除外。） 2）验收日期填写在治理日期之前，存在时间逻辑错误的，扣0.2分	

说明：排查（发现）—评估（核定）—治理（控制）—验收销号，整个闭环工作流程进行评价；对表格中提到的必填字段未填写的，其分值直接扣完；出现错别字或缺字而导致产生歧义的，扣0.1分；语句不通畅或词不达意，影响整体内容理解的，扣1分；表格中必填字段扣分上限为其分值大小。

附件 11

安全隐患排查治理档案表填写须知

××××年度　　　　　　　　　　　　　　　　　　　　　　　　国网××××公司

<table>
<tr><td rowspan="5">隐患发现</td><td>隐患简题</td><td colspan="5">隐患简题中发现单位、发现时间、隐患简况三要素描述应清晰、完整无误，存在电压等级关系应填写。
1. 隐患简题应为提炼内容并紧扣隐患内容。
2. 涉及杆塔编号“#”应在数字前面；涉及消防设施应明确设施所处位置。
3. 简题内容涉及范围区间统一用“～”描述。
4. 电压等级单位统一使用伏特符号（比如：kV）。
5. 日期用“双位数”。度量单位用米的符号（m）。
（例：国网××供电公司××××年××月××日 10kV××线路#××混凝土杆存在杆身倾斜的安全隐患）</td></tr>
<tr><td>隐患编号</td><td>使用系统自动生成编号</td><td>隐患所在单位</td><td>隐患所在单位是隐患排查、治理和防控的责任主体。
按照隐患所在省/市/县公司级单位（包含部门、直属中心）的隐患管理系统内名称选择填写。地市公司填报时该处应填写所在县公司或工区、中心。
（例：国网××公司××县公司/国网××公司××部门/国网××公司××中心）</td><td>隐患来源</td><td>结合隐患排查形式选择填写。
（例：全面排查/日常排查/专项行动/事故类别排查等）</td></tr>
<tr><td>隐患分类</td><td>按照隐患产生原因和导致事故（事件）类型选择填写。
（例：系统运行/设备设施/人身安全/网络安全/消防安全/水电及新能源/危险化学品/电化学储能/特种设备/通用航空/安全管理/其他）</td><td>专业子类</td><td>按照选择的隐患标准对应专业子类填写。
（例：直流/变电/输电/配电/通用等）</td><td>归属职能部门</td><td>指按照隐患专业分类应落实到的专业职能部门。
（例：按照省/市/县公司级单位全称+归属职能部门在隐患管理系统内名称选择填写）</td></tr>
<tr><td>电压等级</td><td>按照实际电压等级选择填写。
（例：750kV/330kV/110kV/35kV/10kV 及以下等，不涉及电压等级的填“—”）</td><td>隐患所在位置</td><td colspan="3">填写隐患所在具体位置信息，应与隐患简题相一致。
（例：10kV××线路#××杆或 110kV 变电站××间隔）</td></tr>
<tr><td>发现人</td><td>填写发现人姓名。
（例：×××）</td><td>发现人单位</td><td>按照排查方式自上而下（如：上级督查）或自下而上（如下级自查）方式填写发现人单位。
（例：按照发现人所在省、市、县公司级单位/市级部门/直属中心/班组全称选择填写）</td><td>发现日期</td><td>发现日期应与隐患简题日期相一致。
（例：××××年××月××日）</td></tr>
</table>

<table>
<tr><td rowspan="4">隐患发现</td><td>可能导致的后果</td><td colspan="5">1. 应按照最新的《国家电网有限公司安全事故调查规程》的事故（事件）等级分类或《国家电网有限公司安全隐患排查治理管理办法》中包括可能导致后果的安全隐患等级分类填写。
2. 对人身事故（事件）按照作业现场实际评估伤亡数量，描述可能导致人身事故（事件）等级。
3. 可能导致后果中应写明安全事件级别和分类，且与隐患内容阐述的“可能导致后果”相一致。
［例：人身事故（事件）/×级电网事件/×级设备事件/×级信息系统事件/水电站大坝溃决、漫坝、水淹厂房事件/较大及以上火灾事故/违反国家、行业安全生产法律法规的管理问题/一般火灾事故/其他对社会及公司造成较大影响的事件/违反省级地方性安全生产法规和公司安全生产管理规定的管理问题/违反省公司级单位安全生产管理规定的管理问题］</td></tr>
<tr><td>事故隐患内容</td><td colspan="5">应具备隐患现状描述、后果分析、引用标准及定性依据等要素；后果分析及定性依据应引用最新条款且定性正确。
事故隐患内容应包含四部分：
1. 隐患现状描述应通盖设备名称、目前存在的问题，涉及量化应明确或描述清楚（如不满足 N-1，应描述网架结构或接线方式；如涉及“三跨”应描述跨越铁路、公路及河流等级及距离现状；如涉及试验或检测超周期，应描述上一周期试验或检测时间；如树线矛盾应描述树种、树木数量及距离现状；如杆塔倾斜或裂纹应明确倾斜度或纵向裂纹长度；如阻值不达标，应明确阻值等）。如涉及隐患因历史渊源而导致的隐患现状，应描述清楚。
2. 引用技术标准、规范或制度、文件应为现行最新版，描述应为全称、编号、文号及条款序号均需明确，引用条款内容使用双引号，且不得随意修改条款内容。
3. 后果分析及定性、定级依据应根据现行版《国家电网有限公司安全事故调查规程》《国家电网有限公司安全隐患排查治理管理办法》。
4. 上传与隐患现状内容相符的隐患照片或其他支持资料等附件</td></tr>
<tr><td>专业</td><td colspan="5">按照隐患归属选择对应专业。
（例：发展/人资/安监/设备/营销/数字化/基建/产业/物资/后勤/调度/特高压/水新）</td></tr>
<tr><td>上传附件</td><td colspan="5">上传发现隐患现状的佐证材料。
（例：设备照片/记录/制度文件/测量数据/检测报告等）</td></tr>
<tr><td>隐患评估</td><td>评估等级</td><td>1. 按照《国家电网有限公司安全隐患排查治理管理办法》第二十一条，专业部门对本专业隐患进行专业审查，评估认定隐患等级。一般隐患由县公司级单位评估认定，较大隐患由市公司级单位评估认定，重大隐患由省公司级单位评估认定。
2. 结合事故隐患内容描述的后果，依据《国家电网有限公司安全事故调查规程》及《国家电网有限公司安全隐患排查治理管理办法》评价其隐患等级的正确性。
3. 对人身事故（事件）在无法预判具体伤亡数量的，应结合现场实际环境，是否造成群死群伤来判定人身事故（事件）隐患等级。
（例：重大/较大/一般）</td><td>评估负责人</td><td>按照《国家电网有限公司安全隐患排查治理管理办法》第二十一条，专业部门对本专业隐患进行专业审查，评估认定隐患等级。
1. 一般隐患由县公司级单位评估认定，较大隐患由市公司级单位评估认定，重大隐患由省公司级单位评估认定。
2. 填写评估专业部门负责人/专责姓名。
（例：×××）</td><td>评估负责人签字日期</td><td>1. 评估时限应符合《国家电网有限公司安全隐患排查治理管理办法》要求。
2. 评估为重大隐患应执行即时报告制度，各单位评估为重大隐患的，应于 2 个工作日内报总部核查。
（例：××××年××月××日，填写签字日期应注意与发现时间之间的逻辑关系）</td></tr>
</table>

<table>
<tr><td>隐患评估</td><td>可能导致后果</td><td colspan="5">1. 应按照国家最新规定的《国家电网有限公司安全事故调查规程》的事故（事件）等级分类或《国家电网有限公司安全隐患排查治理管理办法》包括可能导致后果的安全隐患填写。
2. 对人身事故（事件）按照作业现场实际评估伤亡数量，描述可能导致人身事故（事件）等级。
3. 可能导致后果中应写明安全事件级别和分类。
［例：人身事故（事件）/×级电网事件/×级设备事件/×级信息系统事件/水电站大坝溃决、漫坝、水淹厂房事件/较大及以上火灾事故/违反国家、行业安全生产法律法规的管理问题/一般火灾事故/其他对社会及公司造成较大影响的事件/违反省级地方性安全生产法规和公司安全生产管理规定的管理问题/违反省公司级单位安全生产管理规定的管理问题］</td></tr>
<tr><td rowspan="5">隐患治理</td><td>实际治理结束日期</td><td>应按照隐患实际治理结束日期填写，重大隐患的治理应符合《安全隐患治理方案》中制定的治理期限，在其时间范围内，选择填写实际治理完成日期。
（例：××××年××月××日）</td><td>治理责任单位</td><td>隐患所在单位是隐患排查、治理和防控的责任主体。
按照隐患所在省/市/县公司级单位（包含部门、直属中心）隐患管理系统内名称选择填写。地市公司填报时该处应填写所在县公司或工区、中心。
（例：国网××公司××县公司/国网××公司×部门/国网××公司×中心）</td><td>治理责任人</td><td>1. 按照“谁主管、谁负责”和“全面排查、分级管理、闭环管控”的原则。
2. 或按照《安全隐患治理方案》中明确的治理负责人填写其姓名。
（例：×××）</td></tr>
<tr><td>治理方式</td><td>1. 需项目支撑的隐患，确定立项的应结合基建工程项目、大修技改或其他项目等。
2. 重大隐患应与《安全隐患治理方案》中制定的治理方式一致。
（例：措施/立项/制度）</td><td>治理期限</td><td colspan="3">1. 属立项应结合基建工程项目、大修技改或其他项目确定治理期限，或按照《安全隐患治理方案》填写治理期限。
2. 结合春秋检，月、周计划确定治理期限。
3. 结合抢修、应急处置确定治理期限。
4. 隐患一经发现立即采取控制，治理起始时间应为隐患发现时间。对即查即改隐患的治理期限填写应符合时间逻辑性</td></tr>
<tr><td>是否纳入项目储备</td><td colspan="2">根据批复文件或可行性研究报告，确定是否纳入项目储备的隐患。如：涉及远期治理的隐患（如网架结构类、增容改造、三年滚动治理、长周期家族性缺陷），且目前能实施管控的隐患。
（例：是/否）</td><td>项目储备是否审批</td><td colspan="2">根据批复文件或可行性研究报告填写。
（例：是/否）</td></tr>
<tr><td>治理措施</td><td colspan="5">治理措施：是指彻底消除隐患所使用的方式方法。
1. 按照《国家电网有限公司安全隐患排查治理管理办法》第二十八条要求，各级专业部门负责组织制定本专业隐患治理方案或措施，重大隐患由省公司级单位制定治理方案，较大隐患由市公司级单位制定治理方案或治理措施，一般隐患由县公司级单位制定治理措施。
2. 治理方案中应包括：隐患的现状及其产生原因、隐患的危害程度和整改难易程度分析、治理的目标和任务、采取的方法和措施、经费和物资的落实、负责治理的机构和人员、治理的时限和要求、防止隐患进一步发展的安全措施和应急预案。
3. 治理措施及治理方案内容应能达到彻底消除隐患。如涉及《安全隐患治理方案》的，填写的治理措施应与方案中治理措施内容相一致</td></tr>
<tr><td>治理措施附件</td><td colspan="5">由评估负责人负责上传隐患评估后所制定隐患治理措施的佐证材料。
（例：安全隐患治理方案、“三措”、现场应急处置预案、隐患评估会议纪要或相关具备支撑能彻底治理隐患的资料）</td></tr>
</table>

续表

<table>
<tr><td rowspan="5">隐患治理</td><td>防控措施</td><td colspan="5">防控措施：是指隐患彻底消除前，防止危害增加所采取的控制措施。
1. 采取的防控措施应完备、具有针对性，能够有效防止隐患进一步发展，且与隐患简题、隐患内容相呼应；或与上传的《安全隐患治理方案》、“三措”中防控措施内容相一致。
2. 采取的防控措施应具备突发事件所采取的应急预案相关防控措施内容。
3. 采取的防控措施应具备班组隐患公示情况；对电网设备类重大隐患必须具备电网方式及负荷安排情况、现场运维监控要求。
4. 涉及重大隐患应上传《安全隐患督办单》《安全隐患整改过程管控表》；重大隐患若影响电网安全运行，结合电网运行风险程度，上传发布的《电网运行风险预警通知单》。
5. 对发现当日即查即改的隐患，应写明治理日期时间、治理单位、治理措施执行情况，无需填写防控措施和上传防控措施附件（对重复出现的问题隐患除外）</td></tr>
<tr><td>防控措施附件</td><td colspan="5">由评估负责人负责上传隐患评估后所制定隐患防控措施的佐证材料。
（例：应急预案/现场处置方案、班组隐患公示表、巡视记录、监测记录等；涉及重大隐患应上传《安全隐患督办单》《安全隐患验改过程管控表》；重大隐患若影响电网安全运行，结合电网运行风险程度，上传发布的《电网运行风险预警通知单》）</td></tr>
<tr><td>治理完成情况</td><td colspan="5">隐患治理完成后，隐患治理单位在自验合格的基础上提出验收申请。
1. 治理完成情况中应简要描述隐患治理完成时间、采取的治理措施以及治理措施效果。描述应具体量化，勿出现“该隐患已消除”内容，并统一描述“现申请对该隐患治理完成情况进行验收”。
2. 治理完成情况填写内容，应与治理措施及治理方案内容相呼应。所填写的治理整改措施，应能彻底消除隐患。
3. 上传治理完成情况支撑附件（如：与隐患治理完成内容相符治理后照片、检测报告、制度文件、验收申请等佐证材料；涉及重大隐患应上传《安全隐患整改反馈单》）。
（例：××××年××月××日，国网××公司××班站对 10kV××线路#××混凝土杆杆身倾斜隐患，采取杆身校正、回填杆基以及加固杆根基础的措施。隐患已治理完成，现申请对该隐患治理完成情况进行验收）</td></tr>
<tr><td>治理完成情况附件</td><td colspan="5">由治理责任人负责上传隐患治理完成后的佐证材料。
（如：与隐患治理完成内容相符治理后照片、检测报告、制度文件、验收申请等佐证材料； 涉及重大隐患应上传《安全隐患整改反馈单》）</td></tr>
<tr><td>治理计划资金（万元）</td><td colspan="2">治理计划资金为概算资金。不涉及填写为“0”</td><td>累计投入资金（万元）</td><td colspan="2">累计投入资金为结算资金。不涉及则为“0”</td></tr>
<tr><td>隐患验收</td><td>操作日期</td><td>此操作日期为选择填写操作完成后，系统自动生成的日期</td><td>验收组织单位</td><td>1. 重大隐患治理结果由省公司级专业部门组织验收或委托地市公司专业部门组织验收；较大隐患治理结果由地市公司级专业部门组织验收；一般隐患治理结果由县公司级专业部门组织验收。
2. 隐患治理完成后，隐患治理单位在自验合格的基础上提出验收申请，相关专业部门应在申请提出后一周内完成验收，验收合格予以销号，不合格重新组织治理。
3. 验收组织单位应为专业部门所属的省、市、县公司级单位（包含专业部门）全称</td><td>验收负责人</td><td>1. 重大隐患治理结果由省公司级专业部门组织验收或委托地市公司专业部门组织验收；较大隐患治理结果由地市公司级专业部门组织验收；一般隐患治理结果由县公司级专业部门组织验收。
2. 填写验收专业部门负责人/专责的姓名</td></tr>
</table>

续表

隐患验收	验收负责人签字日期	1. 隐患治理完成后，隐患治理单位在自验合格的基础上提出验收申请，相关专业部门应在申请提出后一周内完成验收，验收合格予以销号，不合格重新组织治理。 2. 验收负责人签字日期应在验收工作结束当日 24 小时内	是否消除隐患	**验收合格予以销号，不合格重新组织治理。** 根据验收结论选择填写是或否
	验收结论	隐患已治理，符合安全运行（规程）要求，同意销号		
	验收附件	**由治理验收负责人负责上传隐患验收后的佐证材料。** （例：上传《安全隐患治理验收报告》、验收会议纪要或隐患治理会议纪要等相关支撑资料）		